国家社科基金（12BGL034）资助
教育部人文社科基金（12YJA790176）资助

市场化与多元化的中国生态补偿机制：

基于环境成本会计研究视角

SHICHANGHUA YU DUOYUANHUA DE
ZHONGGUO SHENGTAI BUCHANG JIZHI:

JIYU HUANJING CHENGBEN KUAIJI YANJIU SHIJIAO

袁广达 著

U0246169

中国财经出版传媒集团

经济科学出版社

Economic Science Press

图书在版编目（CIP）数据

市场化与多元化的中国生态补偿机制：基于环境成
本会计研究视角／袁广达著. --北京：经济科学出版
社，2021.12
ISBN 978 - 7 -5218 -3345 -4

Ⅰ.①市…　Ⅱ.①袁…　Ⅲ.①生态环境 - 补偿机制 -
研究 - 中国　Ⅳ.①X321.2

中国版本图书馆 CIP 数据核字（2021）第 267703 号

责任编辑：周胜婷
责任校对：王苗苗
责任印制：张佳裕

市场化与多元化的中国生态补偿机制：

基于环境成本会计研究视角

袁广达　著

经济科学出版社出版、发行　新华书店经销
社址：北京市海淀区阜成路甲 28 号　邮编：100142
总编部电话：010 - 88191217　发行部电话：010 - 88191522
网址：www. esp. com. cn
电子邮箱：esp@ esp. com. cn
天猫网店：经济科学出版社旗舰店
网址：http://jjkxcbs. tmall. com
固安华明印业有限公司印装
710 × 1000　16 开　22. 75 印张　440000 字
2021 年 12 月第 1 版　2021 年 12 月第 1 次印刷
ISBN 978 - 7 -5218 -3345 -4　定价：109. 00 元
（图书出现印装问题，本社负责调换。电话：010 - 88191510）
（版权所有　侵权必究　打击盗版　举报热线：010 - 88191661
QQ：2242791300　营销中心电话：010 - 88191537
电子邮箱：dbts@ esp. com. cn）

序

借此专著出版之际，写上如下一些话，不会在此长论，就是笔者对环境会计问题的基本认识和体会。最简单的概括就是：是什么、为什么、做什么和怎样做。

（一）是什么

环境会计是将环境学、经济学和管理学相结合，以自然、生态与人类的和谐统一为基准，用会计的方法计量与记录环境损害成本、污染防治支出和资源开发费用，同时对环境的维护和开发形成的效益进行合理计量与报告，从而综合评估环境绩效及环境活动对财务成果的影响，达到协调经济发展和环境保护的目的。按照可持续发展理论的诠释，环境会计源于对人类社会生存的环境因素的考虑，是对自然与生态的价值管理会计，环境会计的成本管理的属性非常明显，外部性理论直接反映了资源环境成本管理的基本思想和污染成本控制对会计的基本要求。

环境成本是环境会计最核心的概念。环境成本在国际上最早被联合国国际会计和报告标准政府间专家组（ISAR）认可，它是指以对环境负责为主旨，因主体经营活动对外部环境施加的消极作用而需承担的责任成本和主体为达成环境目标任务所需承担的其他支出。而环境成本管理则是从成本管理的视角，借助经济学、环境科学与信息统计科学原理，辅助于其他科学与技术手段，对已发生的环境成本进行确认、计量与报告，对未发生的环境成本进行预测、估算与控制，以便做出最能符合环境责任履行和经济社会发展、公司治理完好和生态环境保护协同一致的最优决策。

可见，环境会计是对环境负外部性的管理，基本功能是资源环境成本管理，实际应用工具就是会计与其他学科集成的成本管理的会计方法，最终追求就是生态文明与经济可持续发展。因为，环境会计天生就具有资源环境成本管理的功能，其功能实现的首要条件是环境会计文化的形成并通过环境会计手段来完成；环境会计实质是基于资源环境成本基础上的价值形态管理，环境会计提供了资源环境成本问题解决的独特方法；现代环境治理能力取决于对资源环境成本基础性信息的掌控程度，就全球而言，国家责任、社会责任和公司责任首先是统一在为人类生态福祉而进行的环境成本核算与污染控制，自然才是人类的摇篮。

（二）为什么

环境会计是财务会计理论和管理会计理论指导下的，具有财务会计和管理会计等多个学科属性的理论体系和实践体系，但从根本上来说，其目的和任务都集中于资源环境成本管理。当生态文明置于中国特色社会主义现代化建设"五位一体"总体战略布局、环境保护成为全球共同一致追求的今天，会计功能必定会扩展到资源环境成本管理，并由此功能的发挥反映环境会计的目标、方向、内容和方法。

环境会计是一门交叉学科，是对价值运动的管理。但会计信息系统不仅是人类关于企业信息交流的重要渠道，也是人与自然之间物质能量交换的量化语言，会计量化是会计功能的精华所在和最显著特征，并区别于其他学科。生态补偿是经济活动与环境活动集成形成环境经济活动，环境经济活动就其本质而言还是经济活动，应当也可以通过会计加以确认和计量，以实现会计对价值运动的管理，表现在生态补偿上，就是生态治理和环境保护同步、自然资源和社会资源共享、经济价值和生态价值统一。这就表明，会计理论界对生态补偿国家政策是有所作为并能够作出应有贡献的，会计视角和会计方法在生态环境治理方面探讨也是有价值的。而此时的宏观环境会计已成为会计学服务于国家宏观经济政策的一项重要实践，并将各种经济学方法作为宏观环境会计信息核算的重要手段和国民经济核算一部分。

（三）做什么

环境会计属性就是对资源环境成本进行价值管理和价值控制的会计，在现代环境治理和成本控制过程中，会计担负着艰巨的环境管理之责。由此，中国环境会计理论与实务应以生态文明建设战略为宗旨，贴近国家环境治理、环境政策规划和环境经济管理，围绕资源环境成本管理的政策设计和政策实施提供支持，同时，以宏观环境经济政策和微观环境治理措施为主要内容，侧重于资源环境成本管理和成本核算方法选择，在具体方法和管理实践上回归会计基础理论，融合管理学、经济学和环境科学等多学科方法与技术集成。究其原因，一是宏观经济政策影响微观企业财务行为和会计决策，而微观企业行动又影响宏观经济政策走向，环境政策的制定和实施与企业环境行为之间存在着密切的关系；二是以微观为落脚点的成本理论与实务研究，能更好地满足宏观与微观两层面的理论与实践工作的需求，提高研究成果的质量和贡献，服务生态文明建设。所以，中国环境政策的制定者、管理者及会计人都不应置身之外。当然，环境会计并非是万能的，但科学的环境管理，不应该离开环境成本管理。

（四）怎样做

资源环境生态管理的落脚点是资源环境生态的价值管理，包括对其破坏价值、修复价值、补偿价值、交易价值、转让价值、开发价值和治理价值的管理，也包括对其价值循环、价值保护、价值创造和价值增值的管理，所有这些也都是环境会计的内容。会计作为价值计量工具和价值管理手段与技术，发挥着自身独特的优势，也促进了环境会计发展，包括资源环境的价值确认与计量、价值预测与决策、价值分析与评估、价值控制与报告，以增进宏观社会财富和微观经济价值，担负实现资源环境成本价值重要管理之责。

环境会计应发挥自身优势，着重研究宏观环境会计背景下生态损害成本价值补偿标准形成机理、成本核算方法和补偿机制建立与运作；研究微观实体的重污染企业可持续发展价值形成机制、污染成本控制阈值与财务管理要素组合方式；研究与实现低碳目标相适应的现代会计具体制度设计和应用实务；研究非财务环境信息的独立报告与信息披露理论结构和应用范式。通过研究，力求在生态环境资源的计量方法、成本核算办法、信息报告范式、资源资金管理、数据集成平台构建、信息审计鉴证等方面，形成环境会计研究的方法特色、研究领域和研究成果。

以上基本认识，且作本书的序，只为抛砖引玉。如有不妥之处，敬请专家、读者批评指正。

2020 年 8 月 18 日

目　　录

第一章　总　论

第一节　研究的背景、目标与意义

一、研究的背景

中华人民共和国成立以来，尤其是改革开放以来，我国的经济迅速发展，根据国家统计局数据显示，GDP 从改革开放之初 1978 年的 3 645.2 亿元，增加至 2016 年 GDP 初次冲破 70 万亿，达到 74.4 万亿元，增长速度居世界首位。但是，粗放式的经济增长方式所带来的高消耗、高废弃的经济增长，是以我国的自然资源和生态环境状况不断恶化为代价的。据世界银行测算，20 世纪 90 年代中期，中国的经济增加有 2/3 是建立在对自然资源透支的基础上的，每一年因污染造成的经济损失已占 GDP 的 6% ~ 8%。大量资源、能源的耗用破坏了资源的自然存在形式，各类污染物的排放突破了地球生态系统的承载与自净极限，造成了生态资本过分消耗、生态系统失衡、生态功效退化等生态环境问题。

2015 年环保部发布的我国环境公报披露，我国经过多年的经济高速发展，污染问题集中暴露，生态系统退化形势极端严峻。据世界银行与国家环保部的研究统计，中国由于大气污染和水污染造成的成本相当于全国 GDP 的 5.8%，其中由于空气污染与水污染造成的健康损失成本相当于 GDP 的 4.3%，我国的生态形势不容乐观。

从全球来看，1992 年由忧思科学家联盟（Union of Concerned Scientists）发表的《世界科学家对人类的警告》，总共有 1700 名专家签署了自己的名字。此后，他们的持续研究表明，在过去的 20 多年里，环境形势变得更加令人担忧。2017 年 11 月来自 184 个国家和地区的 15 000 多名科学家签署了《世界科学家对人类正式警告：第二次通知》，这是对 25 年前的科学家们提出的警告进行重新审视，并对过去的 25 年进行了盘点，这些签署了"第二次通知"的科学家并不是在拉响假警报。因为他们从大量数据分析中已经认识到，人类正走向一条不可持续的道路。在这篇声明中，科学家详述了紧迫的环境问题令人警醒，1992～2015年的25年间，人均纯净水的数量下降了26%，近3亿英亩的林地被毁。全球哺乳动物、两栖动物、爬行动物、鸟类以及鱼类的数量下降了29%，而人类的数量却增加了35%。一切都在表明，25年来环境问题变得更加糟糕。科学家们警告说，在21世纪，如果我们继续沿着当前路径走下去，我们很可能会失去50%～75%的地球物种。毫不夸张地讲，这不是我们现在可以弥补的问题，也不是过后能够补救的问题，这是永久性的伤害。这表明，生态资源问题不是一国的而是全球性的，生态环境保护的目的不仅是为了当代人，也是为了后代人。

2012年的中国共产党第十八次代表大会，习近平总书记代表党中央所作的报告中，明确提出生态文明作为我国经济社会发展的战略纳入中国特色社会主义建设的"五位一体"工程，即经济建设、政治建设、文化建设、社会建设和生态文明建设，是中国社会主义现代化建设的目标和任务。2016年，我国又提出了要对经济进行供给侧改革，解决结构性问题，而不只是单纯扩大需求拉动经济增长；提出"一带一路"的"朋友圈"发展，带动沿路国家共同发展；倡导全球各国对全球变暖等问题提高重视度，走可持续全面发展之路。这些做法表明的立场无疑是：经济的发展不能以"青山绿水"为代价而因小失大。为此，2017年党的十九大报告中，进一步强调生态文明建设，明确指出建立市场化、多元化生态补偿机制是解决环境污染造成生态失衡的具体措施。报告指出，人与自然是生命共同体，人类必须尊重自然、顺应自然、保护自然。人类只有遵循自然规律才能有效防止在开发利用自然上走弯路，人类对大自然的伤害最终会伤及人类自身，这是无法抗拒的规律。接着"金山银山"论断后，习近平总书记再次指出，我们要建设的现代化是人与自然和谐共生的现代化，既要创造更多物质财富和精神财富以满足人民日益增长的美好生活需要，也要提供更多优质生态产品以满足人民日益增长的优美生态环境需要。必须坚持节约优先、保护优先、自然恢复为主的方针，形成节约资源和保护环境的空间格局、产业结构、生产方式、生活方式，还自然以宁静、和谐、美丽。十九大报告中提出，到2035年，我国生态环境要取得根本好转，美丽中国目标基本实现；到2050年，把我国建成富强民主文明和谐美丽的社会主义现代化强国，物质文明、政治文明、精神文明、社会文明、生态文明将全面提升。可见，我国环境治理任务艰巨，责任重大。

长期以来，在生态价值标准和补偿机制上，国内外学者围绕这两方面做了大量研究工作，但生态补偿效果并不明显。一是补偿标准不统一，政府行政干预过多，执行效能低下，环境纠纷不断，困难重重；二是补偿机制设计上不尽合理、补偿标准欠公平；三是重复研究较多，理论与实际脱节，高度不够并和政策脱轨；四是数据不足且难以获取，有效环境信息市场发展不充分；五是研究方法简单，思维狭窄，随意和滥用实证，难以从根本上解决现实问题。

　　生态补偿是以保护环境，维护人与自然的和谐相处为目的，利用经济手段调节相关者利益关系的制度安排。同时，生态补偿也是有效解决环境外部化，使不同经济实体环境成本内部化的政策实施过程。生态补偿涉及两个核心问题：补偿标准和补偿执行机制。生态补偿标准是确定生态补偿金额时参照的标准，它是生态环境补偿的核心，其研究的重点和难点在于生态环境成本概念和内容的界定以及核算方法的选择；生态补偿机制是使生态补偿得到有效落实的保证，应当通过一定的范式加以规范，并使其制度化、系统化和可操作。同时，生态环境作为公共产品，出现"公地悲剧"的原因是产权界定不清，因此，在生态补偿中必须明确地确定公共产品的产权，明确补偿的主体和对象，建立市场认可的公平补偿尺度和市场可接受的补偿执行机制。这就需要政府与市场相结合，逐步建立以政府为主导，市场推进，社会参与的生态补偿机制。而生态文明建设和可持续发展理论，要求人们重视生态环境、贯彻可持续发展理念，将生态产品使用合理化和经济化。在生态补偿实践中，我们要理论联系实际，既要依靠理论研究补偿的主体和对象、补偿的标准和方式，也要依据实际情况，作出不同的调整，使生态补偿程序运作得更加高效。

　　放眼世界，众多发达国家在环境会计领域的研究和应用都远远走在我们前列，如美国、日本、加拿大和英国等。随着中国40多年的改革开放，我国国际地位的日渐提高，要求我们必须加快建设中国绿色发展之路，力图改变传统财务分析指标维度单一的缺陷，从会计的视角看待环境深层次问题所在，认识环境问题的经济实质，如实反映实体经济的环境成本收益及其环境要素信息，并从环境损失成本核算和管理中，找出一条适合中国国情的生态补偿之路，通过环境经济政策的制定、完善和执行，以落实生态文明建设具体方略，其意义重大无比。

二、研究目标

　　以上可见，环境问题一直困扰我国社会、经济和生态发展的可持续，在社会基本矛盾方面表现在生态破坏和生态维护与经济发展之间的不平衡和不充分，是我国经济发展中亟待解决和重视的问题。为此，中国党和政府将生态文明建设放在我国社会主义现代化"五位一体"建设工程的突出位置，并作为一项战略性工作加以安排。但过去的状况显然说明，在当前甚至未来相当长的一段时间内，我国经济发展面临资源环境的巨大压力，迫切需要科学且适用的生态补偿办法，以保持国民经济的可持续发展。尽管近五年来中国环境状况较之前有了较明显的改善，但毋庸置疑的是，我国环境欠债太多，环境损害成本人为估计因素较大，现代化的建设对生态影响较大，环境对经济建设的抑制从根本上还没有得到解决。为此，笔者从公司微观层面就我国未来环境补偿标准和补偿执行机制建立进行逐一讨论。

生态环境补偿标准的确定和生态补偿执行机制，在环境经济学和环境管理学研究中是一个难度较大的理论和实务问题，环境污染治理涉及范围广泛，集多学科为一体，能否找到解决问题的最佳切入点，一直没有统一的说法和创新性的突破。我们知道，环境会计实际是基于环境成本控制基础上的环境价值管理，应用工具是环境成本管理会计。但在传统的会计核算模式下，环境成本信息不可能直接根据环境会计系统产生。为此，本书提出将生态环境信息嵌入会计信息系统，通过改进会计收益核算模式，以寻找环境损害与经济成本两者之间的关系和影响程度，并进而建立矩阵式的补偿标准，并采取财税、金融、审计、行政和司法等市场和非市场协同机制，最终建立市场化、货币化和多层次立体的生态补偿标准和补偿执行制度。

三、研究意义

生态补偿或称环境补偿，主要是指通过改善被破坏地区的生态系统状况或建立新的具有相当的生态系统功能，来补偿由于经济开发或经济建设而导致的现有的生态系统功能或质量下降或破坏，保持生态系统的稳定性。经济学意义上的生态补偿就是从利用资源所得到的经济收益中提取一部分资金并以物质或能量的方式归还生态系统，以维持生态系统的物质、能量在输入、输出时的动态平衡。生态资源环境是社会和经济持续发展的基础，环境问题就是发展问题，环境问题就其实质是经济问题，环境活动是经济活动的表现形式之一。

生态环境补偿研究涉及两个重点问题，一是生态补偿标准的确定机制，二是生态补偿执行机制。对上述两方面生态管理办法的正确确定，关乎生态补偿福利效应和补偿政策的效率与公平，更是解决环境问题的核心和关键。科学统一生态补偿标准办法的确定，应当本着可持续发展和社会公平理论，将环境信息与会计信息进行集成，通过对生态环境破坏程度和造成价值损害程度影响因素进行技术分类、财务分析和审计测试，用数理统计方法，将灰色多层次综合评判与模糊综合评价等方法相结合，建立生态污染等级和经济损失等级的数量函数，确定综合评价模型和价值补偿标准。同时，应建立由独立公正的并拥有较高的环境技术分析技能和财务分析水平的社会中介环境会计师为中心，以由政府制定标准和监管、司法裁定或判决为辅助手段，财政、税收、金融等相关部门协助执行的市场化、多元化和制度化的生态价值补偿执行机制。引入注册环境会计师对生态破坏损失的查验和核实，以补偿标准为基准来确定合理的补偿额度，辅之以法律、行政等其他手段，是未来解决生态补偿问题有效途径。而现代计算、应用软件及管理方法，为这项选题研究提供了强大的技术支撑。

由此，本书的研究作用和意义可概括为以下两个方面：

（一）理论价值

本书的研究有利于深化环境经济学和环境管理学的理论认识，并对现代会计计量理论和注册会计师审计测试与控制理论进行拓展，对促进中国环境会计学科形成和发展、培养和造就适应可持续发展新型会计专业人才具有积极意义。同时，生态补偿政策研究需要引入会计元素，科学实用的生态补偿标准和生态补偿执行机制的生态补偿机制，既能为制定生态环境保护政策提供有力支持，而且为环境损失成本会计核算和环境审计测试与评价提供理论依据和技术支撑，并为生态环境问题更好地解决提供新的方法，扩展现代会计学科功能，促进会计与其他学科的融合与贯通，为环境核算和污染控制的会计行为提供了较好思路，也为未来环境会计学科发展和学术研究深入提供了良好的条件。

（二）应用价值

本书的研究将产生重大的社会和经济双重效益。研究成果为政府制定相关政策和标准提供支持，贴近政策设计与实际应用。一方面，通过环境损害货币化补偿标准和市场化补偿约束机制的建立，给政府制定相关政策和标准提供支持，以保护有限生态资源可持续利用，有利于因问题产生的各种矛盾和纠纷的解决，改变长期以来生态补偿政策存在的不公平缺陷，并对社会稳定产生积极影响。另一方面，有利于促进排污实体自觉进行经济发展方式转变和经济结构调整，保证社会经济和企业经济发展，有效解决环境外部性问题，减少政府的财政负担。同时，本书的研究可以解决政府在环境补偿政策方面长期存在的困惑和在类似问题上政府在市场中的定位，有利于政府职能的转变，发挥会计师在生态保护方面本身应有的作用，为实体单位为保护生态环境进行经济发展方式转变和经济结构调整带来强烈的信号，具有较强实践导向，可操作性和应用性强。

总之，本书的研究为生态环境损害成本补偿标准确定和成本会计核算方法改进提供了理论依据，为环境成本会计计量提供了新的研究视角和经验证据，最终为生态补偿政策优化提供技术支持和数据支撑，促进生态文明建设真正落实到具体实践。同时，本书还为环境损失价值补偿的会计计量标准、环境损害成本的价值核算和环境审计测试的价值评价提供理论依据，为生态环境问题更好地解决提供新的研究视野和研究方法。同时，本书研究内容范围较为广泛，构筑了综合立体性市场多元结合的生态补偿机制，具有较强的实践导向性，可操作性和应用性强，能够使生态文明建设落实到具体实践。

第二节　研究内容与框架

一、基本框架

如前所述，生态环境补偿机制研究涉及两个重点内容，一是生态补偿标准的确定，二是补偿执行机制。前者是确定生态补偿金额时参照的标准，它是生态补偿机制的核心，后者是生态补偿标准得以实施和控制的过程。基于此，本书在研究时，确定了两个方面的研究重点：一是如何对生态污染所致价值损失和环境事故技术等级之间的相关关系进行量化处理；二是生态补偿执行机制如何体现环境经济外部化、环境成本内部化的市场规制。

为此，本书的基本架构如下：

（一）理论研究

理论研究包括：（1）资源环境价值、环境补偿与环境成本管理关系；（2）外部性、社会公平与公司环境社会责任；（3）注册会计师环境审计鉴证；（4）生态补偿标准体系理论模型与数量模型；（5）生态补偿标准执行机制建立；（6）环境成本计量与成本核算理论；（7）博弈与环境成本控制论。

（二）实证研究

实证研究包括：（1）与生态环境密切相关的制造业生态损失成本与补偿标准模型、计量方法和计量标准实证；（2）重污染行业和上市公司环境激励政策、制度与方法；（3）环境绩效评价方法实证。

研究中选取的实证对象包括：（1）按照公司类型主要包括制药、石化、造纸、钢铁、煤炭、城建环保和建筑企业；（2）按照生态污染源种类主要选择"三废"，即水污染、大气污染和固体废弃物；（3）按照生态环境绩效评价指标，选择中观层面行业环境、区域环境和微观实体的公司企业。

（三）制度设计与构建模式

与本研究密切相关的制度设计与模式构建包括：（1）环境成本核算；（2）环境财务报告；（3）环境成本控制；（4）环保资金预算；（5）环境财务评价指标体系；（6）多极环境金融融资；（7）资源环境审计鉴证；（8）环境财务绩效评价。这些模式的设计与构建对生态补偿机制的良好运作会产生重要影响。

（四）案例分析

本书选择了与环境污染和生态相关的太湖流域环境绩效、科伦药业公司环境报告以及环境洛伦茨曲线。

本项目研究内容的基本结构框架如图 1-1 所示。

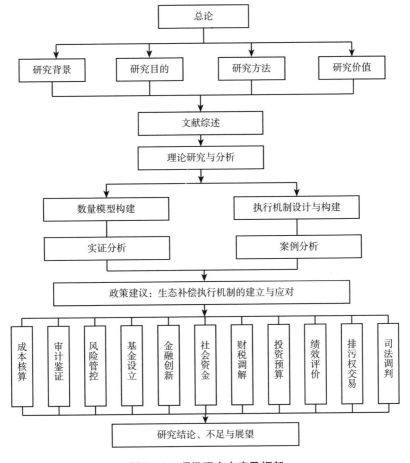

图 1-1 项目研究内容及框架

二、具体内容

（一）生态损害补偿理论研究

生态环境补偿究其本质还是环境损害成本标准问题，其关键所在是解决损害成本转移支付方式及排污方环境负债负担的货币量化问题。前者归结于外部成本内在化经济学原理，后者是会计计量方法在环境科学中的改进，显然这种方法上的改进不可能直接照搬现有的会计计量模式，必须应用跨学科方法，这是由环境生态的特性和损害后果决定的。本书基于环境会计的研究视角，讨论了生态环境活动的经济属性和会计方法的可能嵌入，进而从理论上设计了生态补偿政策框架。研究结果认为，生态补偿政策的建立，应本着可持续发展理论，将环境信息与会计信息进行集成，通过对生态环境破坏程度和造成价值损害程度及其影响因素，进行技术分类和财务分析与审计测试，用数理统计方法，将灰色多层次综合评判与模糊综合评价相结合，建立生态污染等级和经济损失等级的数量函数，确定综合评价模型和价值补偿标准。同时，上市公司环境责任的落实，迫切要求注册会计师实施公司环境审计鉴证，以促进公司履行环境责任。依据"受托责任"理论，针对我国民间审计主体缺位现实状况，从理论上分析了上市公司环境审计的本质和绿色市场对民间制度要求，进而提出了建立以注册会计师为主导地位的我国上市公司环境审计鉴证制度的设想。研究结果表明，建立以社会中介的注册环境会计师为主导，以政府监管、司法裁决、相关部门协同执行为辅助手段市场化的生态补偿执行机制，可以确保生态补偿机制得到执行。

在方法上，首先基于生态环境污染事故设计出可测性评价指标，并借助层次分析法研究各评价指标在环境污染事故等级评价和环境污染经济损失等级划分中的权重，然后运用线性加权法及模糊综合评价数量模型，构建生态环境污染事故和环境污染所致经济损失等级评价模型，最后笔者结合因子分析和线性回归模型提出生态价值补偿矩阵和生态价值补偿标准。研究发现，线性加权法可将环境污染事故分为 n 个等级，模糊综合评价可将环境污染经济损失划分为 m 个等级。本研究成果不仅可为政府制定相关政策和标准提供支持，以保护有限生态资源可持续利用，而且有利于促进排污实体自觉进行经济发展方式转变和经济结构调整，履行其社会责任，有效解决环境外部性问题，减少政府的财政负担。

（二）生态损害补偿标准应用研究

生态补偿需要进行价值量化，其量化手段尽管复杂，但可以通过会计计量方法加以解决，这其中的关键是确定好影响企业具有同质性的最终因素（比如企业为利润、健康为治疗费等）。补偿金额既是改进会计系统利润核算方法应包含内在化环境支出的依据，也是环境管理系统中环境成本控制中枢。

首先，生态成本补偿标准确定应从传统会计收益和计算方法改进入手，以边际成本理论与生产要素理论为依据，以 2003～2012 年我国七大重污染行业为研究对象，通过综合评价模型对生态环境污染状况进行等级评价和标准划分，结合面板随机系数模型考察生态环境污染等级指数对六大非重污染行业利润总额的影响程度，设计了我国工业行业生态补偿模型和损害成本具体补偿标准。研究结果表明，我国七大重污染行业生态环境整体状况仍不容乐观，其污染等级指数均对六大非重污染行业利润产生负向影响，但不同行业间有显著差异；从排污方来看，生态环境损害成本补偿标准可根据排污方造成受害方利润总额的下降幅度进行理论设计、价值计算和会计处理。

其次，本书一方面以城市污水处理企业为对象，分析目前我国城市污水处理企业实行环境财务预算的标准，并从筹资预算、投资预算、经营预算、分配预算四个方面对城市污水处理企业的环境财务预算编制框架进行了设计，以期对生态补偿的标准进行理论和实践上的测试，以促进污水处理企业实现环保升级，促进企业对环境财务进行预算管理，验证补偿标准的科学性和适用性。另一方面，根据近 20 年来我国资源利用过程中开采和消费两个阶段的情况，观察资源税在资源合理配置以及应对资源生产和消费过程中产生的外部性问题中的作用，间接观察税收政策对生态的价值功能影响，以修正生态补偿标准。研究发现，中国近 20 年来的资源税收制度设计缺陷无法使生态保护得到理想的保护，笔者认为资源税收难以弥补生态被破坏造成的损害和损失，税率偏低十分明显。这一研究结果正好与目前我国环境税收制度的设计与开征的强烈呼声相契合。

最后，为研究环境绩效和环境财务绩效共赢局面，本书在提出工业环境财务绩效评价体系理论框架的基础上，采用因子分析法和多元线性回归模型对我国各省份的工业环境财务绩效和影响因素进行了研究。研究结果表明：我国工业环境财务绩效总体上呈由东向西逐步下降的地域特征，但各省份间的差距在不断缩小；经济规模、教育水平和人口密集度对工业环境财务绩效具有积极影响，国际贸易、环境规制和科技水平对工业环境财务绩效具有消极影响，外资依存度和产业结构对工业环境财务绩效并无显著影响。导致这种现象的主要原因是我国在发展经济的同时对环境造成了一定的破坏，但经济发展的程度要大于对环境的破坏程度。基于以上研究，本书提出了宏观层面的环境改善，进一步完善包括生态补偿标准的环境规制、调整科技发展政策和研究方向、积极推动环保技术的创新和应用的政策建议，以解决生态价值与经济发展不协调的问题。

（三）生态损害补偿标准的博弈分析

显然，生态与环境问题已成为阻碍社会可持续发展的瓶颈，为此生态保护与污染补偿机制的建立备受各方关注。但我国生态补偿制度还没有完全建立的情况下，解决补偿标准纠纷的方法在实践中更多的是以不违反法律和政策为前提，运用污染者和受害者相互之间的博弈机理。即使是提起法律诉讼，也还得先行调解，而调解的过程其实就是在司法公正且法院介入的前提下，为保障损害者利益尽可能公平和合理地得到补偿的受害者和排污者之间的博弈过程。基于补偿标准的确定和环境成本的核算使经济实体外部成本内部化污染补偿博弈机理得以建立，能使补偿各方顾及各自的利益进行协商谈判并达成共识，以体现补偿标准的公平和合理，最终实现保护环境的目标。本书以我国工业行业生态污染补偿标准确定为研究对象，基于环境成本视角，量化重污染行业和非重污染行业的补偿上下限，运用博弈逐步缩小区间，确定具体补偿标准。研究表明，博弈基础上达成的最终补偿标准能提升资源配置公平和效率，并进而推动生态污染补偿机制的市场化。

立足于污染补偿标准分析和补偿机制的建立，将补偿主体界定为使生态环境降级的破坏者与污染者，补偿客体是由环境降级而导致损失的受害者。对于大气污染（水污染），生态补偿主体包括上风区（上游）地方政府、居民、企业等污染排放者，客体包括下风区（下游）地方政府、居民、企业等受害实体。特殊地，在难以明确界定上下游的情况下，如研究我国规模以上工业行业之间的补偿时，可以将重污染行业（排污实体）和非重污染行业（受害实体）分别视为补偿主体和客体。生态补偿主客体界定正是补偿时讨价还价博弈机制建立的前提并体现市场规则。结合演化博弈分析和实证，本书认为，重污染行业应对非重污染行业进行补偿，非重污染行业再按环境损害成本补偿标准的比例对受害具体实体进行分配，最终完成补偿程序并实现补偿标准博弈目的。

（四）生态环境损害补偿机制研究

环境损害的特点决定了建立博弈的协助机制以使环境污染补偿落到实处具有重要意义。受害实体受损程度、污染实体排污程度直接关系到补偿金额的多少，博弈形成的环境污染补偿标准建立在环境成本计量的基础上，博弈是完善环境补偿机制的一种辅助方法，它不应也不可能替代环境成本核算程序。本研究中的污染补偿虽然不像水权交易、排污权交易一样具有明确的产权，但基于利益相关双方进行的协商谈判类似于自由交易。同时，一旦确定环境补偿标准的博弈机理，不仅环境污染补偿适用，而且环境保护者亦可通过谈判要求受益者支付一定的金额，这种自由的谈判实质上隐含着激励的作用，从而使得环境的污染者积极转变为环境的保护者。通过博弈机理确定的污染补偿标准能弱化环境损失的模糊、潜在、持久性等特点造成的影响，弥补了传统补偿标准的不公平性，消除了较大的人为估计因素。当然，为了确保博弈机理下的补偿标准顺利实现，应由独立公正并拥有较高的环境技能和财务分析水平的社会中介组织去鉴定。政府的作为只是统一政策和标准的制定并实施监管。为此，应当建立以社会中介组织的环境注册会计师为中心、政府和司法部门为辅的价值补偿博弈协助机制。此外，作为环境补偿重要内容的生态补偿成本，重点是要解决责任人的义务比例分担和预计支出的合理估计，同时为体现排污方对环境责任的承担和会计谨慎性原则，排污方应将要承担的补偿金额事前通过计提生态补偿超级基金方法进行会计处理，其补偿机制应当建立在自愿和协商的基础上，并可以辅之以博弈、会计鉴定和司法程序。

通过研究，本书提出了十项具有针对性的生态补偿执行制度，包括具体内容、方法和程序，从而形成系统的生态补偿执行制度体系。通过这些制度的建立和完善，形成了多元性市场化生态补偿制度体系，以保证生态补偿标准制度得到真正落实。

第三节　研究方法与技术线路

一、一般方法

（一）研究思路

生态补偿机制的建立涉及两个互为关联的关键性问题，即：生态补偿标准的确定机制和生态补偿执行机制。对上述两方面生态管理政策的设计，关乎生态补偿效应和补偿政策的效率与公平。笔者基于环境会计信息的研究视角，讨论了生态环境活动的经济属性和会计方法的可能嵌入，进而从理论上设计了生态补偿政策框架。

环境会计信息是会计信息系统的组成部分，并与环境信息系统交叉，进而生成环境财务信息和环境管理信息。系统通过对排污及其治理形成的数据进行收集、加工、分析与处理，形成利于环境成本控制与环境绩效提高的有用信息，以满足现代会计对环境信息的嵌入，并进行有效的环境经济管理和环境道德投资与经营决策。可见，环境会计信息是环境信息使用者进行绿色投资、绿色经营和绿色消费及环境管理的主要依据。环境会计对象是环境经济活动，环境经济活动表现形式就是保护环境的环境行为，保护环境的行为中涉及价值和管理的信息就是具体而现实的环境会计对象，同时也构成会计报告内容和环境审计鉴证的内容。所以，环境问题实质就是经济问题，环境会计与环境审计就是围绕环境问题而展开的。

（二）以环境成本导入，并围绕环境成本核算和成本管理为核心

（1）环境财务成本会计分析。依据会计理论和生产要素理论，污染行业企业对外排污并最终会提高非重污染行业企业成本。为此，以 2003～2010 年七大重污染行业面板数据为研究样本，通过综合评价模型对生态环境污染情况进行等级评价和标准划分，结合面板随机系数模型考察生态环境污染等级指数对非重污染行业利润总额的影响度并进行了实证检验。依据环境经济"外部性"理论和"污染者付费"原则，考察了排污实体所负担的环境成本，同时进行博弈分析，最终设计了生态环境补偿标准。从管理会计角度分析得出，排污实体向外部环境排放的污染物直接或间接地对受害实体造成的利益损失，成为排污方应尽的补偿责任。

（2）经济技术分析。将环境信息纳入会计信息系统，综合经济学、环境学和管理学知识，加以集成分析。又因为生态环境补偿运作机制关键在于价值补偿标准的确定，因此，本书设计的由注册环境会计师对污染实体受损情况进行财务审计测试，并验证受损价值程度为价值补偿的基础的执行机制，同样涉及环境损害价值的货币化。本书应用了通过对非自然因素导致的环境污染及生态环境破坏和价值损害进行技术分类、财务分析，将灰色多层次综合评判与模糊综合评价相结合，建立生态污染技术等级和所致价值损失等级的数学函数，综合确定可量化的评价模型和价值补偿标准。

二、具体方法

（一）补偿机理研究

会计收益理论是生态补偿标准设计的最基本理论依据。环境污染源来自企业生产经营活动，企业尤其是工业行业中从事生产制造的企业，其对外排放污染应当通过支付环境治理费用来承担环境破坏和污染后果。按照会计收益观，凡是与环境保护措施有关的费用包括直接费用和外部成本都应当从应税收益中扣除。为此，传统会计收益的计算方法必须要加以改进。传统的会计收益等式"收入－费用＝利润"应当演化为环境收益"收入－（费用＋环境成本）＝环境利润"。这个增加了的"环境成本"就是环境外部社会成本的内在化处理，它理所当然包括生态损害补偿成本，并成为笔者研究生态环境补偿成本标准的最直接和最基本依据。而不同污染补偿标准界定通过生态损害成本和污染等级多级综合矩阵模型加以确定，从而形成不同损害程度的补偿尺度。

（二）补偿标准确定

本书设计了生态环境事故对受害实体或受害对象所致经济损失等级价值指标。非自然因素导致的生态环境污染事故的发生大多是以超标排放为前提的，由此势必导致受污染实体的人身伤害或财产经济损失，产生显性和隐性成本支付，并最终体现在收入减少、支付增加以及收益和利润的减少。依据生态补偿的原则和最低补偿基本前提条件，本书从被污染标的被破坏成本、生态保护成本、污染治理恢复成本、环境管理成本等方面因素加以综合考虑，应用财务审计评价、对比分析方法，估计损害价值损失等级标准（一般设定为5级指标）。

第一，设计污染事故等级技术指标。技术等级标准的确定可以根据超标排污量、造成的客观环境破坏程度及其他因素加以综合考虑，这一指标体系可根据排污者的环境不良行为造成的污染程度状况评定级别，分别以不同级别（一般也设定为5级指标）代表污染事故的程度。

第二，生态价值补偿标准。分析污染事故技术等级标准及污染事故产生的具体原因与财务价值损失等级之间的关联性，建立污染事故等级和价值损失等级数量关系，并通过足够量的样本分析和数字模拟，估算生态补偿数额，剖析生态补偿过程中面临的问题、主要决定因素和形成的机制，结合经济发展水平、支付能力，给出合理生态价值补偿标准。

第三，补偿价值标准模型设计。在上述技术标准和价值标准确定的基础上，选择一定数量有代表性的被污染区域（如流域、地区、行业）、被污染客体（水、大气和固废）及实体（行业企业）进行实地调研和考察，经过统计分析与综合，并考虑相关因素对污染事故等级和经济损失程度的影响因素，建立生态污染等级和经济损失等级的数学函数，进而通过多级综合评价模型提出生态价值补偿标准的数理模型。

生态补偿标准研究主要是基于环境成本确认与计量方法研究，基本模式如图1－2所示。

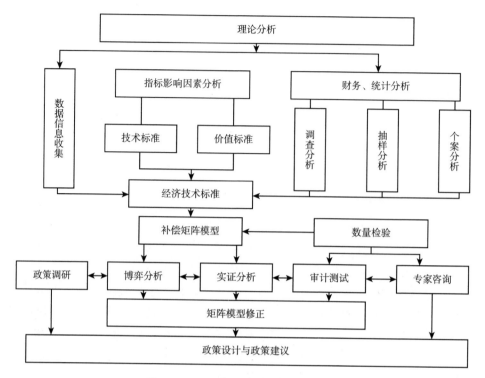

图 1 - 2 生态补偿标准研究技术路线

（三）补偿机制构建

建立以独立公正的并拥有较高的环境技术分析技能和财务分析水平的社会中介的会计师为中心、以政府制定标准和监管、司法裁定或判决为辅助手段，财政、金融等相关部门协助执行的市场化、制度化的生态价值补偿执行机制。引入会计师对生态破坏损失的查验和核实，以补偿标准为基准确定合理的补偿额度，辅之以法律、行政等其他手段，是未来解决生态补偿问题的有效途径。

生态补偿机制研究主要是基于环境成本价值补偿执行的协同机制，基本模式如图 1 - 3 所示。

三、技术方法

（1）文献综述法。笔者研究循环经济资源价值流和环境成本控制方法时，查阅了国内外大量文献综述，力求全面了解相关领域的理论前沿知识。在综述时，文献综述法表现得更为显著，同时应用质量和数量上的对比分析，进行综合评价。

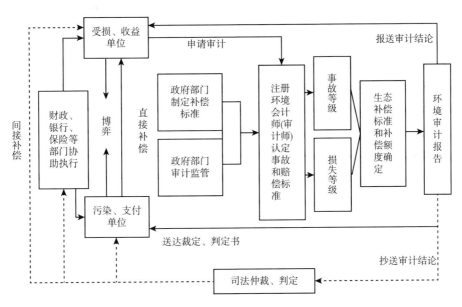

图 1-3　生态补偿机制研究技术路线

（2）规范法。本书的生态补偿的理论构建、生态补偿机制和制度的模式设计以及研究结论与政策建议，大量采用规范研究方法。笔者通过严谨的逻辑推理，阐述内在机理和功能，架构制度体系和政策措施。

（3）实证法。笔者设计了补偿数量模型，对中国重污染工业行业生态补偿、太湖流域生态补偿、各省生态补偿进行具体设计和实证，同时对环境财务绩效评估进行实证分析。

（4）博弈法。笔者设计和采用博弈模型，允许付费者与受害者或第三方通过博弈机制，求得补偿意愿一致。

（5）统计分析法。笔者将调研获取的数据、财务报表数字和个案中的数据，进行统计分析，并采用图文结合形式加以展示，借以发现现象，揭示内涵，阐述观点和结论。统计方法应用中，又结合模糊聚类分析、多元线性回归分析、层次分析等方法。

（6）物质流分析法。笔者结合燃煤发电厂生产工艺流程，按照循环经济理念，逐步分析每一生产工序物质的流转，以及相应的价值流转。

（7）系统性分析法。笔者以系统观搭建环境成本控制模式，将燃煤发电厂环境成本控制问题视为一个系统，从系统整体目标出发，架构 PDCA 循环管理的系统框架，分别论述环境成本控制模式整体与部分的结构和功能。全面反映系统的集成性与突出性。

（8）定性与定量相结合。燃煤发电厂环境成本的控制模式是从界定、分析、核算一直到控制的一个完整过程，其间的分析过程，需要定性的描述，更需要定量的核算，进而给出一个全方位的分析。

（9）案例分析法。本书以某燃煤发电企业、太湖水治理等案例进行分析，指出环境成本控制现状，通过资源价值流和内部控制要素分析，找出污染最大的环节，并且给出控制环境成本的对策。

第四节　可能的研究创新与贡献

一、创新与特色

通过研究，本书力求在两个方面有所创新突破：一是环境会计成本计量理论；二是 CPA 环境审计鉴证理论。这两个方面应用于生态补偿领域的研究，在国内和国际上都是原创性研究。

（1）生态环境补偿究其本质还是环境损害成本标准问题，其关键所在是解决损害成本转移支付方式及排污方环境负债负担的货币量化问题。前者归结于外部成本内在化经济学原理，后者是会计计量方法在环境科学中的改进，显然这种方法上的改进不可能直接照搬现有的会计计量模式，必须应用跨学科方法，这是由环境生态的特性和损害后果决定的。

（2）生态补偿需要通过价值量化，其量化手段尽管很复杂，但可以通过会计计量方法加以解决，关键是确定好影响企业具有同质性的最终因素，其补偿金额既是改进会计系统利润核算方法应包含内在化环境支出的依据，也是环境管理系统中的环境成本控制中枢。

（3）作为环境补偿重要内容的生态补偿成本，重点是要解决责任人的义务比例分担和预计支出的合理估计，同时为体现排污方对环境责任的承担和会计谨慎性原则，排污方应将要承担的补偿金额事前通过计提生态补偿超级基金方法进行会计处理。其补偿机制应当建立在自愿和协商基础上，并可以辅之以博弈、会计鉴定和司法程序。

（4）通过对我国工业重污染行业（企业）和非重污染企业之间的损害补偿实证分析，建立数理模型，提出了损害等级和价值损失两因素构成的矩阵式补偿标准，并以太湖的生态补偿作为案例分析。

（5）寻找到多方协同效应之下的生态补偿机制。生态补偿机制多元性和全方位实现这一机制是解决当前中国生态失衡的必经路径，这是我国国情和环境现状决定的。生态补偿的资金应来源于不同的补偿主体，尽管国家财政收入是补偿资金的主要来源，但补偿资金的来源还应该包括个人与社会，同时补偿的方式应更加多元化，从而实现补偿效益的最大化。

二、研究方法的创新和特色

本书力求通过会计方法去解决生态损失补偿计量问题，并对补偿机制进行实证，提出了可供环境经济决策的价值补偿标准，拓展了会计计量理论，为会计与环境学科集成和跨学科的交叉方法在环境管理中的运用进行了初步尝试，一定程度上解决了制约生态补偿标准制定的瓶颈。

（1）研究视角新颖。本书将生态环境信息融入会计信息系统，这种从会计视角研究生态环境治理机理，是迄今为止国内外同类项目研究中少见的一种研究方法。

（2）研究方法独特。本书力求用市场机制解决生态环境外部化问题，进而建立矩阵式的生态补偿标准模型，从而解决不同程度的生态破坏在补偿标准上的不公平性和随意性。

（3）观点前沿和适用。本书提出中国注册会计师环境审计鉴证的基本构想；并设计出以注册会计师为主导地位，政府指导与监管、相关职能部门及多种手段并存协同的市场化生态补偿执行机制。

（4）立体性与综合性。生态补偿执行机制应采用市场的方法，主要是会计成本的方法，同时采用与会计密切关联的财政、税收、金融、保险、经济司法等手段，体现了对生态补偿的多元化、市场化、综合性，构成立体的生态补偿协同机制。

三、主要贡献

（1）本书的研究结论能够体现市场经济各主体的准确定位。长期以来在生态价值补偿机制上，补偿标准不统一，政府行政干预过多，执行效能低下，环境纠纷不断，困难重重，一个重要原因是补偿机制设计上不尽合理、补偿标准欠公平。本书建立了由独立公正的并拥有较高的环境技术技能和财务分析水平的会计师为中心、政府和司法为辅助手段的市场化的生态价值补偿运行机制。这一生态管理体制上的创新，体现了市场经济条件下政府、司法和社会中介组织的准确定位，政府的作为只是统一政策和制定标准并实施监管，有利于政府职能转变和发挥会计师的作用。为此，环境政策制定者、决策层和环境管理执行者需要从认知上掌握会计这一特殊手段在包括生态损害补偿在内的环境治理价值和功能方面的应用。

（2）研究方法新颖独特。将生态环境信息嵌入会计信息系统的研究方法及价值补偿标准和补偿运作机制的设计，是目前为止在生态补偿机制的同类研究中，国内外少有的一种方法。所以，本研究成果视角独特、方法新颖并具创新性。一套较为完整的生态技术和价值指标设计及由此构建的矩阵生态补偿模型，获得了多级综合评价数理实证方法和案例分析两种方法的验证，其科学性和适用性显而易见。科学技术发展尤其是现代计算机技术、应用软件开发和管理创新速度加快，为这一设计提供了强大的技术支撑。

（3）突出环境成本的计量方法和控制执行机制。本书将生态环境信息纳入会计信息系统研究生态补偿标准，首先要解决环境交易和事项的认定问题，即这些业务涉及哪些环境会计要素、项目划分和认定时间；还要确定和建立对已经确认的环境交易和事项以什么属性及多少金额进行计量，使其进入会计信息系统并最终体现在财务报告中。因此，将所有生态环境价值予以货币化是本研究最显著的特点，也是它的立足点。可见，建立以注册会计师环境审计为中心，辅之以政府引导的公司环境补偿执行机制，是保证企业环境审计制度顺利和健康实施的基础。同时，企业可以通过环境评价提高企业环境信息的透明度，并进一步利用市场增大企业的利益。这对建立我国的公司环境补偿审计机制有着启示意义。

第二章　相关文献综述与实践经验

第一节　国外文献回顾

当今世界，随着社会文明的不断发展，物质财富的不断增加，经济增长不断加快，同时也加重了环境问题的负担。各国政府都开始意识到环境恶化这个严峻的生态问题，许多国家都开始着手制定有关生态环境保护、生态功能恢复的制度。生态损害成本补偿制度是为了平衡经济发展和自然环境二者的关系，促进生态—经济和谐发展。生态损害补偿机制是根据生态系统的自身价值、生态保护的成本、机会成本，借助政府和市场，调节生态保护利益相关者之间利益关系的环境保护制度。要实现社会经济的可持续发展必然需要建立此类的生态补偿制度。本节将一些西方发达国家与中国的生态补偿机制进行对照剖析，总结了各地成功的经验，结合我国国情提出建议。笔者认为，应当重视市场在资源配置中的作用，应用各种行政和市场手段，以完善的法律体系为支撑，使政府和市场互为补助，促进生态—经济的和谐发展。

一、国外研究现状

（一）补偿标准

国外对生态补偿标准和补偿机制的研究更加侧重于补偿意愿和补偿时空配置的研究，并且个案研究十分突出。美国在 20 世纪 30 年代遭受特大洪灾和严重的沙尘暴后，开始实行保护性退耕，建立了"环境效益指数"和"根据土壤特点调整的租金率"两个评价基准，用于估算各地实际情况的租金率，进而确定与各地自然和经济条件相适应的补偿标准。美国学者主张补偿金的制定标准和分配必须考虑生态功能的积累效应以及各种生态功能间的相互作用和联系，运用线性规划和灵敏度分析确定农民退耕地的机会成本，通过与机会成本比较

给出可能的补助标准（Junjie wu & Hamdar，1999）。英国国际环境与发展研究
所（IIED）和哥斯达黎加政府提出需求驱动补偿，美国对流域相关利益群体保
护的补偿方案的制订也是基于这一做法并主张博弈形成标准。还有学者建立了
生态经济模型程序，以实现详细设计分物种、分功能的生态补偿预算的时空安
排，并为补偿政策实施提供了数量支持（Johst，2002）。在补偿机制上，国内外
学者几乎一致更倾向于行政、法律、市场调节等方法的综合运用。自庇古建立
的调节市场机制和科斯建立的市场机制试图用经济方法来解决"外部性"问
题，到20世纪70年代国际经济合作和发展组织（DECE）提出并推荐了环境
"污染者付费原则"（PPP），至今天，中外政府制定并实施了包括节能减排、征
收排污费、排污权交易、排放许可证、开征碳税等管理和控制的环境政策，并
取得了一些成效。但全球环境压力依然巨大。

此外，发达国家的生态补偿理论与实践起步较早，形成了很多研究成果和
实践进展。国外学者对生态补偿的研究涵盖了很多学科范畴，比如环境学、环
境工程学、生态学、生态经济学、环境经济学等，在这些领域中发展了大量关
于生态补偿的理论，取得了丰硕的研究成果。同时这些国家还在努力进行生态
补偿的实践尝试，也取得了较大进展。

环境管理术语中的"补偿"是指平衡发展对社会功能的负面影响，例如向
农业生产者支付野生动物损害所造成的收入损失（Wagner et al，1997），种植
树木以修复二氧化碳排放量（联合国，1993）以及抵消湿地环境损害（国家研
究理事会，1992）。

在西方，生态补偿被称为生态系统服务（PES）或生态效益付费（PEB），
或者被描述为"生物多样性补偿（biodiversity offset）"，通常涉及创造栖息地以
抵消发展影响（Morris et al，2006）。在新西兰法院关于 JF 投资有限公司案
（C48/2006）的决定中，法院将环境补偿（ecological compensation）定义为：
"避免、补救或减轻活动对相关区域、地貌或景观的不利影响的任何行动（如
工作、服务或限制性契约），环境作为对正在寻求同意的活动的不可避免和不受
影响的不利影响的补偿。"根据荷兰的政策，在实践中，生态补偿仅限于严格意
义上的自然功能（MANF & MHPE，1993）。

西方学者更加注重对补偿意愿和补偿时空配置进行研究。在调查了城市居
民和国外游客的意愿并加以分析的基础上，比纳比和赫恩（Bienabe & Hearne）
建立了逻辑斯蒂回归模型，结果表明人们都乐意对环境服务进行付费，值得注
意的是，比起对景观美感的支付，人们更愿意对环境保护进行支付；而对交通
工具造成的生态损害的补偿方面，国外游客偏向于自愿式抵偿。在补偿时空配
置的研究上，约斯特（Johst）用生态经济学模型设计出分物种、分功能的生态

补偿的时空安排。莫拉纳和麦克维蒂（Morana & McVittie）以苏格兰地区的人民为对象，调查了他们对生态损害补偿的付费意愿，并用层次分析法和综合评价法对结果进行了分析，分析结果显示，从环境和社会福利的角度出发，人们愿意以收入税的形式参与到付费补偿项目中去。

（二）补偿机制

国外补偿机制的研究起步较早，可以追溯到 20 世纪 70 年代比蒙斯和马林关于污染社会成本和会计的著作。80 年代末学术界开始提出环境会计理论，并认为环境核算的关键还是在于环境成本的确认和计量。之后在 90 年代诸多学者陆续从各自角度对环境成本概念进行界定，提出环境成本本质上就是实际或者潜在恶化的成本（Therivel et al，1992；Vaughn，1995；Sadler & Verheem，1996）。2000 年以后，学者们更多开始运用数理模型并结合案例分析，逐步展开应用研究。如约斯特等（Johst et al，2002）运用跨学科方法，结合白鹳保护的案例建立了生态环境经济模型程序，以实现详细设计分物种、分功能的生态环境补偿预算的时空安排，并为补偿政策实施提供了数量支持，有利于物种保护政策的有效执行。考埃尔（Cowell，2003）通过对南威尔士加的夫海港的新湿地供养补偿案例分析，认为生态环境成本补偿（或称环境成本补偿）主要是指通过改善被破坏地区的生态环境系统状况或建立新的具有相当的生态环境系统功能，来补偿由于经济开发或经济建设而导致的现有的生态环境系统功能或质量下降或破坏，从而维护环境资产。帕吉奥拉（Pagiola，2007）认为市场化生态环境补偿方式效率较其他方式更高，且可以通过引入博弈机制确定最终生态环境补偿金额。

美国在生态损害补偿方面已经有了数十年的实践经验，并且具有完善的生态补偿法律体系和运作程序。在这些实践中，美国的生态补偿有一个显著的特征，它考虑到补偿的对象分为生态环境和人身财产，并对其展开了专门立法，不同的对象有不同的法律作为依据进行补偿。

美国自然资源损害赔偿范围包括污染清理费用、污染修复费用和生态服务功能的期间损失，而且评估费用也由污染责任者承担。在救济途径方面，美国建立了环境公益诉讼制度对自然资源损害进行救济。环境民事公益诉讼制度旨在保护环境公共利益，它不只是在对公众的利益受到损害时才起到作用，只要关乎生态受到的利益损害，人们就可以对排污企业提起诉讼。在生态实践中，美国往往采用协商的方法调解双方。在关于生态损害的补偿中可以具体体现，在采取司法手段之前，环保局等国家机关可以就环境补偿的一系列事宜与环境损害的责任法达成协议，由责任方根据协议执行赔偿和修复事宜，在协议不成的情况下可以由环保局代为修复环境，然后提起诉讼要求责任方承担修复等赔偿费用。美国在自然资源损害评估方面具有内政部和海洋大气管理局两套评估规则，评估步骤与技术方法主要包括：首先，确定生态环境损害的性质、程度、范围，确认损害发生前的生态环境的状况；其次，确定污染的责任方和受损方；再其次，采取等值分析方法量化损害相对于原本状况的程度，确立使生态环境恢复到原状所需要补偿的规模和程度，确定其所需的金额，若不能使其恢复原状，还需要确定使其生态系统完善所需的补充性的规模和程度；最后，根据修复措施选择最优修复方案，并予以执行。

由上述案例可见美国生态补偿运行程序存在的优势。第一，法律体系完善。美国的生态补偿可以追溯到 20 世纪 30 年代，作为最早建立生态补偿机制的国家之一，美国在生态补偿方面的立法在进入 21 世纪后逐渐得到完善，对排污企业的水质改善项目等有相关法律的扶持，有条文规定生态补偿的程序，在生态补偿过程中，可以做到有法可依。完善的法律体系传达了美国政府对生态保护的决心。我国也可以借鉴美国成功的经验，完善我国的生态补偿法律体系。第二，补偿程序细致、清楚。在美国的运作程序中，补偿的范围很广泛，它不止涉及人身、财产权利受到损害，生态功能、环境审美相关利益受到损害也包含其中。补偿的主体、对象都很明确。在诉讼方面，它涵盖了达成协议和协议不统一两种情况，并把各种情况下，主体和对象应承担的责任都交代清楚。就生态补偿中一直存在的难题——生态补偿标准而言，美国也有一套自己的评估规则，且评估规则划分得很详细，利用等值分析方法得出将生态恢复到基线状态应采取的补偿标准和补偿方式，选择最优方案，对生态进行补偿。

（三）补偿成本会计

环境成本研究在财会领域中是一个全新的领域。自 1970 年开始，西方发达国家率先对环境成本的内部控制、环境费用与环境效益、信息披露等内容进行探索。由此，环境成本的研究得以迅速地发展。不过，国际上对于环境成本的很多方面仍存在着争议。

美国在环境成本方面研究成果较为丰硕，这与政府早期关注有一定关系。美国国家环保局（EPA）先后发表的研究报告主要有：《EITF89——13 石棉清理成本的会计处理》《作为企业管理工具的环境会计入门：关键概念和术语》[①]；

---

① EPA. An Introduction to Environment Accounting As a Business Tool: Key Concepts and Terms [R]. Washington DC: United States Environmental Protection Agency, 1995.

1997 年发表的《化学及石油公司的环境成本会计：标杆研究》等①；另外，对于环境成本，美国财务会计准则委员会（FASB）提出予以资本化的条件包括延长企业拥有资产的寿命、强化设备安全性或提高其效率的成本、减少或防止以后经营活动产生的污染以及保护环境三个条件②。

欧洲国家在 20 世纪 80 年代，政府就要求企业在对外公布的社会责任会计数据中披露有关环境信息。法国、挪威与荷兰为建立环境成本实物核算矩阵进行了很多研究工作。德国在实践方面进行研究③，1995 年，开始执行生态管理和审核计划，建立管理的生态会计模式，通过物理化学单位将不同环境负荷影响分别进行讨论，分析了企业的投资效益。在 1996 年，国际会计师联合会（IFAC）发表《财务报告中的环境问题》，对环境成本核算、资产损害复原和信息披露几方面进行了比较具体的论述④。

日本主张走"循环型经济社会"之路，倡导可持续发展。在 20 世纪末，日本发布《关于环境保全成本的把握与披露的指导要点》，就环境保全成本核算方面进行了详细的描述⑤；另外，日本政府提供环境会计软件，便于企业下载和使用，鼓励其进行环境成本核算的工作。

二、发达国家生态损害成本补偿制度的成功经验

（一）发达国家生态损害成本补偿的类型

国外生态成本补偿的类型从补偿形态上大致可分为经济补偿和非经济补偿。

经济补偿又可以进一步地细分为经济或政策上的支持（或惩罚）。生态损害的经济补偿是大多数西方发达国家所采用的生态补偿模式，也是最为常见的补偿模式。从 1950 年以来，由于世界经济的增长是以资源的枯竭和环境的损害为代价的，因此部分国家开始试图采取一些经济措施来解决生态损害问题。联合国也在 1992 年发表的《里约热内卢环境与发展宣言》中，提出了依靠经济措施协调经济社会发展与生态保护关系的观点。借助经济手段而进行的生态损害补偿在许多西方国家都较为常见。例如：美国对水土保持高度重视，出台了

---

① EPA. Applying Environmental Accounting to Electroplating Operations：An In-Depth Analysis［R］．Washington D. C：United States Environmental Protection Agency，1997.

② Environmental cost accounting［J］．New Hampshire Business Review，1995（24）：3 - 8.

③ 林万祥，肖序．企业环境成本研究的国际比较［J］．四川会计，2002（8）：44 - 45.

④ IFAC，Exposure Draft，International Guidelines on Environmental Management Accounting（EMA）［R］．2005.

⑤ 刘明辉，樊子君．日本环境会计研究［J］．会计研究．2002（3）：58.

《保护调整法案》和《农业保护计划》，都规定了给参与土地休耕项目或改种有益水土涵养的植被的农民提供经济上的补偿。法国某矿泉水公司为了保持矿泉水水区水质的健康，向流域上区的农民支付一定的费用作为减少农业活动和相关农业化学用品的补偿。在政策上，许多国家对生态环境造成损害的行为进行征税，而对环境保护有益的行为予以政策上的支持。日本从 2012 年最先对煤油、天然气等化石燃料征收"地球温暖化对策税"；英国创立了征收气候变化税，并对完成减排方针的企业实施减征制度。

非经济补偿模式主要是指实物补偿，如农业用具、粮食、禾苗种子、技术帮扶、就业支持等。以以色列和日本为代表的国家在水循环利用上采用的就是"中水回用"的措施，即你出多少，还你多少经过处理的水。这种方法大大解决了这些国家水资源匮乏的问题，平衡了水资源浪费与水资源稀缺之间的矛盾。

（二）发达国家生态损害成本补偿的资金来源

生态损害成本补偿的资金来源主要由政府资金和社会（市场）资金构成。政府资金主要来自财政专项资金、环境税费等，它是国外大多数国家生态补偿资金的主要来源。例如，墨西哥当局 2003 年成立了一个价值 2000 万美元的基金，用于补偿森林侵害。日本在农业生态补偿实践中实行一系列"资助型引导政策"，包括由地方政府给自愿参与生态保护政策的农民发放无息贷款，以及直接对有利于生态循环的项目给予资金的补贴等，这一系列政策的本质也是利用政府的资金促进生态的良性发展。

社会资金则来源多样。例如：由多方共建的生态补偿基金、各种非政府环境保护组织的资金捐助、企业因生态损害行为的罚款、企业出于各种目的进行的补偿等。比较典型的以社会资金为来源的补偿模式有哥斯达黎加水电公司资助上游的植树造林活动、哥伦比亚考卡河流域灌溉者协会为调节河流径流提供资金支持。其实如今在大多数生态补偿实践中，政府资金与社会资金往往在一个项目中同时运用，比较典型的就是德国易北河流域的生态补偿实践。易北河的补偿经费主要来源于：（1）由排污厂收取的并按一定比例上缴给国家环保部门的排污费；（2）政府财政的贷款支持；（3）用于研究的津贴；（4）流域下游对流域上游的经济补偿。这个项目不仅仅运用了政府的财政力量，同时还集合了社会资金的支持，多元化的补偿资金渠道也是易北河生态损害补偿项目取得巨大成功的必要条件之一。

（三）发达国家生态损害成本补偿的资金支付方式

以市场为补偿主体的资金以直接支付为主，政府为补偿主体的资金支付手段主要分为直接支付和转移支付（间接支付）。直接支付即直接购买生态服务或者直接给予受损害对象相应的资金补偿，对参与相应生态复原保护计划的对象给予政府资金补贴。例如，法国某矿泉水公司直接给予上游部分农民一定的资金，借以补偿他们由于保持水质而减少农业生产活动所带来的损失；欧盟通过价格上的优惠补贴政策促使农民休耕、休牧。在具体支付方式上，财政资金的转移支付又可以分为横向转移支付和纵向转移支付两种支付方式。

纵向转移支付是将国家筹集的生态保护财政专项资金由中央财政发放给地方各级政府的转移支付。横向转移支付是按照有关政策法律的规定，根据相应的标准，由受益地区向被损害地区支付相应的数额。横向转移支付平衡经济受益地区和生态受损地区之间"生态经济"的不平衡，降低了区域发展的不公平。

（四）发达国家生态损害成本补偿项目的规模

补偿资金的来源会影响到生态损害成本补偿项目规模的大小。社会资金多投入那些规模较小的项目。社会资金力量通常不如政府资金力量那么雄厚，这也决定了由社会资金提供补偿的项目通常是补偿范围较小的项目，如法国某矿泉水公司向莱茵河－默兹流域上游约40公顷范围内的农民提供补偿。这些项目的补偿规模在项目实施过程中一般不会发生变化。

政府资金支持的则通常是那些周期长且项目初始规模大的项目。英国1981年出台了《野生动植物和农村法》并据此在北约克摩尔斯国家公园实施了补偿，补偿范围包括了7 000多公顷的土地，补偿经费也从1990年的5万英镑增长到了2001年的44.9万英镑。美国1996年的《联邦农业发展与改革法》采取了政府向农场主补贴以保护耕地的形式，该法令保护的耕地达到了千万公顷。与此同时这些项目往往会在实施进程中不断扩张，补偿支出经费也会不断增长。

（五）发达国家生态损害成本补偿项目的具体目标

生态损害成本补偿的大目标就是保护生态环境，恢复大自然的生态功能，但具体到每个生态损害补偿项目上，它们在大目标下分别有着针对性的具体目标。从这个层面看，政府付费的项目与私人付费项目的不同点较为明显。私人付费的项目往往目标较为简单，具有针对性。例如，法国某矿泉水公司为了保持水质的清洁而向上游农民作出相应补偿；某非营利组织为了保护北美野鸭的主要栖息地——位于美国中西部和加拿大南部的一块沼泽地而承包了沼泽地，使野鸭正常繁殖。相反，政府付费的生态补偿项目的具体目标通常不止一个。如英国北约克尔摩斯计划农业计划的首要目标是保护生物多样性，其次就是增强动植物的景观性。

第二节　国内文献回顾

一、国内研究现状

（一）生态补偿标准

（1）国内关于生态环境成本概念内容界定和补偿核算技术方法起步于 20 世纪 90 年代。郭道扬（1997）将环境成本界定为整个产品生产周期过程中资源消耗与环境治理补偿性费用。陈毓圭（1998）认为环境成本是会计主体以防对未来造成生态环境影响的防治措施成本。王立彦等（1998）则从不同的视角对环境成本概念加以阐释，将环境成本从空间、时间、功能三方面进行分类。有关生态环境成本项目内容界定后，后续生态环境成本核算技术方法的选择对于结果的影响很大。冯巧根等（2009）研究发现美国 Amoco 石油正式确认的环境成本只占其全部成本的 3%，但经过战略管理会计师的调查整理后却发现环境成本实际上达到了全部成本的 22% 之多。在研究方法上，郑易林（1999）和张江山等（2006）曾通过建立环境污染经济损失估计模型，用计量经济方法分别就我国和少数城市环境损失进行数量估计，但众多学者还是采用较为普遍的传统的恢复费用分析法、机会成本法、意愿调查法和生态服务价值法，研究对象也涉及如流域、资源开发等诸多领域（徐瑛，2011；吴文洁等，2011；靳乐山等，2012）。

对生态补偿标准的研究，我国众多学者从水生态补偿标准及其补偿机制出发，推出了各自的观点和设想。王彤和王留锁（2010）从供需平衡角度，刘玉龙、许凤冉等（2006）从生态保护建设总成本入手，分别建立了水库流域生态补偿标准测算体系和水生态保护建设补偿标准测算模型。徐琳瑜等（2006）设计了货币化的生态系统服务功能价值划分。毛显强等（2002）提出资源选择方案的机会成本方法，借以确定生态补偿标准。张翼飞等（2007）认为生态补偿标准是人均最大支付意愿与人口的乘积。胡熠（2007）、张志强（2002）、沈满洪（2004）、刘玉龙（2006）、郑海霞（2006）等多数学者采用实证方法，对生态系统服务价值、生态环境损失值以及基于生态保护而造成的经济损失进行定量评估，并以此为基础确定补偿标准。

（2）国内会计视角对环境问题的研究，目前主要体现在现代会计环境责任的思想观点和任务、会计信息披露政策、环境会计准则、成本核算与计量和审计查验方法等方面。郭道扬（2009）认为，自 20 世纪 90 年代以来，以"产权为本"向以"人权为本"会计思想的转变过程中所确立的会计思想演进的"第三历史起点"中，全球会计界已经将参与解决全球性可持续发展问题，放在未来会计控制思想与行为变革的重要方面。耿建新（2003）从环境规制角度，王跃堂（2002）、王立彦（2006）从环境成本和信息披露角度，房巧玲（2010）从财政支出绩效评价指标体系方面分别展开讨论；王金南（2006）认为根据核算结果进行协商的方式比较有效。这些观点和已经开始的初步研究，说明近年来学者们开始重视环境管理和价值控制，并主动利用环境会计信息，初步认识会计、审计乃至财务控制方法对环境保护所起的作用。

在补偿环境成本会计方面，20 世纪 90 年代初期，葛家澍发表《九十年代西方理论的一个新思潮——绿色会计理论》[1]，在其中首次介绍西方学术界关于环境会计研究的成果，从而将"环境会计"概念引入国内。我国国内会计理论界的主要观点有：

李连华、丁庭选（2000）主要研究环境成本的确认与计量，提出成本为一个流出的概念，环境成本则指由于环境污染而负担的损失或为治理环境工作而发生的相关支出，并推导得到其外延与组成项目；以环境成本确认作为基础，李连华等认为关于排污费有特定的计算方法，讨论得出了废气超标排污费和废水排放费的计算系列公式。

肖序、毛洪涛（2000）选取国内外部分企业的案例，并通过对案例进行归纳，着重从环境成本应用的实际背景与企业环境成本核算等角度，就环境成本在定义、分类、计量和报告问题方面进行探讨。

林万祥、肖序（2002）认为确认和计量为环境成本核算之重点，同时也是难点。他们通过对环境成本的计量属性、核算流程、依据和理论标准进行探索，主要讨论了环境成本核算的基本原理，并于此基础上建立环境成本的确认和计量方面的理论框架。

许家林教授等认真回顾了我国 20 世纪 90 年代以来的环境会计的研究情况，并将成果进行深入归纳，探索了我国环境会计以后的发展方向和研究重点。他们总结的环境会计确认、计量与环境成本计算方面的理论为我国会计理论界的研究带来较大影响[2]。

徐玖平、蒋洪强（2003）用"投入产出法"思想对环境会计作出进一步研究，并且结合现实中企业实际经营情况，建立环境成本计量投入产出模型。

---

① 李心合，汪艳，陈波. 中国会计学会环境会计专题研讨会综述［J］. 会计研究，2002（1）：58 – 62.
② 许家林，蔡传里. 中国环境会计研究回顾与展望［J］. 会计研究，2004（4）：87 – 92.

（二）生态补偿机制

中国的生态补偿实践起步晚于发达国家，相应地学术研究起步也比较晚，但是，仍然取得了颇为丰富的研究成果。

从生态补偿的定义来看，叶文虎等（1998）认为自然生态系统是补偿的主体，生态补偿是对由于发展所造成的生态破坏现象的补偿。杜群（2005）认为生态补偿是国家或社会主体之间约定由环境利用者就破坏生态的做法向环境受损者付费。在经济领域，生态补偿被认为是利用经济手段激励人们保护资源环境。洪尚群等（2001）认为补偿是帮助保护资源环境，改善环境质量的经济行为。

在对生态补偿的政策研究上，万军等（2005）认为中国生态补偿机制的框架应该针对补偿相关主题的特点，根据近几年的实践，设计出生态补偿的技术方案。高彤、杨姝影（2006）结合国外的生态补偿政策，提出生态补偿政策的设计过程中要将政府与市场的作用相结合。李克国（2004）认为资金缺乏是我国目前保护生态所面临的问题，因此，完善生态补偿机制应从经济出发。

在对生态补偿标准的研究方面，吴剑、袁广达以工业行业和太湖流域为例[①]，对收集到的数据进行实证分析，研究设计出污染补偿标准。李晓光等（2009）以生态系统服务功能价值理论、市场理论和半市场理论为依据，系统总结了生态补偿标准的主要方法。

在生态补偿的步骤研究方面，刘威（2014）认为生态补偿的步骤是确定补偿标准、确定补偿主体、确定补偿对象、确定补偿方式。袁广达（2011）认为生态补偿执行机制分为直接补偿和间接补偿两种。间接补偿是通过财政、银行、保险等部门协助执行。直接补偿的步骤是申请审计、确定生态补偿标准和补偿额度、生成环境审计报告、司法仲裁、判定。

在运作程序的研究方面，苗田田（2010）通过研究我国权力运作程序的现状，分析了现行程序的不足及原因，并根据国外模式的启迪对我国国家权力运行程序的完善提出了构想。潘席龙等（2016）在对巨灾补偿基金运行机制的研究中，更多的是对补偿基金定价的研究。

在生态补偿资金来源方面，黄春潮（2016）认为，生态补偿的经费应来源于不同的补偿主体，尽管国家财政收入是补偿资金的主要来源，但补偿资金的来源还应该包括个人与社会，同时补偿的方式应更加多元化，从而实现补偿效益的最大化。

---

① 吴剑. 市场化生态污染补偿标准设计 [D]. 南京：南京信息工程大学, 2014.

国内学者大多把发达国家的生态补偿制度方式分为两种模式，即政府主导型和市场（私人）参与型，西方国家主要是依赖政府主导，市场参与为辅的机制。刘平养（2010）将发达国家和发展中国家生态补偿制度进行比较分析，得出发达国家的补偿机制是建立在完善的公共财政制度基础之上的结论；安果（2016）在《完善我国生态补偿机制的路径安排——基于发达国家经验的归纳与类比》中写道，相对健全的法律法规系统是政府补偿为主的生态补偿机制得以运行的必要条件之一，同时配合明确的监督考核和管理协调机制，才可以使政府在生态补偿机制中发挥真正的作用。另外，安果还指出了发达国家生态成本补偿机制中所蕴含的基于"外部性内部化"的主体激励的管理思想理念。在我国，虽然已经初步形成了生态成本补偿机制，但许多补偿项目目前仍然是以政府补偿为主，且这种补偿机制缺少统一的法律法规尺度，相应的监管和协调机制尚也欠缺，由此吴越（2014）、安果（2016）等多位学者都提出要健全生态补偿法律法规体系，并且建立完善的监督保障和管理协调机制。在《国外生态补偿实践的比较及政策启示》中，聂倩（2014）将生态补偿机制分为使用者付费（私人付费）和政府付费两个主要模式，通过从资金来源、项目补偿规模、项目的效率等多方面对比入手，提出了要重视市场在生态补偿机制中的独特作用的建议。

西方学者已经从制度研究层面深入具体补偿标准的测定、生态损害补偿的支付上。相比之下，我国学者对生态补偿制度的研究起步相对较晚，还是以案例比较结合理论性归纳总结为主，总体上说，国内大多学者都认识到市场在生态损害补偿制度中的重要作用，都指出了我国现行法律体系尚不完善，不能为生态损害补偿机制提供法律上的依据和保障。可以看出，推动市场参与生态损害补偿机制之中和完善生态补偿领域的法律法规将会是我国生态损害成本补偿制度改革的重点。

二、我国关于生态损害成本补偿的实践探索与存在的不足

（一）实践探索

中国政府在 20 世纪 80 年代中后期探索性地开始了生态补偿的实践。最具代表性的生态损害补偿政策就是为了修复因为过度开垦、放牧造成的生态损害而推行的"退耕还林（草）"政策，政府对按规定参与的农民给予一定标准的经济补偿。"谁开发谁保护，谁收益谁补偿"的原则在 2005 年党的第十六届五中全会第一次被提出。国家发改委在 2007 组织相关部委正式开始探

索研究生态损害成本补偿机制，逐步加快了我国生态损害成本补偿机制的进程。虽然起步晚，但是我国目前已经在森林、矿产、河流、湿地、草原等相关生态领域取得初步成效。近年来更是建立了矿山环境治理和生态恢复责任制度、中央财政森林生态效益补偿基金制度、重点生态功能区转移支付制度、水土保持补偿费征收制度等一系列政策。1998 年的《中华人民共和国森林法》修正案中明确规定："国家设立森林生态效益补偿基金，用于提供生态效益的防护和特种用途的森林资源、森林的营造、抚育、保护和管理。"随后，《森林生态效益补偿基金制度》也在 2004 年内正式建立并在全国范围内实行。森林生态效益补偿基金以基金的形式合理利用了社会资金，为保护森林生态提供了有力的经济支持。各级地方政府、部门也纷纷在党中央的推动下主动进行生态补偿项目的实践，探索建立相关的生态损害补偿制度。2015年底，国务院办公厅印发了《生态环境损害赔偿制度改革试点方案》，该方案明确了生态损害赔偿的范围、责任主体、索赔主体和赔偿途径等。2016 年8 月，中央小组会议决定将江苏、云南、重庆等 7 个省市作为生态环境损害赔偿制度的改革试点，强化企业赔偿责任。

这里不妨看一例。一农药生产 A 公司向保险公司购买了"污染事故"赔偿险，投保额根据公司的生产状况和过去发生生态损害时的补偿金额确定为 4 万元。同年，该公司因为污水处理不善，造成附近的农田大幅污染。事情发生后，一些村民找到企业要求赔偿，企业认为赔偿的金额并不大，就自己支付了。但事情并没有结束，周边村民前后共计 120 户找到企业要求赔偿。A公司想到了自己之前对于污染有过投保，于是，通知了保险公司。保险公司立即派人到现场了解情况，对污水造成的农田污染进行了仔细调查，确定了企业应对这场事故负担责任和保险公司应对此负担一定的保险责任，并补偿给村民一定金额。村民对生态补偿并不了解，也没有相关的法律法规可以参考，因而对补偿的金额并不满意，要求复估。理赔人员根据村民的要求进行重新测量，还将赔付的标准、定损方法、相关的法律法规解释给村民听，依据相关条例与村民达成协议，最终确定补偿金额为 1 万元，并如期将款项支付到位。

由上述中国生态补偿实践可以得知，生态补偿的方法有很多，生态保险属于其中的一种。在此次案件中，我们可以看到生态补偿主要运作程序内容。显而易见，补偿主体是保险公司，对象是农田受到污染的农民。

在以上案例中，还可以看出生态补偿程序存在以下几个特点：一是市场化运作。上述案例中，保险公司作为补偿主体，根据实际情况计量了补偿的标准，而补偿标准是解决公平补偿的核心问题。有诸如保险公司的社会中介来鉴定补偿的标准，相对来说是一种公平的做法。因为这种方式可以摆脱长期以来政府在补偿标准上干预过多的困境，政府只需要实施自己监督的职能，最终形成以社会中介为中心，政府为辅导的生态补偿机制。二是补偿过程需要博弈。一方面，生态补偿是以污染者付费，受害者受益为原则的；另一方面，在补偿标准确定的前提下，付费者可以通过与受害者或第三方协商、讨论，使得补偿意愿一致，达到对双方公平的结果。三是目标明确。基于会计视野对生态补偿程序的研究，生态补偿程序的制定为环境成本的计量、环境审计价值评价提供了理论依据，在补偿标准的确认中，出于公平的考虑，应由社会中介，如注册会计师专业人士、保险理赔人员、补偿基金组织计量。这能够调动社会各组织部门参与环境保护，提高他们的积极性。从会计的角度来看，这也能让企业会计人员提高对环境成本的认识，促进环境会计体系的建立。补偿运作程序的实践性、可操作性的目标导向性明确。

（二）存在的不足

我国的生态损害成本补偿制度起点较晚，但发展较快，因此会出现一些不足与缺陷。现行的生态损害成本补偿制度基本上是汲取国外发达国家的经验，仍然只是处于"能补偿"和"范围大"的层面，许多补偿机制并未能有效地实施，补偿机制仍然薄弱。

目前，我国的生态损害成本补偿主要是以政府为补偿主体，一般通过中央财政的补贴，即纵向转移支付和地方同级之间的横向转移支付、环境税费、专项资金和税收优惠、扶贫政策等方式来实现。这类补偿方式带有指令控制的色彩，一定程度上受到行政管理制度的局限。比如跨区域之间的补偿协调受到行政管理划分的影响、补偿资金来源较少、大众无法进行监督和反馈、非政府机构、企业对生态损害补偿不够重视等问题都与这种缺少多主体参与的机制有关。这种以中央政府为主导，从上而下单链接传导的方式，缺少了生态损害成本补偿机制应发挥的激励和评估作用。

参考国外发达国家的经验，我国的生态损害成本补偿机制存在以下七个方面的不足：

（1）法律体系尚不完善。目前，我国没有形成对生态损害补偿统一的法律规定和制度标准，零散地依靠中央政府或地方政府制定的各种法律规定，这就导致生态损害补偿领域的规定分散，没有统一化的标准、措施，或是出台的法律规定仅仅局限在某个特殊领域，而我国又是一个幅员辽阔，各地生态环境不尽相同的国家，这就使得在不同地区不同的生态损害中很难形成全国统一的补偿措施与补偿标准。

（2）缺乏强有力的监督评估系统。在生态损害补偿建设进程中，普通大众尚不能广泛参与其中，亦没有严格的补偿资金监管机制和补偿效应评价机制，这很容易导致补偿资金的挪用、滥用，使得补偿措施并未发挥真正的作用，或是未达到预期的目标。

（3）补偿机制中参与主体单一，市场未能发挥应有作用。生态补偿的主体以政府为主，这也决定了补偿资金来源的单一性——中央财政资金，而生态损害补偿范围随着经济的发展和国家的重视会不断扩大，资金的需求也会相应地扩张，若不发挥市场作用多渠道地拓宽资金来源，仅依靠有限的财政资金显然不能填补这个缺口。同时，生态损害补偿标准、金额等多由当地政府来决定，没有考虑到利益相关者的想法，这样结果往往事倍功半。美国的生态补偿主体包括政府、企业、个人等，生态补偿的客体也很丰富，包括生态损害中利益受损者、为保护生态作出贡献者等。

（4）生态补偿的标准存在紊乱现象，我国的生态补偿标准还没有得到明确的规定，政府在处理案例时，往往一视同仁，采用一致的标准去处理不同的损害情况。而美国的生态补偿标准具有弹性，因地制宜，根据不同的情况制定出相应的标准，采用政府与市场相结合的方式确定生态补偿的标准。在生态补偿机制方面，我国虽已在不同地区进行了积极的探索实践，但我国关于生态补偿的法制仍需继续完善。而美国是最早建立生态补偿制度的国家之一，发展至今，生态补偿制度已逐渐完善。

（5）跨部门、跨地区之间的统筹规划、协作还不到位。首先是同一地区不同生态管理部门之间存在部分职能交叉和职能覆盖不全面的问题，这相应地导致跨区域之间部门沟通不协调、信息不对称的问题，加大了跨区域之间生态损害补偿项目实施的难度。

（6）生态损害补偿领域的技术研究尚未引起足够的重视。比如，目前只有探明储量和国家拥有的自然资源被划到国民经济核算体系中的生态资源科目，大气、草原、水等生态资产在核算科目中尚为空白；关于生态损害补偿标准、绩效等研究尚未得到实践的认可，仅仅停留于纸上；等等。

（7）在生态补偿程序方面，我国缺乏完善的启动程序，我国的法律制度一向存在"重实体轻程序"的问题，这一问题同样出现在我国的生态补偿制度上。从生态灾害发生、损害级别和范围鉴定、补偿主体和客体的界定，补偿方式和补偿标准，补偿协议签订和执行，直到监督补偿实施，应当形成快速的反应，这本身就是由环境生态的特性决定的。

第三节　文献评述与借鉴

一、文献评述

中外对生态补偿问题的研究，目前存在的主要缺陷表现在：

（1）建立一个公平、合理的补偿标准测算体系是实施生态补偿的前提。但生态补偿的量化标准，目前国内外研究还处于探索阶段，计算尚没有统一的方法和形成一个完整、成熟的体系，且各种计算方法的理论性较强，案例研究的计算过程也比较复杂，应用于实际工作仍存在问题，对生态影响因素缺乏整体归类细化分析，生态影响的损失估计量化不充分，补偿货币标准行政化倾向明显，生态补偿标准制定和执行上的行政化使其针对性和适用性大打折扣，难以体现公平、效率，很难激发有效保护生态环境的自觉性，理论和实践上都有待进一步完善。

（2）从生态学意义到经济学意义的生态补偿问题是生态补偿理论和实务研究的必然趋势。但目前学者们对生态补偿标准等生态补偿研究的核心问题仍然存在不确定性。生态系统服务作为生态补偿的理论依据还存在基于效益补偿还是基于价值补偿的争论，其补偿标准和机制确定主要方法，目前仍然处于探索阶段。尽管依据"庇古税"理论建立的私人成本与社会成本的差额，即边际外部成本，作为补偿金额成为国内外主要的补偿标准，但缺乏政策统一性，在操作层面上也存在诸多限制；而我国政府环保部门排污收费政策和有限的收费标准根本补偿不了日益增加的环境污染事故所造成的损失，由政府或受害单位承担本不应负担的污染治理责任和治理费用也缺乏公平性。

（3）国内外在生态补偿机制方面的研究方法及其成果特点大都体现在污染成分的物量计算方法上，较少涉及价值量信息并从会计信息角度和审计控制方法对生态损害影响因素进行分析，即便有也只是将会计因素嵌入环境问题进行定性分析，几乎没有触及生态价值补偿标准与补偿机制等关键内容。这不仅是因为环境评价本身的复杂性，更是因为这种复杂性限制了研究者视角或缺乏足够环境会计和环境审计专业知识的支撑。

当然，现有文献从不同侧面对生态环境成本补偿问题进行了考察，得出了一些颇有价值的结论；但它们的研究视角多停留在生态环境成本补偿的具体案例分析上，其研究结论理论不足和通用性欠缺十分明显，且研究方法也存在较大主观性和不确定性。而在传统的会计核算模式下的环境成本信息不可能直接根据环境会计系统产出，这主要是由于环境成本项目分类视角存在差异，数量较多，且存在相互交叉的状况，应用穷举的方法核算环境成本既耗时耗力，结果也会存在较大偏差。

生态补偿既是一个实践课题，也是一个理论课题。创建生态补偿机制的直接原因来自生态环境面对的压力，因为生态资源本身具有价值，生态环境具备外部性，同时具备大众产品的属性，仅仅依靠技术并不能解决上述问题，只有依靠制度才能解决。各国经验表明，在构建和完善生态补偿机制的过程中，需要政府的大力扶持，其中财税政策是政府理想的政策手段。因此，从理论上讲，将生态补偿置入"生态环境－经济发展"的大系统，借鉴各国经验，结合我国实际发展状况，进一步规范生态补偿范畴，加强理论基础研究，完善相关理论建设就显得尤为重要。目的在于，从西方发达国家生态损害成本补偿先例出发，研究生态损害成本补偿的具体措施和做法，发现其存在的共性与特性，并探讨这些先进理念措施对完善我国生态损害成本补偿制度的作用。同时，一方面丰富我国关于生态环境治理主题的理论研究，促进我国由政府主导的生态治理向以市场为基础的生态污染治理理念转变，为实现完善的生态损害成本补偿制度奠定理论基础；另一方面借鉴国外生态损害成本补偿制度的经验启示，提出完善我国生态损害成本补偿机制和具体制度的建议，根据中国的实际情况进行改革，不断完善中国的生态损害补偿制度，建立合理的补偿标准和补偿机制，为推动"经济－生态"的和谐发展做贡献。

二、经验借鉴

（一）重视政府引导和市场对资源配置的主体作用机制

尽管生态保护常常被认为是政府的职责所在，但是在生态损害补偿机制中政府有时并不一定能很好地判断出哪种生态补偿方式更加合适。另外，由于财政资金预算有限，政府难免会在不同的生态损害之间权衡，不可能做到逐一补偿。从国外发达国家补偿经验来看，社会（市场）为补偿主体的项目往往比政府为主体的更加有成效。相较于政府补偿，社会补偿的生态损害项目往往更加具有针对性，补偿过程更能依据当地的特殊条件和补偿客体的需求进行，并且能够设置相应的监督管理部门对生态损害补偿绩效进行有效的评估。因此，随着我国生态损害成本补偿制度的逐步完善，生态损害补偿的范围也势必会随之扩大，生态保护显然不能只依靠政府的力量，必须让市场参与其中，让市场在资源配置方面的基础作用得到合理地发挥。

当然，社会补偿并不适用于所有的生态损害成本补偿项目，如表 2 - 1 所示，市场付费与政府付费各有优劣。有些项目只能由政府补偿，譬如南水北调等大型跨区域流域的大项目只能由政府来担当补偿的主体。因此，在今后的生态损害成本补偿项目中应当根据实际情况来合理选择补偿主体，在政府主导的补偿项目中可以适当地让企业或私人团体或是个人参与其中，合理运用二者的优势使生态补偿项目能达到预期的效果。

表 2 - 1　　　　　　　　　　市场付费项目特点

项目类型	资金来源	项目规模	项目目标	付费形式	效率
市场付费项目	私人付费、非营利非政府组织捐赠	小	明确、针对性强	多样化	项目绩效评估较好，持久性较长
政府付费项目	政府财政	大	较模糊	单一	项目效果不理想，项目持久性较差

（二）拓宽生态损害补偿的资金来源渠道

随着国家对生态保护越来越重视，生态损害补偿必然需要越来越多的资金。目前我国的生态损害补偿的资金主要来源于中央财政的支持，但国外生态损害成本补偿项目筹集资金的渠道非常多，不仅有政府的财政补助，还有来自企业或个人的资金赞助、各类绿色税收、生态补偿基金和生态保险金等。鉴于此，首先，我们应该在现行基础上逐步完善环境税收等相关法律制度，扩大课税领域。一方面利用差异化税率来促进生态资源的高效利用，节约环境资源；另一方面也可以补充生态损害成本补偿的资金。此外，还可以学习俄罗斯、瑞典等国家的生态损害补偿责任保险制度，西方许多发达国家已经将生态损害补偿责任保险制度列入法定保险制度范围内，在全国范围内推行。最后，还要建立有针对性的、具体的生态损害补偿基金，例如美国针对石油开采、运输等设立了"溢油责任赔偿责任信托基金"，针对工业废弃污染物等设立了"国家水污染控制周转基金"等一系列系统化的基金。

另外，补偿的形式也可以多样化，不一定仅限于资金的补贴，可以根据补偿项目的实际情况和补偿客体的需求进行技术支持、技能培训、产品优惠销售等不同替代方式进行，以满足不同补偿客体的最有效的需求。财政、税收、金融、保险、会计、审计多种方法并用，政府、企业和社会多种渠道并存，行政、经济、法律、道德多种手段并联，构成生态补偿协同机制。

（三）建立生态损害成本补偿资金运作的监管部门和项目评估部门

为了合理有效地利用生态损害补偿资金，防止专项资金的挪用，必须设立相应的资金运作监管部门，保证项目资金运作过程的全透明。同时为了实现生态补偿的实效，必须要对生态损害补偿的项目进行绩效评估，促使补偿资金可以达到高效利用。国外的许多案例也表明，要真正达到生态补偿项目的目的，跟进资金的运用监管和项目效应评估是关键环节。怎样确保生态补偿资金正确合理的运用，如何加强对资金的监管，以及是否能设立一套可以评估生态补偿绩效的科学标准等，都是我国在完善生态损害成本补偿机制中亟待解决的问题。政府必然要设立相应的部门机构来监管生态补偿项目的运作。可以研发运用相应的内部操作系统，资金的每一步使用必须经过审批通过方可投入项目运营当中，实行定期和不定期的实地检查制度，若发现资金被用于其他途径应立即抽出资金并进行处罚。同时在项目实施过程中应设立阶段性目标，每一实施阶段确定负责人，并与绩效评估部门相应评估人员实行实时项目进度和实施情况的对接，同时建立相应的问责制度，以对补偿项目进行全程的评估工作，保证最后预期目标的达成。

（四）完善生态损害成本补偿法律体系

国外的生态损害补偿的实施都是建立在相对完善的法律基础之上的，由此可以看出，我国要确保生态损害成本补偿机制的有效实施，就必须建立起完善的法律体系。在政府主导的补偿项目中，资金的来源、分配、运作等一系列过程都需要相应的法律体系作为支撑。而在市场主导的生态损害补偿项目中，私人资金的赞助、绿色产品交易市场的建立等也都需要法律制度来维护市场运作的秩序。虽然生态补偿已经被列入《环境保护法》环境保护基本制度之中，但系统化的法律制度尚未建立。政府应根据不同生态领域，出台更具有针对性的法律法规，譬如：森林法、大气污染法等，应该让生态损害成本补偿理念在所有重要的子法律中都有所涉及，形成日臻完善的生态补偿法律体系。

（五）明确生态损害成本补偿的具体目标

生态损害补偿作为一种环境保护政策，一个项目在实施过程中不可避免地会遇到多个领域的生态损害问题，但这并不意味着要将所有领域的生态问题解决。从国外的市场付费项目的实施经验来看，几乎没有一个项目将解决所有生态元素的问题作为具体目标，但是在生态损害补偿项目的实施过程中，每个领域的生态环境和生态功能都在一定程度上得到了修复。这说明兼顾到每个生态领域问题并不是修复它们生态功能的必要条件。所以在项目目标设计过程中，要明确生态损害补偿的具体目标，不能模糊地一概而论，减少过多的具体目标，防止目标过多而无法统筹兼顾，顾此失彼，达不到应有的效果。

第三章　基础性支撑：理论研究与分析

第一节　环境会计与环境成本补偿

现代工业的大发展，为人类社会创造了丰富的物质财富，同时也带来它的副产品——环境污染。长期以来，环境污染已经给人类带来了各种各样现实的和潜在的灾难性后果，促使人类不得不从环境的角度关注自己赖以生活和生存的家园。尽管人们从技术角度、管理角度和其他角度对此问题早有深刻的认识和研究，但从社会经济的角度，对此问题进行反映和揭示，则是20世纪中后期的事，环境会计正是由此而诞生。为了系统、综合地核算环境要素，首先应根据环境会计所处的环境，研究其理论基础，以便指导环境会计的核算。环境会计作为会计学的一个分支，自然要继承传统会计（包括财务会计、管理会计等）的基本原理和方法；同时，环境会计作为会计学的一个新兴分支，又面临许多新的理论问题，创新潜力较大。环境会计特有的理论与方法体系的建立必须要具有一定的理论基础，包括可持续发展理论、外部性理论、环境价值理论、机会成本理论、环境管理理论与环境经济核算理论等。

一、资源与环境

（一）自然资源

"资源"是一国或一定地区内拥有的物力、财力、人力等各种物质要素的总称。分为自然资源和社会资源两大类。前者如阳光、空气、水、土地、森林、草原、动物、矿藏等；后者包括人力资源、信息资源以及经过劳动创造的各种物质财富。

自然资源系统是指在一定的地域空间范围内由若干个相互作用、相互依赖的自然资源要素有规律地组合成具有特定结构和功能的有机整体。自然资源系统是客观存在的，是整个自然界的一部分，当然也就从属于广义的生态系统。研究它的特征、结构、功能和演化，不仅能揭示自然资源系统的本质，而且能对合理开发与综合利用自然资源具有宏观的理论指导意义。

自古以来，人们可以按照某种研究对象的特性和所要达到的目的，将所研究的客体人为地作出不同的分类，对自然资源的分类也同样如此。（1）按其在地球上存在的层位，可划分为地表资源和地下资源。前者指分布于地球表面及空间的土地、地表、水生物和气候等资源，后者指埋藏在地下的矿产、地热和地下水等资源。（2）按其在人类生产和生活中的用途，可分为劳动资料性自然资源和生活资料性自然资源。前者指作为劳动对象或用于生产的矿藏、树木、土地、水力、风力等资源，后者指作为人们直接生活资料的鱼类、野生动物、天然植物性食物等资源。（3）按其利用限度，可分为再生资源和非再生资源。前者指可以在一定程度上循环利用且可以更新的水体、气候、生物等资源，亦称为"非耗竭性资源"，后者指储量有限且不可更新的矿产等资源，亦称为"耗竭性资源"。（4）按其数量及质量的稳定程度，可分为恒定资源和亚恒定资源。前者指数量和质量在较长时期内基本稳定的气候等资源，后者指数量和质量经常变化的土地、矿产等资源。

（二）生态资源

与自然资源相对应的另一个概念是生态资源，广义的自然资源直接包含了生态资源。在人类生态系统中，一切被生物和人类的生存、繁衍和发展所利用的物质、能量、信息、时间和空间，都可以视为生物和人类的生态资源。生态环境与自然环境是两个在含义上十分相近的概念，有时人们将其混用，但严格说来，生态环境并不等同于自然环境。自然环境的外延比较广，各种天然因素的总体都可以说是自然环境，但只有具有一定生态关系构成的系统整体才能被称为生态环境。仅由非生物因素组成的整体，虽然可以称为自然环境，但并不能叫作生态环境。从这个意义上说，生态环境仅是自然环境的一种，二者具有包含关系。严立冬（2008）指出，生态资源是能为人类提供生态服务或生态承载能力的各类自然资源。生态资源是生态系统的构成要素，是人类赖以生存的环境条件和社会经济发展的物质基础，是人类经济活动的起点，一切经济活动起源于人们认识自然和利用自然的过程。本书中环境资产的分类建立在是否属于资源的基础上，将环境资产分为非资源性环境资产与资源性环境资产。环境会计中的资源主要是针对自然资源与生态资源，是狭义上的资源划分。本书中的自然资源特指天然存在的（不包括人类加工制造的原材料）并有利用价值的自然物，如土地、矿藏、水利、生物、气候、海洋等资源。而将其余能够为人类提供生态服务或生态承载能力的各类资源界定为生态资源，如热带雨林、湿地等。当然，难以明确区分自然资源与生态资源时，就需依靠环境会计、审计人员的职业判断能力。

（三）环境与资源的关系

环境由广义的自然资源构成，自然资源存在于环境之中，环境由环境因素组成，而环境因素则是一定区域内具有生态联系的一切能为人类所利用的各种天然的和经过人工改造的物质和能量（即自然资源）。离开了具体的物质和能量，环境就无法形成。环境会计中所指的"环境"一般是指人群空间及其可以直接、间接影响人类生活的各种自然和社会因素总和。凡能够被人类生存和生活利用的一切自然资源和生态资源集合体均是环境会计中的环境，亦即"人类环境"。环境与自然资源的关系相互联系又相互区别。

联系表现在：第一，两者是一损俱损，一荣俱荣的关系，侵害环境或自然资源的任何一方必然会损害另一方。比如对环境排放超标的水污染物，不仅会对水环境的生态功能产生负面的影响，还会对水资源的品质、渔业资源的产量和质量产生副作用；再如大规模的林木砍伐活动，不仅破坏了林木资源，还会使作为环境因素之一的森林的防风固沙、涵养水土、吸收温室气体和净化空气的生态功能丧失或下降。保护环境或自然资源的任何行为必然会有利于对另一方的保护。比如保护了每一棵林木，森林生态环境就能够得到保全和改善。第二，两者均具有经济价值。众所周知，自然资源尤其是稀缺的自然资源是具有经济价值的，而环境也具有经济价值，比如排污权交易实质上就是有偿地转让环境的自然净化功能。

区别表现在：第一，两者所反映的动静关系不同。在一定的时空范围和缺乏生态联系的条件下，资源表现为各种相互独立的静态物质和能量，而环境不仅是静的自然资源的组合，还是动的统一体，它是由处在一定时空范围内的一定数量、结构、层次并能相似相容的物质和能量所构成的物质循环与能量流动的统一体。第二，两者的形态不同。自然资源要么看得见，要么能为人类所直接感知；而环境则是看不见、摸不着的无形体，由各种无形的生态功能组成。第三，两者强调的重点不同。自然资源强调的是林木、风、地热等物质实体或能量的天然性和有用性，有用性强调的是它们的财产价值，即经济价值和使用价值。环境强调的侧重点则是一定区域内的一定类型生态系统所表现出来的整体生态功能价值，这些生态功能不是通过实物形态为人类服务，而是以脱离其实物载体的一种相对独立的功能形式存在。第四，两者经济价值的性质不同。

自然资源的经济价值属于集体财产；而环境的经济价值则是以环境中一些看不见、摸不着的生态功能的使用或可利用价值（如可以排污）为基础，其价值核算与自然资源的经济价值的核算方式、方法也不同。

二、低碳经济与资源环境保护

人类社会和经济发展离不开对资源的开发和利用，但也不得不考虑资源使用的合理和节制，走低碳经济发展之路。开发低碳经济是低碳产业、低碳技术、低碳生活等一类经济形态的总称。它以低能耗、低污染、低排放、低碳含量和高效能、高效率、优环境为基本特征，以应对气候变暖影响为基本要求，以实现经济社会的可持续发展为基本目的，其实质是能源高效利用、清洁能源开发、可持续发展的问题，核心是能源技术和减排技术创新、产业结构和制度创新以及人类生存发展观念的根本性转变。相对于高碳经济，发展低碳经济关键在于降低单位能源消费量的碳排放，提高能效，实现低碳发展；相对于化石能源为主的经济发展模式，发展低碳经济的关键在于改变人们的高碳消费倾向，通过能源替代，抑制化石能源消耗量，实现低碳生存的可持续消费模式。

低碳经济是应对环境危机的根本途径，是实现绿色环保和经济增长的重大引擎。低碳经济具有以下几个特点：

（1）低能耗。低能耗是低碳经济最基本的特点，也是其区别于其他传统经济模式的最主要特点。能源是人类赖以生存和发展的物质基础，世界经济和人类社会的发展都离不开能源的开发和利用，能源的改进和更替也不断地推动着人类文明的发展。而传统的经济发展模式是建立在高能耗的基础上的，经济得到发展的同时也消耗了大量的物质资源和人力资源。随着低碳经济的提出以及低碳能源技术的不断发展，人类在不久的将来能逐渐摆脱对于传统能源的依赖，建立一种全新的低碳经济增长模式和低碳社会消费模式，将低能耗体现在生产、生活中的各个环节。

（2）低排放。传统经济发展模式十分依赖化石能源，而化石能源充分燃烧或者燃烧不完全都会向空气中释放出大量的温室气体，因此传统的经济发展模式向来都是温室气体"高排放"的代名词。低碳经济则正好相反，低碳经济发展的关键在于如何解除经济增长与能源消费连带的高碳排放之间的联系，实现两者错位增长，最终达到此长彼消的状态。随着低碳经济的发展，低碳能源无疑会在能源市场上大放异彩。低碳能源是一种含碳分子量少或者完全不含碳分子结构的能源，燃烧的时候可以减少温室气体在空气中的排放，低碳能源具有可再生并且可持续应用、高效并且适应环境性能强、节能减排效果显著等特点。

因此，如今的低碳经济无疑是"低排放"最佳的代名词。

（3）低污染。随处可见的生活垃圾、臭气熏天的河流、不断恶化的空气质量是工业发展给环境带来严重污染和破坏的真实写照。人类总是热衷于关注自己的生活空间是否干净、整洁，而不太在乎整个地球生态系统是否清洁、无污染。因此，低碳经济的提出，给人类敲响了沉痛的警钟，地球家园因人类活动而变得千疮百孔。低碳经济所倡导的高效、节能的生产方式和节约、简单的生活方式，能将人类活动所带来的污染降到最低值。低碳经济所提倡的低碳能源更是低污染的"主力军"，其中的太阳能和风能在利用的过程中甚至可以达到零污染。

三、环境资源与经济价值

环境经济价值，也就是环境资源的经济价值，它以哲学、经济学、环境科学和会计学理论为基础，以企业履行社会责任，承担环境责任为出发点，对环境的服务价值及其效用进行核算的结果。环境价值构成应包括根据效用价值论判断自然存在环境的自然价值和社会劳动再生产的社会价值。

（1）环境经济价值哲学观。人和环境之间的价值关系，是在现实的人同环境的相互作用过程中，即在社会实践中确立的。人对环境价值的认知只有通过社会实践中人与环境的相互作用，去认识、了解和掌握环境及其属性对自己的效用，并自觉地建立起同环境之间现实的价值关系。人类在社会实践活动中，探索、认知、研究环境属性相关的使用方式，使环境服务于人的某些方面，以为人所需要的形式为人们所占有，亦即使它们的价值得以实现。

（2）环境经济价值的经济观。西方经济学中的效用价值论认为效用是物品价值的来源，是形成商品价值的一个必要条件，有用性和稀缺性共同构成商品价值的基础。环境要素固有的属性多种多样，满足着人们不同的效用。有些环境属性的效用在自然而然地满足人们的需要，由于不具有稀缺性而没有价值体现；有些环境属性的效用由于还没有为人类所认知，所以，这些环境属性也没有价值体现；有些环境属性的效用为人类所认知，但未能掌握他们的使用方式，那么它们也无法得到价值体现；只有那些为人类所认知，并能够为人类所利用的稀缺性环境要素属性才具有价值。

（3）环境经济价值的管理观。传统经济核算和财务分析并没有给予环境应有的价值体现，环境损害行为和环境保护与建设行为没有得到市场经济的制度保障，导致破坏者得到惩罚，保护者得不到激励，在环境问题上违法成本低、守法成本高。将资源环境和生态保护合理利用以维持社会和经济可持续发展就成为管理的重要任务，而会计是实施环境管理活动必不可少的重要手段。环境会计依据真实性原则，真实确认、计量、记录、核算与报告经济社会组织的环境影响行为及其结果。

总之，随着人口增长、现代社会和科技与经济发展，在许多地方，人类的经济社会活动开始超越环境的承载能力，环境资源也无法满足人类日益多样化的福利需求。从此，人类必须开展保护环境和科学开发利用环境资源的管理活动，而环境会计是人类进行环境管理的社会实践活动。

四、环境资源与会计

（1）环境资源的变迁，使环境资源会计得到重视。环境资源的状况会影响企业存货的保存、设备的物理性能、生产资料的自然损耗，这些都会直接或间接地在会计上得到反映。此外，由于企业生产对社会环境的破坏和影响，相应地提出了企业承担社会责任的要求，从而新的会计分支——社会责任会计出现，环境会计得以重视和展开研究。

（2）环境资源会计的发展，使企业对自然资源的保护程度增大。环境会计是"从社会利益角度计量和报道企业、事业机关等单位的社会活动对环境影响及管理情况的一项管理活动"①。企业会计如果要考虑企业行为对环境的影响，就必然会涉及环境保护。如今，很多企业已经实施一定改进环境行为的措施，不少企业也在努力地将环境管理行为系统化。环境会计通过对环境成本的加工处理，可以为不同的决策提供相关信息，并通过将环境业绩融入综合业绩评价体系，保证环境目标和财务目标的实现，并促进企业的可持续发展。

（3）自然资源是环境会计基本核算内容之一。自然资源和生态资源是人类生存和经济活动的基础，人们可以从其开发和利用中获得直接与间接的效益。环境会计的核算范围包括了人们所得到的效益，以及由于开发、利用自然资源而减少资源数量的耗减费用，由于废弃物的排放造成生态资源的降级费用，由于保护环境发生的人力、物力、财力耗费等。而环境资产、环境负债、环境所有者权益、环境收入、环境费用、环境利润等作为独立环境会计要素，构成了环境会计核算的基本内容。

（4）经济发展在环境资源与会计之间起到桥梁纽带作用。经济发展离不开对自然资源与生态资源的利用，合理利用环境资源能促进经济快速发展，过度利用环境资源虽然能获得较大的短期经济效益，但也会导致环境污染问题，即

---

① 于玉林．现代会计百科辞典［M］．北京：中国大百科全书出版社，1994.

外部不经济。而经济的发展体现在其获得的价值量上，如何量化这一价值就需要进行会计核算。引入会计核算，环境保护起到的环境效益以及环境污染造成的生态损失都能得到量化。

五、环境会计与环境成本核算与管理

环境会计，又称绿色会计，它是以经济可持续发展战略目标为指导，运用会计学的基本理论与方法，采用多元化的计量手段和属性，对企业和其他组织对环境产生影响的经济活动的过程及其结果进行连续、系统、分类和序时核算与监督，为企业内部有关的会计信息使用者的决策提供数量化的和其他形式的信息的一种管理信息系统。

环境会计以自然生态资源耗费如何获得补偿为中心议题来展开。它通过会计特有的方法，对企业给社会资源环境造成的损害及损失进行计量、报告和控制，以协调企业与环境的关系，其目的在于改善社会资源环境，提高社会总体效益。环境会计的提出和实践对传统会计产生了深刻的影响，并极大地丰富了传统会计的内容。

环境会计是信息基础的会计，确认、计量、记录和报告环境信息是它的主要任务和基本方法。为此，从会计信息利用者的角度，可分为环境财务会计和环境管理会计；从会计信息所及范围角度，可分为宏观环境会计、中观环境会计和微观环境会计。环境会计的特征有：

第一，环境会计是环境科学、会计学和管理学交叉渗透而形成的综合性现代应用性学科。作为会计的一个新分支，环境会计以货币为主要的计量手段，辅以其他多重非货币计量手段，以环境保护法规、条例、标准为依据，以现代管理理论和技术为支撑，研究经济、社会发展与环境之间的关系，确认、计量、记录和报告组织活动产生的环境污染、环境治理、环境资源开发利用与补偿、环境保护过程等，借以反映组织的环境经济活动及其相关环境管理活动的价值状况和经济效益信息的一项环境经济管理活动。

普遍意义上的现代环境会计注入了环境要素，是传统会计的发展和延伸，并具有鲜明的特色。表现在：前沿性知识理论体系不仅使它的技术性远超过传统会计，更使它成为现代会计的核心部分；融合多学科的知识和技术手段，主要应用于公司环境治理和保护，归属交叉性的现代工商管理会计；其作用的显性、隐性和模糊，绩效的有形、无形和递延，需要财务工作者的职业判断。

第二，环境会计主要解决的是现代工商企业环境经济管理的问题，其方法主要还是现代会计与环境经济管理的有机集成。从学科上来看，按照国家规定的学科归类，环境会计属于管理学科中的会计学科，它基本具备会计学一切应有的特性。会计学科目前是工商管理一级学科下的二级学科，环境会计科归属于三级学科。目前在我国，会计学科升为与工商管理平行的一级学科呼声很大，专家意见和报告也递交到了国家相关部门。如果会计学科升为一级学科，环境会计则可以定为二级学科。但因为环境会计需要经济学和环境学知识的支撑，在技术层面要运用化学、工程学、数量统计、模糊数学等学科作为其运行工具，又兼有理科和工科特性，交叉性是显而易见的。为此，环境会计在未来成为其他大学科（非管理学科），如理科和工科的二级科学也是有可能的。不过，任何学科分类在于它的主要功能和主要手段，尽管工学和理学的色彩较为浓厚的环境会计具有显著的特征，但会计学方法和技术始终是环境会计的主要方面，也是体系构成的最重要内容，所以，环境会计应属于文理交叉的现代会计。另外，就全球而言，会计学中，环境会计并不占主要地位，尽管我们知道，发达国家环境会计已经上升到一定的层面，但大部分还是为解决环境污染严重的经济实体内部制约问题，成为公司治理的一个重要方面。对于来自社会责任履行压力，更需要公司采用包括环境会计手段在内的各种管理手段和措施。至于宏观层面绿色 GDP 核算体系，并不具有典型的会计特性，而更多的是统计手段和方法。因而环境会计更多的是企业管理会计，至少目前是这样的，环境会计课程在美国大多数大学的工商管理专业开设就是例证。因此，环境会计应定位于一门文理交叉的现代工商管理会计学科，其本质属性是一项环境经济管理活动、环境管理方法和环境管理工作。

第三，宏观环境会计引导微观环境会计是环境会计发展的基础，宏观环境会计是微观环境会计发展的方向。绿色会计宏观和微观并重是其发展的趋势，并以宏观会计为导向，这是绿色会计的最高目标也是它的重要特点，因为公共性的环境资源是绿色会计价值的重要内容，而我们每一个单位和组织都会是绿色资源的消耗者和环境污染的排放者，只不过轻重程度不同而已。所以，绿色会计实施需要政府给予鉴定并赋予政策支撑，包括环境会计准则制定和核查。可见，从发展的观点来看，绿色会计的主体有三种：一是属于宏观层面的政府；二是微观层面的企业；三是微观层面的其他单位或组织。这样可将各会计主体置于环境系统中，从而将环境资源的价值消耗与补偿纳入绿色会计核算系统，共同体现环境可持续发展的思想。宏观环境会计也可将特定的国家或地区划分成特定会计主体，从而规定了绿色会计主体与其他会计主体的空间界限，即绿色会计只核算其会计主体内部的环境事项以及其会计主体与其他会计主体之间相互联系的环境事项；同时考虑人类的生存与发展，寻求代际间环境资源公平合理的分配。这种高屋建瓴、纲举目张的宏观层面环境会计，体现出绿色会计各个主体在同一时间、空间中共同占有地球的环境资源，共同对资源的使用与保护负责。环境会计信息会成为社会每一个成员所需求的信息，也就是说，我们地球上的每一个人都会是环境会计信息的需求者，人类追求绿色生活的无止境使得绿色会计知识成为大众的普及知识，这正是绿色会计生命力之所在。

六、环境成本和生态补偿成本的会计量化

之所以引入环境成本，是因为生态损害后的事后补救（也可称为事后补偿），或是为保护生态破坏实施的事前预防（也可称为事前补偿），都与环境成本支出密切相关，环境会计主要就是衡量和反映该补救或预防的成本价值的唯一手段，成本补偿才是生态补偿的本质内容。事前补偿和事后补偿如此，正补偿和反补偿也是如此①。目前，关于环境成本的定义，被学术界普遍认可的观点是联合国会计和报告标准政府间专家工作组在《环境会计和报告的立场公告》中的界定，即为"本着对环境负责的原则，为管理企业活动对环境造成的影响而被要求采取的措施成本，以及因企业执行环境目标、要求所付出的其他成本。罚款、罚金、赔偿等被视为与环境相关的成本，不属于该环境成本定义范围仍应予以披露"②。

生态补偿（eco-compensation）是以保护和可持续利用生态系统服务为目的，以经济手段为主调节相关者利益关系，促进补偿活动、调动生态保护积极性的各种规则、激励和协调的制度安排，有狭义和广义之分。狭义的生态补偿指对人类的社会经济活动造成的生态系统和自然资源破坏及环境污染进行补偿、恢复、综合治理等一系列活动的总称；广义的生态补偿则还应包括对因环境保护丧失发展机会的区域内的居民进行的资金、技术、实物上的补偿，政策上的优惠，以及为增进环境保护意见、提高环境保护水平而进行的科研、教育费用的支出。价值补偿方式是生态补偿的主要方式，从成本的定义来看，实际是生态破坏导致的生态损害成本的价值补偿。

成本是一切物化和活劳动的货币价值形态，生态成本也可以称为环境成本。长期以来，资源无限、环境无价的观念根深蒂固地存在于人们的思维中，也渗透在社会和经济活动的体制和政策中。随着生态环境破坏的加剧和生态系统服务功能的研究，人们更为深入地认识到生态环境的价值，并成为反映生态系统

---

① 事前补偿是保护性投资支出，事后补偿是损害、破坏后的修复、恢复；正补偿是排污方向受害方进行的损失补偿，反补偿是指受害方向排污方支付保护和预防性支出。

② 肖序，周志方. 环境管理会计国际指南研究的最新进展 [J]. 会计研究，2005 (9)：80–85.

市场价值、建立生态补偿机制的重要基础。生态环境资源的价值特性决定了会计手段在核算生态成本和价值方面的独特功效。生态补偿是促进生态环境保护的一种经济手段，而对于生态环境特征与价值的科学界定，则是实施生态补偿的理论依据。生态补偿应包括以下几方面主要内容：一是对生态系统本身保护（恢复）或破坏的成本进行补偿；二是通过经济手段将经济效益的外部性内部化；三是对个人或区域保护生态系统和环境的投入或放弃发展机会的损失的经济补偿；四是对具有重大生态价值的区域或对象进行保护性投入。

生态补偿机制的建立以内化外部成本为原则，对保护行为的外部经济性的补偿依据是保护者为改善生态服务功能所付出的额外的保护与相关建设成本和为此而牺牲的发展机会成本；对破坏行为的外部不经济性的补偿依据是恢复生态服务功能的成本和因破坏行为造成的被补偿者发展机会成本的损失。既然如此，生态补偿的所有上述项目量化，不可能也离不开会计手段。从环境治理的角度来讲，会计与包括生态补偿的环境治理制度存在着天然的联系。

七、环境成本与环境会计信息系统

（一）环境会计信息与环境会计报表

环境会计信息是会计信息系统的组成部分，并与环境信息系统相交叉。系统通过对污染物产生、控制和排放过程中形成的巨大数据流进行收集、组织和处理，经过分析使其能变成对各级管理人员作出正确决定具有重要意义的有用信息。现代会计认为，会计的目标是向会计信息的使用人提供以财务为主的经济信息，而提供哪些信息主要取决于会计信息使用者的需求。环境会计信息是环境信息使用者进行绿色投资、绿色经营和绿色消费及环境管理的主要依据。环境会计是一项经济活动，经济活动中包含着的可以纳入会计信息系统的环境信息就是环境会计信息，经济活动中的环境会计也是围绕环境问题而展开的。

环境会计内容包括环境财务和环境管理两个会计意义上的范畴，两者的结合形成有机统一体。由于环境会计从其手段和性质上来说还是一项管理，由此可以认定，企业环境会计信息系统的信息也应主要为两个方面：一是环境会计核算信息系统信息，二是环境管理控制信息系统信息。环境会计信息的披露离不开一定的载体，会计报告反映了会计主体经营和管理的结果和状态，而环境会计报告是企业一定时期有关环境资源成本、损耗、收益及效益情况的综合反映，通过环境会计报告，信息的使用者能够充分了解企业的环境保护情况，并作出合理的决策。因此，企业的环境信息一般通过环境会计报告进行披露。

环境会计报告的主要组成部分为环境会计报表及其附注。环境会计报表既然是企业在一定时期有关环境资源成本、损耗、收益及效益情况的综合反映，其编制基础为：环境资源效益＝资源环境收益－环境保护支出－环境资源损耗。据此，可以将环境会计报表的内容分为三部分：一为环境资源收益，二为环境资源损耗和环境保护成本，三为环境资源效益。借助于环境会计报表，可以分析和评价企业依靠资源环境获利的能力，综合考核企业的环境资源业绩，以及对社会环境所做的贡献。此外，还要编制能够反映资源环境状况的报表，以揭示资源环境到特定日期的增量、减量及其存量，以便资源的所有者、使用者或管理人了解资源环境的保持和维护情况，促进资源环境的可持续利用。

环境会计报表附注是关于环境会计报表的补充资料及有关说明。主要包括：环境资源负债的有关数据、资料及说明，表明企业对社会资源环境应尽的责任；企业本期间对资源环境的损害、治理及投资情况；企业环保措施及长远目标；其他需要说明的有关事项。

（二）环境管理信息与环境信息披露

环境会计信息披露是环境会计工作的最终成果，也是环境会计核算体系中最重要的部分。进行环境会计信息披露，揭示环境资源的利用情况和环境污染的治理情况，已经成为治理环境问题的必然要求。在财务会计系统中，一般专业上所讲的会计报告包括会计报表、报表附注及其他应当需要向信息利益相关者列示和反映、揭示和说明的相关信息资料。货币性信息采用表内列示和反映方式，非货币性信息采用揭示和说明方式。但由于许多环境会计信息具有间接、潜在、滞后和非货币性的特殊性，为此笔者在此将揭示和说明的信息方式归属于信息披露并单独加以陈述，而区别于会计报表。

所谓信息披露，广义上说是一个特定公司的任何信息发布，即包括公司颁布的年度报告、新闻稿和新闻报道等。狭义上的披露一般仅指会计人员反映特定公司的财务报告中的信息。环境信息披露指在企业环境会计报表的基础上，以年为单位单独披露企业环境责任的履行情况，反映企业及其所属业务部门和生产单位在其生产经营活动中产生的环境影响，以及为了减轻和消除有害环境影响所进行的努力及其成果的书面报告。环境信息披露构成环境会计报告重要内容。

会计的特性决定了大量难以货币计量的包括环境经济活动和环境管理活动在内的经济活动信息，不可能也没有必要全部在环境会计报表中揭示，但它又是会计信息使用者进行相关决策时需要的信息。为此，在编制环境会计报告时，除必须要编制相关环境会计报表及报表附注外，还应当进行表外环境信息披露，作为环境会计报告的重要组成部分。这其中，有些是报表附注的进一步说明，有些是新的更为清晰的环境财务信息和环境管理信息，尤其是对于环境影响比较大的企业，如化工、冶炼、纺织等，充分的环境信息披露是必要的，也是可行的，以便报表使用者全面了解企业有关环境保护的执行情况，从而更好地评价企业的经营业绩，并作出正确的决策。

综上所述，环境会计信息系统结构如图 3－1 所示。

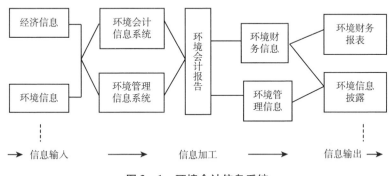

图 3－1 环境会计信息系统

第二节 生态补偿理论基础

一、生态文明理论

生态文明是人类遵循人与自然和谐发展规律，推进社会、经济和文化发展所取得的物质与精神成果的总和，也是以人与自然、人与人、人与社会和谐共生、全面发展、持续繁荣为基本宗旨的社会形态。人类文明先后经过原始文明、农耕文明、工业文明和生态文明四个阶段。生态文明内涵表明，高度发达的物质生产力是生态文明存在的物质前提，人与自然和谐发展是生态文明遵循的核心理念，积极改善和优化人与自然关系是实现生态文明的根本途径，实现人与自然的永续发展是建设生态文明的根本目标。而生态文明建设，就是指人们为实现生态文明而努力的社会实践过程。

党的十八大报告将生态文明建设提到前所未有的战略高度，不仅在全面建成小康社会的目标中对生态文明建设提出明确要求，而且将其与经济建设、政治建设、文化建设、社会建设一道，纳入社会主义现代化建设"五位一体"的总体布局。党的十九大报告进一步强调生态文明建设重要任务和具体举措，明确指出建立市场化、多元化生态补偿机制是解决环境污染造成生态失衡的具体措施，标志着我们党对社会发展规律和生态文明建设重要性的认识达到了新的高度。

生态系统看似外在于社会系统而独立存在，但实际上，随着人类社会对自然的不断改造和利用，我们所面对的自然在很大程度上已经成为人化自然。自然界深受人类活动的影响，并成为人类社会活动不可或缺的前提和条件。另一方面，自然环境对于人的发展具有优先性。生态文明建设遵循客观的生态环境优先性规律，建立在人与自然和谐共生的基础上，可以充分优化人类社会发展的环境，从这个意义上讲，生态文明建设是其他四项建设得以顺利进行的前提，为其他四项建设提供保障。中国改革开放的 40 多年经济飞速发展，但付出了巨大的环境资源代价，发达国家上百年工业化过程中分阶段出现的环境问题，在新中国成立不到 80 年里集中出现，因此，呈现出结构型、复合型、压缩型的"时空压缩"的特点。

在我国生产力尚不发达的情景下所讲的生态文明建设，是现代化进程中的生态文明建设。这就要求我们既要站在生态文明这一人类文明最高形态的高度，又要从当代我国的实际出发，按照生态文明的要求积极创造条件，改善和优化人与自然、人与人、人与社会之间的关系。这就决定了必须建设以资源环境承载力为基础、以自然规律为准则、以可持续发展为目标的资源节约型、环境友好型社会。这也决定了我国的生态文明建设既不能以牺牲生态文明为代价来获取现代化，也不能以牺牲现代化为代价去实现人与自然"和谐"。

生态文明建设需要一整套制度和措施的推进和落实，最终构建生态文明保障机制。这其中，生态补偿制度就是一项重要内容。笔者认为需要做好以下几方面：一是要把生态资源消耗、环境损害、生态效益纳入经济社会发展评价体系，建立体现生态文明要求的生态绩效目标体系、考核办法、奖惩机制；二是通过一系列生态补偿的法律法规制度的完善，建立科学、全面、系统的生态制度体系；三是立足国情，充分运用市场手段，建立反映市场供求和资源稀缺程度、体现生态价值和代际补偿的资源有偿使用制度和生态补偿制度，促进资源环境成本真正内部化；四是完善环境经济政策，推动财政政策的生态化调整，改革环保收费与环境价格政策，完善绿色金融、绿色贸易政策，建立健全生态补偿机制；五是加强环境监管，健全生态环境保护责任追究制度和环境损害赔偿制度；六是借鉴发达国家经验，加大对污染企业的行政处罚、行政强制、民事赔偿和刑事处罚力度，建立健全行政裁决、公益诉讼等环境损害救济途径，切实落实企业环境责任。

二、可持续发展理论

可持续发展的概念是在环境问题危及人类的生存和发展，传统的发展模式严重制约经济发展和社会进步的背景下产生的，是人们对传统发展观的反思和创新。1987年联合国世界环境与发展大会报告《我们的共同未来》将"可持续发展"概念定义为"既满足当代人需要，又不对后代人满足其需要的能力构成危害"。"可持续发展"是环境会计赖以产生和成立的理论支柱，并为环境会计的理论研究和实践应用指明了方向。

可持续发展涉及可持续经济、可持续生态和可持续社会三方面的协调统一，要求人类在发展中讲究经济效率、关注生态和谐和追求社会公平，最终达到人的全面发展。这表明，可持续发展虽然缘起于环境保护问题，但作为一个指导人类走向21世纪的发展理论，它已经超越了单纯的环境保护。它将环境问题与发展问题有机地结合起来，已经成为一个有关社会经济发展的全面性战略，成为环境会计最核心的理论支撑。

（1）经济可持续发展。可持续发展鼓励经济增长而不是以环境保护为名取消经济增长，因为经济发展是国家实力和社会财富的基础。但可持续发展不仅重视经济增长的数量，更追求经济发展的质量。可持续发展要求改变传统的以"高投入、高消耗、高污染"为特征的生产模式和消费模式，实施清洁生产和文明消费，以提高经济活动中的效益、节约资源和减少废物。从某种角度上，可以说集约型的经济增长方式就是可持续发展在经济方面的体现。

（2）生态可持续发展。可持续发展要求经济建设和社会发展与自然承载能力相协调。发展的同时必须保护和改善地球生态环境，保证以可持续的方式使用自然资源和环境成本，使人类的发展控制在地球承载能力范围之内。因此，可持续发展强调了发展是有限制的，没有限制就没有发展的持续。生态可持续发展同样强调环境保护，但不同于以往将环境保护与社会发展对立的做法，可持续发展要求通过转变发展模式，从人类发展的源头、从根本上解决环境问题。

（3）社会可持续发展。可持续发展强调社会公平是环境保护得以实现的机制和目标。可持续发展指出世界各国的发展阶段可以不同，发展的具体目标也各不相同，但发展的本质应包括改善人类生活质量，提高人类健康水平，创造一个保障人们平等、自由、教育、人权和免受暴力的社会环境。这就是说，在人类可持续发展系统中，经济可持续是基础，生态可持续是条件，社会可持续才是目的。21世纪人类应该共同追求的是以人为本位的"自然—经济—社会"复合系统的持续、稳定、健康发展。

可见，可持续发展不是一种单纯的经济增长过程，而是"经济—社会—生态"三维复合的协调发展，是一种全面的社会进步和社会变革过程。可持续发展的观念认为，经济发展必须与环境协调，生态环境是社会经济运行的基础条件，资源和环境变化对经济的影响必须反映在经济运行的价值核算体系中。经济活动的环境成本是在环境的自净能力被超过时出现的，超过环境自净能力，环境成本就不可避免了，它们必须得到偿还。同时，可持续发展不仅注重发展的状态和目标，而且更注重发展趋势的持久力和耐力，强调发展潜力的培养和发展的可持续性。这些基本要义对于指导环境会计的核算具有重要意义。因此，经济可持续发展、环境可持续发展和社会可持续发展是协调统一的。这就是可持续发展的完整内容和意义，并成为环境会计的重要理论基础。

三、外部性理论

外部性理论是由英国"福利经济学之父"庇古提出的。所谓外部性是指某个微观经济主体即居民或企业的经济活动对其他微观经济主体的利益或成本产生影响，并且这种影响没有通过市场价格机制反映出来。该理论揭示出在理想的或完全竞争市场条件下，环境经济行为没有实现资源的最优配置状态，其根本原因是由于环境经济行为外部性的存在。外部性理论从经济学意义上揭示了污染问题的外部性质，从而为后人采用经济或基于市场手段来解决环境问题奠定了理论基础。

外部性理论包括正外部性（也叫外部经济）和负外部性（也称外部不经济）。正外部性是指边际私人净产值小于边际社会净产值的情况，即私人的行为产生了有益于他人的效果却没有因此得到相应的收益；负外部性则刚好相反，指私人行为损害了他人利益却没有因此付出相应的成本（见图3－2）。由于环境资源是一种"公共物品"，具有非竞争性和非排他性两种经济学属性。在健全的产权体系中，市场制度通过价格机制使资源配置达到生产和消费的帕累托最优①，对资源消耗不会带来污染，反而会为资源消耗者带来补偿。但在产权不明确的情况下会导致环境效益的负外部性，进而导致环境破坏的成本承担者和受益者相互分离，且污染和治理成本得不到补偿，相应导致环境资源配置效率低下，成本较高。比如，在经济活动中，如果某厂商不须付出代价而给其他厂商或整个社会造成损失，就是外部不经济，这种外部不经济造成了企业私人

---

① 帕累托最优是指资源分配的一种理想状态，即假定固有的一群人和可分配的资源，从一种分配状态到另一种状态的变化中，在没有使任何人境况变坏的前提下，使至少一个人的处境变好。

成本和社会成本的差异。依据外部性理论，在市场经济运行中，由于自然环境提供的服务不能在市场上进行交易，因此市场机制无法对经济运行主体在生产和消费过程中可能产生的副产品——环境污染和生态破坏发挥作用。这种以危害自然环境为表现形式的外部性成本（也称社会成本）发生在市场体系之外，庇古称之为"负的外部性"。

此外，不仅生产领域存在负的外部性，而且消费领域也同样会产生负的外部性。一种消费品在消费过程中对环境产生了消极作用，比如固废弃置，而生产者和消费者都没有为此付出任何代价，从而形成了消费领域中的外部不经济。要对消费领域的负外部性进行控制，就需要政府采取适当措施，对造成污染的消费者征收环境税，使消费行为的负外部性内部化。而对于具有正外部性的经济行为，可以采用政府补贴的形式予以鼓励支持，从而在整体上实现社会效益最大化。基于上述分析，研究生态补偿既可能包括对外部不经济的"反补偿"，也可能包括外部经济的"正补偿"。生态补偿金额的确定与机会成本、外部收益、支付意愿、受偿意愿、生态服务价值等有关。理论上生态补偿金额应不低于机会成本，但也不能超过生态服务价值。生态补偿尺度应当以环境与经济处于双赢的状态为最佳，即能够满足双赢的生态环境破坏或治理成本的限度。

随着全球经济一体化趋势，环境问题的外部性不仅具有了国际性，而且具有了代际性。一国的环境污染问题可能会以各种形式向别国扩散。更为严峻的是，当代人的某些看似能够避免当代环境污染或促进目前经济发展的行为有可能在后代造成严重的环境危害，从而对后代造成外部成本。为了克服"负的外部性"所带来的私人成本和社会成本之间的差异，政府应当负责任地进行干预，把污染者的外部成本内部化。对于高于企业私人成本的这一部分边际外部成本，企业理应对此进行价值补偿，使其面临真实的私人成本和收益，从而抑制或减少污染量，实现资源的优化配置。

温室气体排放又叫碳排放，是排污中的一种，它无疑具有典型的负外部性。任何一个国家排放的过量温室气体，都将促使全球气温升高，改变地区传统气候类型，对农业甚至是整个经济社会造成冲击。那么，根据庇古的理论，能否使用碳税的方式将企业碳排放的外部性内部化呢？笔者以为，这种方式虽看上去简单，只需征税即可，但其中需要处理的问题却相当复杂。通过征收碳税的方式来克服温室效应，必须解决以下几个问题：首先是国际协调的问题。碳排放的影响是全球性的，需要所有国家共同参与。但不同国家地区间经济发展阶段和技术水平存在不同，各国利益存在差异，因此很难制定一个将大部分国家纳入体系的税收政策。其次是税率制定的问题。一个合理的税率水平既要顾及经济的承受力，又要考虑减排目标：税率过高，将制约经济的发展；税率过低，又起不到减排的作用，故理想税率的制定难度很大。最后是税收的转嫁问题。不同行业，不同企业都有各自的税收转嫁渠道，那些转嫁能力较强的行业会因征碳税获得额外的竞争优势，这既不利于促进市场主体间的公平竞争，也使减排目标的达成大打折扣，因为这些企业可通过优势地位将税赋转移到企业外部，这种对赋税的免疫性使得企业毫无压力进行减排投入。

四、资源环境价值理论

环境价值理论创立于 20 世纪 50 年代。环境资源所包括的土地、森林、空气、阳光等有形物质实体和环境容量、环境自身调节能力等对人类的使用价值是不容置疑的。环境资源具有满足人类需要的功效，就是环境资源价值。环境资源价值理论主张按环境的效用性和稀缺性确定环境资源的价值，使环境资源从无价变为有价，从而为具有遏制生态环境恶化的环境因素的会计计量奠定价值基础。环境资源价值理论的内涵包括：一是环境资源具有效用性，它具有满足人类生存和发展的效用；二是环境资源具有稀缺性，存在如何合理有效地使用环境资源的问题。具体包含四个方面：固有的自然资源方面的价值，即比较实在的物质产品的价值；基于开发利用资源的人类劳动投入所产生的价值；固有的生态环境功能价值，包括维护生态平衡、促使生态系统良性循环等功能的价值；环境资源中的各要素，固有的与人类利益或使用无关的存在下去的价值，即各种植物、各种动物、各种微生物与自然环境形成"目的 手段"的主客体交叉网络，保持着生物圈的平衡。

环境价值理论是企业进行环境核算的理论基础，为企业在进行环境会计核算时正确进行环境资源的计量和计价提供了指导。目前，经济学领域对环境资源进行价值评估的理论依据主要有以下两个：

（1）效用价值论。19 世纪 70 年代，西方经济学家提出了效用价值理论，认为只要人们的某种欲望或需要得到满足，人们就获得了某种效用。所有的生产都是创造效用的过程，但是人们不一定必须通过生产的方式来获得。人们不仅可以通过大自然的赐予获得效用，还可以通过自己主观感受获得效用。

价值起源于效用，效用是形成价值的必要条件，又以物品的稀缺性为条件，效用和稀缺性是价值得以体现的充分条件。根据效用价值理论，很容易得出环境具有价值的结论，因为自然资源和环境是人类生产和生活不可缺少的，无疑对人类具有巨大效用。此外，人类社会的扩张性发展导致环境资源日益稀缺，环境满足既短缺又有用的条件，因此它具有价值。

（2）劳动价值论。马克思在吸收借鉴古典经济学劳动价值理论的基础上，完成了对价值的质与量的统一，构建了完整科学的马克思主义劳动价值理论。马克思的劳动价值论是物化在商品中的社会必要劳动量决定商品价值的理论。运用劳动价值论来考察环境价值，关键在于环境中是否凝结着人类劳动。人类为了使经济发展适应环境的要求，在保护环境的工作中投入了大量人力物力，现在的生态环境已经不再是自然造化之物，它凝结了人类的劳动，从价值补偿的角度看，环境具有价值，其形成是为了补偿环境消耗与使用的平衡所投入的劳动。

结合上述两种价值理论，企业作为环境资源的主要使用者，必须树立环境价值的观点，明确环境价值理论的内涵：一是环境具有效用性，它具有满足人类的生存和发展的效用。二是环境具有稀缺性，存在着如何合理有效地使用环境资源的问题和用途上的选择。稀缺是环境经济学的核心，环境会计也是建立在稀缺规律的基础上。由于对环境资源的需求和排放超出了自然环境所能承受的阈值，良好的自然环境资源随着人口、经济和社会的发展成为经济学意义上的稀缺资源。当稀缺的环境资源成为经济资源时，使用环境资源就必须付出相应的费用，环境资产、环境成本、环境负债、环境损失等概念便应运而生。环境会计对环境资源进行确认、计量、记录和报告，目的就是为合理开发与利用稀缺的环境资源提供信息。三是环境包含有人类的一般劳动。因为当废弃物排放超过环境自净能力，造成环境污染，就必然要消耗一定人力、物力来治理和保护环境，这一过程就凝结着人类的一般劳动。

环境资源价值理论是对传统经济理论的补充，为企业环境会计核算时正确计量和计价环境资源提供了指导。根据环境资源价值理论，企业进行会计核算时，应加强生态环境经济评价和资源资产化研究，合理评估环境资源价值，将其反映到企业产品市场交易价格中。排污权交易实际上是将环境容量作为一种稀缺资源，使其具有商品属性并可在市场上进行交易。环境资源价值理论说明环境不但有效用，而且有效用价值。企业获得排污权是为了在正常生产经营过程中排放污染物，可见排污权是有效用的，它能够保证企业的正常生产经营活动或通过出售剩余的排污权获得经济利益。排污权不但有效用，还有效用价值，效用价值是可以计量的，可以根据排污权发挥效用的方式评估其效用价值，这就为排污权交易会计的计量理论的建立提供了可能性，并为排污许可权的会计计量提供了一般方法。

五、机会成本（边际成本）理论

机会成本理论是环境会计核算最直接的理论与方法基础，它解决了环境成本和效益的确认、计量问题，从理论上论证了环境会计核算的基本原理和方法依据。机会成本法认为自然环境资源的使用存在多种互斥被选方案，某种有限资源选择一种使用机会就将放弃其他使用机会，也就不能从其他方案中获得效益，将其他使用方案中获得的最大经济效益作为所选方案的机会成本。在无市场价格的情况下，资源使用的成本可以用所牺牲的替代资源的收入来估算。如禁止砍伐树木的价值，不是直接用保护资源所得到的效益来衡量，而是用为了保护资源而牺牲的最大的替代选择的价值去测量。再如：土地多种使用、水资源短缺，以及废弃物占地等原因造成的经济损失计量，也可采用这种方法，在比较时大都会用边际成本法来计算。

（一）机会成本内涵

机会成本是经济学原理中一个重要的概念。机会成本对企业来说，可以是利用一定的时间或资源生产一种商品时，失去的利用这些资源生产其他最佳替代品时能获得的潜在收益。首先应当理解总成本的内涵。总成本是从自然资源在人类活动作用下的整个环境系统、物质系统的循环过程考虑的。它研究人类赖以生存的自然界、人类劳动的耗费，而且更侧重于环境资源的成本计量问题，使人们从更广阔的空间和时间上考虑成本的因素和计量方法，以便合理计量环境资源的耗费，解决产品成本的真实性问题。从总成本的概念来看，产品成本的构成应当是环境费用、物化劳动和活劳动的总和。用公式表示为：$Y = C + V + E$。其中，Y 为产品总成本，C 为物质成本，V 为劳动力成本，E 为环境成本。物质成本是指产品在生产过程中的耗费物化劳动的货币表现，应按财务会计的成本核算方法进行确认、计量；劳动力成本是指生产过程中耗费活劳动的货币表现；环境成本是指产品生产过程中耗费自然资源的价值和相关生态资源价值减少的货币表现，是将外部的环境成本内部化的结果。例如，一个制造企业使用污染较大的落后设备和生产工艺，其产品的生产成本要比采用污染较小的先进设备和生产工艺制造产品的成本低得多，如果不把其污染环境的治理成本作为经营成本的一部分，即把外部环境成本内部化，将会导致企业间不公平的竞争，默许企业污染环境。外部环境成本转化为企业内部的环境成本，作为企业经营成本的一部分，可鼓励企业采取积极的环境保护措施，限制污染环境的生产经营活动。

由于经济外部性的存在，现实中经济活动同自然资源之间存在着相互影响、相互作用的负反馈机制，任何一项经济活动的成本代价，不仅包括对各种生产要素的消耗，而且也应包括由于其外部不经济而对自然所造成的伤害。由经济活动带来这种资源环境代价可归为两大类：一类是由于经济活动对资源的过度开发使用而造成的自然资源破坏，主要指实物资源在量上暂时或永久地耗尽，如某种矿产的消失；另一类是由于经济活动而造成的自然环境生态等方面的损失，其中包括由于经济活动对资源的过度开发使用而造成的生态破坏（如由森林砍伐和土地使用等带来的生态系统破坏，这里生态系统破坏主要指环境生态功能的部分或全部丧失，如森林的砍伐使其周围涵养水源、保护土地、调节气候、制造氧气等环境生态功能部分或全部消失）和由于经济活动中所产生的污染物向外界排放而造成的生态破坏（如由 SO_x、NO_x 带来的生态系统破坏，这里生态系统破坏主要指环境资源的削减，即环境服务质量下降，如大气臭氧层的破坏等）。

同时，针对经济活动同外在资源环境存在的这种负反馈机制，当经济活动对自然造成负面影响而反过来又作用于经济活动本身时，为了保持整个经济的正常运行，人们逐渐意识并主动开展了保护环境的活动。这类活动按目的不同亦可大致分为两类。其一，污染治理。通过污染治理（如废水、废气净化、废渣治理等），达到消除污染物、净化环境、保持高效的环境服务质量。其二，资源恢复。通过对消耗资源的恢复（如矿产资源普查与勘探、土壤改良、耕地的恢复、采种育林、育草、水产育苗等），使自然资源不断更新、积累。

为了能够全面刻画经济活动所带来的外部不经济性，现代边际机会成本（MOC）基于资源与环境经济学观点从经济角度对外部不经济（资源有所枯竭、环境退化）后果和从社会角度对经济活动后果进行抽象和度量。边际机会成本理论认为任何一项经济活动的成本代价，不仅包括对各种生产要素的消耗，而且也包括由于其外部不经济而对自然所造成的代价。理论上任何经济活动的单位成本都应等于其边际机会成本，低于边际机会成本会刺激过度开发利用资源环境，而高于边际机会成本则会抑制合理消费。

（二）机会成本构成

由总成本的概念及边际机会成本的含义，可以确定边际机会成本由三部分组成：

（1）边际生产成本。边际生产成本（MPC）是指经济活动生产过程中所直接支付的生产费用。

（2）边际使用成本。边际使用成本（MUC）是指经济活动中对资源的使用，由于今天的使用导致后人无法再使用而造成的损失（资源耗竭）。

（3）边际外部成本。边际外部成本（MEC）则主要指由于经济活动而造成的环境生态等方面的损失（生态功能破坏、环境污染）。

实践中，对于不同自然资源，MPC、MUC、MEC 的具体含义不完全相同，而且随着社会的发展和价值判断标准的变化，其各部分内涵可能随之变化，由于各具体成本的货币指标形成受到其货币化及数据采集可能性的限制，在有关环境成本的计量上，一般从具体资源的主要方面来确定。

六、环境管理理论

现在国际上，企业进行环境管理通常采用的是 ISO14000 环境管理体系，它采用戴明管理运行模型，把一个完整的管理过程分解为前后相联系的 P、C、D、A 四个阶段。我国有三大环境政策，即"预防为主，防治结合""污染者付费""强化环境管理政策"。同时，我国还制定了一系列环境保护法律法规，逐渐形成环境保护法规体系。以上环境管理制度均要求企业重视环境保护，否则，企业会遭受经济上的损失。企业为做好环境保护工作，应能提供有关企业的生产经营活动对环境的影响，以及企业在环境保护中的费用、收益及企业的拟建设项目可能对环境造成的损害等方面的信息。提供这些信息特别是价值形式信息的通常是会计部门。也就是说，环境管理对企业环境会计核算的具体内容提出了要求。

环境管理促使企业环境会计的产生，以满足其信息需要，同时也提出企业环境会计当前迫切需要解决的一些问题。根据前面的环境管理理论，环境管理使企业面临一种新的决策因素——环境成本。传统的会计制度并没有很好地为管理者提供有关的环境成本信息，环境成本的某些内容一起都被合并到制造费用当中，以粗疏的方法在产品和生产步骤中进行分摊，有些则根本不计入企业成本当中。

环境会计是协调企业与环境之间关系的一种管理工具，它利用会计方法对企业在生产经营活动中发生的环境成本进行计量、分析、监测，为企业正确决策提供信息，加深对环境成本的理解、加强对环境成本的合理控制是增加企业利润的有效途径，同时也能避免由于环境管理不当造成企业额外的经济损失。因此，环境会计对于企业加强环境管理具有十分重要的作用。具体可以归纳为以下几个方面：

（1）为企业合理选择原材料提供决策信息。企业采购部门在选购原材料时一般选择同等质量中价格较低的品种，以节约成本，但往往忽略了非环保型原材料在使用时会对生态环境产生破坏性影响，造成污染或资源枯竭性消耗。当产生的环境成本计入企业成本时，企业盈利自然会受到影响，当环境成本不计入企业成本时又会产生外部不经济。在逐步加强的宏观经济调控政策下，外部不经济逐渐转化为企业内部不经济是必然的。因此，在原材料的选择过程中需要环境会计参与辅助决策。

（2）为企业合理进行投资决策提供信息。不同的产品在生产过程中带来的环境污染程度各不相同，环境污染发生以后可以转化为不同形式对企业生产经营产生影响。因此，环境会计应正确计算出环境成本的大小，并与投资收益进行比较，提供投资决策信息。再者，为企业产品定价提供信息。故准确计算出产品所包含的环境成本对制定合理的产品价格具有十分重要的意义。

（3）为企业选择废料成本管理办法提供信息。企业"三废"是环境污染的重要原因，从眼前利益出发，企业决策者往往不顾环境承受力大小处理废料，而环境会计应站在全社会的角度，从生态环境本身的状况出发计量环境成本，分析企业远期经济效益，计算最佳废料处理办法，使之既符合企业利益又不影响生态环境，并将此信息提供给决策者。

七、环境经济核算理论

环境经济综合核算体系（SEEA）的环境经济核算理论为企业环境会计（资产、成本）核算指出了具体方法。我们知道，传统国民经济核算体系（SNA核算体系）中包括生产资产和非生产自然资产，人造环境资产包括在生产资产中，例如人造森林、新开垦的耕地等都属于生产资产价值的一部分。人造资产凝结着人类劳动，历来作为国民经济核算的内容。非生产自然资产是自然界赐予的资产，如矿产、水等资源，虽然在 SNA 核算体系中包括非生产自然资产，但计算国内生产净值时并不考虑，并且 SNA 核算体系没有将生态环境因素（如环境污染和生态破坏的损失等）纳入其核算体系，这些因素一方面致使国民经济的虚假繁荣，另一方面加速了环境资源的耗竭。为了调整 SNA 体系所提供的经济指标，环境与经济综合核算体系（SEEA 核算体系）被提出。SEEA 核算体系与 SNA 体系最大的区别是 SEEA 体系加入了生态环境因素，并通过生态环境因素调整国内生产总值，其调整为：$GNP' = GNP - X - Z - P$。其中，GNP' 为调整后的国内生产总值，GNP 为包括环境产业的产值和防治费用中形成固定资产的那部分产值的国内生产总值，X 为自然资源耗减损失，Z 为环境污染和生态环境破坏的损失，P 为防治环境污染和生态破坏的费用中未形成固定资产的那部分纯消耗的费用。

依据上述调整模型，在 SEEA 核算体系中，专门列示了环境成本，用以调整国民经济核算指标。这里的环境成本包括资源耗竭损失、环境污染和生态破坏的损失、防治环境污染和生态破坏的费用。同时，SEEA 核算体系按照环境成本与劳动的关系，将环境成本分为两种类型，即虚拟成本和实际成本。虚拟成本主要是指资源耗竭成本和环境污染与生态破坏损失成本，这类成本的特点是其发生不能以人类劳动凝结的价值来衡量，如果从会计核算的角度出发以货币衡量时，应按照环境资产的效用性减少的价值来估算。实际成本主要是指防治环境污染和生态破坏的成本，这类成本中，已经形成固定资产的那部分在 SNA 核算体系中已经包括，在 SEEA 核算体系中就不再需要扣除，这类成本的特点是能够以凝结人类劳动的价值来衡量其支出，按照劳动价值理论计量其发生额。由此可见，SEEA 核算体系的设计为环境成本的计量奠定了基础，要求按照其体系进行环境成本的宏观计量，以便能够调整 SNA 核算体系的国民经济指标；同时按照其分类进行明细分类核算，详细地反映环境成本的发生。

八、环境受托代理理论

一般意义上的委托代理关系主要是指物权关系，且这种代理关系并不局限于股东和经营者之间，可以扩展为整个社会与企业之间。河流、山川、草原、油田等在会计学科中被定义为"环境资产"，其内涵和外延应当与一般资产相同，但又是一种特殊形态的物权。环境资产具有价值性，能够给企业带来未来的经济利益；具有稀缺性，多数自然环境资产不会永无完结，需待持续利用。但环境资产最大的特点还在于产权性。由于环境资产大多数是天然形成的，通常只有国家以所有者的形式占有，为全民所享有，但国家会赋予特定主体（如企业）经营开发、支配、管理和使用。因此，从环境资产产权收益出发，存在着两重产权的收益：一方面是资源所有权收益；另一方面是经营开发投资的所有权收益。前者主要表现为企业上缴给国家的税收并被产权实体的全民所有，后者表现为被环境资产所有者的国家授予企业开发、利用或管理的企业的经营收益。因此，就环境资源来说，国家对于企业而言就是委托人，企业就是代理人，国家将全民共有的环境资源交由企业，通过企业对其经营产生收益，再通过国民经济分配和再分配实现整个社会的利益最优化和资源使用的可持续性。

企业自然环境资产的使用或者人工环境资产的再造，是一种环境活动，但其本质还是经济活动。经济活动形成的环境信息进入会计系统加以处理形成财务会计信息。显然作为环境资产委托人的国家或受托资产经营的企业具有掌握和了解环境受托和委托责任的需要，且这种责任是通过契约形式成立的，具体表现为环境财务信息和环境非财务信息的监督和被监督关系。由于环境资源的公共性，企业在利用、管理和报告时存有较大的舞弊动机，不披露、错误披露、误导性披露企业环境信息。然而，企业利益相关者和社会公众需要使用企业环境报告中披露的信息来作出相应的经济决策，这些报告必须是完整、准确和可靠的。因此，解决企业和利益相关者之间环境报告信息不对称的矛盾，需要经过企业外部专业的独立第三方检验。而第三方的注册会计师审计恰恰是一项专门的监督工具，评价受托经营、使用和管理环境资源责任的履行情况，并通过审计鉴证报告来制约企业忽视环境责任的短期行为，最大限度地降低环境报告的虚假陈述对企业利益相关者的威胁。所以，对于环境信息使用者来说，引入注册会计师实施环境报告审计是必要之举。

上述环境资源的委托与受托关系的存在，给注册会计师环境报告审计鉴证带来了新机。在国外自愿聘请注册会计师对环境报告进行审计并将其作为内部管理和风险控制的重要手段的企业逐渐增多，更有甚者，如法国、瑞典和丹麦等西方发达国家，基于社会环境责任，对企业环境报告必须通过第三方审计向外披露环境信息提出了强制性的要求。再如，毕马威会计师事务所（KPMG）对世界范围内企业责任报告的发布及其是否经过第三方鉴证等情况一直在进行持续研究。其2013年的报告指出，正如社会责任报告本身已成为一个标准的商业惯例，对社会责任和可持续发展数据进行外部鉴证也成为一项商业惯例，企业社会责任报告的鉴证已不再是一个可选项而成为必需。耿建新、房巧玲（2003）也曾指出，与"环境审计"所具有的宽泛含义相对应，西方国家所称的"环境审计师"也超出了传统意义上审计师的概念。

九、期望理论

美国行为科学家维克托·弗鲁姆（Victor H. Vroom，1964）的期望理论告诉我们，人们行为选择的激励因素或动机在一定程度上取决于他们对这一行为的期望和实现这一结果预估的概率可能性。期望公式可表示为：激励力 = 期望值×效价。对环境污染制造者而言，为了达到追求更多盈利的目的，理性生产者会追求自身价值最大化，环境的负外部性十分明显，导致环境污染日趋严重。可为了提高盈利的概率，企业很容易通过隐藏关键的环境信息、不披露、漏披露以非法牟利。而对于企业利益相关者来说，他们需要排污者披露真实、可靠的报告信息，以便作出相应决策。但基于会计知识的匮乏，一些企业利益相关者也难以识别虚假信息的会计报告，这就为引入外部独立的第三方对环境报告进行专业的审计，并出具独立可靠的审计报告提供了市场。审计师公正客观的环境审计报告成为信息使用者的期盼。

公司经济发展的过程与环境资源消耗获得再生的过程之间必然存在有机的联系。通常情况下，经济发展的持续性要受到环境资源消耗和再生能力的制约，这两者相互影响，相互制约。不仅如此，公共产品的环境是人类财富而不得独有，组织使用环境资源产生的环境信息也应该为公共熟知，公共信息不仅需要披露，更需要接受公众查验，甚至是问责。穹顶之下，概莫能外。但披露信息种类和容量、提供的时间、信息质量，环境资源所有者和使用者很难达成一致。信息供给者的企业面临着逃避披露、欺骗披露，或者真实披露的两种选择。根本的解决办法就是由资源所有者委托中介方的注册会计师，对企业环境审计信息进行甄别和判断，一旦查实企业隐瞒关键环境信息导致不良后果，必须对排污者的公司严格曝光、用手和用脚投票方式，引导信息供给者提供真实可靠的环境报告信息。正是从这个意义上来看，公共会计师同样担负着社会的期望，公正且无偏见的发表环境鉴证报告，以维护企业利益相关者和社会公众的利益，同时提高环境报告的可信度，实现环境报告效用的最大化。

十、利益相关者理论

就企业而言，利益相关者是指获得企业某种形式的利益或者承受企业财务、社会或环境活动所产生风险的个人或团体，他们能够影响企业活动或被企业活动影响。从企业的角度来讲，利益相关者包括内部的利益相关者和外部的利益相关者，企业与利益相关者之间在环境会计信息利用上相互影响。企业的环境活动会对利益相关者产生环境或者经济方面的影响，但利益相关者的行为同样也会影响企业决策方案和经营政策的制定与执行。传统的公司财务理论及治理理论主要是以"股东利益最大化"为理论基础和目标的，然而，随着人们价值观的不断提升以及对环境问题的不断重视，这种观点越来越显得"自私""狭隘""脱离现实"，利益相关者理论得到越来越多的推崇。该理论主要包括两个方面：一方面，公司应具有更强的责任感，它的责任范围不应仅局限于股东，而应该有利于更大社会范围的群体——所有与公司利益有关的主体，而这些主体（即利益相关者）包括公司员工、债权人、政府部门、社会机构、社区成员等；另一方面，公司也应该将其决策基于伦理、道德的考虑——保护生态环境、履行社会责任。现代财务会计理论认为，企业生产经营的目标是实现利益相关者的价值最大化，财务会计报告的目标是向会计信息的使用人提供以财务为主的经济信息，而提供哪些信息主要取决于会计信息使用者的需求。对于环境信息而言，其利益相关者就是使用环境报告信息进行投资、信贷决策的使用者。信息的载体就是环境报告，或是独立的环境会计报表，或是列报和披露环境信息的综合财务报告。所以，企业应当将环境会计信息进行全面、真实、可靠的披露，以有利于促进企业与利益相关者之间的沟通和协作。

人类社会发展到今天，人们对成功企业的考量，除了经营持续发展、生产蒸蒸日上，利润节节攀升外，更重视企业在资源合理利用、生态得以保持、节能减排和保护环境方面的努力，使企业的业绩建立在经济效益、环境效益和社会效益三方共赢基础之上，实现经济、社会和环境的良性循环。这就要求企业在创造自身经济效益的同时，也应履行广泛的社会责任，其从事的生产经营活动，既要符合企业履行环境责任目标和社会公众的期望，又要严格遵循各项环保法规、制度和标准。其所提供给会计信息使用者的会计报表，必须顾及环境社会责任、环境道德责任和环境经济责任。这些信息使用者包括证券持有者、政府环境政策制定者、社区居民和企业自身的员工、社区和社会公众。而独立的环境审计就是实现这一目标的最有效方式。因此，企业要想秉持可持续发展理念、维护更多利益相关者的利益，公司治理就应当以"利益相关者理论"为前提，这就要求我们能够开展有效的环境报告审计鉴证，为相关主体的决策提供有价值的信息支持。

十一、资源环境产权理论

1960年，罗纳德·科斯《论社会成本问题》一文的发表，标志现代产权理论正式形成。该理论认为，产权私有化即产权明晰化，它将使产权所有人有较强的自利动机去提高产权的价值，进而提高社会整体价值水平。清晰的产权不仅能唤起市场主体向社会提供财富的积极性，更为重要的是，它能有效地解决外部不经济问题。对于这个结论，科斯的理解是：市场失灵是由于产权不清晰造成的。在产权明晰的条件下，市场可以不借助政府力量，依靠自身的价格机制消除其外部性。

讨论现代产权理论的过程中必须考虑的一个因素是交易费用，因为交易费用的差异会导致不同产权界定方式存在成本差异，从而影响资源配置的效率。自然环境具有自我净化的能力，但这种能力在一定时期内是有限的，当人类活动排放的污染物超过这个限度，就表现为生态环境恶化。全球"温室效应"便是由于人类过度排放温室气体而引发的环境问题。对于当今非常严重的环境问题，一方面是因为人类对环境的影响力随着科技进步显著提高了；另一方面，根据产权理论，这是长期权利不明确造成的。污染排放具有外部性，在没有相关制度安排的情形中，理性的市场主体不会主动承担减排责任，甚至是推诿、逃避处理污染的义务；受污染影响的人们出于"搭便车"心理，也不会主动帮助企业减排，最终的结果就是负外部性的延续和积累。但是，如果将排污行为作为一项可交易的权利赋予企业（或者赋予居民清洁权），同时让市场对这种权利的价值进行判断，并通过价格机制对其进行配置，那么，社会将在该权利框架的范围内，以最小的代价将此外部性"消化掉"。

十二、排放交易理论

排放交易思想最早是由约翰·戴尔斯（John Dales）在其著作《污染、产权和价格》（*Pollution，Property and Prices*）中提出的，并在其后的一系列排放权交易实践中被发展、完善。凯文·凯利在《失控：全人类的最终命运和结局》中写道："均衡即死亡。"尽管该观点是在分析生物生态圈时提出的，但说明排放交易理论时同样适用：由于不同行业、不同企业的技术水平、管理方式存在差异，它们的减排成本也是不同的，而减排成本的非均等正是排放交易能够得以进行的前提。在强制减排框架内，减排成本较低的企业能够将实际减排量多于强制减排量的部分出售给减排成本较高的企业，用以帮助其实现减排目标；在减排额度的售价低于减排成本情况下，排放交易便能发生。在排放权交易中，供给方受到排放市场的价格激励，超额减排以获取收益，而需求方能通过购买排放额度履行其减排义务，降低减排成本。排放交易制度的设计使得权利买卖双方都能从中受益，从而调动了双方参与交易的积极性。在企业互惠互利的同时，社会减排目标得以实现，外部性问题得到解决。

碳排放权交易是排放交易理论的具体应用。由于温室气体排放造成的负面影响已超出一国和局部区域的范围，具有全球性，需要广泛的国际合作和相互协调来应对。1997 年的京都气候大会通过了具有法律性质的强制减排计划，即《京都议定书》。在京都路线图设定的总减排量目标下，各国按照"共同而有区别的责任"原则制定各自的阶段性减排指标，并通过《京都议定书》三大交易机制来进行碳排放权贸易，以相互调节碳减排量，促进全球的减排行动得到健康平稳的进行。2015 年《巴黎协议》的签订，更为碳减排行动打了一针"强心剂"。

十三、环境库兹涅茨曲线与避邻效应

库兹涅茨曲线（KC）是 20 世纪 50 年代诺贝尔奖获得者、经济学家库兹涅茨用来分析人均收入水平与分配公平程度之间关系的一种学说。研究表明，收入不均现象随着经济增长先升后降，呈现倒 U 形曲线关系。90 年代初，美国经济学家格鲁斯曼等人，通过对 42 个国家横截面数据的分析，发现部分环境污染物（如颗粒物、二氧化硫等）排放总量与经济增长的长期关系也呈现倒 U 形曲线，就像反映经济增长与收入分配之间关系的库兹涅茨曲线那样。当一个国家经济发展水平较低的时候，环境污染的程度较轻，但是随着人均收入的增加，环境污染由低趋高，环境恶化程度随经济的增长而加剧；当经济发展达到一定水平后，也就是说，到达某个临界点或称"拐点"以后，随着人均收入的进一步增加，环境污染又由高趋低，其环境污染的程度逐渐减缓，环境质量逐渐得到改善，这种现象被称为环境库兹涅茨曲线（EKC）。

环境库兹涅茨曲线是通过人均收入与环境污染指标之间的演变模拟，说明经济发展对环境污染程度的影响，即在经济发展过程中，环境状况先是恶化而后得到逐步改善。那么，究竟如何解释这种曲线关系呢？经济学家从三个方面给予了解释：一是经济规模效应与结构效应，二是环境服务的需求与收入的关系，三是政府对环境污染的政策与规制（见图 3 - 2）。显然，环境库茨涅茨曲线为环境成本补偿、损害成本管理和价值计量，以及污染损失核算和治理方法确定，提供了有效的决策依据。

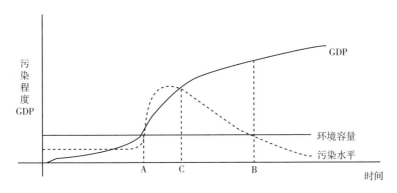

图 3 - 2 环境库兹涅茨曲线

注：A 是重化工业时代起点；B 表示工业化基本完成，C 点被称为生态拐点，也就是随着经济发展，从环境恶化到环境改善的临界点。A ~ B 之间为污染时代。

第三节 会计师环境报告鉴证

一、公司的环境责任

（一）公司的优势

公司，这里主要指上市公司，指那些发行的股票经过国务院或者国务院授权的证券管理部门批准在证券交易所上市交易的股份有限公司。基于重要性考虑，研究环境污染的公司一般是指重污染行业的上市公司。我国环保部 2010 年 9 月 14 日公布的《上市公司环境信息披露指南》规定重污染行业有 16 个，即火电、钢铁、水泥、电解铝、煤炭、冶金、化工、石化、建材、造纸、酿造、制药、发酵、纺织、制革以及采矿业。可见，重污染行业企业均为工业制造业的公司。

上市公司的特点是相对于非上市公司而言的。首先，上市公司的股份可以在证券交易所中挂牌自由交易流通，大家都可以买这种公司的股票从而成为该公司的股东，上市是公司融资的一种重要渠道，而非上市公司股份不可以在证交所交易流动。其次，政府对上市公司财务披露的要求更为严格，需要定期向公众披露一切可以影响投资者对公司价值的评价信息，比如公司的资产、交易、年报、社会责任等相关信息。非上市公司融资渠道没有上市公司多，内部信息也不用公开，管理权也相对集中。再其次，在获利能力方面，上市并不代表获利能力有多强，不上市也不代表没有获利能力。最后，上市公司能取得整合社会资源的权利，如公开增发股票，非上市公司则没有这个权利。上市能够从股票市场融到资金，给企业带来大量资金支持的同时，也给企业带来先进的管理方式和市场感知能力，使企业在企业管理、人才机制、市场操作、商业模式、规模扩张等方面跨上一个新的台阶。

总之，相比非上市公司，上市公司具有许多特点和优势，但最大的优势在于可利用证券市场进行筹资，广泛地吸收社会资金，整合社会资源，从而迅速扩大企业规模，消耗更多自然资产，增强产品的竞争力和市场占有率。因此，股份有限公司发展到一定规模后，往往将公司股票在交易所公开上市作为企业发展的重要战略步骤。从国际经验来看，世界知名的大企业几乎全是上市公司。

（二）公司的环境责任

正因为上市公司具有上述优势，因此需承担比非上市公司更多的社会责任，其中一项重要的责任就是环境保护。

众所周知，财产所有者和经营者的分离是股份有限公司的主要特征。上市公司投资者股东与公司经营者之间通过契约形式建立了受托代理关系，并通过公司章程明确经营者对委托者财产保值增值的责任，股民通过股东大会和董事会行使自己的权利，并独立作出自己的经济决策，或者"用手投票"或者"用脚投票"。随着社会经济的发展，公司包括上市公司受托经济责任的内容已从资本保全责任、遵纪守法责任、经济节约责任、效率责任、效果责任，发展到控制责任。又因为上市公司经济目标的实现需要借助于一定的社会条件和环境，并因此产生大量的利益相关者和复杂的利益关系，由此产生相应的社会责任，其中，环境责任是其最主要的社会责任。所谓环境责任是指企业治理环境污染和保护生态环境所应承担的责任，包括环境社会责任、环境法律责任和环境经济责任三个具体方面。环境社会责任，是指由于企业不合理的生产方式，加剧了社会生态环境的进一步恶化，由此应该承担环境污染治理的责任。环境法律责任，是指在法律、法规、环保公约的要求下，企业在治理环境污染和保护生态环境时所承担的责任。环境经济责任，是指企业在获取利润的情况下，对自然环境资源造成破坏和对居民造成的损害，承担赔偿以及治理环境污染所需开支方面的责任。

在我国目前的社会环境下，企业是环境污染最大的制造者，尤其是生产制造型上市企业，如石油、煤炭、化工、冶金、造纸、制药等。其环境责任的承担主要方式包括：（1）消除现存环境危害影响，即企业自觉停止或受环境管理机关强制停止正在发生的环境破坏、污染活动或行为。（2）改进环境管理政策。企业意识到自身的环境管理与相关环境保护法规、制度不相符合的问题，或者受到被相关组织审核、检查之后发现的环境管理缺陷，建立适合于企业实际情况的环境管理体系和环境制度框架；对被检查发现的环境管理漏洞和可能发生的污染或破坏事项，采取积极稳妥的措施，及时改进和预防。（3）采取有利于环境保护的生产经营理念和方式。对于环境损害，企业有责任根据具体情况，转变生产经营观念。（4）支付环境治理费用。对于企业生产经营过程中产生的污染废弃物，应根据实际情况进行自我处理，或向相关单位和管理部门交付环境补偿资金。（5）承担环境破坏和污染后果。企业在建设和运行过程中，对由于没有较好地控制环境污染而不断出现的环境事件，必须根据相关规定或主管机关、法院的决裁，承担相应的环境事件后果以及由此引起的民事、刑事责任等。

二、当前环境报告状况

（一）滞后的环境会计成为环境报告审计鉴证的"瓶颈"

目前，我国基本形成了环境保护的法律监督体系，为环境审计提供了法律依据，但由于我国环境会计信息披露政策刚刚起步，企业对外公布环境报告的相关政策尚不完善，统一强制的环境报告披露要求及完整的环境报告制度、环境审计具体法规与准则还处于空白，造成环境报告审计鉴证时缺乏充分的审计依据。而现有的环境保护法规并没有具体明确审计机构在企业环境管理体系中的地位、权限、工作范围，也没有直接将审计与环境保护联系起来，缺乏对环境审计内容、评价标准等具体的规定，导致环境审计缺乏直接的法律依据。我国的执法手段及能力和违法制裁力度远远落后于现实需要。

众所周知，会计是审计存在的前提，审计不能脱离会计而存在和发展。因此，环境会计信息披露的信息成为环境报告审计的具体对象，因为环境活动信息通过会计系统的传导机制成就了具体的书面载体。环境会计在发达国家已进入操作阶段，污染损失、资源价格、环境效益等已列入核算科目。但有些企业未能如实披露自己的环境信息。财政部现行会计制度和会计准则对环境事项和交易会计确认、计量和披露也没有具体规定，一方面我国还没有可遵循的环境会计准则用于会计核算需要，比如环境成本还是隐藏在"长期待摊费用""管理费用""营业外支出"等核算科目中，另一方面更没有独立的环境报告规范要求，导致对环境绩效很少进行定量分析，年末公布的环境信息不全面且企业间的信息可比性差，信息定性描述的多定量的少，看不出花费的资金、取得的成果和规定指标之间的关系，滞后的环境会计已经成为环境报告审计鉴证的"瓶颈。因此，要加强环境报告审计工作，充分发挥审计在审核企业环境信息方面的监督作用，首先要解决环境会计问题。

（二）简单"移植"财务审计方法和技术

账项基础审计方法是审计基本方法，理所当然也是环境审计的必须方法，但不是唯一的方法，如同经济绩效审计一样，环境审计需要应用到几何代数、概率统计、信息与电子技术、大数据处理系统等。不仅如此，环境审计常与环境专业知识和术语有关。比如，为验证污染物排放量和识别超排量，污染物浓度和流向及流量，PM2.5 数值和疾病关联关系等指标的真实性，就需要一定测量技术和方法；对环境报告披露的环境资产、负债要素确认和计量会计政策应用恰当性需要环境会计专业知识；对环境损失费用或环境效益信息进行分析和评价，需要运用经济评价法验证其合理性；对污染造成的人身伤害和财产损失需要基本的医学常识和生活常识，等等。因此，具体到环境事项和环境报告审计，其审计技术和方法也会因环境事项在报告中填列项目的不同而不同。独立的环境报告环境信息识别和非独立的环境报告环境信息辨别，尤其是表内披露信息和表外信息与环境系统关联程度的辨析等，是常规的审计中观察法、函证法、检查法、分析性符合、重新执行和重新计算无法达到的。在控制测试时，环境事项导致的经济数据变化与公司治理结构，管理层信誉程度，企业环境文化，环境保护技术手段的关联程度，及其可能导致的环境风险程度判断，只有审计人员具备足够的专业知识，通过应用综合审计手段才能判断环境报告中信息的真实、合法、公允和恰当。所以，环境审计除运用一般常规审计方法外，也要求运用一些不同于常规审计的技术与方法，财务审计方法和技术更不能简单"移植"到环境报告审计中，这就需要环境审计人员转换审计角色。

金国、邢小玲（2002）认为，账项基础常规审计方法（观察、函证、检查、计算等）除必须要应用到环境报告审计外，还需包括"非审计技术"（如环境工程学、环境经济学、环境管理学等学科）方法的应用，同时认为"常规审计方法要紧密联系环境问题的产生和治理，才能适用于环境报告审计"。汤普森和威尔逊（Thompson & Wilson，1994）认为，环境审计因包含验证公司对有关监管要求和行业标准的遵循性等，而不是仅限于设备审计、废料审计、财产转让审计。这至少说明，环境报告审计是一种较为特殊的审计种类，与常规审计有着明显不同，实际上西方有些发达国家的民间环境审计就被视作是专业会计师咨询业务而非审计业务。比如，环境费用效益分析不同于纯财务上的分析，它要从全社会角度考虑费用效益问题，在分析时不仅要考虑到显性成本费用，还要考虑隐形成本费用；不仅要考虑既有的费用的分摊，还要考虑未来很能发生的或有负债的预提；不仅要用到传统会计计量方法对成本和费用的计量，还可能要应用生物化学工程技术物量计量方法。

党的十八大和十九大确定了生态文明建设工程"五位一体"战略，生态文明是人类文明发展的一个新的阶段，是人类遵循人、自然、社会和谐发展这一客观规律而取得的物质与精神成果的总和。面对资源约束趋紧、环境污染严重、生态系统退化的严峻形势，必须树立尊重自然、顺应自然、保护自然的生态文明理念，走可持续发展道路，让环境具有自我修复、自我调节、自我更新的功能。审计是实现这一目标的首要手段。

三、职业会计师的环境审计鉴证

这里的审计鉴证被限定为环境审计鉴证，它是指注册会计师（第三方）对上市公司在环境报告，或是独立的环境会计报表，或是综合财务报告中列报和披露的环境信息，提出鉴证结论，以增强除环境报告信息使用者对公司环境报告信任程度的业务活动。

李玉兰（2010）认为，随着中国经济社会的发展，注册会计师参与环境信息披露审计有其必要性及可行性，政府和事务所都要采取措施发展第三方环境审计业务，完善我国环境审计体系，从而更好地使审计服务于经济。笔者认为，注册会计师参与环境报告审计具有客观独立、人员众多力量强大、专业能力强、审计效率高等特有的优势，从而可以在环境报告审计鉴证中发挥至关重要的作用。

（一）客观与独立品质

首先，注册会计师执行审计或鉴证业务时能够保持形式上和实质上的独立，这一点是政府审计和企业内部审计所不具备的，因此独立的第三方发布的审计报告更加客观公正，从而增加环境信息的可信度，使其更具有说服力，也提高了环境报告的有用性。其次，注册会计师是独立于企业的外部第三方，能够客观公允地检查和评价企业环境保护和社会责任的履行情况，迫使企业尽职尽责地披露环境信息，以使公司通过审计师获取理想的环境审计报告。这对依赖于中国日益成熟的资本市场进行融资的上市企业树立良好的环保形象十分重要。最后，根据委托代理理论，要使利益相关者和社会公众认可环境报告审计的结果，减少企业与外部之间信息不对称的问题，防止公司管理层和经理人粉饰环境业绩，就必须由独立于企业的外部第三方来实施环境报告的审计，保证信息的公允性。所以，只要注册会计师完全满足了独立性要求，就能够客观公正地实施企业环境报告审计。

（二）职业群体规模庞大

注册会计师人员众多，他们参与企业环境报告的审计有助于解决国家环境审计人员紧缺的问题，从而高效地配置审计资源。近年来，全球范围内注册会计师协会发展迅速，会员人数不断增加，世界著名的职业会计师团体，有英国特许公认会计师公会（ACCA）、美国注册会计师协会（AICPA）、加拿大特许专业会计师协会（CPA Canada）、澳大利亚注册会计师协会（ASCPA）等。这些国家和专业会计组织，制定和发布了具体的环境会计和环境审计专业规范和标准，为注册会计师承接环境鉴证业务提供了良好的平台。目前我国环境报告审计仍然由政府部门主导，但由于其成本高昂和效率低下，政府部门能够承担的环境报告审计任务十分有限，难以承担日益增长的环境报告鉴证业务，企业缺乏环境审计和风险评估方面的专业人士的指导，即使有这方面的专家，也因缺乏独立性而不具有说服力。同时也应当看到，目前中国对外开放步伐加大，资本市场日益成熟，会计是市场经济的基础性设施，资本市场不可能也离不开注册会计师，这是已经被众多发达国家和地区市场经济建设证明了的客观事实。为保证资本市场信息的真实、可靠和完整，提高市场对资源的有效配置和运行效率，完备且稳固的监管体系必不可少，在这个体系中注册会计师无疑是最重要的组成部分。我国学者郑俊敏（2006）认为，随着社会公众对环境信息的需求逐渐增加，未来环境审计的主导应是民间审计组织。袁广达、袁玮（2012）更是明确指出，企业环境审计主体注册会计师缺位导致政府审计错位必然会改变。而日益吃紧的国家审计力量和知识结构不尽合理的现状，决定了注册会计师成为环境审计的主体。不难想象，一支庞大的中国注册会计师参与环境报告审计，不仅可以加快我国民间环境审计的发展，也可以扩大其业务范围，最终满足社会各界和企业各层次利益相关者不断上涨的环境管理与保护的需求。

（三）专业胜任能力强

无论中国还是外国，且不说注册会计师准入门槛之高，更不说注册会计师执业资格考试知识之深之广，单就每年全球成千上万的考证大军对进入注册会计师行业的期盼就足以说明注册会计师的优良素质和过硬本领。但凡通过注册会计师证书考试并进入这个大门的幸运者，无疑都是未来审计报告的鉴证人。注册会计师参与环境报告审计，不仅能对企业管理系统进行独立、客观的评价，而且还可以与环境专业领域的科学家一起对企业开展深入的了解和评价，从而进行全面审计业务。中国目前正在打造一支高素质、专业化的会计审计专业队伍，随着国家对环境保护更加重视及注册会计师对环境审计认知程度的加深，提高自身过硬的环境技术知识和本领，会成为审计师的自觉追求，这也是会计师行业的国际惯例。

（四）较高的审计效率

根据以上分析，注册会计师规模较大，经验丰富，且具备极强的客观独立性，他们的加入无疑能够大大提高我国企业环境报告审计的效率和质量。注册会计师作为独立的第三方对企业进行审计，保证了资本市场信息的真实性、可靠性和完整性，能够起到重要的监管作用，从而完备资本市场监管体系，有效控制市场风险，提高市场运行效率。

效率的提高来自注册会计师行业淘汰机制，也来自注册会计师个人的自我认识，更来自会计师事务所对员工素质提升的投入，而聘请外部专家参与环境报告审计更是直接对注册会计师自身专业胜任能力和工作效率的提高。

第四节　资源环境成本管理会计功能

一、贴近政策设计环境会计研究

环境会计研究应回归会计基础，贴进政策设计与应用。会计作为一种治理手段，参与国家重大政策的制定并提供决策支持，这是会计理论工作者的职责，也是会计研究的方向。在生态文明建设的今天，中国社会经济发展和社会实践对环境会计学术界同样提出新的要求与企盼，责任重大，任务艰巨。资源环境的约束直接制约经济发展，过度消耗又会影响社会稳定、人身健康和生态环境承载力。面对中国长期累积下来的过重的环境负荷，有必要通过会计方法和手段对其进行有效的治理，将环境价值核算和管理控制渗透到环境保护的各个层面，创新生态文明建设的环境管理机制，采取合理利用和有效保护资源环境的新举措。资源环境价值性和管理技术现代化，为环境核算和污染控制的会计行为提供了较好的思路，也为未来环境会计学科发展和学术研究深入提供了良好的条件。

二、环境会计管理功能的认知

（一）对环境资源管理的重视，成就了环境会计新学科并赋予其管理的内涵

人类从洪荒年月到 20 世纪 60 年代就没有"环境保护"这个词，征服大自然而非保护并与之和谐相处的意识一直延续到现代工业革命的到来。但随着现代工业的大发展，为人类社会创造了丰富的物质财富，同时也带来严重的环境污染。长期以来，环境污染已经给人类带来了不计其数的现实和潜在灾难，迫使人们不得不从环境的角度关注自己赖以生存的家园。尽管人们从工程、技术、法理上对此问题早有深刻的认识和研究，但从社会经济角度进行剖析，则是 20 世纪中后期的事，环境会计正是由此而诞生。1971 年英国《会计学月刊》刊登了比蒙斯撰写的《控制污染的社会成本转换研究》，1973 年刊登了马林的《污染的会计问题》，揭开了环境会计研究的序幕。1990 年罗布·格雷（Rob Gray）的报告《会计工作的绿化》是有关环境会计研究的一个里程碑，它标志着环境会计研究已成为全球学术界关注的中心议题之一。我国的环境会计研究最早始于 20 世纪 90 年代中期，又以 2001 年 6 月中国会计学会环境会计专业委员会成立为标志。在此之前，1994 年的《中国 21 世纪议程——人口、资源和环境白皮书》提出了可持续发展基本战略。

在实践中，会计系统综合地核算环境要素，源于会计所处的客观历史环境。人类农耕时代的自给自足经济和以手工工厂为主并不发达的近代工业经济，不可能对环境会计有所需求。环境会计的产生主要源于 20 世纪 70 年代前后现代工业的迅猛发展，自然资源遭到极度开采，废弃物质大量排放，使人类的生存环境日益恶化，空气污染日益严重，自然灾害频繁发生，全球气候变暖，生态系统失去平衡。这一切引起人们的普遍关注，许多国家采取大量措施，投入大量的人力、物力和财力来遏制资源、环境、生态的进一步恶化。同时，西方经

济界、环境界、法学界和会计界也逐渐关注这一领域，部分会计学者在分析了传统会计理论和方法局限性的基础上，将环境问题纳入企业会计研究范畴，认为公司会计应当计量由于其生产经营活动所造成环境污染的外在成本，并应将这些成本内在化，由反映经济成本信息转变到包括社会成本在内的社会价值；而政府会计则是将国内生产总值进行核算，改进成绿色 GDP（GGDP）统计核算（王立彦，1998；杨世忠，2016），以及政府编制自然资源资产负债表的需要。所有这些推进了企业由"经济人"转换成"社会人"，再从"社会人"转向"生态人"的进程，会计则由"资本会计"转向"人权会计"（郭道扬，2009）。这一转换会计思想的演进，真正把生态环境作为一个考虑对象纳入企业伦理和政策中，从而推动了环境会计这一新兴学科的发展。之后，由环境会计实践内生出的环境管理思想融入投资和融资决策项目，体现现代财务管理新模式的环境财务得以确立，同时对受托环境保护责任进行检查、检验和核实的环境审计也随之产生，并得到快速发展。尽管财务和审计有逐步从会计学科分离的趋势，但从历史渊源和最终目标来看，一般意义上的环境会计依然包括环境财务、环境审计。

在理论上，会计要素核算需要相应的会计理论为指导并应用于会计实务。环境会计作为会计学的一个分支，自然要秉承传统会计基本原理和方法，同时作为会计学的一个新兴学科，又是对许多新问题加以研究和总结概括出的特有理论和方法的结果。环境会计特有的理论与方法基础，包括可持续发展理论、外部性理论、资源价值理论、机会成本理论、环境管理理论与环境经济核算理论等，但其最重要的还是外部性理论和环境管理理论。它促成环境会计着重围绕"环境成本控制"展开（周守华和陶春华，2012），从而驱动一系列新的计量、评价和鉴证等特殊会计手段不断创新。所谓"环境成本"又可称为广义上的环境降级成本，是指由于经济活动造成环境污染而使环境服务功能质量下降的代价，具体分为环境保护支出和环境退化成本。前者指为保护环境而实际支付的价值，后者是指环境污染损失价值和为生态保护应该付出的代价。在微观实体，环境成本特指企业在某一项商品生产活动中，从资源开采、生产、运输、使用、回收到处理，解决环境污染和生态破坏所需要的全部费用；在宏观领域，环境成本直接指向一国国民财富增长极限的测定、国民经济核算体系的修正（源自萨缪尔森的"经济净福利调整"）和对整个自然资源资产负债的列示。可见，会计核算与资源生态价值管理有着密不可分的关系，而环境会计天生就具有资源生态环境管理的功能，与环境资源的价值预测、决策、执行、分析、评价与考核紧密关联。从唯物主义角度讲，哲学是研究自然、社会和思维发展的最一般规律的科学，"天人合一"是环境会计最基本的哲学思想。那么，作为管理学科的会计，环境会计哲学就是应用哲学的原理和方法研究自然生态和人文生态的合理组合及其规律，这既丰富了现代管理哲学内涵，又指导了环境会计实践，并由此产生了自然资源有效管理思想与行动，达到环境管理的最终目标。

总之，环境会计是对自然与生态进行价值管理的会计，外部性理论直接反映了环境会计的基本思想和污染成本控制对会计的基本要求。环境会计将会计学与环境经济学和环境管理学相结合，以货币为主要计量单位，以环境法规为依据，用会计的方法计量与记录环境污染、环境防治、环境开发的成本费用，同时对环境的维护和开发形成的效益进行合理计量与报告，从而综合评估环境绩效及环境活动对企业财务成果的影响，达到协调经济发展和环境保护的目的。而在国外，将利用货币工具对环境问题进行管理的范畴统称为环境会计，包括宏观和微观两个方面。宏观环境会计主要着眼于一国国民经济中与自然资源和环境有关的内容，是运用物理和货币单位对国家自然资源的消耗进行计量；微观环境会计主要是企业环境会计，尤以工业企业为主，它反映环境问题对企业财务业绩的影响以及组织活动所造成的环境影响。按照"可持续发展"理论的诠释，环境会计源于对人类社会生存的"环境"因素的考虑，国家责任和企业社会责任首先是环境责任，经济可持续发展成为环境会计的最终追求。

（二）环境资源管理需要环境财务会计和环境管理会计，进而构成环境会计的全部内容

按照利益相关者理论，会计分为财务会计和管理会计。同样，环境会计内容本身也包括环境财务和环境管理两个会计意义上的范畴，两者的结合形成有机统一体。尽管环境财务会计报告的目的是反映一定时期有关环境资源分布和环境成本、损耗、收益及效益方面的信息，但这些信息是人类环境资源管理行为的价值表现，支持并支撑了环境管理决策，反映了人类生态文明努力的过程及其结果。比如环境财务成本核算结果为环境成本管理与控制提供了最原始和最直接的基础性资料。如同成本会计具有双重目标——既为财务会计计算盈亏，也为管理会计考核业绩一样，环境成本信息既服务于环境财务会计也服务于环境管理会计，从而使环境会计信息全面、客观和相关，并为管理决策服务。可见，环境财务会计与环境管理会计存在着密切的关系，其信息高度融合。所以，环境会计信息系统包括两个方面，即：环境会计核算信息系统和环境管理控制信息系统。它们是一切环境活动信息质与量的规定性，集成于人类环境活动整个过程，既包括人力、物力、资金、信息等要素消耗的价值数据，也包括道德、责任、行动和效果考量程度的非价值资料。正是从这个角度讲，环境管理离不开环境会计，环境管理会计也离不开环境财务会计。

首先，一旦管理会计触及资源生态要素，环境管理会计巨大优势的发挥就成为可能。比如，生态补偿标准最优量化，理论上公平的补偿额应该以生态破坏损失为基础，现实中以能够恢复提供生态服务功能的价值为适当，那么其恢复成本就是破坏损失所要补偿的成本。但无论环境损失成本，还是环境恢复价值，都可以通过环境会计信息系统加以识别、分析、处理和总结，因而要解决生态环境补偿政策设计问题，自然离不开会计信息系统重构和会计方法改进。实际上，联合国国际会计和报告标准政府间专家工作组的《环境成本和负债的会计与财务报告》及专家工作组第一次会议的报告文件"改进政府在推动环境管理会计中的作用"[①]，就体现了这种改进思想。

其次，会计以反映经济活动为对象并以价值计量为主要管理工具和手段，应当承担起保护环境的责任。因为一切经济问题的解决从来没有也不可能离开会计簿记系统，环境问题的解决当然也不例外。从本质上讲，以人为中心的环境活动就是经济活动，环境问题就其本质来讲还是经济问题（姚建，2009），并再现为人类社会经济发展对资源财富价值增值的矛盾冲突。一方面，企业经营存在着环境活动，也就存在着环境管理行为，具体表现为预防行为、治理行为和改善行为。这些行为结果的价值反映构成现代会计信息的重要内容，从而决定环境管理控制活动的信息也是环境会计信息，需要会计手段到位。另一方面，作为现代管理工具的会计特质，能够在任何管理领域包括对自然环境管理都有它的贡献所在和价值体现；同样，会计信息可以与包括环境信息在内的其他任何信息进行集成，以对管理产生特殊功效。至于如何集成及集成程度，则取决于所要集成对象的特点、科学发展与发现程度，以及新兴会计学科的扩展程度。会计不只是经济活动描写，更是一种经济管理技能，可用于一切社会科学和自然科学所能产生价值影响的各个领域和各个层面，在分析现状与预测未来、风险评估与绩效评价、方案实施与流程控制、战略决策与目标定位、权力约束与组织治理等方面，具有其独特的优势。全面认识和应用现代会计是优秀管理者的必然选择，也是科学管理思想、精神、智慧和技能的会计体现。

最后，既然环境活动是一项经济活动，环境活动又始终围绕着环境问题而展开，那么经济活动中包含着可以纳入会计信息系统的环境信息就是环境会计信息。这些信息通过环境会计报告，反映主体环境经营与管理的结果和状态，比如环境资源的来源与占用、成本与损耗、收益与效益情况。通过环境会计报告，环境资源的所有者、管理者或经营者可以了解企业的资源利用、保持与维

---

① 联合国国际贸易与发展会议. 环境成本和负债的会计与财务报告 [M]. 刘刚译，陈毓圭校. 北京：中国财政经济出版社，2003.

护情况，生态的破坏、修复与承载程度，清洁生产运作状态以及环境管理绩效状况，由此作出合理决策，以进一步促进环境管理活动有效地开展。总之，环境会计信息是信息使用者进行绿色融资、绿色经营和绿色消费的主要依据，并由此彰显环境管理者的理性、睿智与旷达。

（三）环境会计实际是基于环境成本基础上的环境价值管理，应用工具就是环境成本管理会计

其一，就管理方法而言，环境会计存在的价值在于能够将环境问题造成的外部不经济性纳入会计核算体系。环境外部不经济性是指那些由企业经济活动引起的、尚不能确切计量且由于各种原因而未由企业承担的不良环境后果。不良环境后果界定、责任方认定和责任承担方式，实际上并非只有环境会计本身能够解决，尤其对公共领地的"棕色地块"① 污染事件应急处置，这些方面应由环保法律、法规和政策加以规定，包括完善、科学和可执行的一整套环境质量标准和道德原则所构成的"生态环境责任"约束性规范。然而，企业是利益相关者的契约集合体，环境管理会计逻辑起点就是传统意义上的委托代理责任所引申出来的环境责任（肖序，2007），目标是认定和解除生态环境责任（张亚连，2008），并将这些责任进行品质细分、物化和货币化。所以，所有环境保护的法规、政策和方案的制定和实施，没有也不可能离开为之服务的环境数据支持，否则环境管理将会是空中楼阁。环境会计恰恰就是对人为作用于资源生态系统的行为进行数据输入、加工和输出的系统过程，同时借助强大的技术支持系统实现环境管理目标。在今天，大数据平台为环境管理打开了广阔的天地，比如环境会计指数的建立、环境信贷信用评级、环境财务绩效评价、环境责任审计认定。与此同时，环境会计的发展及其对环境成本核算和控制实践的需要，又会强烈地推动甚至倒逼环境法律法规、政策和标准的完善和环境会计准则、指南出台，促进人们依法行政，并以法律和法规形式规定环境会计的地位和作用，促进环境会计制度的建立、完善和实施。诸如对生态环境实行的污染者负担、开发者养护、利用者补偿、破坏者修复，是环境责任最基本的制度原则，同时对履行责任过程中发生的环境支出、损失、成本和费用的处理和方法选择，也是环境会计中价值管理最基本的内容。

其二，就经济属性来讲，外部性的负收益核算和补偿获得需要环境管理会计支持。外部性理论揭示在理想的或完全竞争市场条件下，环境经济行为没有

---

① 美国 1980 年通过的《超级基金法》（Comprehensive Environmental Response，Compensation，and Liability Act，CERCLA）美国城市中遗留下需要清理的许多工业污染场地称为"棕色地块"。

实现资源的最优配置状态，其根本原因是由于存在环境外溢成本。它从经济学意义上揭示了污染问题的外部性质，从而为后人采用经济手段解决环境问题奠定了理论基础，也为生态价值补偿标准量化、排污权交易价格制定、环境收益核算考核、环境税收杠杆政策实施、气候变异经济整合提供了较好的会计思路。此外，像雾霾对环境破坏和人体健康的影响，这种以危害自然环境产生的社会成本，有必要通过会计手段将生产者造成的对自然资源损耗成本、生态环境降级成本、环境治理成本和环境保护成本等，进行会计合理估值和正确核算。而对消费领域的负外部性进行会计控制时，需要对造成污染的消费者征收环境税、缴纳资源补偿费、弃置物处置费，使消费行为的负外部性内部化。随着全球绿色观念的兴起和中国"一带一路"倡议实施，环保设计、清洁生产、绿色采购与消费、环境金融，以及废弃物回收循环再利用的管理手段和资金投向，都会建立在融入环境成本管理会计基础之上。新城镇建设、区域产业布局和调整、供给侧改革、生产方式转换、低碳经济等这些关系国计民生的政策设计，无不与环境成本管理关联。

其三，就环境影响特点而论，环境问题的外部性不仅具有跨界性，而且具有代际性，这在最主要的两种污染——大气污染和水污染方面表现得尤为明显。比如，气候变异最终还是人为造成的，工厂废气的不当排放是产生污染的主要根源，因气候变异导致成本溢出效应，最终影响整个社会经济的协调发展，从企业到社区、从地域到区域、从一国到他国，类似的还有跨国流域污染。而当气候变异或流域污染以各种形式扩散至国界时，跨境环境事件可能性就加大，并随着全球经济一体化表现得更突出。不仅如此，更为严重的是当代人某些看似能够避免当前环境污染或促进目前经济发展的行为，有可能对后代造成严重的危害，从而产生代际外部成本。解决此问题离不开经济方法，经济方法中最重要的手段就是会计。

总之，环境成本在环境会计中是非常重要的概念。环境会计是对环境负外部性的管理，其实质是基于环境成本基础上的环境价值管理，实际应用工具就是环境成本管理会计。环境成本管理是叩开环境会计的一把钥匙，更是透视环境会计的窗口，绕不开，离不去，也躲不掉。因为，环境成本是环境资产不断消耗或价值转移的形成过程，也是环境负债的表现形态，并由此减少环境权益，从而成为环境资产负债表的编制依据。1993 年联合国发布的国际会计和报告标准《环境成本与负债的会计与财务报告问题》的基本框架和 2005 年日本《环境会计指南手册》中主体方面的内容几乎全是关于环境成本的内容。显然，环境成本基础上的环境价值管理目的是为决策服务的，其决策的本质是收益与成本的差额，即价值创造，因而环境管理会计的实质最终是环境收益。一方面，表现在宏观方面是生态自然直接价值与潜在价值的增加，微观方面是企业因环境保护和环境治理而带来的直接价值（利润），如政府奖励、税收减免、社会形象提升和商品附加值等（如达到欧美与 ISO 相关标准带来的出口增加、股票市值上涨等）。不仅如此，环境成本管理绩效成为任何环境资源使用者用以评级和衡量环境资源节约、环境财务改善和公司综合绩效提升情况的最重要内容。另一方面，对潜在环境风险管理就是对环境成本管理，其管理的目标就是减少隐性环境成本发生概率，间接提高环境收益。所以，环境成本不仅是环境财务会计的内容，也是环境管理会计的核心要件。一切服务并服从于环境成本管理的政策、程序和技术，都是从不同切入点实现有效决策和有用信息的环境管理工具和管理方法。诸如，绿色作业成本、产品生命周期成本、价值流与物质流成本、成本费用效益分析，以及对传统会计收益公式修正为绿色利润、融入生态型战略管理的绿色固定成本的量本利分析和环境预算执行差异控制、清洁生产成本法实施。再如，应用于环境成本管理并创造价值的现代统计方法、信息与电子技术、数据集成与处理系统、成本控制的网络平台，等等。

（四）环境会计提供环境问题解决的一个新视角，触及范围广泛，方法新颖独特

计算人类劳动过程中所得与所耗的古代会计就是以自然资源为对象的，人与自然的关系表明，历史的变迁并没有改变这个规律，因而会计活动中有环境活动。所以，任何企业都有环境成本发生，只不过总成本中环境成本比重不尽相同而已，如制造业和非制造业、重污染企业与非重污染企业、生产同样的产品但不同生产工艺和流程的企业，即便是同一企业不同的生产经营阶段，环境成本发生频率也有差异。那么，如何嵌入环境会计视角去组织和应用各种成本管理工具并使之科学化？这就需要我们立足长远并采用恰当方法，借以实现环境保护目标。在传统的会计核算模式下，环境成本信息不可能直接根据现有的会计系统产出。原因在于系统存在环保缺失、环保过度、环保不足[①]，从而导致企业的成本不实，收益虚增，可持续风险加大。因此，现代会计要求企业将自然环境因素纳入会计报告体系，建立以可持续发展为导向的新会计核算模式。环境会计恰恰提供了环境问题解决的一个崭新视角，其应用范围广泛，

---

① 这里指传统会计缺失企业存在的环境污染治理活动、环境预防活动和环境改善活动对环境资源、环境成本、环境收益的确认和计量，忽视生态环境自我修复功能可给企业提供资源循环利用带来成本节约的机遇，无视企业对自然环境资源的过度使用或向环境排放污染物应予承担但没有承担或很有限承担的补偿责任。

方法新颖独特。

其一，环境会计核算之所以复杂，源于污染诱因复杂导致经济后果难以确定，但它可以也能够在自觉利用现代社会科学技术成果的基础上，不断完善和丰富自身学科理论，创新解决环境问题的方法。比如，气候变异因素复杂，范围较广，但主要表现在地球纬度位置、海陆位置、地形三个方面，温室效应成因于人类不合理的生产，尤其是重污染的工业企业，因而进行工业上的温室气体治理是解决气候变异的根本。首先，国有国界、省有省界、市有市界、区有区界，只要建立了污染监测电子系统，排污和受损各方主体就能够得到清晰的界定，因为排污和受污各方，都已经被锁定在特定的地域和空间范围。其次，用现代计量手段和工具，如污染源统计的大数据处理、损害程度的遥感技术应用、环境物理与化学测量方法和现代管理技术，能够寻找到气候变异成因、程度和损害实物量。这些都为温室气体排放和碳交易的会计计量和会计处理提供了技术支撑，况且因气候影响的国际性、全球经济的一体化和会计的国际趋同，碳排放会计国际协同效应会日益明显。最后，基础性的财务工具，如市场价值法、机会成本法、支付意愿法、恢复防护费用法、影子工程法、人力资本法、旅行费用法、调查评价法、比例系数法和工资差额法等技术经济方法等，无一不与环境会计息息相关，为解决碳会计计量、收益评估和绩效评价提供了手段。

生态补偿政策的核心是补偿标准，按照边际成本理论，标准排污量是边际成本等于边际收入为"0"的排污均衡点。而将传统会计收益公式改进为"收入－费用－环境成本＝环境利润"（葛家澍和李若山，1992），是基于环境成本的考虑。为此，不妨将生态环境信息嵌入会计信息系统，以寻找两者关联关系和影响程度的价值补偿标准。这为生态环境损害成本计量确定和环境成本会计核算提供了全新思路，可以解决生态补偿制度设计中最核心且关键性问题，在理论上和实践上都具有特殊意义。理论上，它促进会计与其他学科的融合，扩展现代会计学功能，拓展会计计量理论；实践中，生态补偿政策设计引入会计元素，为环境损失价值核算和环境审计评价提供了技术支撑，并为生态环境问题更好地解决提供了新的方法。

其二，不难证明，超标排污势必给排污方（如大气上风区、流域上游区）带来边际收益，但一旦生态资源遭到超过其自身自净能力的任何损害，都会影响其价值的发挥并导致收益下降，出现生态边际收益递减规律，如大气、水体和土地的损害。那样，整个受害方（大气下风区、流域下游区）会遭受外部性损害。而大气污染、水污染和固体废弃物污染又会通过影响其他要素的机制进行传导，带来连锁反应。在企业表现为生产原料、固定资产和企业劳动力等方面的损失，而且由于大气和水环境破坏导致的生产用的生态资源供应不足，不仅会提高经营成本，还会导致固定资产遭受腐蚀加速折旧，生产车间内职工健康受到影响，降低员工生产效率，招致经济处罚，最终反映为收益（地区生产总值、企业利润）的下降。对此，通过会计视角建立生态成本补偿机制，就能够实现企业环境成本内部化，并从整体利益上考虑环境成本增加后的最佳生产量和排污量，最终解决排污者非法获利和受害者利润下降等环境外部性问题，达到双方合作共赢和效益最大化界面。显然，超标排放造成的污染引起收益下降，而这部分下降了的价值量正是要确定的生态污染补偿金额，也是最低的生态补偿价格或标准。可见，无论是政府会计还是企业会计，污染成本会计计量由此将迎刃而解，环境会计的宏观作用和微观价值都将实现。

其三，生产者排污是天经地义的正常行为，只不过排污量应限制在不超过环境承载能力的最高额度，包括环境的自净能力和永续使用能力。但超标排放可以通过碳排放权交易市场实现，以维持生产能力，那么一套科学、完整且可行的碳排放交易会计制度设计和执行就显得很重要，其重点是要解决碳排放权的资产归属、交易类型和交易价格。碳排放权是一种特殊性质的无形资产，之所以特殊是因为碳排放权资产具有"公有产权"性质，排污企业获取的碳排放权有政府无偿拨付和市场有偿交易两种来源，其初始获取均是国家无偿拨付，实际是政府通过行政许可授予特定排污实体一定当量环境容量使用权，产权的归属应为代表全民的国家，并由产权方国家委托或赋予排污方管理、使用或转让出售。既然无偿获取的碳排放量最初没有通过生产交易，由国家在环境可承载容量内加以核定，排污方在规定的期间（一般为一年）应当使用完毕，一般不会有结余，因为碳排放权制度设计初衷并非为了交易，而是为了直接进行排放量的控制。只有在排污方通过自身技术革新、流程再造和节能减排有剩余的情况后，才有对外进行投资、交易的可能，从而间接起到控制排放量的作用。但如果一旦发现以欺骗手段获取无偿拨付碳排放权用于交易牟利，政府就应没收其非法所得并给予经济重罚。基于此，会计上不应确认碳排放权为投资性的金融资产，并不应以交易为前提。同理，企业处置非节约的无偿取得的碳排放时，其收入应视作为一项环境负债，其债权人为国家，如果将其留用也只能作为环保专用基金。这种基金反映了使用国家环境资源具有的特定用途，从而区别于政府拨付给排污实体的其他补助收入。由此会自然而然地将政府和碳排放企业导向产业合理布局、生产方式转变、产品结构调整和技术创新之道，以通过减少排放获取正常收益的正途，并由此在取得政府环境补助、减少环境税费和罚款等降低成本方面作出努力。这也是设计碳排放交易会计制度时应有的基本思想，诚如 2016 年中央经济工作会议指出的"房子是用来住的，而不是用来炒的"一样，碳会计核算也应当体现这种思想。当然对有正当结余以及有偿获取的碳排放量进行交易性投资是没有异议的。因为这种交易符合环境产权价值性、可交易性和对社会产生的激励作用。长远来看，初始配额今后也会走向市场机制，且由于资源禀赋的差异，清晰产权有助于市场均衡和政府对环境的"无为而治"，这样会产生强大的社会经济协调作用，促使企业不断产生创新动力，并且这种"混合均衡"的过程性、协调性有利于产业协调发展。

由上可知，气候变异影响应对、损害补偿标准量化、排放权交易会计制度设计，都需要解决环境成本控制问题。全球各国政府、组织和企业的环境成本管理理应在传统成本管理的基础上，把环境成本纳入企业经营成本的范围，通过对生产经营过程中发生的环境成本进行有组织、有计划地预测、决策、控制、核算、分析和考核等一系列的科学管理，这契合成本管理会计的思想和内容。同时，从生产、技术、经营和产品生命周期成本管理的角度看，环境成本管理又是一种对环境成本实施的全方位和全过程系统管理，从产品的诞生到完全失去使用价值。在此过程中，现代管理的"三论"——信息论、控制论和系统论的信息技术、控制手段、系统观念，在环境会计中被应用到各个层面。

（五）环境会计能够促成环境文化的形成，并依赖于环境会计教育固牢会计对环境管理的思想与意识

会计文化传承、学术升级和实务发展与会计教育紧密关联。环境会计教育能有效促使环境管理价值提升，促进环境资源合理流动和优化配置，最终促使社会财富增长、财富创造和环境文化的建立。管理认知原理和思辨方法表明，对事物的重视程度会体现在参与者的受教育程度，因而倡导和传播环境管理的会计思想是环境启蒙的第一步，也是构筑环境文化的高台。可以想象，当生态文明和环境承载力成为公众的热议话题，当环境会计成为环境政策制定者和管理者必选项目之一时，环境治理的自由天空将会是一片光明，那时将不会再现"公地悲剧"模型，不会再有环境"搭便车"效应①。

环境会计教育是对环境管理技术知识和环境文化的教育，环境文化特别是其文化价值的选择，是检验增长和发展目标是否合理的基础。文化的核心问题是人（杨兴龙和夏青，2016），核心内容是科学和人文。"以人为本"的

---

① 1968年英国加勒特·哈丁教授（Garrett Hardin）在"The tragedy of the commons"一文中首先提出"公地悲剧"理论模型，意指公共物品（原指环境资源）因产权难以界定而被竞争性地过度使用或侵占是必然的结果。

环境会计文化是会计管理环境的基本理念，规定了会计道德操守的选择。环境文化特别强调人与环境相互关系的优化和人对自然行为的科学化，它是环境会计管理思想得以确立的前提条件，它包括环境管理的文化价值、科学精神、道德伦理、保护观念、风险意识和公众参与等方面。环境文化可以引导企业维护有关保护环境的政策和法律，唤起关心社会公共利益与长远发展，履行企业社会责任，将环境风险意识和环境管理方面的要求变成企业自觉遵守的道德规范。教育是环境保护的根本大计，是促进可持续发展和提高人们解决环境与发展问题能力的关键。社会经济的可持续发展，客观上要求会计教育也要实现可持续发展，因为包括环境会计教育在内的环境教育是全社会持续发展的重要条件之一。不仅如此，进行必要的环境会计知识教育和环境文化教育，是教育服务经济建设、培养和造就卓越理财人才质量工程的需要，也是环境保护必不可少的一项前置性的思想管理工作，更是落实可持续发展的教育行动。

树立可持续发展观，保护共有家园是全人类的共同行动。环境保护也是生产力，它已经成为左右未来经济变局的重大主题。陈毓圭教授认为，"企业，作为市场经济体系的活力之源，在贯彻可持续发展战略中，负有更多的责任"①。生产制造和消费过程中对有限资源的消耗和对生态环境功能日益严重的破坏，迫切需要企业在计划、生产、营销和投资等环节注重环境政策设计、执行和管理，采取得力的方法和措施，转变经济发展方式，调整优化经济结构，节能减排，保护环境。将企业层面的环境信息纳入企业经营管理、会计核算和审计监督中，并从环境管理政策设计和安排上，探求企业实现可持续发展和环境保护的路径，这是一件特别紧迫又特别需要我们共同努力的事业，也是科学发展观在环境管理领域的生动实践。中国政府已经清醒地认识到，当前中国环境状况和环境保护对于社会和经济发展的重要性。为此，已经将生态文明建设作为一项历史任务和"五位一体"的国家发展战略，这是顺应国际绿色循环低碳发展潮流、实现科学发展作出的必然选择。近年来，我国党和政府制定和实施了旨在保护和改善环境，防治污染和其他公害，保障公众健康，推进生态文明建设，促进经济社会可持续发展的一系列政策和措施，并为此采取了坚定的行动。继2014年新修订的《中华人民共和国环境保护法》颁布以来，中共中央、国务院印发了《关于加快推进生态文明建设的意见》，生态红线规划和生态补偿条例起草工作被提上日程，干部任期内损害生态环境终身追责制度试行，环境信息公开制度，自然资源资产负债表的探索编制，全民所有自然资源资产有偿使用

---

① 袁广达. 环境会计与管理路径研究 [M]. 北京：经济科学出版社，2010：序言。

制度改革，《中华人民共和国环境保护税法》推出，排污权有偿使用推进和碳排放权交易试点，应对气候变化的《巴黎协议》执行措施和步骤安排，等等，所有这些无一例外都与环境会计息息相关，也是拓展现代会计内涵与外延、促进中国会计发展、培养卓越会计人才的最好契机。环境政策设计、环境成本核算、环境绩效评价、环境风险控制、生态价值补偿机制确立、环境经济责任鉴证，都离不开环境会计这一独特的手段支持。不过，会计对环境的管理和管理环境的会计方法，都离不开环境会计教育。

（六）环境会计是现代环境治理能力的重要基础，提升了环境管理高度并扩展了环境管理的宽度

环境信息对现代经济、社会发展的重要性毋庸置疑，因为在信息手段和技术高度发达的今天，经济发展很大程度取决于对经济信息的掌控。在宏观上，资本市场的信息是资源有效配置的基础，在微观上是企业追名逐利的动因。环境信息作为一种特殊商品要素反映，可以通过资本市场中介服务于供需双方，成为市场要素。然而，资源环境产品的公共性决定了环境信息有别于其他信息的一个显著特征：公共信息不以获取利益为唯一目的，有时甚至会带来财富缩水，收益或利润递减，进而产生负影响，但它对可持续经营和管理的功能性与不可替代性，以及对生态系统的维护和促进，乃至对生态文明建设与发展和对整个社会财富的增长，无疑起到牵引作用。从理论上讲，公有产权环境投资者的行为与企业追逐利益最大化目标是一致的，但如果两者出现了背离，国家就会代表全体公民通过一定的手段来矫正。因为生态与经济双赢的社会福利增加，才是人类最终的共同追求。不仅如此，环境会计的直接任务就是向市场提供环境信息，在现代环境治理体系中，担负着非常重要的使命。朱光耀（2017）指出，会计作为一项基础性工作具有重要价值，会计是各行各业经济活动管理的基础，更是现代治理体系和治理能力的基础。"天下未乱计先乱，天下欲治计乃治"[①] 是会计思想家和教育家杨时展的会计治理国家精辟警言，将其扩展到环境治理与会计关系的解读也恰如其分，环境会计则是现代环境治理能力的重要基础。

会计是古老中国文化的经典，是经济活动管理的基础，也是国家治理、社会安定、公司整合和个人行为规范的有效工具。环境会计对自然资源科学有效的核算是环境管理的信息基础，其核算结果也为环境治理开辟了新途径。国家

---

① 沈贞玮，贺海燕. 天下未乱计先乱 天下欲治计乃治——杨时展教授的学术履历、学术思想与学术年表简编 [J]. 会计之友（下旬刊），2008.

治理和社会治理需要环境会计信息，通过环境会计信息实现国家对环境生态的法制和良治，进而达到善制和勤制，保证环境资源分配的公平与正义。其信息的来源主要通过政府绿色 GDP 核算、自然资源资产负债表编制、区域环境承载力评价、环境会计指数建立、环保基金制度、生态管理报告和信息披露等，并通过资源环境责任审计报告的手段和方法，将资源生态的价值量和实物量的环境信息，报告给公共环境资源产权所有者的公民，借以促进人类对环境生态关注、资源永续利用和未来共同财富的创造，也为政府环境保护事业发展提供法治依据，并对完善环保法规、政策和标准提供有力支撑，最终实现对环境的有效管理、资源的合理利用和社会经济与环境的同步发展。

要发挥环境会计的现代环境治理能力，需要搭建环境会计嵌入管理的平台，这个平台就是环境信息披露市场，进而提升环境管理高度并扩展环境管理的宽度。公司治理、组织治理和企业重组需要环境会计信息，通过环境会计信息决定投融资行为，履行环境的法律责任、道德责任、经济责任和社会责任。现代企业制度设计的进步性突出表现在将组织的目标由"以资为本"转变到"以人为本"的基础上，会计的视角也从"单位利益主体"转移到"全民利益主体"，实现会计全民利益功效。这促使公司在会计确认与计量、会计政策选用和会计报告内容上，将环境信息的财务会计报告进行充分揭示和披露，并通过它实现公司资本增值、声誉增值和形象提升，由此带来公司治理行为改变、组织变革和技术与方法革新，从而以保护环境的积极姿态维护公司利益相关者的环境契约。为此，一些重要的为利益相关者关注的环境财务指标随之会进行创建性设计，比如环境完全成本、环境收益、环保专用基金、环境所有者权益、"超级基金"负债（逯元堂等，2016）、或有环境负债等环境财务指标。而建立在独立报告方式的前提下，改进传统的会计核算信息系统，设置和编制能够充分反映这些环境财务指标的环境资产负债表和环境利润表就成为必然。不仅如此，更为重要的是公司环境管理会计预测、决策、控制与考核的职能发挥会随之变得日益充分，并在财务投资、融资过程业务中，将企业经营对环境的影响放在一个重要的地位加以考量，一套全新的公司环境管理手段、方法、技术和措施也会得到创新。同时，用于对生态环境活动和管理行为进行系统的、有证据的、定期的和客观的鉴证、评价和考核的环境审计也得以建立和发展。

三、会计师的环境管理角色

郭道扬（1997）指出，会计本质上是由人参加的管理实践活动，会计人员本身便是管理者。杨纪琬和阎达五（1982）也曾提醒，如果离开经济活动形式，诸如反映、监督（控制）以至于预测、决策等这些管理职能，会计倒是变得"捉摸不定"了。当环境治理和环境保护成为全球的共同一致追求和当中国将生态文明建设置于"五位一体"总体战略布局的今天，会计传统的管理功能的扩展，以及由这种管理功能延伸出的环境会计目标、发展方向、研究内容和研究方法，亟待得到清晰的认知。因为一是宏观经济政策影响微观企业财务行为和会计决策，而微观企业行动又影响宏观经济政策走向，环境政策的制定和实施与企业环境行为之间存在着密切的关系；二是以微观为落脚点的学术研究，能更好地满足宏观和微观两层面的理论与实践工作的需求，有助于促进实体经济环境保护的原创性、应用性研究且提高研究成果的质量、贡献和绩效，才是环境会计未来研究的着力点。所以，中国环境政策的制定者和管理者以及会计人当然都不应置身事外。大卫·格洛弗（2011）曾向环境政策的制定者指出，环境为人们提供了可贵的服务，对政策和投资项目的成本及其收益进行评估时，这些服务的价格必须考虑进去。当然，环境会计并非是万能的，但科学的环境管理，离开环境会计肯定是万万不能的。

第四章 补偿标准：相关模型建构与实证分析

第一节 补偿标准基本模型

一、会计信息与环境信息的集成

会计信息是企业会计核算信息系统中以货币表现的、财务信息为主的定量环境信息载体信息，基本内容主要为会计凭证、账簿、报表及其他相关资料，其反映环境活动的信息就是环境会计信息。环境经济活动的产生和变化势必引起会计要素的增减变化，通过会计的确认、计量、记录和报告这一会计特有的方法和步骤，最终在企业会计报表中加以反映和揭示。环境会计信息具体由环境会计核算信息系统的信息和环境管理控制系统的信息组成。而环境信息是指与环境有关的，包括资源、环境、生物多样性的状况和对环境发生或可能发生影响的各种行为（包括行政措施、环境协议、计划项目及环境决策等在内的一切信息资料）。它涵盖了受到或可能受到环境条件或作用于环境的因子、行为或方法的影响的人类健康与安全、人类生活条件、文化景观和建筑物的状况的资料，包括已经或可能对环境产生重大影响的产品和活动的资料，以及有关环境保护事务的资料。在电子数据和手段的状态下，环境会计信息与环境信息各自构成自己的信息系统。

研究生态补偿和建立生态补偿标准，需要将环境会计信息和环境信息加以集成，解决为什么要集成、怎样集成和集成后生成的环境补偿尺度，既能为政府制定工业行业生态补偿政策提供支持，促进整个社会经济发展和环境保护，有效解决企业发展过程中环境外部性问题，又能为生态环境成本会计计量和环境价值理论提供新的研究视角和经验证据，并为环境会计实证研究作出贡献。其补偿金额既是会计系统中环境成本内在化形成会计意义上的环境成本计量的依据，也是环境管理系统中环境成本控制中枢，在理论上和实践上具有特殊意义。

二、生态补偿政策设计的基本思路

笔者认为，生态资源环境是社会和经济持续发展基础，环境问题的实质是经济问题，也是会计问题，因为环境活动是经济活动表现形式之一。环境会计产生的主要社会经济动因为可持续发展，它必然要求当代决策层从环境管理视角重视并主动利用环境会计信息，充分认识会计、审计乃至财务控制，在对公司经济活动过程控制、节能降耗方面，以及解决与生态环境治理直接相关的废水、废气、废料排放控制方面发挥基础管理作用。从会计本身而言，参与并组织环境价值核算和价值管理，是现代会计功能拓展和践行会计社会责任的自觉要求与必然结果。会计是组织进行观测、分析和管理财务及资产等活动的中心，其中就包括材料、能源和生态自然资源等。尽管以对外报告为目的侧重于历史，但当环境会计系统经过适当的调整后，这些系统能够在支持前瞻性的决策制定中起到重要作用。从环境经济学理论上来说，当边际外部成本等于边际外部收益时实现环境效益的最大化，所以理论上最佳补偿额应该以生态破坏损失为基础，以提供的生态服务的价值为补偿标准，环境成本就是损失了的环境价值。可见，无论环境损失成本信息，还是环境价值绩效信息，都可以通过环境会计信息系统加以识别、分析、处理和总结，而要解决生态环境补偿政策设计问题自然离不开会计信息系统和会计方法与手段。

总之，科学统一生态补偿标准办法的确定，应当本着可持续发展和社会公平理论，将环境信息纳入会计信息系统并加以集成分析，通过对非自然因素导致的环境污染影响因素及生态环境破坏程度和造成价值损害程度进行技术分类、财务分析和审计测试，用数理统计方法，将灰色多层次综合评判与模糊综合评价相结合，建立生态污染技术等级和所致价值损失等级的数量函数，综合确定可量化的评价模型和价值补偿标准。同时，应建立由独立公正的并拥有较高的环境技术分析技能和财务分析水平的社会中介的注册会计师（目前）或注册环境审计师（将来独立设置环境审计师资质）为中心、由政府制定标准和监管、司法裁定或判决为辅助手段，财政、金融等相关部门协助执行的市场化、制度化的生态价值补偿执行机制。引入注册环境会计师对生态破坏损失的查验和核实，以补偿标准为基准来确定合理的补偿额度，辅之以法律、行政等其他手段，是未来解决生态补偿问题有效途径。

三、生态补偿标准的政策设计

（一）相关技术经济指标设计

本书提出的生态补偿标准构成是一种多级交叉的等级评价模型，从而形成应由政府以行政规章或国家标准形式发布的一套完整评价环境行为的指标体系（见图4－1）。

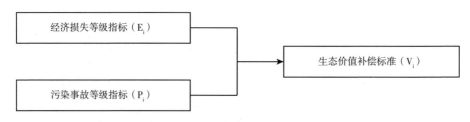

图4－1　生态补偿多级综合评价指标

依据图4－1，生态补偿政策科学性很大程度上取决于生态补偿标准合理性，而这种合理性程度又取决于具体指标体现及其指标间的关联程度。为此，需要运用经济技术分析和环境项目风险评估方法，通过实证研究，设计出包括合理超标排污量、污染事故等级、超标排污量与污染事故相关等级系数等在内的环境技术标准；同时，应用数理统计、会计核算和审计核查方法，通过实证研究，设计出被污染企业经济损失、经济损失等级、经济损失等级与污染事故相关等级系数等在内的价值标准。

拟设计的主要指标和综合评价经济技术指标见表4－1。

表4－1　　　　　　　　　　　生态补偿指标与等级

指标类型	一般指标	具体指标列举		
		水污染	大气污染	土壤污染
污染事故指标与等级	环境超标排污量（P）=排污量－标准排污量	水溶液酸碱度、浊度、高锰酸盐指数、氨氮、总有机碳浓度	悬浮颗粒、二氧化硫、氮氧化物、一氧化碳、光化学氧化剂	土壤溶液酸碱度、重金属、有机物、微生物、放射性物质
	5级污染严重程度	（1）非常严重；（2）很严重；（3）严重；（4）较严重；（5）轻度		

续表

指标类型	一般指标	具体指标列举		
		水污染	大气污染	土壤污染
经济损失指标与等级	环境损失价值（E,元）=实际经济价值－预计经济价值	财产损失、资源环境损失、人员伤亡、其他损失等。具体以环境成本为衡量标准。包括：（1）直接损失：破坏成本、治理成本、恢复补救成本、维护支出、清理费用、管理成本、预防成本、非商誉资产减值、赔偿罚款支付；（2）间接损失：机会成本、或有负债、商誉减值		
	5级价值损失程度	（1）重大损失；（2）较大损失；（3）严重损失；（4）一定损失；（5）一般损失		
生态补偿标准	污染事故等级与污染所致经济损失等级关联程度指标（R）	静态指标＝环境负荷总量÷环境成本总额 动态指标＝环境负荷增长率÷环境成本增长率		
	补偿标准（V_i，万元）	标准1，标准2，标准3，…，标准25		

注：表中实际经济损失可以从财务会计系统核查取得，标准排污量可以通过国际或国家环境标准体系查询获得。

从表4-1可见，在具体确定生态补偿标准时，可以借助环境价值损失（成本）程度与环境污染（负荷）程度之间的关联性来得出评价结论，它既可以用绝对量的静态指标，也可以用相对量的动态指标。不过，对不同因素所致的污染程度造成不同被污染实体损失并非完全呈线性关系，因为引起环境成本支出的原因与污染事故有直接与间接关系，好比地震对不同地区和不同的受害体产生不同的影响道理是一样的。另外，由于生态破坏影响因素的多重性，如化学污染、物理污染、粉尘颗粒等，其所造成的生态客体也具有多方面，比如大气污染、水污染、土壤污染和食品污染等，在实践中不可能、也没有必要对其制定绝对公平并加以细化的适合不同影响因素和损害客体组合的不同模型。我们可以从最主要的污染源，比如工业排放的 SO_2、CO_2、NO_2 等化学污染导致的水污染损失，PM2.5（大气中粒径小于2.5微米的细颗粒物）导致的大气污染损失等，通过建立通用的综合评价模型来实现补偿目标，而对类似其他污染补偿标准可以此为基础引入修正参数加以补充。事实上，从生态补偿实践来看，生态事故造成的实体单位重大或重要的破坏损失和补偿标准额度一般至少是以万元为单位来计算。在此坚守这一基准，其主要考虑就是避免上述补偿标准过于细化和精确，以相对合理的预计消除现有生态补偿政策过于"人化"的缺陷，这也符合环境损害价值不确定、潜在性、滞后性和模糊性环境成本特点。

（二）补偿价值标准模型设计

在上述技术标准和价值标准确定的基础上，我们可以选择有代表性的一定数量被污染区域（如流域、地区）、被污染客体（如土地）及实体（如上市企业）进行实地调研和考察，经过统计分析与综合，并考虑相关因素对污染事故等级和经济损失程度的影响因素，建立生态污染等级和经济损失等级的数量函数，进而通过多级综合评价模型来解决生态价值补偿问题。

综合评判依据的是综合决策的数学模型，在这里，笔者试图建立多级综合评价模型来解决上下游河流污染经济赔偿问题。设计如下：

以价值赔偿等级作为评判集 $V = \{v_1, v_2, v_3, v_4, v_5\}$，表示环境污染情况的因素集为 $P = \{P_1, P_2, P_3, P_4, P_5\}$，表示经济损失情况的因素集为 $E = \{E_1, E_2, E_3, E_4, E_5\}$，于是 $V = \{P, E\}$。在 P 下：

$$R_1 = \begin{pmatrix} m_{11} & m_{12} & m_{13} & m_{14} \\ m_{21} & m_{22} & m_{23} & m_{24} \\ m_{31} & m_{32} & m_{33} & m_{34} \end{pmatrix}$$

在 E 下：

$$R_2 = \begin{pmatrix} n_{11} & n_{12} & n_{13} & n_{14} \\ n_{21} & n_{22} & n_{23} & n_{24} \\ n_{31} & n_{32} & n_{33} & n_{34} \end{pmatrix}$$

据有关资料，得两个 E_i 中因素的权重分配 $A_1 = (a_1 \quad a_2 \quad a_3)$，$A_2 = (a_4 \quad a_5 \quad a_6)$。再用 Zadeh 算子，有：$B_1 = A_1 \cdot R_1 = (b_1 \quad b_2 \quad b_3 \quad b_4)$。类似的 $B_2 = (b_5 \quad b_6 \quad b_7 \quad b_8)$。

再进行二级综合评判。以 PE 到 V 的 F 阵

$$R = \begin{pmatrix} r_{11} & r_{12} & r_{13} & r_{14} \\ r_{21} & r_{22} & r_{23} & r_{24} \end{pmatrix}$$

据有关资料，P、E 的权重分配为 $A = (a_7 \quad a_8)$，于是，二级综合评判：

$$B = A \cdot R = (b_5 \quad b_6 \quad b_7 \quad b_8)$$

据最大隶属原则，确定价值赔偿的具体等级或补偿标准（见表 4-2）。

表 4 - 2   货币化的生态补偿标准矩阵

污染经济损失等级程度（E）	污染所致事故等级程度（P）				
	I	II	III	IV	V
	生态价值补偿标准（V）				
I	V_{11}	V_{12}	V_{13}	V_{14}	V_{15}
II	V_{21}	V_{22}	V_{23}	V_{24}	V_{25}
III	V_{31}	V_{32}	V_{33}	V_{34}	V_{35}
IV	V_{41}	V_{42}	V_{43}	V_{44}	V_{45}
V	V_{51}	V_{52}	V_{53}	V_{54}	V_{55}

四、生态补偿执行机制设计

（一）注册会计师成为主导环境审计执行主体

根据前文设计思路部分所述，笔者设计的是以社会审计组织的注册会计师行业和注册会计师为审计主导生态补偿执行机制，与我国目前现行的以政府环境审计或政府环境评价为主导有着明显的不同。"委托 - 代理理论"表明，民间环境审计为主导，有利于强化社会监督，避免政府多重角色进入市场导致的低效率。而要解决生态环境问题的外部性，需建立产权规范的市场化体系，政府审计应淡出市场，真正履行其审计管理者和法规、准则制定者的职责，使其真正成为审计市场运行中的"裁判员"，让民间审计成为"运动员"的角色。大力发展注册会计师环境审计业务，发挥其主导作用，有利于形成规范的审计市场化体系。国际注册环境审计师委员会曾于 1999 年制定发布了《注册环境审计师实务准则》，对注册环境审计师应遵循的职业道德和实务工作规范做了详细的规定，这大大推动了环境审计理论与实践的发展，同时也是对注册会计师在环境审计方面的重视。目前，最高审计机关国际组织、国际会计师联合会等国际组织以及美国、加拿大、瑞典等发达国家，社会审计都在环境审计领域大规模拓展业务，并成为一种发展趋势。西方发达国家民间绩效审计业务有近 70% 属于环境绩效审计。国际会计职业界和会计"四大"（普华永道、德勤、安永、毕马威）近年来环境审计业务也越来越凸显，担当着环境审计主力军。就我国而言，随着全球经济进一步发展和跨国贸易频繁，工业化进程导致的环境压力会更加突出，无论是从现实环境状况还是从经济可持续发展长远战略考虑，政府环境审计不可能顾及更多，国家审计机关主导环境审计实际上只是一种应对现实状况的策略，而注册会计师成为环境审计的新生力量将是一种必然。由此可见，民间审计的地位应该越来越被受到重视。

（1）生态环境的公共性、社会性和价值性特点，决定了任何采用不适当的行政干预方式分配资源，人为阻碍资源和资源主权制度的建立以及自然资源市场的培育都是错误的。环境审计从本质上讲就是一种审计业务，是一种新兴领域的业务。社会审计开展的审计业务就包括审计企业、政府的环境行为。内部审计开展环境审计，如果涉及公司经营的环境违法行为，环境审计报告就极有可能不真实；国家审计机关属于行政部门，审计其他行政部门时就有可能会受到干扰，会使公正性受到质疑。作为公众代言人的社会审计具有的中立地位、客观的判断以及独立的责任，既可以弥补内部审计与国家审计的上述不足，又是在激烈的会计市场拓展审计业务的需要。

（2）两权分离后公司实体是环境资源经营者，对社会承当着重要的环境保护责任，它们和环境资源所有者国家与社会之间客观上存在着利益冲突。由于大量环境事项的隐蔽性、计量的模糊性、环境负债的滞后性和会计判断的高频率，会计极有可能违背职业操守。这只要我们从一般财务舞弊动因及方法中就不难推测，环境会计所有要素均有可能成为舞弊对象，造成会计信息不对称。在这种情况下，用于解决信息会计不对称和增强投资者对财务会计信息可信度的注册会计师的环境报告鉴证就成为必然。注册会计师通过受托对上市公司环境财务会计报告和环境管理信息的审计，监督、评价环境经营者履行节制使用有限生态资源和保护环境职责，其委托者既可能是与公司环境利益十分关切的投资者股东，包括国有股本投资者，也可以是作为环境资源的所有者的国家或国家利益代表者的公共资源管理部门。

（3）随着我国环境法律法规的完善，企业的环境法律意识和环保意识不断提高，绿色资本市场、商品或服务市场的发展和完善，以及规范的审计信息市场体系的逐步形成，环境信息对各利益相关者的经济决策的影响越来越大。同时，日益增长的环保意识，将刺激对民间环境审计的需求，自愿聘请注册会计师进行环境审计，并将其列入危机管理的重要手段的企业和组织会越来越多，进而促成注册会计师环境审计鉴证重任的担当。而资源环境是公共物品，主要是由政府提供的，因此为了避免公众在经济上的委托代理链出现合谋和政府进入市场导致效率低下，对待环境审计的实施，民间审计较之政府审计更具优势。可以预见，在未来的环境审计中，国家审计更多的是以监管者的角色出现。

（二）生态补偿执行机制建立的主要内容

（1）建立以社会中介组织的环境注册会计师为中心，政府和司法部门为辅助手段的价值补偿运行机制。受害者受损程度、污染者排污程度直接关系到补偿标准选用，公平的"补偿标准"是其核心问题所在，它应由独立公正的并拥有较高的环境技能和财务分析水平的社会中介组织去鉴定。政府的作为只是统一政策和标准的制定并实施监管。

（2）建立补偿过程博弈机制。以排污者付费、受害者收益为原则，同时允许付费者通过与受害者或第三方通过博弈机制，求得补偿意愿一致。在博弈失效前提下，任何一方都可以通过司法程序维护各自的补偿权益，即补偿收益权和补偿支付权，这对弱势或是强势补偿的双方都是公平的。

（3）完善补偿实现的支持系统。要使生态价值补偿政策得以建立并有效实施，需要具备相应的条件并采取一系列配套政策和措施。如：注册环境审计师环境审计技术水平和环境职业道德提升系统，政府制定和发布补偿法规、措施和对注册环境会计师环境审计执业的监管系统，司法机关的环境补偿仲裁系统，相关政府部门协助支付系统、环境报告信息公开和社会环境文化塑造系统等。

综上所述，本书设计的生态补偿机制的具体内容架构如图 4-2 所示。

进行生态补偿需要解决以下两个问题：一是生态污染所致价值损失和环境事故技术等级之间的相关关系进行量化处理；二是生态补偿执行机制如何体现环境经济外部化、环境成本内部化的市场规制。为此，在设计思想上，应将经济学、管理学、生态学、环境科学、会计学和审计等多学科理论和方法加以应用，并将生态环境信息纳入会计信息系统进行集成分析，并实施环境审计查验。在技术上，应通过数理统计方法，将灰色系统理论与模糊数学相结合，从污染事故等级系数和污染经济损失等级系数的关联程度上，构建经济补偿标准的数学模型。具体可以采用灰色关联分析法（GRA）与模糊综合评判法（FCE）集成、层次分析法（AHP）与灰色关联分析（GRA）集成、实地调查、数据测试、专家咨询定性和定量验证测试。同时，基于环境注册会计师公允评价和审计鉴证前提下，提出以社会中介介入补偿机制为中心内容的补偿执行机制。在步骤上，应从系统观点出发，以经济补偿价值指标为中心，通过实地调研、统计和个案剖析，对非自然因素导致的生态污染影响因素进行技术分类、财务分析与审计测试，进而采用数理统计方法，将灰色多层次综合评判与模糊综合评价相集成，构建污染所致价值损失和环境事故技术等级评价模型，并进行量化计算、定性分析与实证分析，提出生态污染价值理论框架、可量化的生态环境价值补偿标准及补偿运作机制。与此同时，进行博弈分析、财务分析和审计测试验证，最终提出方案。

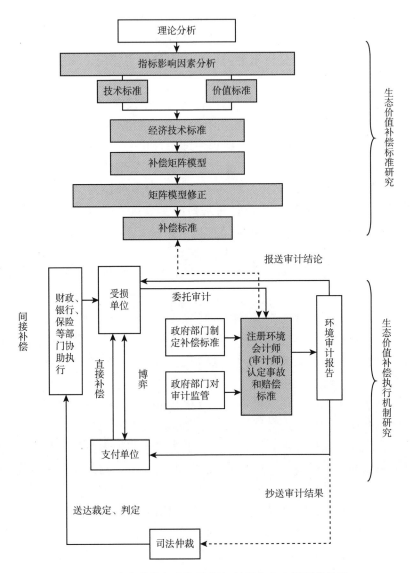

图 4 - 2 生态补偿标准与执行机制研究内容及两者关系

第二节 补偿数量模型的构建

生态补偿标准的量化研究目前还处于探索阶段，计算尚没有统一的方法和形成一个完整、成熟的测算体系，且各种计算方法的理论性较强，案例研究的计算过程也比较复杂，应用于实际工作仍存在问题，理论和实践上都有待进一步完善。从生态学意义到经济学意义的生态补偿问题是生态补偿理论和实务研究的必然趋势，但目前学者们对生态补偿标准等生态补偿研究的核心问题仍然存在不确定性。生态系统服务作为生态补偿的理论依据还存在是基于效益补偿还是基于价值补偿的争论；生态补偿标准确定主要包括基于生态系统服务量化、成本（机会成本）等方法，目前仍然处于探索阶段。本研究通过对非自然因素导致的环境污染影响因素、生态环境破坏程度和造成价值损害程度进行技术分类，将线性加权法与模糊综合评价相结合，构建生态环境污染所致价值损失和事故技术等级评价模型，运用因子分析和线性回归模型提出生态价值补偿矩阵和生态价值补偿标准，由此为政府制定相关政策和标准提供支持，以保护有限生态资源可持续利用，有利于因问题产生的各种矛盾和纠纷的解决，并对社会稳定产生积极影响，同时，有利于促进排污实体自觉进行经济发展方式转变和经济结构调整，保证社会经济和企业经济发展，有效解决环境外部性问题，减少政府的财政负担。

一、环境污染事故等级评价

（一）环境污染事故等级指标体系设计思路和原则

由于评价环境污染事故等级的因素多且复杂，在设计环境污染事故等级指标体系时，必须从多个方面和多个角度选择引起生态环境污染的指标，以满足评估和比较的系统性。具体设计原则有以下几个方面：（1）全面性。全面客观地反映生态环境污染状况。设计的指标体系必须能从各个方面反映生态环境污染程度，这直接关系到整个体系的质量。（2）科学性。指标体系必须建立在科学的基础上，能充分反映生态环境污染与各指标的内在联系。确定指标权重和预警分级的方法科学，保证体系的真实性和客观性。（3）可操作性。选用的指标要有可靠的来源，并确保数据的可获得性，建立的指标体系简单明晰并易操作和理解，尽可能采用国际上通用的名称、概念和单位，有利于相关人员的实际操作。

（二）指标设计与说明

1. 水污染中的指标（此处各标准值均取环境污染事故发生前一周的平均值）

水温，指环境污染事故发生后在具体流域（河流、湖泊、海洋等）内多点实测所得水体水温的平均值。根据《地表水环境质量标准（GB 3838－2002）》

规定，用 s_1 表示其标准值，单位为℃。

水溶液酸碱度（pH），主要表示为氢离子浓度指数，是水溶液中酸碱度的一种表示方法。此处指环境污染事故发生后多点实测所得 pH 的平均值，用 s_2 表示其标准值，无量纲值。

浊度，指水中悬浮物对光线透过时所发生的阻碍程度。环境污染事故发生后水体中的悬浮物（一般是泥土、砂粒、微细的有机物和无机物、浮游生物、微生物和胶体物质等）急剧增加，浊度值增大。用 s_3 表示其标准值，单位为 FTU。

水体中溶解的分子态氧（DO），是衡量水体自净能力的一个指标。环境污染事故发生后，其中的耗氧物质会消耗水中溶解氧导致其急剧下降，造成水中好氧生物的大量死亡。用 s_4 表示其标准值，单位为 mg/L。

电导率，主要指以数字表示的溶液传导电流的能力。环境污染事故发生后，由于水体中大量污染物的涌入会导致电导率的改变。用 s_5 表示其标准值，单位为每米毫西门子（mS/m）。

高锰酸盐指数，指在一定条件下，以高锰酸钾（$KMnO_4$）为氧化剂，处理水样时所消耗的氧化剂的量。环境污染事故发生后，具体反映其中耗氧污染物质总量。用 s_6 表示其标准值，单位为氧的毫克/升（O_2，mg/L）。

氨氮，指水中以游离氨（NH_4）和铵离子（NH_4^+）形式存在的氮，它是反映水体富营养化程度的主要指标。用 s_7 表示其标准值，单位为 mg/L。

总有机碳（TOC），指水体中溶解性和悬浮性有机物含碳的总量。比较环境污染事故发生前后总有机碳浓度，确定有机物含量的改变，辅助确定水污染程度，用 s_8 表示其标准值，单位为 mg/L。

2. 大气污染的指标（此处各指标标准值均取当地大气的背景值）

总悬浮颗粒（TSP），粒径小于 $100\mu m$ 的称为 TSP，即总悬浮物颗粒；粒径小于 $10\mu m$ 的称为 PM10，即可吸入颗粒。用 s_9 表示其标准值，单位为 mg/L。

二氧化硫（SO_2），是最常见的硫氧化物，无色气体，有强烈刺激性气味，大气主要污染物之一。用 s_{10} 表示其标准值，单位为 mg/L。

氮氧化物（NO_x），种类很多，包括一氧化二氮（N_2O）、一氧化氮（NO）、二氧化氮（NO_2）、三氧化二氮（N_2O_3）、四氧化二氮（N_2O_4）和五氧化二氮（N_2O_5）等多种化合物，但主要是 NO 和 NO_2，它们是常见的大气污染物。这里取 NO 和 NO_2 作为评价 NO_x 的主要指标，用 s_{11} 表示其标准值，单位为 mg/L。

一氧化碳（CO），是大气中分布最广和数量最多的污染物，也是燃烧过程中生成的重要污染物之一。大气中的 CO 主要来源是内燃机排气，其次是锅炉中化石燃料的燃烧。CO 是含碳燃料燃烧过程中生成的一种中间产物，最初存在于燃料中的所有碳都将形成 CO。用 s_{12} 表示其标准值，单位为 g/L。

光化学氧化剂，主要指大气中除氧以外那些显示有氧化性质的全部污染物。通常用可以将碘化钾氧化为碘的物质，主要是大气光化学反应的产物。它包括臭氧（O_3）、二氧化氮（NO_2）、过氧酰基硝酸酯（PAN）、过氧化氢（H_2O_2）和过氧自由基（如过氧烷基 RO_2）等。由于一般情况下，O_3 占光化学氧化剂总量的 90% 以上，故常以 O_3 浓度作为总氧化剂的含量。用 s_{13} 表示其标准值，单位为 mg/L。

3. 土壤污染的指标（此处各指标标准值均取当地土壤的背景值）

土壤溶液酸碱度（pH），此处特指将土壤配成土壤溶液，土壤溶液的 pH 值。用 s_{14} 表示其标准值，无量纲。

重金属，主要指由于人类活动，土壤中的微量有害元素在土壤中的含量超过背景值，过量沉积而引起的含量过高，统称为土壤重金属污染。用 s_{15} 表示标准值，单位为 mg/L。

有机物，主要指由有机物引起的土壤污染。土壤中主要有机污染物有农药、三氯乙醛、多环芳烃、多氯联苯、石油、甲烷等，其中农药是最主要的有机污染物。用 s_{16} 表示其标准值，单位为 mg/L。

微生物，主要指对土壤有害的微生物。其进入土壤后会对土壤的结构、性质等产生影响，导致土壤的退化，使土壤被污染。如医院的废弃物由于不合理处理可能使土壤受到微生物的污染。用 s_{17} 表示其标准值，单位为个/L。

放射性物质，主要指放射性物质进入土壤而产生的污染现象。用 s_{18} 表示标准值，单位为 mg/L。

4. 受害企业（一般设定数量为 m 个）损失等级指标（基于大量样本求其标准值）

直接损失，主要指直接造成设施的破坏、产量或质量下降所引起的损失等，一般可以用市场价格来计算，用 s_{2m+17} 表示其标准值，单位为万元。

间接损失，主要指由于环境污染使环境资源的某些功能退化影响企业生产和消费系统造成的损失，用 s_{2m+18} 表示其标准值，单位为万元。

5. 受害公众（一般设定人数为 n 个）损失等级指标（基于大量样本求其标准值）

直接损失，主要指因环境污染事故造成人身伤亡及善后处理支出的费用和毁坏财产的价值，用 $s_{2m+2n+17}$ 表示其标准值，单位为万元。

间接损失，主要指因环境污染事故引起的环境资源的某些功能的退化影响公众对它的使用或享受，用 $s_{2m+2n+18}$ 表示其标准值，单位为万元。

（三）指标体系的构建

环境污染指人类直接或间接地向环境排放超过其自净能力的物质或能量，从而使环境的质量降低，对人类的生存与发展、生态系统和财产造成不利影响的现象。因此在构建环境污染事故等级评价指标体系时，既要考虑反映生态环境污染状况，又要考虑到生态环境污染对受害企业和受害公众的影响。环境污染事故等级指标体系的构建，就是确定评价由人为因素导致的环境污染程度等级的具体指标因子。这里将其划分为三个部分：生态污染事故等级指标、受害企业损失等级指标和受害公众损失等级指标。环境污染事故等级评价指标体系的构建如表4-3所示。

表4-3　　　　　　　　环境污染事故等级评价指标体系

一级指标	二级指标	三级指标	四级指标	单位	标准值
环境污染事故等级 A	生态污染事故等级 B_1	水污染 C_1	水温 D_1	℃	s_1
			酸碱度 D_2	无量纲值	s_2
			浊度 D_3	FTU	s_3
			DO（记为 D_4）	mg/L	s_4
			电导率 D_5	每米毫西门子（mS/m）	s_5
			高锰酸盐指数 D_6	氧的毫克/升（O_2，mg/L）	s_6
			氨氮 D_7	mg/L	s_7
			总有机碳 D_8	mg/L	s_8
		大气污染 C_2	TSP（记为 D_9）	mg/L	s_9
			SO_2（记为 D_{10}）	mg/L	s_{10}
			NO_x（记为 D_{11}）	mg/L	s_{11}
			CO（记为 D_{12}）	g/L	s_{12}
			光化学氧化剂 D_{13}	mg/L	s_{13}
		土壤污染 C_3	酸碱度（记为 D_{14}）	无量纲	s_{14}
			重金属 D_{15}	mg/L	s_{15}
			有机物 D_{16}	mg/L	s_{16}
			微生物 D_{17}	个/L	s_{17}
			放射性物质 D_{18}	mg/L	s_{18}

续表

一级指标	二级指标	三级指标	四级指标	单位	标准值
环境污染事故等级 A	害企业损失等级 B_2	第 1 个企业 C_4	直接损失 D_{19}	万元	s_{19}
			间接损失 D_{20}	万元	s_{20}
		第 2 个企业 C_5	直接损失 D_{21}	万元	s_{21}
			间接损失 D_{22}	万元	s_{22}
		$\vdots$	$\vdots$	$\vdots$	$\vdots$
		第 m 个企业 C_{m+3}	直接损失 D_{2m+17}	万元	s_{2m+17}
			间接损失 D_{2m+18}	万元	s_{2m+18}
	受害公众损失等级 B_3	第 1 个人 C_{m+4}	直接损失 D_{2m+19}	万元	s_{2m+19}
			间接损失 D_{2m+20}	万元	s_{2m+20}
		第 2 个人 C_{m+5}	直接损失 D_{2m+21}	万元	s_{2m+21}
			间接损失 D_{2m+22}	万元	s_{2m+22}
		$\vdots$	$\vdots$	$\vdots$	$\vdots$
		第 n 个人 C_{m+n+3}	直接损失 $D_{2m+2n+17}$	万元	$s_{2m+2n+17}$
			间接损失 $D_{2m+2n+18}$	万元	$s_{2m+2n+18}$

（四）各指标因子标准值的量化

构建环境污染事故等级评价指标体系后，对指标体系中各指标因子标准值的量化是难点。因为标准值的确定既不能远离实际又要高于当前值，某些指标可以直接使用规定的标准或者根据实际情况对标准值加以合理地外推进行评价。为了更有效合理对指标体系进行评价，在通过专家打分、现场取样分析、查阅环境相关部门统计数据等方式制定环境污染事故等级评价指标体系的标准值时遵循了以下几个原则：（1）尽量采用已有国家或国际标准的标准值〔如，《地表水环境质量标准（GB 3838—2002）》《环境空气质量标准（GB 3095—2012）》《土壤环境质量标准（GB 15618—1995）》等〕；（2）参考国内外较安全环境事故等级评价指标体系现状值，并进行外推，确定标准值；（3）标准值在定量化的同时要和当前的社会与经济的协调发展度相一致。

（五）层次分析法与指标体系权重的确定

由于上述各指标因子在指标体系中的作用不同，对环境污染事故的影响程度有差异，为了区分其差异性，要采用一定数学方法来确定各评价指标的权重值。指标权重确定的合理与否直接关系评价结果的准确性和科学性，为此，笔者采用层次分析法。层次分析法是一种定性和定量相结合的、系统化的、层次化的分析方法，使人们的思维过程层次化，逐层比较相关因素并逐层检验比较结果是否合理，从而为分析决策提供具有说服力的定量依据。层次分析方法的一般步骤如下。

1. 建立层次结构模型（见图 4 - 3）

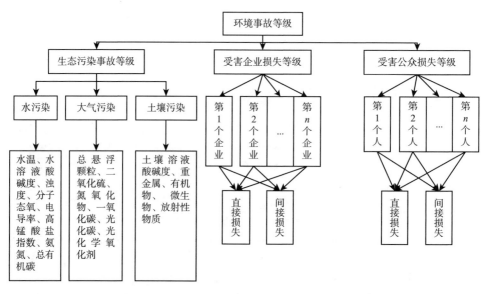

图 4 - 3　环境污染事故等级层次结构模型

2. 构造两两对比判断矩阵

为说明各指标之间重要程度的判断依据，笔者根据萨蒂（T. L. Saaty）提出的标度法，进行两两因素比较时采取 1～9 尺度，"1" 表示第 i 个因素与第 j 个因素的影响相同，"9" 表示第 i 个因素比第 j 个因素的影响绝对的强，1～9 中间的数字随着数值的加大表示第 i 个因素比第 j 个因素的影响越来越强。用 a_{ij} 表示第 i 个因素相对于第 j 个因素的比较结果，则 $a_{ij} = \dfrac{1}{a_{ji}}$，建立环境事故等级评价指标体系中各因素在各层次中的判断矩阵（见表 4 - 4）。

表 4 - 4　　　　　　　　　　　　　　　　判断矩阵

A	B_1	B_2	B_3
B_1	a_{11}	a_{12}	a_{13}
B_2	a_{21}	a_{22}	a_{23}
B_3	a_{31}	a_{32}	a_{33}

3. 单排序权向量与一致性检验

层次单排序是确定下层各因素对上层某因素影响程度的过程，用权重表示影响程度，计算出矩阵最大特征值 $\lambda_{\max}$，其对应的归一化特征向量 $\omega = (\omega_1, \omega_2, \cdots, \omega_n)$，且 $\sum_{i=1}^{n} \omega_i = 1$，这样的特征向量即为指标权重。

当判断矩阵的阶数较大时，通常难于构造出满足一致性的矩阵。但判断矩阵偏离一致性条件又应有一个度，为此，必须对判断矩阵是否可接受进行鉴别，这就是一致性检验的内涵。定义一致性指标 $CI = \dfrac{\lambda_{\max} - n}{n - 1}$，随机性指标 RI 和判断矩阵的阶数有关，一般情况下矩阵阶数越大，则出现一致性随机偏离的可能性也越大，可通过查表求得。一般地，当一致性比率 $CR = \dfrac{CI}{RI} < 0.1$ 时，则认为该判断矩阵通过一致性检验，否则就不具有满意一致性。由此我们计算出各层次指标权重结果。

4. 总排序权向量与一致性检验

总排序是在单排序基础上从上到下逐层进行的。根据上述计算所得各层次指标权重结果，进行加权组合，得到环境事故等级综合评价指标权重值 $\omega = (\omega_1, \omega_2, \cdots, \omega_{2m+2n+18})$，且 $\sum_{i=1}^{2m+2n+18} \omega_i = 1$，其中 $m(m = 1, 2, \cdots)$ 和 $n(n = 1, 2, \cdots)$ 分别表示环境事故所致受害企业的数量及受害公众人数。

（六）指标体系综合评价与环境污染事故等级的划分

确定了各指标的权重后，就可以运用线性加权和法对环境事故等级指标体系进行综合评价。本书设计的环境事故等级评价综合指数 $I = \sum_{i=1}^{2m+2n+18} \omega_i \left(\dfrac{x_i}{s_i}\right)^k$，其中 $\omega_i (i = 1, 2, \cdots, 2m + 2n + 18)$ 代表层次分析法总排序向量中第 i 个指标的权重，x_i 为第 i 个指标的实际值，s_i 为第 i 个指标的标准值（见表 4 - 3）。当指标取值越大越好时，取 $k = 1$，当指标取值越小越好时，取 $k = -1$，通过这样的处理使得 $0 < I < 1$。我们将程度最恶劣的环境事故等级定为 P_1，综合评价指数定为 $(0, I_1)$，程度最轻的环境事故等级定为 P_n，综合评价指数定为 $(I_{n-1}, 1)$，其中 $I_i (i = 1, 2, \cdots, n - 1)$ 具体数值根据大量环境事故样本值确定，由此我们将根据综合评价指数将环境事故分为 n 个等级，并根据事态的发展情况和采取措施的效果，对评价结果进行动态调整，环境事故可以升级或者降级（见表 4 - 5）。

表 4 – 5　　　　　　　　　　综合评价指数与环境事故等级

评价指标综合指数值	环境事故等级	环境事故严重程度
$0 < I < I_1$	P_1	恶劣
$I_1 < I < I_2$	P_2	较恶劣
⋮	⋮	⋮
$I_{n-1} < I < 1$	P_n	轻度

二、环境污染经济损失等级的划分

（一）模糊综合评价方法与步骤

模糊综合评价的一般步骤如下：

（1）确定评价对象的因素集 $U = \{x_1, x_2, \cdots, x_n\}$。

（2）确定评语集 $V = \{s_1, s_2, \cdots, s_m\}$。

（3）建立模糊评判矩阵 $R = (r_{ij})_{n \times m}$。对于每一个因素 x_i，先建立单因素评判 $(r_{i1}, r_{i2}, \cdots, r_{im})$，即 $r_{ij}(0 < r_{ij} \leq 1)$ 表示 s_j 对因素 x_i 所作的评判。

（4）综合评价：根据各因素权重 $A = (p_1, p_2, \cdots, p_n)$，且 $\sum p_i = 1$，作综合评判：$B = A \otimes R = (b_1, b_2, \cdots, b_m)$ 得到的 B 是 V 上的一个模糊子集。$\otimes$ 为合成（积）运算，如 $\otimes(\wedge, \vee)$，$\otimes(., \vee)$，$\otimes(\wedge, +)$，$\otimes(., +)$。根据运算 $\otimes$ 的不同，可得到不同的模型。

（二）指标体系的构建与权重分配

根据评判经济损失等级的实际情况，此处选取如表 4 – 6 所示指标 $U = \{x_1, x_2, x_3, x_4\}$ 作为经济损失等级的综合评判指标。由于不同的指标权重将会在很大程度上影响经济损失等级的评判，所以确定各个指标对经济损失的影响程度是等级评判结果科学与否的关键之一。因此，在经济损失等级评判中，采用专家赋值法确定出各项指标的权重，得到：

Ⅱ级指标权重：$A = (p_1, p_2, p_3, p_4)$

Ⅲ级指标权重：$A_1 = (p_{11}, p_{12}, p_{13})$，$A_2 = (p_{21}, p_{22}, p_{23}, p_{24}, p_{25})$，$A_3 = (p_{31}, p_{32})$，$A_4 = (p_{41}, p_{42}, p_{43}, p_{44}, p_{45}, p_{46}, p_{47}, p_{48}, p_{49})$

其中 $\sum_{i=1}^{4} p_i = 1$，$\sum_{j=1}^{3} p_{1j} = 1$，$\sum_{j=1}^{5} p_{2j} = 1$，$\sum_{j=1}^{2} p_{3j} = 1$，$\sum_{j=1}^{9} p_{4j} = 1$（见表 4 – 6）。

表 4 - 6　　　　　环境事故经济损失等级评价指标体系与相应权重

II 级指标	权重	III 级指标	权重
财产损失 x_1	p_1	工业产品损失 x_{11}	p_{11}
		生产设施损失 x_{12}	p_{12}
		生活设施损失 x_{13}	p_{13}
资源环境损失 x_2	p_2	设备费 x_{21}	p_{21}
		材料费 x_{22}	p_{22}
		燃料费 x_{23}	p_{23}
		动力费 x_{24}	p_{24}
		人工费 x_{25}	p_{25}
人员伤亡损失 x_3	p_3	死亡赔偿 x_{31}	p_{31}
		伤病补助 x_{32}	p_{32}
潜在使用价值损失 x_4	p_4	游憩功能 x_{41}	p_{41}
		科教功能 x_{42}	p_{42}
		固碳供养功能 x_{43}	p_{43}
		净化降解功能 x_{44}	p_{44}
		土壤保持功能 x_{45}	p_{45}
		营养物质循环功能 x_{46}	p_{46}
		维持生物多样性功能 x_{47}	p_{47}
		小气候调节功能 x_{48}	p_{48}
		水文调节功能 x_{49}	p_{49}

（三）经济损失等级各评价指标分级标准

根据经济损失等级各评价指标的特点及相互关系，由相关行政管理部门和环境治理专家组成的专家评议组确定其分级标准（见表 4 - 7）。

表 4 - 7　　　　　各经济损失等级评价指标分级标准

评价指标		分级标准			
		E_1	E_2	…	E_m
财产损失	工业产品损失	S_{111}	S_{112}	…	S_{11m}
	生产设施损失	S_{121}	S_{122}	…	S_{12m}
	生活设施损失	S_{131}	S_{132}	…	S_{13m}

评价指标		分级标准			
		E_1	E_2	$\cdots$	E_m
资源环境损失	设备费	S_{211}	S_{212}	$\cdots$	S_{21m}
	材料费	S_{221}	S_{222}	$\cdots$	S_{22m}
	燃料费	S_{231}	S_{232}	$\cdots$	S_{23m}
	动力费	S_{241}	S_{242}	$\cdots$	S_{24m}
	人工费	S_{251}	S_{252}	$\cdots$	S_{25m}
人员伤亡损失	死亡赔偿	S_{311}	S_{312}	$\cdots$	S_{31m}
	伤病补助	S_{321}	S_{322}	$\cdots$	S_{32m}
潜在使用价值损失	游憩功能	S_{411}	S_{412}	$\cdots$	S_{41m}
	科教功能	S_{421}	S_{422}	$\cdots$	S_{42m}
	固碳供养功能	S_{431}	S_{432}	$\cdots$	S_{43m}
	净化降解功能	S_{441}	S_{442}	$\cdots$	S_{44m}
	土壤保持功能	S_{451}	S_{452}	$\cdots$	S_{45m}
	营养物质循环功能	S_{461}	S_{462}	$\cdots$	S_{46m}
	维持生物多样性功能	S_{471}	S_{472}	$\cdots$	S_{47m}
	小气候调节功能	S_{481}	S_{482}	$\cdots$	S_{48m}
	水文调节功能	S_{491}	S_{492}	$\cdots$	S_{49m}

注：表中 $E_i(1,2,\cdots,m)$ 为第 i 级经济损失，$S_{ijk}(i=1,\cdots,4;j=1,2,\cdots,9;k=1,2,\cdots,m)$ 是根据各指标特点及相互关系，由专家评议出的百分制评语集 V，且 $S_{ij1} > S_{ij2} > \cdots > S_{ijm}$。

（四）建立评价隶属矩阵 R

对于某一起环境事故，根据上述经济损失等级各评价指标 m 级标准，经专家评议组给出该环境事故经济损失等级各评价指标具体数据，通过 m 个级别隶属函数统计出模糊关系矩阵。具体如下：

$$R_1 = \begin{bmatrix} r_{11} & r_{12} & \cdots & r_{1m} \\ r_{21} & r_{22} & \cdots & r_{2m} \\ r_{31} & r_{32} & \cdots & r_{3m} \end{bmatrix}$$

同理可得 R_2,R_3,R_4。

（五）模糊综合评价与经济损失等级的划分

一级综合评价：$B_1 = A_1 \cdot R_1 = (b_{11}, b_{12}, \cdots, b_{1m})$，$B_2 = A_2 \cdot R_2 = (b_{21}, b_{22} \cdots,$

b_{2m}），$B_3 = A_3 \cdot R_3 = (b_{31}, b_{32}, \cdots, b_{3m})$，$B_4 = A_4 \cdot R_4 = (b_{41}, b_{42}, \cdots, b_{4m})$；于是 $R = (B_1, B_2, B_3, B_4)^T$。

　　二级综合评价 $B = A \cdot R = (b_1, b_2, \cdots, b_m)$；于是模糊综合评价结果说明，该环境事故有 $b_i(i = 1, 2, \cdots, m)$ 的可能性属于 $E_i(i = 1, 2, \cdots, m)$ 级经济损失，按照隶属度最大原则，判定该环境事故属于 $E_i(i = 1, 2, \cdots, m)$ 级经济损失（见表4 –8）。

表4 –8　　　　　　　　　　　　环境事故经济损失等级

环境事故经济损失等级	评价指标隶属值
E_1	$\max_i b_i = b_1$
E_2	$\max_i b_i = b_2$
$\vdots$	$\vdots$
E_m	$\max_i b_i = b_m$

三、补偿价值标准模型

（一）样本选取、处理与变量说明

　　在上述环境事故等级和经济损失等级划分的基础上，通过对选择具有代表性的一定数量（记作 N）被污染区域（如流域）、被污染客体（如土地）及单位（如上市企业）进行实地调研和考察，首先判断其环境事故的等级 $P_j(j = 1, 2, \cdots, n)$，并将表4 –5中评价指标综合指数值 I 作为环境事故等级变量 $P_j(j = 1, 2, \cdots, n)$ 具体数值；然后通过模糊综合评价法评判其经济损失等级 $E_i(i = 1, 2, \cdots, m)$，并利用计算公式 $B = i + \max_i b_i(i = 1, 2, \cdots, m)$ 对表4 –8中评价指标隶属值做适当处理，将 B 作为经济损失等级变量 $E_i(i = 1, 2, \cdots, m)$ 具体数值；再然后得到属于 $P_j(j = 1, 2, \cdots, n)$ 环境事故且属于 $E_i(i = 1, 2, \cdots, m)$ 经济损失的样本数量为 $n_{ij}(i = 1, 2, \cdots, m; j = 1, 2, \cdots, n)$，且 $\sum_{j=1}^{n} \sum_{i=1}^{m} n_{ij} = N$；最后计算环境事故样本的经济损失值为 $V_{ij}(i = 1, 2, \cdots, m; j = 1, 2, \cdots, n)$，即为生态价值补偿金额。

（二）岭回归分析

　　在构建生态价值补偿标准模型时，我们将经济损失值作为因变量，将环境事故等级与经济损失等级作为自变量，但由于在环境事故等级的判定过程中已经考虑了经济损失，因此，环境事故等级必然与经济损失等级存在着多重共线性。为了提高回归方程预测的科学性，这里运用岭回归法对共线性数据进行分析。

　　岭回归分析是由霍尔（Hoerl）在1962年提出，其核心思想是当出现多重

共线性时，X^TX 接近奇异。不难想到，将 X^TX 加上一个正常数矩阵 kI，其接近奇异的可能性将大大减小，即 $|X^TX + kI| = 0$ 的可能性比 $|X^TX| = 0$ 小得多，因此用 $\hat{\beta}(k) = (X^TX + kI)^{-1}X^TY$ 来估计参数比采用最小二乘法稳定得多。其中，X 为标准化之后的设计矩阵，kI 为一个正常数矩阵，I 为单位矩阵，$0 \leqslant k < +\infty$ 称为岭参数，$\hat{\beta}(k)$ 为参数的岭回归估计值。岭参数 k 起到了降低方程奇异性、改善回归性能的作用，经过统计学家的证明，存在岭参数 $k > 0$，使岭估计得到的回归系数比最小二乘估计具有更小的均方误差。岭回归法的关键在于 k 值的选取，本书采用霍尔和鲍德温（Hoerl & Baldwin）提出的公式：$k = \dfrac{t\sigma^2}{\sum\limits_{i=1}^{t}\alpha_i^2}$，式中：$t$ 为因子个数；σ 为模型标准差；α 为典则参数，$\alpha = P\beta$，P 为相关矩阵的特征向量矩阵。由于 β 和标准差 σ 皆未知，此时用最小二乘法得到的估计值 $\hat{\beta}$ 和 $\hat{\sigma}$ 代替，得到 $k = \dfrac{t\hat{\sigma}^2}{\sum\limits_{i=1}^{t}\hat{\alpha}_i^2}$。

我们从同时处于经济损失等级 $E_i(i = 1, 2, \cdots, m)$ 与环境事故等级 $P_j(j = 1, 2, \cdots, n)$ 下的环境事故样本出发，为了提高回归方程预测的科学性，运用岭回归法进行分析，将自变量测值矩阵 X 及因变量测值 Y 中心化、标准化之后，按下式计算回归系数：$\hat{\beta}(k) = (X^TX + kI)^{-1}X^TY$。由 $\hat{\beta}(k)$ 进而可求得对应因子的实际回归系数，通过观察岭迹图可以看到，当 k 达到某种程度后，岭回归系数比较稳定，于是根据岭回归估计结果建立回归方程：$V_{ij} = \alpha_{ij}E_i + \beta_{ij}P_j, i = 1, 2, \cdots, m, j = 1, 2, \cdots, n$。

（三）生态价值补偿标准

将具有代表性的环境事故样本数据代入上述岭回归模型，确定未知参数，得到经验预报公式。于是我们建立如表 4-9 所示生态污染价值补偿矩阵。

表 4-9 　　　　　　　　　　生态污染价值补偿矩阵

污染经济损失等级程度（E）	污染所致事故等级程度（P）			
	P_1	P_2	…	P_n
	生态价值补偿标准（V）			
E_1	$\alpha_{11}E_1 + \beta_{11}P_1$	$\alpha_{12}E_1 + \beta_{12}P_2$	…	$\alpha_{1n}E_1 + \beta_{1n}P_n$
E_2	$\alpha_{21}E_2 + \beta_{21}P_1$	$\alpha_{22}E_2 + \beta_{22}P_2$	…	$\alpha_{2n}E_2 + \beta_{2n}P_n$
⋮	⋮	⋮	⋱	⋮
E_m	$\alpha_{m1}E_m + \beta_{m1}P_1$	$\alpha_{m2}E_m + \beta_{m2}P_2$	…	$\alpha_{mn}E_m + \beta_{mn}P_n$

根据上述生态污染价值补偿矩阵，若某一起环境事故发生，计算生态价值补偿金额 V_{ij} 应根据如下步骤：

（1）判断该环境事故等级 $P_j(j=1,2,\cdots,n)$。

（2）判断其经济损失等级 $E_i(i=1,2,\cdots,m)$。

（3）根据上述标准，确定环境事故所导致的经济损失 V_{ij}，即得到该起环境事故导致具体的生态价值补偿金额 V_{ij}。

第三节　损害成本补偿模型与实证分析

一、研究的基本思路与理论基础

（一）研究基本思路

企业对外排放污染应当通过支付环境治理费用来承担环境破坏和污染后果。但如何通过会计系统和环境系统的结合来量化这种费用的大小就成为长期以来一直难以解决的问题。不过，既然人们承认生态环境污染损害责任的存在和责任承担的义不容辞，那么以价值量核算为基本手段的会计技术的日益发展和成熟，就有可能将这个损害成本加以反映。一个最简单的思路就是，凡是与环境保护措施有关的费用都应当从应税收益中扣除，或作为环境费用，或作为估计环境负债。按照可持续经济理论，用现代会计原理收益计算会计公式，从收入中减去成本计算出的收益是不配比的。葛家澍和李若山（1999）认为，"会计利润计算的公式仅包括经济成本，没有计算社会成本，不仅导致了虚夸的税收，而且鼓励了以牺牲环境来获取当前利益的做法，应当加以改变"。周守华（2011）也认为，会计的基础性功能是通过对特定主体投入（即成本费用）与产出（即收入）的计量，"相对"准确地确定特定主体的财富。徐玖平等（2003）从管理会计关于环境成本的定义出发，认为企业环境成本不仅应包括财务会计意义上确认的内部环境成本，而且还包括企业生产活动对其他个人和经济组织造成的外部环境成本。当然，这种会计收益计算方法上的改进和环境成本的计量不可能直接照搬现有的会计计量模式，必须应用跨学科方法，这是由环境生态的特性和损害后果决定的。这在 20 世纪末加拿大特许会计师协会（CICA）出版的《环境成本与负债：会计与财务报告问题》、日本环境省以及欧洲委员会（EC）及欧洲会计师联合会（FEE）发布的相关报告和指南均得到了验证。

根据上述分析，显然传统意义会计等式"收入 - 费用 = 利润"就应当演化为"收入 -（费用 + 环境成本）= 利润"。这个增加了的环境成本就是环境外部社会成本的内在化处理，它理所当然包括生态损害补偿成本，并成为本章研究生态环境补偿成本标准的最直接和最基本思路。

（二）理论基础

1. 边际成本理论

边际成本理论为生态污染补偿货币化标准确定和研究行业生态污染补偿成本的核算提供了具体方法。边际成本表示当产量增加一个单位时总成本的增加量，用公式表示为$(\Delta y/y)/(\Delta q/q)$。边际成本理论认为，当一个单位产量所增加的收入高于边际成本时，企业进行的生产将获得收益，反之，企业的生产不仅不能获得收益反而会造成损失。增加一个单位产量的收入不能低于边际成本，否则会出现亏损，获取最大利润的产量就是边际成本等于边际收入时的临界点。由此，对于本书而言，标准排污量是边际成本等于边际收入为 0 的排污均衡点，超标排污势必给大气上风区（流域上游区）带来边际收益，故必须按照"谁收益谁负担，谁污染谁负责"的环境保护方针，通过向受害方下风区（下游区）支付补偿费用方式，实现行业企业环境成本内部化，并从整体利益上来考虑环境成本增加后的最佳生产点及最佳排污量，最终解决诸如上风区（上游流域）排污者非法获利和下风区（下游流域）受害方利润下降体现出的经济外部性带来的外部不经济行为，达到上下风区（上下游流域）生态保护、合作双赢和效益最大化的局面。公式为：

$$\pi = TR - TC$$
$$TC = C + M$$

π 为行业总利润；TR 为流域的行业总收入；TC 为行业总成本，行业总成本包括环境成本和生产成本；C 为上风区和下风区（上游和下游流域）行业企业产品生产发生的成本；M 为上下游行业企业治污总成本。采用边际成本分析方法，建立上下游企业发生治污成本的边际成本曲线（见图 4 - 4）。

在图 4 - 4 中，MEC 为下游企业使用上游企业未经处理所排放的污水量的边际成本曲线。MAC 为上游企业污水治理量所发生的边际成本曲线，上游企业排污量随治理成本的增加而减少，所以横轴排污量应从 $Q_1 \rightarrow 0$ 点的方向分析。Q_1 为上游企业未采取任何措施对水污染进行治理的水平。当 $MEC = MAC$ 时，即排污量处于 Q^* 的位置时，下游企业治理污染发生的成本为 a（数值等于图 4 - 4 中 a 的面积），上游企业治理污染发生的成本为 b（数值等于图 4 - 4 中 b 的面

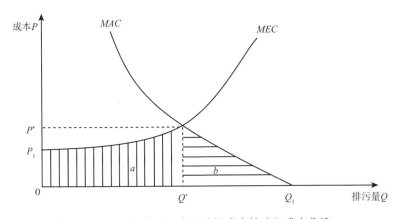

图 4 - 4　上下游企业发生治污成本的边际成本曲线

积）。此时，上游企业治污成本与下游企业治污成本之和 $M = (a + b)$，达到 M 最小，即实现上下游治污总成本最小值。所以当上游企业的排污量达到 Q^* 时，治理成本最小，为 $M = (a + b)$，$TR - C - (a + b)$ 为流域的净收益，$(TR - C)$ 为定值，$TR - C - (a + b)$ 为流域的最大净收益，此时整个流域实现了社会效益最大化。

2. 生产要素理论

生产要素理论为生态污染补偿标准的设计和研究行业生态污染补偿成本的核算提供了理论依据。因为作为有用价值的生态资源是生态要素重要方面，它本身就是企业进行可持续生产的物质基础并为企业创造经济、社会和生态价值。那么，当大气上风区（流域上游）生态资源遭受污染破坏，其是否会对大气下风区（流域下游）企业利润产生负面影响？下风区行业是否有理由向上风区排污实体索要生态污染补偿？

为回答上述两个问题，我们借鉴邓红兵等（2010）设定生产函数讨论水资源生产效率的思路来对该理论假设加以检验。由于在生产函数投入要素中，资本主要包括资金、厂房、设备等物质资源，而生态环境资源是对行业生产具有重要意义的自然物质资源，因此本书将生态环境资源从资本组成中分离单独加以讨论。美国经济学家索洛（Solow）曾提出一个加入时间变量的生产函数，克服了以往生产函数没有考虑技术进步随时间变化的缺点，本章在此基础上考虑一个加入生态环境资源要素的二次可微生产函数：

$$Q = AK^{\alpha}L^{\beta}R^{\gamma} \tag{4 - 1}$$

其中，Q 为大气下风区（流域下游）周边行业的排污量，A 表示随时间变化的技术进步要素，K 和 L 分别为行业生产过程中的资本（除生态环境资源）和劳动力投入要素，R 表示行业周边的生态环境资源状况，α、β 和 γ 分别为各自投入要素的产出弹性，且 $\alpha + \beta + \gamma = 1$。

为了具体估算 R 的大小，我们作出如下假定和说明：第一，大气上下风区（流域上下游）一共有 n 处排污口，且各处排污口排污量分别为 $p_1, p_2, \cdots, p_n$，生态资源环境初始状况为 R_0；第二，我们知道污染物只有超过国家标准即超标排污量才能对大气（水体）造成损害，而国家制定的标准正是考虑大气（水体）的自降解能力，因此本章设定生态环境污染物降解系数 η，显然 $\eta \in [0, 1]$；第三，由于本章主要研究大气上下风区（流域上下游）行业生态环境成本补偿标准，因此在补偿标准设计过程中我们不考虑行业排污对自身造成的经济损失，也即大气（流域）中第 k 处排污口附近的生态环境资源状况 R_k 主要受到上风区（上游）共 $k-1$ 处排污口排放污染物的影响。基于此，我们提出生态环境资源状况计算公式：

$$R_k = R_0 - (1 - \eta) \sum_{i=1}^{k-1} p_i \qquad (4-2)$$

将式（4-2）代入式（4-1），并对式（4-1）分别对上风区（上游）各处排污口排污量求解偏导数，可得：

$$\frac{\partial Q_k}{\partial P_i} = -\gamma A K^\alpha L^\beta R_k^{\gamma-1} (1 - \eta) \qquad (4-3)$$

其中 $i = 1, 2, \cdots, k-1$ 分别表示相对第 k 处排污口的上风区（上游）共 $k-1$ 处排污口，其余变量含义和式（4-1）中变量的含义相同。式（4-3）表明，上风区（上游）排放污染物的边际产出为负值，即上风区（上游）排放污染物确实会对下风区（下游）行业生产造成经济损害，且这种经济损害的大小受到下风区（下游）行业生产函数、大气（流域）本身生态污染物降解系数以及下风区（下游）行业周边生态环境资源状况的影响。

事实上，生态污染程度假使超过生态环境本身自降解能力后，整个下风区大气（下游水体）会遭受上风区大气污染（上游水污染）外部性损害。根据上述理论推导，劳动力和资本要素对企业生产至关重要，而大气污染、水污染和固体废弃物污染对企业生产的影响会通过影响生产要素的机制进行传导，具体表现在生产原料、固定资产和企业劳动力等方面的损失。一方面污染会导致下风区（下游）周边行业生产用的生态资源供应不足，提高行业成本，最终会提高下风区（下游）行业生产成本；另一方面大气污染（水污染）不仅会导致固定资产遭受腐蚀加速折旧，也会使行业生产车间内职工生产生活受到影响，降低职工生产效率。由于行业利润是反映行业生产经营状况的综合指标，为研究方便，假定在收入一定情况下，成本上升势必会造成行业利润下降。因此我们认为，生态超标污染会引起下游行业利润的下降，而这部分下降的利润正是本章要确定的生态污染补偿金额，也是最低的生态补偿价格或标准。

现将我国规模以上工业行业划分为七大重污染行业（排污实体）和七大非重污染行业（受害实体）两类（见表4-10）。

表4-10　　　　　　　　我国规模以上工业行业划分

重污染行业		非重污染行业	
行业合并类别	行业类型	行业合并类别	行业类型
电力行业	电力、热力的生产和供应业	食品加工制造行业	农副食品加工业、食品制造业
金属非金属行业	非金属矿物制品业、黑色金属冶炼及压延加工业、有色金属冶炼及压延加工业、金属制品业	烟草制品行业	烟草制品业
采矿行业	煤炭开采和洗选业、石油和天然气开采业、黑色金属矿采选业、有色金属矿采选业、非金属矿采选业、其他采矿业	木材家具印刷文教制品行业	木材加工及木、竹、藤、棕、草制品业、家具制造业、印刷业和记录媒介的复制、文教体育用品制造业
石化塑胶行业	石油加工、炼焦及核燃料加工业、化学原料及化学制品制造业、橡胶制品业、塑料制品业	设备仪器制造行业	通用设备制造业、专用设备制造业、交通运输设备制造业、电气机械及器材制造业、通信设备、计算机及其他电子设备制造业、仪表仪器及文化办公用机械制造业
医药制造行业	医药制造业	工艺品及其他制造行业	工艺品及其他制造业
轻工行业	饮料制造业、造纸及纸制品业	废弃资源和废旧材料回收加工行业	废弃资源和废旧材料回收加工业
纺织制革行业	纺织业、纺织服装、鞋、帽制造业、皮革、毛衣、羽毛（绒）及其制品业、化学纤维制造业	燃气和水的生产和供应行业	燃气生产和供应业、水的生产和供应业

注：由于受到国家统计局行业统计口径限制，为方便数据收集，依据《上市公司行业分类指引》与《上市公司环保核查行业分类管理名录》规定，本表按行业类型和产品属性将重污染行业和非重污染分别合并为七大类。

根据上述生产要素理论，重污染行业通过对外排污，最终会提高非重污染企业生产成本。为此本章以2003~2010年七大重污染行业面板数据为研究样本，通过综合评价模型对生态环境污染情况进行等级评价和标准划分，结合面板随机系数模型考察生态环境污染等级指数对非重污染行业利润总额的影响度并进行了稳健性检验，依据环境经济"外部性"理论、生产要素理论和"污染者付费"原则，设计了生态环境补偿标准，借以考察排污实体所负担的环境成本。笔者认为，从环境管理会计角度看，这部分成本当属排污实体"外部环境失败成本"的范畴[①]，它恰恰是由于排污实体向外部环境排放的污染物直接或间接地对受害实体造成利益损失而应成为排污方应尽的补偿责任，但却在现行的财务报告中构成了排污方的既得利益的"不当收益"。

二、我国重污染行业生态环境污染等级评价

（一）指标设计与数据处理

众所周知，环境污染物种类繁多且来源也是多种多样，但其主要污染源均来自重污染的制造企业排放的"三废"（废气、废水和固体废弃物）。《中国绿色国民经济核算研究报告》（2004）披露，我国各环境要素退化成本占总环境退化成本的比率，大气和水分别为42.9%和55.9%；2010年发布的我国《第一次全国污染源普查公报》表明，排放水和大气污染物的污染源占总数量的70%以上；李国璋等（2010）曾在综合前人研究成果后估算认为，固体废弃物损失占整个环境污染总损失的3.275%。基于此并同时考虑全面性、科学性和可操作性的指标设计的一般原则，本章设计了七大重污染行业生态环境污染等级评价指标，污染类型为传统意义上工业"三废"是具有一定的代表性的（见表4-11）。研究数据来源于2004~2013年的中华人民共和国国家统计局专题数据环境统计年鉴，其中除电力行业和医药制造行业外，由于重污染行业涉及多个分行业，因此对表4-11各项指标的数据分别进行加总得到。

表4-11 重污染行业生态环境污染等级评价指标与权重设定

污染分类	主要污染物	指标权重 ω_j
大气	废气（亿标立方米）	ω_1
	二氧化硫（万吨）	ω_2
	烟（粉）尘（万吨）	ω_3

---

① 该定义主要源自质量成本的概念，主要是指排污实体将不符合环保规定的污染物排放到外部环境时，导致的赔偿、修复、治理或信誉损失而支付的费用。

续表

污染分类	主要污染物	指标权重 ω_j
	废水（万吨）	ω_4
	汞（吨）	ω_5
	镉（吨）	ω_6
	六价铬（吨）	ω_7
	铅（吨）	ω_8
水	砷（吨）	ω_9
	挥发酚（吨）	ω_{10}
	氰化物（吨）	ω_{11}
	化学需氧量（吨）	ω_{12}
	石油类（吨）	ω_{13}
	氨氮（吨）	ω_{14}
固体废弃物	固体废弃物（万吨）	ω_{15}

为更加准确、客观地确定上述指标权重，本章采用熵权法。首先本章假定熵权法的评价矩阵为 $X = (x_{ij})_{m \times n}$，其中评价对象为 $m(0 < i < m)$，$n(0 < j < n)$ 代表评价指标，x_{ij} 表示第 i 个评价对象第 j 个指标的原始值。计算步骤一共分为三步。步骤一：标准化处理：令 $y_{ij} = \dfrac{x_{ij} - \min\limits_{i}(x_{ij})}{\max\limits_{i}(x_{ij}) - \min\limits_{i}(x_{ij})}$，其中 $\max\limits_{i}(x_{ij})$ 和 $\min\limits_{i}(x_{ij})$ 分别代表第 j 个指标在第 i 个评价对象中的最大值和最小值；步骤二：计算指标熵：$r_{ij} = y_{ij} \Big/ \sum\limits_{j=1}^{n} y_{ij}$，$e_j = -\dfrac{1}{\ln m} \sum\limits_{i=1}^{m} r_{ij} \ln r_{ij}$；步骤三：确定指标熵权 ω_j：$\omega_j = (1 - e_j) \Big/ \sum\limits_{j=1}^{n} (1 - e_j)$。

（二）生态环境污染等级评价与标准划分

目前关于等级评价的文献有很多，主要采用灰色关联分析法（穆瑞，2008）、模糊综合评判方法（陈仲常，2009）和综合评价模型（温素彬，2010）等。由于生态环境污染评价指标各权重可通过熵权法确定，因此为客观、准确、简便地定量评价七大行业生态环境污染等级，本章采用综合评价模型。其具体形式为：

$$P_i = \sum_{j=1}^{n} \omega_j y_{ij} \qquad (4-4)$$

其中，$P_i(0 < i < m)$ 为第 i 年重污染行业生态环境污染等级综合评价指数，$\omega_j(0 < j < n)$ 为第 j 个评价指标权重。

由于我国还未有大气污染和水污染的综合等级评价标准，因此本章在制定评价标准时考虑生态污染的两种极端情况。当重污染行业没有污染物排放时，生态环境状况属于优，此时综合评价指数为 0；当重污染行业污染物排放总量较大，对生态环境以及生产生活造成极端破坏时，生态环境污染程度会非常严重，此时综合评价指数为 1。为方便对我国七大重污染行业 2004～2013 年间生态环境污染情况进行相对性比较，本章将生态环境污染等级评价标准划分为五个等级（见表 4-12），取值在 0～1 之间，数值越高表明生态环境污染程度越严重。

表 4-12　　　　　我国七大重污染行业生态环境污染等级评价标准

环境污染等级	综合评价指数	污染程度
一	0.80～1.00	严重污染
二	0.40～0.80	重度污染
三	0.20～0.40	中度重污染
四	0.10～0.20	中度污染
五	0.00～0.10	轻度污染

（三）评价结果分析

根据上述我国七大重污染行业综合评价指数绘制出图 4-5，通过参考表 4-12 评价标准可以看出我国七大重污染行业从 2004～2013 年的生态环境污染状况。

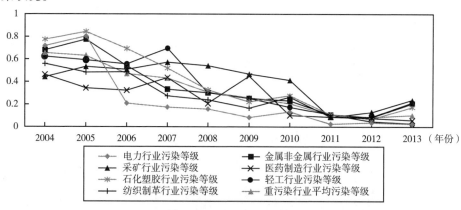

图 4-5　我国七大重污染行业污染等级（2004～2013 年）

1. 我国重污染行业生态环境状况逐年好转

我国七大重污染行业生态环境污染指数呈逐年下降趋势，说明我国重污染行业生态环境污染情况总体趋势逐年好转。具体来看，我国纺织制革行业的生态环境污染指数从 2004 年的 0.5598 下降到 2013 年的 0.004，下降幅度为 99.29%；轻工行业的从 2004 年的 0.6237 下降到 2013 年的 0.0225，下降幅度为 96.39%；电力行业的从 2004 年的 0.7175 下降到 2013 年的 0.00338，下降幅度为 95.29%；医药制造行业的从 2004 年的 0.45982 下降到 2013 年的 0.0491，下降幅度为 89.32%；石化塑胶行业的从 2004 年的 07706 下降到 2013 年的 0.1725，下降幅度为 77.61%；金属非金属行业的从 2004 年的 0.6858 到 2013 年的 0.2103，下降幅度为 69.34%；采矿行业的从 2004 年的 0.442 下降到 2013 年的 0.2248，下降幅度为 49.39%。上述生态环境状况逐年好转的原因可能是由于近些年来我国各级政府不断大力倡导工业产业转型升级，要求工业发展既要重视质量，更要重视效益。

2. 我国整体生态环境状况仍不容乐观

一方面，我国七大重污染行业生态环境污染指数平均值仍高于 0.200，从数值上看，上述重污染行业平均生态环境污染指数分别为 0.2351、0.3520、0.3905、0.2532、0.3977、0.3359 和 0.2589，生态环境污染等级均未到第四等级；另一方面，尽管电力行业 2011～2013 年的生态环境污染指数分别为 0.0183、0.0300 和 0.0338，金属非金属行业 2012 年的生态环境污染指数为 0.0803，石化塑胶行业 2011 年、2012 年的生态环境污染指数分别为 0.0993、0.0696，医药制造 2011～2013 年的生态环境污染指数分别为 0.0902、0.0977 和 0.0492，轻工行业 2012 年、2013 年的生态环境污染指数为 0.0395、0.0225，纺织制革行业 2011～2013 年的生态环境污染指数为 0.0969、0.0292、0.0040，以上情况的生态环境污染指数均低于 0.200，但通过计数发现，上述六个行业处于第五等级的年份分别仅占总体的 30.0%、10%、20%、30%、20% 和 30%。上述两方面均说明我国整体生态环境状况仍不容乐观，污染防治工作仍需加强。

三、工业行业生态环境成本补偿标准设计

（一）数据说明

解释变量样本数据来源于本章处理得到的我国七大重污染行业平均污染等级指数。其余控制变量样本数据取自《中国统计年鉴》《中国工业经济统计年

鉴》《中国科技统计年鉴》中有关我国六大非重污染行业 2004～2013 年间的财务数据和各种价格指数。非重污染行业中并没有包括废弃资源和废旧材料回收加工业，这主要因该行业较特殊，属于依靠科技技术创新、资源回收利用和发展循环经济的特殊工业行业，同时该行业统计数据存在严重缺失，在样本数据中也属于离群值，为保证回归结果更为精确，故删除之，最终取六个行业横截面，且每个横截面上拥有时间跨度为 10 年的面板数据，共计 60 个样本。

（二）变量设计

1. 因变量

本章研究目标是设计我国工业行业生态环境成本补偿标准，由于在收入一定情况下，行业生态环境成本的上升势必会带来行业利润的下降，因此考虑收集到的财务信息，将行业利润总额作为因变量。

2. 解释变量

本章考虑解释变量为本章所探讨的我国七大重污染行业生态环境污染等级指数。但为准确考察解释变量对我国六大非重污染行业的利润影响度，进而为行业生态环境成本补偿标准设计打好基础，本章将七大重污染行业生态环境污染等级指数进行平均化处理，一方面以避免过多解释变量产生多重共线性问题使回归失败，另一方面也是出于对提升回归方程自由度的考虑，最终将解释变量定为我国七大重污染行业平均污染等级指数。

3. 控制变量

在分析我国七大重污染行业平均污染等级指数对六大非重污染行业的利润影响度时，还需控制一些与利润总额关系较为密切的变量（见表 4 - 13）。影响中国工业行业利润水平的因素可以分为外部因素和内部因素两个方面，外部因素主要有行业集中度、物价水平、贸易开放度等，内部因素主要有企业规模、生产经营效率、研发强度等。行业集中在一定程度上意味着能获取更多的利润，因此将行业集中度作为控制变量之一。为了剔除物价水平因素的影响，行业利润总额、行业销售额、行业资产总额均以 2004 年为基期按照工业品出厂价格指数进行平减。贸易开放度研究的是出口和进口对行业利润的影响，在本章的研究中关联度并不密切，也就未将其作为控制变量。从财务分析角度来看，行业利润是众多企业利润的汇总，影响企业利润的内部因素在一定程度上能在财务指标中得以体现。由于存在规模经济效应，企业规模与企业利润率之间可能存在同向关系已得到经济学家普遍认可。目前，我国将年主营业务收入 2 000 万元及以上的工业企业作为规模以上工业企业，划分标准是企业的营业收入，因此将销售利润率作为控制变量之一。企业目标之一是持续经营获得更多利润，生产经营效率的好坏决定着企业的发展前景，本章用总资产周转率这一营运指标来衡量企业的生产经营效率。研发强度主要是指技术方面的创新，通常以各行业每年的研究开发支出占销售收入的比重来衡量，虽然技术创新已经成为企业竞争的优势来源，但是在纺织、皮革、家具等劳动密集型行业仍主要依靠大量使用劳动力进行生产，对技术的依赖程度较低，研发支出也较低，这类行业技术创新与企业经营业绩并不存在显著关系，因此未将研发强度作为控制变量。

表 4 – 13　　　　　　　　　　　　变量设计及解释说明

	变量	记号	解释说明*
因变量	行业利润总额	*PROFIT*	六大非重污染行业 2003 ~ 2010 年各年利润总额（亿元）
解释变量	行业平均污染等级指数	$\bar{P}$	七大重污染行业生态环境污染等级指数分别根据上述综合评价模型得到，对每一年按七大重污染行业污染指数取行业污染指数平均值
控制变量	市场集中度	*MARKET*	行业销售额/六大非重污染行业总销售额 ×100%
	销售利润率	*ROS*	行业利润总额/行业销售额 ×100%
	总资产周转率	*TURNOVER*	行业销售额/行业期末资产总额 ×100%

注：* 各变量计算时均以 2003 年为基期平减剔除价格因素。行业利润总额、工业总产值、工业增加值和主营业务收入均按照工业品出厂价格指数进行平减。

变量的描述性统计如表 4 – 14 所示。

表 4 – 14　　　　　　　　　　　　变量描述性统计

变量	样本数	最大值	最小值	均值	标准差
PROFIT	60	8 315. 653	13. 75	1 447. 825	2 078. 227
$\bar{P}$	60	0. 6236	0. 0654	0. 31663	0. 1997934
MARKET	60	0. 6671	0. 0161	0. 1666683	0. 2004104
ROS	60	0. 1674	0. 0147	0. 0740417	0. 0373548
TURNOVER	60	2. 0268	0. 2752	1. 221535	0. 5024921

（三）实证结果与分析

1. 面板数据检验

受到样本截面数据和时间跨度限制，因此本章构建如下面板随机系数模型考察我国七大重污染行业平均生态环境污染等级指数对六大非重污染行业利润总额的影响度：

$$PROFIT_{it} = \alpha_{it} + \beta_{it}\overline{P}_{it} + \gamma_{it}Controls_{it} + \varepsilon_{it} \tag{4-5}$$

其中：$i=1,2,\cdots,6$，表示横截面数；$t=1,2,\cdots,10$，代表 2004～2013 年共十年的时间序列；$PROFIT$ 分别为六大非重污染行业在 2004～2013 年的利润总额；$\overline{P}$ 为七大重污染行业分别在 2004～2013 年的平均环境污染等级指数；$Controls$ 表示行业集中度、销售利润率、总资产周转率这三个控制变量。

为防止面板数据模型产生多重共线性问题，本章首先通过考察方差膨胀因子（VIF）判定模型是否存在多重共线性问题，由判定结果（见表 4－15）可知，行业平均污染等级指数、市场集中度、经营状况和技术创新四个变量的 VIF 分别为 1.03、4.91、2.36 和 4.36，平均值为 3.16，均小于临界值 10，因此变量之间相关性较弱，适合面板回归模型。为控制模型异方差问题，本章采用怀特（White，1980）所推导的公式进行稳健性估计。另外由于本章研究时间序列较短，行业之间也不存在相互影响，因此序列相关性和截面相关问题可以不予考虑。

表 4－15　　　　　行业污染等级指数对行业利润总额的面板数据检验

非重污染行业	变量	影响系数	Z 值	显著性水平
食品加工制造行业	$\overline{P}$	−3 764.509 ***	−4.40	0.000
	MARKET	20 071.74 ***	4.59	0.000
	ROS	26 724.23 ***	6.04	0.000
	TURNOVER	82.74099	0.13	0.895
	常数项	−3 327.409 ***	−4.22	0.000
烟草制品行业	$\overline{P}$	−1 681.11 ***	−4.05	0.000
	MARKET	9 850.592 **	1.98	0.048
	ROS	6 764.415 ***	2.42	0.016
	TURNOVER	−377.0772	−0.76	0.447
	常数项	197.8985	0.31	0.758
木材家具印刷文教制品行业	$\overline{P}$	−904.6579 ***	−3.24	0.001
	MARKET	7 585.736	1.46	0.143
	ROS	14 249.47 ***	3.75	0.000
	TURNOVER	774.7805 **	2.02	0.044
	常数项	−1 656.461 ***	−4.69	0.000

续表

非重污染行业	变量	影响系数	Z 值	显著性水平
设备仪器制造行业	$\overline{P}$	−15 507.03 ***	−11.67	0.000
	MARKET	25 208.34 ***	19.91	0.000
	ROS	64 397.62 ***	4.70	0.000
	TURNOVER	−5 317.064 ***	−6.37	0.000
	常数项	5 642.423 ***	3.42	0.001
工艺品及其他制造行业	$\overline{P}$	−745.9591 ***	−5.59	0.000
	MARKET	2 941.008 ***	—	—
	ROS	2 941.008 ***	8.32	0.000
	INNOVATION	−313.861	—	—
	常数项	234.0897	0.86	0.389
燃气和水的生产和供应行业	$\overline{P}$	−430.5079 **	−2.44	0.015
	MARKET	7 026.788	1.63	0.103
	ROS	229.6452	0.23	0.820
	TURNOVER	432.9539 **	2.35	0.019
	常数项	−5.635408	—	—

注：***、**、*分别表示在1%、5%、10%水平上具有显著性，本章使用的计量软件为STA-TA13。

表4－15的检验结果表明，在控制行业市场集中度、经营状况和技术创新变量后，对于六大非重污染行业而言，行业平均污染等级指数变量均对其利润有负面影响，且影响系数均在1%显著性水平上高度显著。这说明当我国七大重污染行业生态环境污染等级指数越高，行业生态环境污染情况越严重，非重污染行业利润总额水平就会越低。可见我国重污染行业造成的环境污染状况会抑制非重污染行业发展，只是具体抑制程度在不同行业间有显著差异。

有关市场集中度变量与行业利润关系的讨论经济学界争论一直未停止过，英国经济学家伊特威尔等（Eatwell et al，1992）认为市场集中度变量往往会通过技术创新间接影响行业利润，产业创新程度往往会随市场集中度的变化呈倒U形关系，即市场过于集中或过多竞争往往会减少创新活动，进而降低行业利润，但市场集中度介于中间时，往往会产生规模经济性，从而带来超额利润。因此对具体行业分析市场集中度与行业利润关系时要具体讨论，表4－15的结果在一定程度上印证了行业差异性。

关于销售净利润变量，六大行业销售净利率与行业利润都呈正相关关系，其中食品加工制造行业、木材家具印刷文教制品行业、设备仪器制造行业和工艺品及其他制造行业在1%上显著，烟草制品行业在5%显著性水平上显著，燃气和水的生产供应行业结果不显著。这与传统的财务业绩评价，销售净利率越高，企业的盈利能力越好相一致。

关于总资产周转率变量，其对行业利润影响系数符号不稳定，且显著性水平行业间也有较大差异。总资产周转率是综合评价企业全部资产的经营质量和利用效率的重要指标。周转率越大，说明总资产周转越快，反映出销售能力越强。企业可以通过薄利多销的办法，加速资产的周转，带来利润绝对额的增加。提高资产周转率有助于节约企业资源，有助于提高企业的利润，但并不一定能使企业最终获得的利润增加；同样的，周转率低只说明企业的资产使用效率低，但并不一定利润就低，只不过在企业因素不变的情况下，提高周转率可以增加利润，利润的影响因素不止周转率一个。

2. 稳健性检验

考虑到我国六大非重污染行业生产经营的财务状况会直接对行业利润总额产生影响，本章将上述面板模型中的被解释变量 $PROFIT$ 替换为总资产贡献率进行稳健性检验（见表4-16）。行业利润总额是否能够得到提高，很大程度上取决于行业整体的经营绩效和管理能力，我们使用总资产贡献率来反映行业利润，其计算公式为（利润总额＋税金总额＋利息支出）/平均资产总额×100%，该指标反映行业利用其全部资产的获利能力，是用于评判行业盈利水平的核心指标，显然行业总资产贡献率越高，行业运用单位资产取得利润的能力就越强，从而越能够提高行业利润。

表4-16　　　　　　　　　　　稳健性检验结果

非重污染行业	变量	Z值	显著性水平
食品加工制造行业	$\bar{P}$	-9.72	0.000
	$MARKET$	——	——
	ROS	4.27	0.000
	$TURNOVER$	1.46	0.144
	常数项	2.1	0.036
烟草制品行业	$\bar{P}$	-17.16	0.000
	$MARKET$	-0.89	0.375
	ROS	3.24	0.001
	$TURNOVER$	-12.98	0.018
	常数项	14.75	0.000

非重污染行业	变量	Z值	显著性水平
木材家具印刷文教制品行业	$\overline{P}$	−9.51	0.000
	MARKET	0.08	0.933
	ROS	2.34	0.019
	TURNOVER	1.37	0.170
	常数项	−0.24	0.812
设备仪器制造行业	$\overline{P}$	−5.31	0.000
	MARKET	−2.94	0.003
	ROS	3.85	0.000
	TURNOVER	−0.77	0.441
	常数项	4.56	0.000
工艺品及其他制造行业	$\overline{P}$	−3.97	0.000
	MARKET	2.19	0.029
	ROS	3.63	0.000
	INNOVATION	−2.83	0.005
	常数项	3.33	0.001
燃气和水的生产和供应行业	$\overline{P}$	−4.23	0.000
	MARKET	−0.91	0.365
	ROS	−0.47	0.640
	TURNOVER	2.67	0.008
	常数项	4.09	0.000

注：稳健性测试使用的计量软件为STATA13。

　　将表4-15和表4-16稳健性测试结果作对比后发现，本章所关心的解释变量 $\overline{P}$ 的系数符号和显著性水平均未发生实质性变化，整体上来看，我国重污染工业行业确实给非重污染工业行业利润带来负面影响。

　　3. 行业生态环境成本补偿标准

　　为方便考察行业生态环境成本补偿标准，基于"污染者付费"原则，本章将七大重污染行业整体视为排污方，而将六大非重污染行业看作受害方，结合表4-15实证结果，计算得到排污方应承担的生态环境成本补偿额，重污染行业每排放一单位污染物造成非重污染行业经济损害的环境成本补偿标准计算公式如下：

$$EC = \frac{\partial(PROFIT)}{\partial P} \qquad\qquad (4-6)$$

按照式（4-6）各排污方生态环境污染等级指数与上述平均生态环境污染等级指数的比例，并根据计算得到各重污染行业应承担的生态环境成本补偿额，行业生态环境成本补偿标准列于表4-17。

表4-17　　　　　　我国工业行业生态环境成本补偿标准平均值　　　　单位：亿元

受害方	排污方							
	电力行业	金属非金属行业	采矿行业	石化塑胶行业	医药制造行业	轻工行业	纺织制革行业	汇总
食品加工制造行业	885.04	1 324.96	1 470.12	953.25	1 496.99	1 264.5	974.74	8 369.60
烟草制品行业	395.23	591.68	656.51	425.69	668.51	564.68	435.29	3 737.59
木材家具印刷文教制品行业	212.69	318.4	353.29	229.08	359.75	303.87	234.24	2 011.32
设备仪器制造行业	3 645.7	5 457.85	6 055.81	3 926.69	6 166.53	5 208.81	4 015.24	34 476.63
工艺品及其他制造行业	175.37	262.55	291.31	188.89	296.64	250.57	193.15	1 658.48
燃气和水的生产和供应行业	101.21	151.52	168.12	109.01	171.2	144.61	111.47	957.14

由表4-15和表4-17可以看出，第一，我国七大重污染行业生态环境污染等级指数均对六大非重污染行业利润产生负向影响，且在1%显著性水平上高度显著。第二，从受害方看，我国七大重污染行业整体平均生态环境污染等级指数对非重污染行业利润下降额从大到小排序依次为设备仪器制造行业、食品加工制造行业、烟草制品行业、木材家具印刷文教制品行业、工艺品及其他制造行业、燃气和水的生产和供应行业。具体数额分别为设备仪器制造行业利润下降34 476.63亿元；食品加工制造行业利润下降8 369.60亿元；烟草制品行业利润下降3 737.59亿元；木材家具印刷文教制品行业利润下降2 011.32亿元；工艺品及其他制造行业利润下降1 658.48亿元；燃气和水的生产和供应行业利润下降957.14亿元。第三，从排污方来看，我国行业间生态环境成本补偿标准可根据排污方造成受害方利润总额的下降幅度进行确定。

四、行业生态补偿账户与会计处理

显然，本章讨论的是中观层面的工业行业生态补偿标准并以规模以上工业行业作为研究对象，主要是考虑到目前我国行业财务和生态环境数据相较之微观实体的数据更易收集，而其研究范式对后续进一步测试微观层面的各行业的具体企业补偿标准提供了经验数据，尤其是在目前资本市场环境会计信息披露机制不健全的情况下更具有可操作性。由于行业是由若干微观个体组成，将中观层面生态环境成本补偿标准采用一定标准（如利润额）分摊到各微观实体（企业）就是该企业应当承担支付责任的生态补偿金额，以此计入企业成本费用账户，最终实现生态外部成本内部化。尽管这种考量成本的方法还有一些缺陷，但到目前为止其存有的科学性和可操作性是显而易见的。

为了实现行业生态成本补偿目标，对发生的行业生态补偿业务适时进行会计处理，需要在行业财务会计系统设置专门核算行业生态补偿账户。受损方（下风区、下游流域）设置"环境成本——待生态补偿成本""待补偿生态成本——行业成本""应收生态补偿专款""环境资产""行业利润——环境利润调节"等账户；同时，为体现排污方对环境责任的承担并体现会计谨慎性原则，排污方（上风区、下游流域）需设置"环境成本——生态补偿成本""生态补偿基金""应付生态补偿专款"等科目。具体账务处理如下：

（一）污染治理行业

（1）发生治理费用时：
借：环境成本——待补偿生态成本
　　贷：银行存款

（2）分摊治理费用时：
借：应收生态补偿专款——A 行业
　　贷：待补偿生态成本——A 行业成本

（3）结转环境项目工程时：
借：环境资产（环境建设工程、环境费用等）
　　贷：环境成本——待补偿生态成本

（4）实现补偿款项时：
借：银行存款
　　贷：应收生态补偿专款——A 行业

（5）调节行业利润时：
借：待补偿生态成本——A 行业成本
　　贷：行业利润——环境利润调节

（二）污染排放行业

（1）计提环境或有负债：
借：环境成本——生态补偿成本
　　贷：生态补偿基金——行业

（2）承担治理成本时：
借：生态补偿基金——行业
　　贷：应付生态补偿专款——B行业

（3）支付治理费用时：
借：应付生态补偿成本——B行业
　　贷：银行存款

（4）调节行业利润时：
借：行业利润——环境利润调节
　　贷：环境成本——生态补偿成本

五、研究结论

通过研究，可得出如下结论：（1）生态环境补偿，究其本质还是环境成本标准问题，其关键所在还是解决损害成本转移支付方式及排污方环境负债负担的货币量化问题。前者归结于外部成本内在化经济学原理，后者是会计计量方法在环境科学中的改进，显然这种方法上的改进不可能直接照搬现有的会计计量模式，必须应用跨学科方法，这是由环境生态的特性和损害后果决定的。（2）生态补偿需要通过价值量化，其量化手段尽管复杂但可以通过会计计量方法，关键是确定好影响企业的具有同质性的最终因素。（3）作为环境负债重要内容的生态补偿成本，重点是要解决责任人的义务比例分担和预计支出的合理估计，同时为体现排污方对环境责任的承担并体现会计谨慎性原则，排污方应将要承担的补偿金额事前通过计提生态补偿基金方法进行会计处理。

第四节　博弈模型与实证分析

近年来，环境污染事故屡见不鲜，从太湖蓝藻事件的暴发到紫金矿业水污染案，再到全国持续性的雾霾天气，这一系列污染事件向人类敲响警钟。从经济学视角出发，不难发现理性生产者会追求自身价值最大化，经济负外部性使得资源配置无法达到帕累托最优状态，最终出现市场失灵。理性人盲目追求短期利益使其不断向自然索取资源、向外部排放污染，而自身只要付出很小的代价，导致环境污染日趋严重。

一、国内外相关文献研究

国内对生态补偿标准的研究还处于积极探索阶段，还没有形成一致的认识。生态补偿标准的确定方法多种多样，归纳起来主要有核算法和协商法两大类①。核算法主要包括支付意愿法、机会成本法、费用分析法等。协商法则是在核算法的基础上兼顾补偿主客体的意愿，就一定的生态补偿范围进行协商，以此确定生态补偿标准的方法，即价格谈判博弈。博弈理论在生态补偿中的应用从广义上讲不仅包括狭义的"谁受益谁补偿"生态功能的补偿，还包括污染环境的补偿。然而，纵观国内学者关于生态补偿标准已有的研究成果，"谁污染谁付费"博弈分析为数不多，且在研究方法上，过于偏重理论分析并经济模型建构。而仅有的成果见诸曹国华和蒋丹璐（2009）等少数学者，运用重复博弈分析跨区污染的补偿，但模型过于复杂，缺乏实际操作可行性和实证检验。袁广达等（2012）对补偿标准和补偿执行机制进行设计，构建了经济损失—污染事故的多级生态价值补偿标准，并认为污染者与受害者之间可以通过博弈达到直接补偿，但没有对博弈的实施进行具体论证。

国外对生态补偿标准的研究更注重补偿意愿（Ma et al，2012），它为补偿博弈奠定了基础，诸如在对受益者与保护者补偿，污染者与受害者补偿、市场补偿、政府补偿各方面均具有较为成熟的研究成果。20 世纪 70 年代国际经济合作和发展组织（OECD）提出并推荐了环境"污染者付费原则"，1995 年哥斯达黎加率先进行了"环境服务付费"项目，成为全球环境服务支付项目的先导。英国伦敦国际环境与发展研究所、美国森林趋势组织分别就环境服务市场及其补偿机制在世界范围内对自发或政府组织推动的案例进行研究和诊断，并以此作为理论探讨和市场开发的依据②。环境服务付费项目更多围绕受益者与保护者之间的补偿或是恢复生态功能展开③，而"污染者付费原则"则为受害

---

① 中国生态补偿机制与政策研究课题组. 中国生态补偿机制与政策研究 [M]. 北京：科学出版社，2007.

② 张陆彪，郑海霞. 流域生态服务市场的研究进展与形成机制 [J]. 环境保护，2004（12）：39–43.

③ Cuperus R，Kalsbeek M，Udo De Haes H A，Canters K J. Preparation and implementation of seven ecological compensation plans for Dutch highways [J]. Environmental Management，2002，29（6）：736–749.

者得到补偿提供了理论依据。然而，多数学者主张政府对污染严重的领域建立环境税并积极探索税收的可行性①②，如环境审计③。只有少数学者认为最理想的生态补偿应当将生态服务完全融入市场中④，但它却没有具体触及补偿标准能够实现的市场"神经"：博弈。

国内外对博弈—协商形成补偿标准有一定的研究，这种协商交易依赖于市场，通常需要有明确产权，如排污权交易及水权交易⑤，而且多数采用合作博弈进行协商等。在国外，恩格尔等（Engel et al.，2008）在印度尼西亚的森林资源环境服务付费案例中，运用社区与木材公司相互间的讨价还价，尝试探讨产权模糊下的有效补偿。基于排污许可证交易对利益相关者利益冲突的协调控制（Niksokhan et al.，2008）、基于合作博弈对澳大利亚昆士兰州农场用水的公平分配（Tisdell et al.，1992）等，均体现出博弈—协商在生态补偿机制运行中的重要作用。在国内，水权交易的典型案例是浙江义乌与东阳水权交易，经过两市协商，下游义乌取得了东阳水资源的永久使用权⑥。同时，在解决污染纠纷时，需要健全协商机制、生态污染补偿机制。但排污权交易及水权交易的补偿协商往往由政府牵头，而且主要针对城市饮用水保护补偿。可见，这还并不是一种完全意义上的市场化补偿。

综上所述，可以看出：（1）生态补偿标准的量化还没形成完整的测算体系，个案研究方法单一，且站在某一利益主体角度确定的补偿标准，使其又缺乏科学性、合理性、难以体现公平。（2）通过协商确定补偿标准的范围有待扩展，目前更多局限在关乎政府切身利益的水权交易、排污权交易中。尽管一些研究成果提出采用博弈方式达成补偿共识，但多数是定性文字描述或是在双方合作前提下进行，而现实中无法合作的情形比比皆是。（3）市场化的补偿机制尚未成熟，这在我国尤为明显，市场补偿仍局限在有确定产权的交易市场，并且具有官方性质的环境评估师对补偿标准的认定，很大程度上阻碍了补偿标准市场化运作。

① Pearce D, Turner R K. Packaging waste and the polluter pays principle：A taxation solution［J］. Journal of Environmental Planning and Management，1992，35（1）：1 - 20.
② 王金南，葛察忠，高树婷，等. 打造中国绿色税收——中国环境收税政策框架设计与实施战略［J］. 环境经济，2006（09）：10 - 20.
③ 李兆东. 环境机会主义者、问责需求和环境审计［J］. 审计与经济研究，2015（2）：33 - 42.
④ Wunder S, Engel S, Pagiola S. Taking stock：A comparative analysis of payments for environmental services programs in developed and developing countries［J］. Ecological Economics，2008，65（4）：834 - 852.
⑤ 张小强企业排污权博弈分析［J］. 南京审计学院学报，2009（2）18 - 23.
⑥ 中国生态补偿机制与政策研究课题组. 中国生态补偿机制与政策研究［M］. 北京：科学出版社，2007.

二、生态污染补偿标准量化中的博弈理论要件

（一）生态污染补偿主客体界定

笔者立足于污染补偿标准分析和补偿机制的建立，将补偿主体界定为是使生态环境降级的破坏者与污染者，补偿客体是由环境降级而导致损失的受害者（见表4－18）。对于大气污染（水污染），生态补偿主体包括上风区（上游）地方政府、居民、企业等污染排放者，客体包括下风区（下游）地方政府、居民、企业等受害实体。在难以明确界定上下游的情况下，如研究我国规模以上工业行业之间的补偿时，可以将重污染行业（排污实体）和非重污染行业（受害实体）分别视为补偿主体和客体。生态补偿主客体界定正是补偿时讨价还价博弈机制建立的前提并体现市场规则。

表4－18　　　　　　　　　　生态污染补偿主客体界定

补偿主客体	两大常见污染	特殊情况	
	大气污染（水污染）	意外事故	规模以上工业行业
补偿主体	上风区（上游）排污实体	突发污染事故企业	排放"三废"的重污染行业
补偿客体	下风区（下游）受害实体	污染受害群体	非重污染行业

（二）补偿标准

为尽可能体现补偿公平性，生态补偿标准的确定采用协商法。运用协商法需明确以下两个方面：补偿的上下限确定和协商补偿规则。其补偿标准的上下限是生态补偿博弈对象，也是补偿机制核心内容和解决补偿问题的关键。

补偿的上下限。补偿上下限的量化要运用环境成本核算方法加以确定，并基于补偿主体的支付意愿和补偿客体的受偿诉求进行修正。目前，理论研究取得了一些成果但对环境成本的内容还没有形成统一认识。例如，加拿大特许会计师协会将环境成本分为环境预防成本、环境维持成本和环境损失成本[1]；王立彦（1998）将企业的环境成本分为内部环境成本和外部环境成本；徐玖平、蒋洪强（2006）将环境成本分为资源耗减成本、环境降级成本、资源维护成本、环境保护成本。同时，不同利益主体期望的补偿标准差异较大，如在水污

---

[1]　CICA. Environment cost and liabilities, a problem of accounting and financial reporting [R]. CICA, toronto, 1993.

染补偿中，受污染企业主要考虑的是环境降级对企业发展造成的阻碍和对产品质量降低及销售收入减少，而受污染居民主要考虑的则是严重河流污染导致的生活用水对人体的伤害及饮水成本的增加。同样道理，排污者也会因污染程度、自身投入与产出效益的不同而影响补偿上限。因此，补偿标准的上下限不是一成不变的，而是会经过补偿主客体多次讨价还价、不断商榷和修正的抉择过程。但如果排污实体确定的补偿上限低于受害实体实际损失下限，那么博弈结果只能是受害实体获得该补偿上限或博弈失败直接进入诉讼等程序；而当存在多个受害实体时，这个补偿上限的金额还需要在受害各方按比例分配，比如本章所指的是各工业行业所属的各经济实体。

（三）协商规则的建立

协商并不是漫无目的的，讨价还价博弈机制能为协商双方提供一系列既定的规则，推动补偿市场化，由此博弈机理建立就显得十分重要。正因为如此，笔者从排污实体与受害实体切身利益考虑出发，尽可能把环境成本内容简单化，并采用讨价还价博弈来达成共识。

三、生态污染补偿博弈模型的构建

（一）模型符号设定

C_L表示受害实体愿意接受的最低补偿标准，C_H表示排污实体愿意支付的最高补偿；P^P、P^V分别表示排污实体、受害实体在博弈过程的出价与要价，且$P^V \geqslant C_L$，$P^P \in [m, C_H]$，m表示排污实体认为受害实体愿意接受补偿的下限，$m \leqslant C_L$；σ_V、σ_P分别表示受害实体、排污实体的贴现因子，取值范围为（0，1）；p_{vi}、q_{vi}分别表示受害实体在i阶段接受、拒绝企业出价的概率，p_{pi}、q_{pi}分别表示排污实体在i阶段接受、拒绝受害实体要价的概率。

（二）模型建立的基本前提

前提1：受害方存在不确定性受害成本基础上，即不完全信息下的讨价还价博弈，是动态的非合作博弈[①]。排污实体虽然不清楚受害实体要求的最低补偿标准，但排污实体估计受害实体要求的补偿服从$[m, C_H]$上的某一密度函数，由于讨价还价博弈时，区间上每一个取值的概率都是均等的，假定该密度函数

---

① 张维迎. 博弈与社会［M］. 北京：北京大学出版社，2013.

服从均匀分布。

前提2：排污实体与受害实体都是理性人，都追求自身利益最大化，因此受害实体不愿意接受小于或等于 C_L，而排污实体也不可能按 C_H 支付，需要经过一个讨价还价的博弈过程。

前提3：排污实体具有学习与应变能力，即能根据受害实体要价 P^V 修正初始估价并认为受害实体要求的补偿服从 $[P^V, C_H]$ 上的均匀分布。

前提4：不考虑双方为谈判发生的固定成本，如受害实体在前往谈判及谈判过程中发生差旅费、误工费等费用。

前提5：受害实体为了维护自身利益，会与排污实体进行谈判，排污实体为了维护声誉，愿意承担社会责任并披露对受害者补偿信息[1]，为此假定博弈以排污实体先出价开始。但在博弈过程中受害实体又处于相对弱势，排污实体具有后动优势，假定博弈又以排污实体出价结束。

（三）模型构建与求解

由上述基本前提可知讨价还价次数限定在奇数次，运用逆向归纳思想对模型进行求解[2]，并以三阶段讨价还价博弈为例（见图4-6），主要出于以下两方面考虑：（1）讨价还价谈判过程中存在补偿的时间价值以及不可忽视的固定成本，多进行一轮谈判意味着时间成本和固定成本的增加；（2）模型构建中设定了讨价还价次数为奇数次，三次谈判不成功需以五次进行逆向求解，为简化模型结果，增加现实操作可行性，若第三阶段，受害实体拒绝出价，则博弈终止，双方得益均为0，受害实体采用诉讼等形式维权。

1. 第三阶段双方的理性策略

在博弈最后一阶段只要满足 $\sigma_V^2(P_3^P - C_L) > 0$，即 $C_L < P_3^P$，受害实体一定会选择接受。对排污实体而言，其知道受害实体在这一阶段的选择方式，同时，排污实体出价 P_3^P 会满足自身收益最大化，即：

$$\max\{\sigma_p^2(C_H - P_3^P) \times p_{v3} + 0 \times q_{v3}\} \tag{4-7}$$

又：$p_{v3} = p\{C_L \le P_3^P\} = \dfrac{P_3^P - m}{C_H - m}$，$q_{v3} = p\{C_L > P_3^P\} = \dfrac{C_H - P_3^P}{C_H - m}$，将 p_{v3}、q_{v3} 代入式（4-7），得到 $\max\left\{\dfrac{\sigma_p^2(C_H - P_3^P)(P_3^P - m)}{C_H - m}\right\}$，并对 P_3^P 求导令其等于0，得

---

① 汪凤桂，戴朝旭. 企业社会责任与企业社会关系研究综述 [J]. 科技管理研究：2012（21）：237-241.

② 谢识予. 经济博弈论 [M]. 上海：复旦大学出版社，2007.

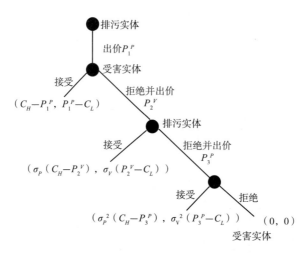

图 4-6　三阶段补偿标准协商流程示意

$P_3^P = \dfrac{m + C_H}{2}$。即，排污实体在第三阶段的最优出价是 $P_3^P = \dfrac{(m + C_H)}{2}$，受害实体

的收益为 $\sigma_V^2\left(\dfrac{(m + C_H)}{2} - C_L\right)$，排污实体的收益为 $\dfrac{\sigma_P^2(C_H - m)}{2}$。

2. 第二阶段双方的理性策略

第二阶段排污实体选择接受 P_2^V 的条件是第二阶段收益大于等于第三阶段收

益，即：$\sigma_P(C_H - P_2^V) \geqslant \dfrac{\sigma_P^2(C_H - m)}{2}$，化简得

$$P_2^V \leqslant C_H - \frac{\sigma_P(C_R - m)}{2} \qquad (4-8)$$

问题转化为在式（4-8）的约束条件下，受害实体要使自身获利最大，即
$\max\sigma_V(P_2^V - C_L)$。

易知：（1）$C_H - \dfrac{\sigma_P(C_H - m)}{2} \geqslant C_L$ 时，最优要价为 $P_3^P = \dfrac{m + C_H}{2}$，受害实体

收益为 $\sigma_V^2\left(\dfrac{m + C_H}{2} - C_L\right)$，排污实体收益为 $\dfrac{\sigma_P^2(C_H - m)}{2}$，排污实体第二阶段收益

与第三阶段收益相同，由 $0 < \sigma_V < 1$、$0 < \sigma_P < 1$，知 $\sigma_V\left(C_H - \dfrac{\sigma_P(C_H - m)}{2} - C_L\right) >$

$\sigma_V^2\left(\dfrac{(m + C_H)}{2} - C_L\right)$，从逆推看达到帕累托效率改进。（2）$C_H - \dfrac{\sigma_P(C_H - m)}{2} <$

C_L 时，受害实体的要价 $P_2^V \geqslant C_L$，最好是要大于 C_L/σ_V，但此时式（4-6）不成

立，排污实体必然会拒绝，进入第三阶段。

3. 第一阶段双方的理性策略

受害实体接受排污实体出价 P_1^P 的条件是其获得收益不小于第二阶段收益，即 $P_1^P - C_L \geq \sigma_V \left(C_H - \dfrac{\sigma_P(C_H - m)}{2} - C_L \right)$，整理得 $C_L \leq$

$$\dfrac{P_1^P - \sigma_V \left(C_H - \dfrac{\sigma_P(C_H - m)}{2} \right)}{1 - \sigma_V} \circ$$

排污实体知道受害实体在谈判中各阶段的决策方式，其第一阶段出价 P_1^P 要使期望收益最大化，即：

$$\max \left\{ p_{v1}(C_H - P_1^P) + q_{v1}p_{p1}\frac{\sigma_P^2(C_H - m)}{2} + q_{v1}q_{p2}p_{v3}\frac{\sigma_P^2(C_H - m)}{2} + q_{v1}q_{p2}q_{v3} \times 0 \right\}$$

$$p_{v1} = p \left\{ C_L \leq \frac{P_1^P - \sigma_V \left(C_H - \dfrac{\sigma_P(C_H - m)}{2} \right)}{1 - \sigma_V} \right\} = \frac{\dfrac{P_1^P - \sigma_V \left(C_H - \dfrac{\sigma_P(C_H - m)}{2} \right)}{1 - \sigma_V} - m}{C_H - m},$$

$$q_{v1} = p \left\{ C_L > \frac{P_1^P - \sigma_V \left(C_H - \dfrac{\sigma_P(C_H - m)}{2} \right)}{1 - \sigma_V} \right\} = \frac{C_H - \dfrac{P_1^P - \sigma_V \left(C_H - \dfrac{\sigma_P(C_H - m)}{2} \right)}{1 - \sigma_V}}{C_H - m}$$

$$(4 - 9)$$

由于排污实体在第二阶段与第三阶段达成协议获得收益相同，因此理性排污实体会选择尽早达成协议，即 $p_{pz} = 1$，$q_{p2} = 0$。将 p_{v1}、q_{v1}、p_{p2}、q_{p2} 代入式（4 - 9），并对 P_1^P 求导令其等于 0，得 $P_1^P = \dfrac{2C_H - m(1 - \sigma_V)}{2} - \dfrac{\sigma_V\sigma_P(C_H - m)}{4} - \dfrac{\sigma_P^2(C_H - m)}{4}$，可得排污实体与受害实体讨价还价动态博弈的策略分别为：

$$\left(\frac{m(1 - \sigma_V)}{2} + \frac{\sigma_V\sigma_P(C_H - m)}{4} + \frac{\sigma_P^2(C_H - m)}{4}, \ C_H - C_L - \frac{m(1 - \sigma_V)}{2} - \right.$$

$$\left. \frac{\sigma_V\sigma_P(C_H - m)}{4} - \frac{\sigma_P^2(C_H - m)}{4} \right) \circ$$ 特殊的，当 $\sigma_V = \sigma_P = \sigma$ 时，三阶段排污实体与受害实体讨价还价动态博弈的策略组合为 $\left(C_H - C_L - \dfrac{m(1 - \sigma_V)}{2} - \dfrac{\sigma^2(C_H - m)}{2}, \right.$

$$\left. \frac{m(1 - \sigma_V)}{2} + \frac{\sigma^2(C_H - m)}{2} \right) \circ$$

综上，排污实体第一阶段出价 $P_1^P = \dfrac{2C_H - m(1-\sigma_V)}{2} - \dfrac{\sigma_V\sigma_P(C_H - m)}{4} -$

$\dfrac{\sigma_P^2(C_H - m)}{4}$，如果 $C_L \leq \dfrac{P_2^P - \sigma_V\left(C_R - \dfrac{\sigma_P(C_H - m)}{2}\right)}{1 - \sigma_V}$，受害实体接受出价，否则

拒绝出价并在第二阶段要价。如果在第二阶段 $C_H - \dfrac{\sigma_P(C_H - m)}{2} \geq C_L$，受害

实体要价 $P_2^V = C_H - \dfrac{\sigma_P(C_H - m)}{2}$，排污实体接受要价，谈判结束；反之，

$C_H - \dfrac{\sigma_P(C_H - m)}{2} < C_L$，排污实体会拒绝受害实体的要价并出价。排污实体第三阶

段出价 $P_3^P = \dfrac{(m - C_H)}{2}$，如果 $C_L < P_3^P$，受害实体接受出价，否则拒绝，博弈终止。

四、我国重污染行业与非重污染行业补偿博弈实证分析

本节研究的七大重污染行业和六大非重污染行业与本章第三节的一样。

（一）补偿上限量化

众所周知，工业点源排放是造成水污染、大气污染日趋严重的主要原因；其次是工业固体废弃物，尤以采矿行业、金属非金属行业产生量为最大，且工业固体废弃物问题比城市固体废弃物（建筑垃圾）问题严重。从整个工业行业研究入手，如在不治理污染的情况下，环境的"不当收益"会流向重污染行业，而非重污染行业的利润会下降，公平且有效的解决办法就是以重污染行业的"不当收益"来补偿非重污染行业因环境恶化造成的利润损失。2008 年，在一份基于全国 600 多个城市污染数据的报告中，环境保护部基于人力资本法估算环境污染导致的损失占国内生产总值的 3.9%，基于支付意愿法估算环境污染导致的损失占国内生产总值比例则高达 6%[①]。依据环境库兹涅茨曲线假说，环境质量与经济增长存在倒 U 形的曲线关系：在低收入水平上，污染随人均 GDP 的增长而上升；在高收入水平上，污染随人均 GDP 的增长而下降[②]。显然，

---

① 张庆丰，罗伯特·克鲁克斯. 迈向环境可持续的未来——中华人民共和国国家环境分析 ［M］. 北京：中国财政经济出版社，2012.

② 陈华文，刘康兵. 经济增长与环境质量：关于环境库兹涅茨曲线的经验分析 ［J］. 复旦学报（社会科学版），2004（2）：87 – 94.

我国目前属于前者，即人均收入较低，工业发展迅速，环境污染却日趋严重，环境事故频发，污染导致的损失逐年上升。同时，资本结构、人均 GPD 又是影响支付意愿的重要因素，随着收入增加支付意愿会相应提升。本节以工业行业 2003～2012 年为时间长度研究 10 年间重污染行业对非重污染行业的补偿总额，理论上支付意愿法下环境污染导致的损失占国内生产总值的比例应取 10 年间的平均值，但囿于环保部门未披露其他年份的数据，而 2008 年的数据处于 2003～2012 的中间段，依据环境库兹涅茨曲线假说，将 6% 作为在支付意愿下环境污染损失占国内生产总值比例的平均水平估计值，具有一定的合理性。据此，我们将补偿上限计算公式定义为：

$$补偿上限 = \frac{国内生产总值 \times 6\% \times 重污染行业工业销售产值}{规模以上工业总产值 + 农林牧渔业总产值 + 建筑业总产值} \quad (4-10)$$

式（4-10）中分母的选取基于三方面的原因：一是化肥、农药及畜禽养殖、水产养殖对水源污染不容忽视。《中国环境统计年鉴》在对水环境、大气环境、固体废弃物等环境污染的产生和排放行业统计中不仅包括了规模以上工业行业，还对农林牧渔业进行了统计。二是建筑粉尘对大气污染和建筑垃圾造成的固体废物污染不容忽视。三是其他行业，如旅游业、金融业等，对环境的影响较轻且没有总产值这一统计指标，应予剔除。此外，式（4-10）以重污染行业工业销售产值而不以重污染行业工业总产值作为分子项更符合行业的支付意愿。其中，统计部门的资料并未披露 2012 年规模以上工业总产值数据，由于每年的工业总产值与工业销售产值相差不大，以规模以上工业销售产值替代不会导致不可接受误差风险。依据式（4-10），计算结果见表 4-19。

表 4-19　　我国工业行业生态环境成本补偿上限（2003～2012 年）　　单位：亿元

年份	电力行业	金属非金属行业	采矿行业	医药制造行业	石化塑胶行业	轻工行业	纺织制革行业
2003	286.27	387.02	304.68	113.57	816.12	195.48	607.43
2004	527.56	444.85	383.13	110.21	983.04	203.73	668.79
2005	604.73	531.84	438.44	136.41	1 193.19	241.40	790.99
2006	697.21	641.40	609.12	154.37	1 424.09	284.40	914.14
2007	832.54	833.91	724.33	189.57	1 745.90	353.29	1 097.85
2008	900.96	1 060.88	966.73	226.59	2 094.53	415.51	1 202.42
2009	994.13	1 190.58	956.74	269.20	2 165.80	458.63	1 274.09
2010	1 127.91	1 421.45	1 223.63	311.43	2 653.46	534.31	1 465.58
2011	1 284.08	1 692.55	1 563.60	388.30	3 226.06	635.91	1 647.08
2012	1 404.77	2 003.50	1 691.51	464.00	3 555.01	706.64	1 828.41
合计	8 660.16	10 207.98	8 861.91	2 363.65	19 857.20	4 029.30	11 496.78

当然，当重污染行业的补偿上限低于非重污染行业的补偿下限且博弈能够达成协议，其结果是非重污染行业以这一补偿上限在各受害方按比例分配；如果不能达成协议，则博弈终止进入诸如司法诉讼程序或其他途径以解决补偿标准问题。而当补偿上限高于补偿下限时，双方采取讨价还价博弈。笔者需要说明的是，本节设计的是成功博弈下的状态，司法诉讼是最后解决问题程序，且在生态补偿标准诉讼纠纷处理不可能也不应该回避博弈环节，其博弈结果确定的环境生态补偿标准，没有最好，只有更好，何况环境损失本身就具有模糊性特点。在我国现阶段，过高补偿上限和过低的补偿下限均不符合生态补偿标准优化的双赢目标，这个目标是既要保护环境又要经济发展的国家发展战略。

（二）补偿下限量化[①]

非重污染企业的经营成本随重污染行业"三废"的超标排放而增加，造成非重污染行业利润的下降，这部分下降的利润正是需要确定的环境污染损失金额，即损害成本补偿标准。笔者在前人研究的基础上，以 2003 ~ 2012 年七大重污染行业面板数据为研究样本，运用熵权法确定各污染指标[②]的权重，运用综合评价模型确定七大重污染行业生态环境污染等级。同时，以六大非重污染行业 2003 ~ 2012 年各年利润总额 $PROFIT$ 作为因变量，以七大重污染行业平均污染等级指数 $\overline{P}$ 作为解释变量，以市场集中度（行业销售额/六大非重污染行业总销售额）、销售利润率（行业利润总额/行业销售额 × 100%）、总资产周转率（行业销售额/行业期末资产总额 × 100%）作为控制变量[③]，构建如下面板随机系数模型来量化补偿下限：

$$PROFIT_{it} = \alpha_{it} + \beta_{it}\overline{P}_{it} + \gamma_{it}Controls_{it} + \varepsilon_{it} \qquad (4-11)$$

其中：$i = 1,2,\cdots,6$，表示横截面个数；$t = 1,2,\cdots,10$，代表 2003 ~ 2012 年共十年的时间序列；$PROFIT$ 分别为六大非重污染行业在 2003 ~ 2012 年的利润总额；

---

① 补偿下限的量化涉及的面板数据检验、污染指标权重设定、污染等级确定等详细步骤，参考袁广达（2014）《我国工业行业生态环境成本补偿标准设计与会计处理——基于环境损害成本的计量方法》一文。

② 大气污染指标包括废气、二氧化硫、烟（粉）尘，水污染指标包括废水、汞、镉、六价铬、铅、砷、挥发酚、氰化物、化学需氧量、石油类、氨氮，固体废弃物指标为固体废弃物，2011 年、2012 年《中国环境统计年鉴》并未统计汞、镉、六价铬、铅、砷、挥发酚、氰化物、石油类指标的具体数据，鉴于前 8 年数值亦很小，某些重污染行业水污染中也并未包括该类污染物，因此 2011 年、2012 年该类指标取 0 值。

③ 行业利润总额、行业销售额、行业资产总额均以 2003 年为基期按照工业品出厂价格指数进行平减，剔除价格因素。

$\bar{P}$ 为七大重污染行业分别在 2003～2012 年的平均生态环境污染等级指数；$Controls$ 为一系列控制变量。

通过面板随机系数模型的检验，得出各变量的影响系数 β，即重污染行业每排放一单位污染物造成非重污染行业经济损害成本，再与该重污染行业平均污染等级相乘，最终得到非重污染行业 2003～2012 年累计环境损害成本，据此作为污染受害者向污染排放者提出环境补偿标准诉求的下限依据（见表 4-20）。

表 4-20　　我国工业行业生态环境成本补偿标准（2003～2012 年）　　单位：亿元

受害方	排污方							
	电力行业	金属非金属行业	采矿行业	医药制造行业	石化塑胶行业	轻工行业	纺织制革行业	汇总
食品加工制造行业	963.21	1 357.51	1 612.66	894.04	1 614.13	1 264.91	1 022.87	8 729.33
烟草制品行业	391.85	552.24	656.05	363.71	656.65	514.58	416.12	3 551.20
木材家具印刷文教制品行业	640.38	902.53	1 072.15	594.39	1 073.14	840.97	680.04	5 803.60
设备仪器制造行业	3 134.98	4 418.31	5 248.71	2 909.86	5 253.56	4 116.94	3 329.15	28 411.51
工艺品及其他制造行业	132.40	186.59	221.66	122.89	221.87	173.86	140.60	1 199.87
燃气和水的生产和供应行业	118.40	166.87	198.23	109.90	198.42	155.49	125.74	1 073.05
汇总	5 381.22	7 584.05	9 009.46	4 994.79	9 017.77	7 066.75	5 714.52	48 768.56

假定非重污染行业自身要求的补偿下限估计和重污染行业对非重污染行业补偿下限的估计均以重污染行业补偿上限及环境损害成本补偿标准为基础，则 m、C_L 的计算式为：

$$C_L = 环境损坏成本补偿标准 + 估计系数_1 \times （补偿上限 - 环境损坏成本补偿标准）$$

$$(4-12)$$

$$m = 环境损害成本补偿标准 + 估计系数_2 \times （补偿上限 - 环境损害成本补偿标准）$$

$$(4-13)$$

其中：估计系数$_1$表示重污染行业对差额的调整，估计系数$_2$表示非重污染行业对差额的调整，$0 < 估计系数_2 < 估计系数_1 < 1$。

（三）博弈补偿标准

以电力行业补偿六大非重污染行业为例，说明博弈确定补偿标准的过程。由于环境损害成本计量下的补偿标准已得出，如果不进行博弈可直接按照该补偿标准进行补偿，由此双方的估计系数均偏低。不妨假设估计系数$_1$ = 0.1，估计系数$_2$ = 0.05，并结合表4-19及表4-20中的相关数据，代入式（4-12）和式（4-13），求得C_L = 5 709.11（亿元），m = 5 545.17（亿元）。在重污染行业与非重污染行业采取博弈的形式来确认补偿标准情况下，证明补偿主客体有足够的时间、耐心、能够承担大额风险，双方贴现因子定为$\sigma_P = \sigma_V$ = 0.9999[①]，C_H = 8 660.16（亿元），将相关数据代入已经建立的博弈模型中，则排污实体第一阶段出价P_1^P = 7 102.70（亿元），此时即满足博弈模型中的约束条件，则电力行业补偿给六大非重污染行业合计即为7 102.70亿元，非重污染行业可以再按环境损害成本补偿标准的比例对受害具体实体进行分配，最终完成补偿程序并实现了补偿标准博弈目的。同理，可得其余行业生态环境成本补偿标准，不再赘述（见表4-21）。

表4-21　　　　博弈机理下的我国工业行业生态环境
成本补偿标准（2003~2012年）　　　　单位：亿元

受害方	排污方							
	电力行业	金属非金属行业	采矿行业	医药制造行业	石化塑胶行业	轻工行业	纺织制革行业	汇总
食品加工制造行业	1 271.36	1 604.10	1 586.25	423.08	2 632.83	721.22	1 566.29	9 805.13
烟草制品行业	517.21	652.57	645.31	172.12	1 071.07	293.41	637.19	3 988.88
木材家具印刷文教制品行业	845.26	1 066.48	1 054.59	281.28	1 750.41	479.50	1 041.32	6 518.84
设备仪器制造行业	4 137.95	5 220.92	5 162.75	1 377.01	8 569.16	2 347.38	5 097.82	31 912.99
工艺品及其他制造行业	174.76	220.49	218.03	58.15	361.90	99.13	215.30	1347.76
燃气和水的生产和供应行业	156.28	197.18	194.98	52.01	323.65	88.66	192.54	1 205.30
汇总	7 102.82	8 961.74	8 861.91	2 363.65	14 709.02	4 029.3	8 750.46	54 778.90

[①]　贴现因子受补偿主客体的时间重要程度、耐心程度、对待风险的态度等影响，表示的是价值损耗，取值范围为（0，1），如果补偿主客体有足够的时间、耐心、能够承担大额风险，贴现因子就越接近1，即认为在谈判过程中没有价值损耗。

比较表 4-20 和表 4-21，可以看出通过博弈，七大重污染行业支付给六大非重污染行业的补偿总额由 48 768.56 亿元提高到 54 778.90 亿元，补偿额增加 6 010.34 亿元，增长了近 12%。同时，从局部看，在重污染行业支付能力比较高的情况下，通过讨价还价的博弈能提高非重污染行业得到的补偿金额，如电力行业、金属非金属行业、石化塑胶行业、纺织制革行业对非重污染行业的补偿，而在重污染行业根本不足以支付环境损害成本补偿标准时，博弈又能降低补偿金额，如采矿行业、医药制造行业、轻工行业对非重污染行业的补偿。

显然，上述讨价还价博弈确定的补偿标准较原先博弈前增加了 12 个百分点、金额达 6 010.34 亿元，从而使排污者也将这部分的环境外部成本内部化，受损方减轻了环境负荷和增加了利润，最终改变了资源配置的效率。通常资源配置效率的提升应通过帕累托效率的改进来检验，但排污实体的支付成本增加并不符合帕累托效率效应，即不符合双方状况都得到优化。不过，任何一种制度安排都存在既得利益者，用博弈的方法改变现有的状态，必然使得其既得利益者受损，因而可引进新的衡量社会效率的标准——"卡尔多-希克斯标准"。所谓"卡尔多—希克斯标准"要求如果一种社会状态的改变能使得受益者的所得足够弥补受损者的损失。如上述计算，主张通过博弈将重污染行业的"不当收益"补偿给非重污染，且基于排污实体的支付意愿使得支付补偿金额后仍有盈余（11 496.78 - 54 778.90 > 0），对非重污染行业而言，通过博弈能获得更多的补偿金额（54 778.90 > 48 768.56），也就意味着非重污染行业能获得更多的运营资金来参与生产经营的循环。同时，从激励的角度出发，重污染行业为了尽可能降低内部化补偿成本，就会积极去污减排，最终提升生态环境效益。因此，从"卡尔多-希克斯标准"和激励视角来看，博弈下的补偿金额变动能兼顾排污与受害双方利益，并能提升资源配置效率。

五、研究结论

本节建立在生态补偿主客体支付与受偿讨价还价博弈方法基础上，构建了公平、合理、实用生态补偿标准的博弈模型，初步形成了生态污染补偿标准博弈模型，并对我国重污染行业和非重污染行业生态补偿标准进行实证分析，修正了补偿标准，最终使补偿标准更能兼顾排污和受害双方利益，实现资源最优配置，保护了生态环境，也促进了经济发展。研究表明：

（1）单纯以环境成本核算方式计算出来的补偿标准不利于体现补偿的公平性，应该在核算的基础上灵活修正补偿标准，赋予标准以区间，再采用讨价还价博弈模型确定较为公平和合理的补偿标准。因为环境损害价值认定十分复杂，加上目前我国环境成本核算制度空白，作为弥补现行补偿标准行政化和随意性缺陷的博弈机制的建立就显得十分必要。

（2）政府应积极推广讨价还价博弈确定补偿这一手段，协商不应局限在关乎政府间利益的事项上，而应明确协商手段在补偿中的重要地位，并向社会公开推广，全面实现补偿市场化。只有在博弈失败情况下，司法诉讼等程序才是不得已采取的解决办法。

（3）建立在生态成本核算的基础上的补偿标准博弈是完善生态补偿机制的一种辅助方法，它不可能替代环境成本核算程序。不过，讨价还价博弈模型虽适用于各补偿主客体，但涉及不同补偿主客体对不同利益需求的侧重点各有差异，这就导致不同的补偿主客体会出现不同的补偿上下限，需要具体分析。

第五节　太湖流域补偿模型与实证分析

一、太湖流域基本情况

太湖流域横跨安徽省、浙江省、江苏省和上海市，位于长江三角洲南部，是我国第三大淡水湖。近年来太湖流域周边工业经济迅猛发展，但与此同时大量污染物的排放带来不少环境污染问题，如太湖蓝藻等一系列环境污染事件严重影响了太湖流域生态环境、下游企业和居民的生产生活。为加强太湖流域水资源保护和水污染治理，江苏省于2008年1月1日正式开始施行《江苏省太湖流域环境资源区域补偿试点方案》，但通过分析该方案的补偿标准以及补偿资金核算方法后发现，该补偿标准仅仅考虑了生态污染治理恢复成本，但并未考虑上游流域生态环境污染对下游流域企业生产经营的后续影响，造成补偿标准偏低，生态污染治理效果并不明显。此外，国务院也在2011年正式出台《太湖流域管理条例》，尽管中央和地方政府出台诸多政策措施，但太湖流域省界水体水质污染状况依然严重。

二、数据说明

本节解释变量样本数据来源于我国太湖流域苏沪边界（江苏省和上海市分别位于太湖流域上下游）上海青浦急水港水质监测断面每周氨氮实际排污量和《太湖流域省界水体水资源质量状况通报》披露的监测断面流量数据。其余控制变量样本数据均来自国泰安数据库（CSMAR）中有关我国太湖流域下游（上海市）属于工业行业的上市企业财务数据。工业品出厂价格指数来自《上海市统计年鉴》。为方便数据统计，保证实证结果的准确性，我们将已退市或暂时停牌的上市企业剔除，最终得到82家上市企业，且每家上市企业拥有最大时间跨度为7年的非平衡面板数据，共计448个。

三、变量设计

（一）因变量

本节研究目标是以我国太湖流域苏沪边界上下游流域为案例，设计工业企业生态污染补偿标准，由于在收入一定情况下，企业生态污染经济损害的上升势必会带来企业利润的下降，因此考虑收集到的财务信息，我们将企业利润总额作为因变量。

（二）解释变量

本节考虑解释变量为将我国太湖流域上游氨氮污染物超标排污量折算后的污染等级指数。由于工业企业用水标准较居民饮用水标准程度偏低，本节参考《地表水环境质量标准》（GB 3838—2002）共五类水质标准排放背景值，将太湖流域上海青浦急水港水质监测断面各污染物披露数据与第五类水背景值相比较，发现劣五类水标准监测周数约占总监测周数的67.2%，因此可以认为该监测断面氨氮污染物排放超标非常严重。由于我国太湖流域监测断面污染物数量采取周报上报制度，即流域监测托管站在每周一需要向总站报送上周监测数据，各项污染物指标数量均为采用日均值的算术平均值推算得到的一周平均值，因此为准确考察解释变量对我国太湖流域下游工业企业利润影响，还需要将数据折算到年污染物超标数量，计算公式为：

$$X = X_r - X_s = \sum_{i=1}^{n} Q_i(X_{ir} - X_{is}) \tag{4-14}$$

式中，X、X_r和X_s分别为氨氮年超标排污量、实际排放量和标准排放量，Q_i为太湖流域苏沪边界上海青浦急水港水质监测断面在第i周的总流量，X_{ir}和X_{is}分别为监测断面每周平均一单位体积水体中所含实际排放量和国家环保部规定的第五类水标准排放量，n为当年总周数。需要说明的是，如果在当年年末或年尾天数不足一周，则相应排污量按天计算并进行累加；若太湖监测断面出现滞流或反向流动现象，则流量确定为0，若实际排放量低于最终第五类水标准排放量，则超标排污量数值也记为0。根据式（4-14）计算结果，该变量含义定为我国太湖流域上游氨氮污染物2004～2010年劣五类水质排污量。

由于本节讨论的仅是氨氮污染物，其权重值在苏沪边界上游污染等级指标体系中为1，因此理论模型部分的综合评价方法也得以简化，可将排污量折算成氨氮污染等级指数 P，计算步骤不再赘述，具体数据可见表4-22。

表4-22　　我国太湖流域苏沪边界上游氨氮超标排污量与污染等级指数

年份	超五类水标准氨氮含量（吨）	苏沪边界上游氨氮污染等级指数
2004	1 438. 751635	0. 57
2005	2 272. 442213	1. 00
2006	1 720. 579579	0. 71
2007	848. 5010496	0. 26
2008	734. 4526954	0. 20
2009	789. 1465824	0. 23
2010	342. 8299296	0. 00

根据表4-22，我们可以大体看出太湖流域苏沪边际上游氨氮污染等级（见图4-7）。

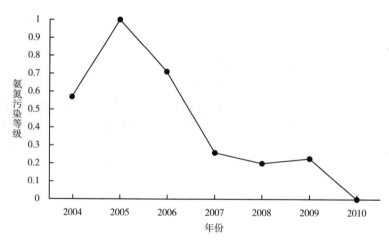

图4-7　我国太湖流域苏沪边界上游氨氮污染等级（2004～2010年）

由图4-7可知：一方面，我国太湖流域苏沪边界上游氨氮污染指数平均值为0.425，从数值上看仍高于0.200，生态环境污染等级未达到第五等级，特别是氨氮污染等级曲线在2005年出现一个峰值点。另一方面，我国太湖流域苏沪边界上游氨氮污染等级指数呈逐年下降趋势，说明我国太湖流域苏沪边界上游氨氮污染情况总体趋势逐年好转。上述生态环境状况逐年好转的原因可能是由于江苏省各级政府不断大力倡导工业企业转型升级，要求企业发展既要重视质量，更要重视效益。同时人们的环保意识也逐渐提高，媒体与群众监督企业排污行为的力度也逐年加强。上述两方面均说明江苏省太湖流域治理工作有一定成效，但污染防治工作仍需加强。

（三）控制变量

在分析我国太湖流域上游氨氮污染等级指数对太湖流域下游工业企业利润影响度时，还需控制一些与企业利润总额关系较为密切的变量，通过上述文献回顾和相关企业生产管理理论，我们选择如下变量：（1）盈利能力：由于长期资本收益率反映的是工业企业在生产经营活动中利用资本创造长期价值的能力，我们用该项指标反映企业生产资本投入和产出的长期效果，计算公式为：盈利能力 =（利润总额 + 财务费用）/长期资本额×100%，一般企业长期资本收益率越高，说明企业自有投资效益越好，风险越低，盈利水平也越高，从而影响企业利润状况。（2）营运能力：由于资产周转率是衡量资产运营效率的重要指标，周转率越大，资产利用效率就越高。为体现企业的销售能力，我们定义：营运能力 = 营业收入/资产总额期末余额×100%。表4 - 23 为变量设计及解释说明，表4 - 24 是上述变量的描述性统计结果。

表4 - 23　　　　　　　　　　变量设计及解释说明

变量类型	变量	记号	解释说明
因变量	企业利润总额	*PROFIT*	上海市工业行业上市企业 2004 ~ 2010 年各年利润总额（亿元）
解释变量	氨氮污染等级指数	*P*	根据太湖流域上海青浦急水港水质监测断面 2004 ~ 2010 年氨氮劣五类地表水标准超标排污量（万吨）按上面综合评价模型折算得到
控制变量	盈利能力	*A_PROFIT*	长期资本收益率×100%
	营运能力	*A_OPERATION*	总资产周转率×100%

表4 - 24　　　　　　　　　　变量描述性统计

变量	样本数	最大值	最小值	均值	标准差
PROFIT	448	388.9853	- 35.41846	6.012394	24.82123
P	448	0.2272442	0.034283	0.1099684	0.0622688
A_PROFIT	448	1.542148	- 8.163821	0.091642	0.435727
A_OPERATION	448	3.846049	0.014696	0.8173783	0.515199

四、实证结果与分析

(一) 面板数据检验

在进行面板模型检验前，首先需要确定使用何种类型的面板模型。我们对样本数据分别进行了 F 检验和 Hausman 检验，用以检验模型适用混合面板模型、固定效应模型还是随机效应模型，检验结果见表 4 - 25。

表 4 - 25　　　　　　　　　　　面板模型类型检验

检验方法	原假设	统计量值	显著性水平
F 检验	混合面板模型	4.58	0.0000
Hausman 检验	随机效应模型	12.79	0.0051

表 4 - 25 检验结果显示，F 检验和 Hausman 检验均在 1% 显著性水平上高度拒绝原假设，因此可以认为样本数据实证分析适用固定效应模型，本节构建如下面板个体固定效应模型考察我国太湖流域上游氨氮污染等级指数对下游工业企业利润总额的影响度：

$$PROFIT_{it} = \alpha_i + \beta P_{it} + \gamma Controls_{it} + \varepsilon_{it} \qquad (4-15)$$

式中：$i = 1, 2, \cdots, 82$，表示太湖流域下游上市企业个数；$t = 1, 2, \cdots, 7$，代表 2004 ~ 2010 年共七年的时间序列；$PROFIT$ 分别为各上市企业在 2004 ~ 2010 年的利润总额；P 为我国太湖流域苏沪边界监测断面分别在 2004 ~ 2010 年的氨氮污染等级指数；$Controls$ 为一系列控制变量；ε_{it} 为随机干扰项。

为防止面板数据模型产生多重共线性问题，本节首先通过考察方差膨胀因子 (VIF) 判定模型是否存在多重共线性问题，由判定结果可知，氨氮污染等级指数、盈利能力和营运能力三个变量的 VIF 分别为 1.00、1.01 和 1.01，平均值为 1.01，均小于临界值 10，因此变量之间相关性较弱，适合面板回归模型。为控制模型异方差问题，本章采用怀特 (White, 1980) 所推导的公式进行稳健性估计。另外由于本章研究时间序列较短，因此序列相关性问题可以不予考虑。

表 4 - 26 的检验结果表明，在控制企业盈利能力和营运能力变量后，对于太湖流域下游工业企业而言，氨氮污染等级指数对其利润有负面影响，并且在 10% 显著性水平上显著。这说明我国太湖流域上游氨氮超标排污量越大，即氨氮污染等级指数越高，上游生态环境污染情况越严重，下游企业利润总额水平就会越低。可见我国太湖流域上游造成的环境污染状况会显著抑制下游工业企

业发展。

表 4 - 26 上游氨氮污染等级指数对下游企业利润总额影响的面板数据检验

项目	影响系数	t 值	显著性水平
P	- 27.53096 *	- 1.76	0.079
A_PROFIT	2.339981	0.96	0.338
A_OPERATION	10.57213 ***	2.64	0.009
常数项	0.2251927	0.06	0.954

注：*** 、 ** 、 * 分别表示在 1% 、5% 、10% 水平上具有显著性，本章使用的计量软件为 STA-TA11.2。

关于盈利能力变量，其与企业利润正相关，但是结果不显著。一般认为提高长期资本收益率意味着缩短现金周期，提高盈利水平，因此企业利润也相应提高（Deloof，2003；孔宁宁等，2010）。但当工业企业在生产过程中创造新价值后，往往会不断提高企业在市场中的规模和份额，也会面临更多的经营风险，甚至会产生过度竞争或过度垄断现象，长期来看是否会提高企业利润还需视企业内部控制水平等其他复杂因素而定。因此上述原因共同作用下往往会出现表 4 - 26 中不太显著的结果。

关于营运能力变量，企业总资产周转率与企业利润正相关，说明企业经营期间提高总资产的周转效率会促进企业利润的提升。这是因为总资产周转率越高，一方面能使商品货物流转速度越快，库存管理成本下降；另一方面也使企业销售能力越强，运用资产的投入产出效率也越高。上述两方面导致企业成本下降，收入上升，企业利润上升。

（二）稳健性检验

考虑到我国太湖流域下游企业生产经营的财务状况会直接对企业利润总额产生影响，本节将上述面板模型中的被解释变量 *PROFIT* 分别替换为资产报酬率和成本费用利润率进行稳健性检验（见表 4 - 27）。选取这两个变量的理由是：其一，企业利润总额是否能够得到提高，很大程度上取决于企业整体的经营绩效和管理能力，我们使用资产报酬率来反映企业利润（模型 1），其计算公式为：资产报酬率 =（利润总额 + 财务费用）/资产总额 × 100%，该指标反映企业利用其全部资产的获利能力，是评判企业盈利水平的核心指标，显然企业资产报酬率越高，企业运用单位资产取得利润的能力就越强，从而越能够提高企业利润。其二，我们使用成本费用利润率代替原来的被解释变量，其计算公式定义为：成本费用利润率 = 利润总额/（营业成本 + 销售费用 + 管理费用 + 财务费用）×100%，反映了企业花费一定成本费用获取最终经营成果的能力，该指标也能够反映工业企业的利润状况和水平（模型2）。

表 4-27   稳健性检验结果

项目	模型 1			模型 2		
	影响系数	t 值	显著性水平	影响系数	t 值	显著性水平
P	-0.09 *	-1.94	0.053	-0.16 *	-1.70	0.090
A_PROFIT	0.07 ***	0.85	0.000	0.13 ***	9.21	0.000
A_OPERATION	0.05 ***	5.47	0.000	0.01	0.26	0.795
常数项	0.02 ***	-1.53	0.090	0.08 ***	3.46	0.001

注：***、**、*分别表示在1%、5%、10%水平上具有显著性，稳健性测试使用的计量软件为STATA11.2。

将表4-26和表4-27稳健性测试结果作对比后发现，本节所关心的解释变量 P 的系数符号和显著性水平均未发生实质性变化，整体上来看，我国太湖流域上游氨氮超标排污确实给下游工业企业利润带来负面影响。

五、生态污染补偿标准

为方便考察企业生态环境污染补偿标准，基于"污染者付费"原则，本节将太湖流域上游江苏省视为排污方，而将太湖流域下游上海市工业企业看作受害方，结合表4-27实证结果，运用式（4-6）计算得到上游江苏省应承担的生态环境污染补偿额，即：

$$EC = \frac{\partial(PROFIT)}{\partial P} \qquad (4-16)$$

EC 为单位氨氮污染物造成的下游企业经济损害成本。可以看出经济损害造成的环境成本即为上游氨氮污染等级指数对下游企业利润下降的影响系数，于是太湖流域上游江苏省每排放1吨氨氮污染物会造成下游上海市工业企业的经济损害约为27.53万元。我们可以根据2004～2010年平均每年氨氮超标排污量进一步推算得到上海市工业企业平均每年因氨氮造成的经济损害约为262.73亿元，这部分生态补偿资金可由江苏省财政厅支付给上海市财政局作为生态补偿基金，用于弥补工业企业因氨氮污染物造成的经济损害。

六、研究结论

本节通过对我国太湖流域苏沪边界上下游流域进行案例研究，得出的研究结论如下：

（1）我国太湖流域苏沪边界水质普遍位于劣五类等级，主要污染物为氨氮，劣五类水标准监测周数约占 2004~2010 年总监测周数的 67.2%，说明生态环境污染状况仍不容乐观，不能放松对苏沪省界水体的污染防治工作。

（2）面板个体固定效应模型发现太湖上游氨氮污染等级指数对下游工业企业利润产生显著负面影响。

（3）本节根据上述结论设计企业经济损害的生态环境污染补偿标准，太湖流域上游江苏省每排放 1 吨氨氮污染物会造成下游上海市工业企业的经济损害约为 27.53 万元，进一步推算得到上海市工业企业平均每年因氨氮污染造成的经济损害约为 262.73 亿元。

第六节 工业环境绩效评估模型与实证分析

一、目前研究状况

目前国内外学者已对环境绩效评价进行了广泛而深入的研究，主要包括指标体系的构建、评价方法的探讨以及实证研究三个方面。指标体系构建方面，除了有关传统的以能耗和排污量指标为主的评价体系研究外，近年来一些学者还针对不同的研究对象加入了不同的评价指标，例如人体健康指标（Toffel & Marshall，2004）、生命周期环境影响指标（Batouli et al，2014）等。评价方法方面，目前的研究主要包括针对不同评价方法，比如神经网络模型（Desai et al，1996）、数据包络分析法（Zhou et al，2008）、模糊综合评价法（Marias et al，2013）的研究以及各评价方法之间的比较研究（Haapio & Viitaniemi，2008）。实证研究方面，主要包括区域研究和企业个案研究。例如，杨文举（2009）、程华和廖中举（2011）分别对我国部分地区的工业环境绩效和环境创新绩效进行了评价研究；何平林等（2012）对我国的火力发电厂的环境绩效进行了个案评价分析，黄溶冰和陈耿（2013）对我国 30 家垃圾焚烧发电厂的节能减排绩效进行了审计研究。鉴于已有的评价研究，一些学者还对提高环境绩效的方法进行了探讨，具体包括环境管制（宋马林和王舒红，2013；包群等，2013）、技术创新（Carmen et al，2010；Costantini et al，2013）、环境成本控制（徐玖平和蒋洪强，2003；谢东明和王平，2013）等诸方面。

由此可见，国内外有关环境绩效的研究已取得了许多成果和较成熟经验，但还存在以下几个问题：第一，目前虽然已有一些关于环境绩效的区域研究和个案分析，但对具体行业的系统性研究较为少见；第二，虽然一些研究已在传统评价体系的基础上对环境绩效评价指标进行了全方位多角度的选取和构建，但大多缺乏实际应用价值，很难落实到对具体行业或企业的评价上去；而有的虽进行了实证研究，但由于数据的可得性较弱，所选取的评价指标大多为绝对数，分析结论易片面；第三，目前多数有关环境绩效的评价视角主要局限于单一环境因素，很少与行业或企业的财务数据联系起来从经济发展的角度进行综合评价；第四，就目前的实证研究来看，很多研究仅局限于对环境绩效的静态评价而忽视了动态分析。

因此，本节将从财务研究视角，具体对我国 30 个省份 2005～2010 年的工业环境财务绩效进行静态和动态分析，在传统的"投入产出"评价方法中加入积极性产出指标并利用货币量化构建评价指标体系，以更好地反映各省份在发展工业经济的同时所取得的环境绩效及其动态趋势，从而帮助相关部门和工业企业从宏观上进一步了解我国目前的工业环境财务绩效状况，并及时制定相应的对策。

二、指标体系与研究方法

（一）指标体系的构建

根据"投入产出"概念，并结合世界可持续发展工商理事会（WBCSD）提出的环境绩效评价原则[①]，本节将评价指标分为投入指标和产出指标。投入主要包括能源的耗用；产出主要包括污染物的排放和治理量两个方面。其中，污染物排放属于消极产出，即对环境造成破坏；治理量属于积极产出，即有利于环境保护。因此，根据对数据的可得性和评价指标全面性的权衡考虑，本节首先确定了有关工业环境绩效评价的投入与产出要素，具体内容如图 4－8 所示。

基于上述评价机理，本节研究的是各省份的工业环境财务绩效。因此，如果将上述投入产出量直接拿来做比较，会存在以下问题：第一，缺乏可比性。一些省份的工业能耗和污染虽然较少，但其经济总量也很小。对于这样小规模工业的省份，其产生的能耗和污染在总数上可能确实会比其他大规模工业省份略少，但这并不能说明其环境财务绩效就一定是好的；一些省份的工业虽有较大的能耗和污染，但可能是该省份工业庞大的经济规模所造成的

---

① WBCSD 于 2000 年提出了全球第一套生态效率指标的量化结构。

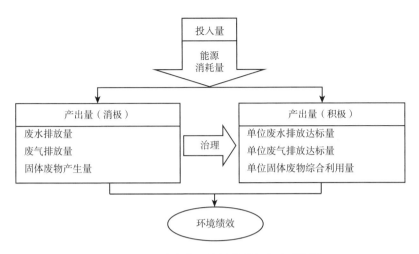

图 4 - 8 工业生产环境绩效投入与产出要素

必然结果。对于这些省份的工业，如此多的能耗和污染可能还并不一定证明其环境财务绩效差。因此，直接用能耗和排污量等数量进行比较是不合适的，因为它并不能反映出各省份工业的真实环境财务绩效。第二，一般意义上环境绩效包括社会环境绩效、生态环境绩效、环境财务绩效、管理环境绩效等诸方面，本节研究的是环境财务绩效，而非单纯的笼统意义上的环境绩效。所以，仅仅用能耗和污染数量进行比较并不能反映出各省份工业的环境财务情况，故应加入货币量。以上两个问题也正是目前环境绩效评价研究者所存在且尚未解决又迫切需要解决的主要问题，也是本节新意所在。从本质上讲，环境活动也是经济活动，可以也能够应用价值量化方法，通过财务分析的特殊手段加以解决，清晰地反映其经济活动中环境投入和环境产出所带来的效果。

基于上述分析，同时考虑指标选取的合理性和评价的可操作性，本节将上述投入指标确定为单位工业增加值能耗，将各产出量除以其相应的工业总产值作为产出指标。这样既能剔除不同省份工业的规模因素对评价结果的不利影响，又能将经济因素和会计思想融入环境绩效评价中去，从而最终实现环境财务绩效评价的目的。具体指标体系的构建和计算式如表 4 - 28 所示。其中，投入指标和消极性产出指标值反映的是各省份工业当年对环境的破坏程度，因此越低越好；积极性产出指标反映的是各省份工业对环境的治理效率，因此越高越好。

表4-28   各省份工业环境财务绩效评价指标体系

一级指标	二级指标	三级指标	计算公式	评价标准
环境财务绩效评价指标	投入指标	单位增加值能耗（吨标准煤/万元）	$单位增加值能耗=\dfrac{工业能源消费量}{工业增加值}$	越低越好
	产出指标（消极）	单位产值废水排放量（万吨/亿元）	$单位产值废水排放量=\dfrac{废水排放总量}{工业总产值}$	越低越好
		单位产值废气排放量（亿标立方米/亿元）	$单位产值废气排放量=\dfrac{废气排放总量}{工业总产值}$	越低越好
		单位产值固体废弃物产生量（万吨/亿元）	$单位产值固体废物产生量=\dfrac{固体废物产生量}{工业总产值}$	越低越好
	产出指标（积极）	单位产值单位废水达标量（万吨/亿元）	$单位产值单位废水排放达标量=\dfrac{单位废水排放达标量}{工业总产值}$	越高越好
		单位产值单位二氧化硫去除量（万吨/亿元）	$单位产值单位废气排放达标量=\dfrac{单位废气排放达标量}{工业总产值}$	越高越好
		单位产值单位固体废物综合利用量（万吨/亿元）	$单位产值单位固体废物综合利用量=\dfrac{单位固体废物综合利用总量}{工业总产值}$	越高越好

（二）研究方法

工业环境财务绩效评价指标数量较多，且量纲不一、意义不同。熵值法能够深刻地反映出指标信息熵值的效用价值，其给出的指标权重值比专家经验评估法、层次分析法（AHP）等方法更具可信度，适合对多元指标进行综合评价。因此，为克服多指标变量间信息的重叠和人为确定权重的主观性，本研究采用熵值法对工业环境财务绩效进行综合评价。

由于工业环境财务绩效评价的各指标存在极端值，因此，本节在传统熵值法的基础上先对原始数据进行标准化（正向化或逆向化）处理。改进后的熵值法（郭显光，1998）计算步骤如下：

1. 原始数据的收集与整理

设有 m 个评估指标，n 个评价对象（方案），按定性与定量相结合的原则取多对象关于多指标的评价矩阵：

$$R' = (r'_{ij})_{m \times n} = \begin{bmatrix} r'_{11} & r'_{12} & \cdots & r'_{1n} \\ r'_{21} & r'_{22} & \cdots & r'_{2n} \\ \vdots & \vdots & & \vdots \\ r'_{m1} & r'_{m2} & \cdots & r'_{mn} \end{bmatrix}, \ 其中，\ i = 1, 2, \cdots, m, j = 1, 2, \cdots, n$$

2. 数据的标准化处理

对于大者为优的指标，根据公式 $r_{ij} = \dfrac{r'_{ij} - \min\limits_{j}\{r'_{ij}\}}{\max\limits_{j}\{r'_{ij}\} - \min\limits_{j}\{r'_{ij}\}}$ 进行正向化处理；

对于小者为优的指标，根据公式 $r_{ik} = \dfrac{\max\limits_{j}\{r'_{ij}\} - r'_{ij}}{\max\limits_{j}\{r'_{ij}\} - \min\limits_{j}\{r'_{ij}\}}$ 进行逆向化处理；从而

得到标准化矩阵：

$$R = (r_{ij})_{m \times n} = \begin{bmatrix} r_{11} & r_{12} & \cdots & r_{1n} \\ r_{21} & r_{22} & \cdots & r_{2n} \\ \vdots & \vdots & & \vdots \\ r_{m1} & r_{m2} & \cdots & r_{mn} \end{bmatrix}$$

3. 计算评价指标的熵

第 i 个评价指标的熵为 $H_i = -k \sum\limits_{j=1}^{n} f_{ij} \ln f_{ij}$，其中，$f_{ij} = \dfrac{r_{ij}}{\sum\limits_{j=1}^{n} r_{ij}}$，$k = \dfrac{1}{\ln n}$，并假

设，当 $f_{ij} = 0$ 时，$f_{ij} \ln f_{ij} = 0$。

4. 计算评价指标的熵权

第 i 个评价指标的熵权 $\omega_i = \dfrac{1 - H_i}{m - \sum\limits_{i=1}^{m} H_i}$。

5. 计算出各评价对象的综合得分

$$Score_j = \sum\limits_{i}^{m} (\omega_i \cdot f_{ij})$$

三、实证分析财务

（一）数据来源

本节研究的是我国的 30 个省份 2005 ~ 2010 年的工业环境绩效。所有省份

的各指标值均由 2006～2011 年的《国家统计年鉴》中的数据整理和计算得出。由于少部分数据的可得性较弱，文中做了如下处理：（1）部分省份的剔除。由于西藏的投入指标和积极性产出指标数据未完整披露，故将其剔除于熵值运算，仅在下文进行描述性统计分析。不过，根据笔者调查分析和专家经验估计，该省份的剔除对本文结论分析的影响微乎其微。港澳台地区未包含在本次研究范围之内。（2）个别缺失数据的模拟。青海在 2005 年和 2006 年的"工业二氧化硫去除量"未披露，因此，为了满足研究方法对数据完整性的要求，本文采用 GM（1，1）模型（刘思峰等，2010），利用 2007～2009 年的数据将 2005 年和 2006 年的 2 个数据值模拟得出，模拟精度高达 98.61%，故是切实可行的。（3）部分指标的替代。由于各省份工业废气排放达标量方面的数据未完整披露，而二氧化硫达标量又是控制废气时的最主要指标，因此在实证研究时用"单位产值单位二氧化硫排放达标量"替代"单位产值单位废气排放达标量"，从笔者先前的技术层面和分析结果来看，不仅可行、结果近似，且能体现这些指标的重要性。

（二）熵值计算

根据统计数据，首先对投入指标和消极性产出指标进行逆向化处理、对积极性产出指标进行正向化处理，其次根据标准化后的数据先后计算出各指标的熵和熵权，最后得出各省份工业环境财务绩效每年的综合得分，并按得分情况进行排名，具体结果如表 4-29 所示。

表 4-29　　　2005～2010 年我国 30 个省份工业环境财务绩效综合得分及排名

序号	省份	2005 年		2006 年		2007 年		2008 年		2009 年		2010 年	
		综合得分	排名	综合得分	排名	综合得分	排名	综合得分	排名	综合得分	排名	综合得分	排名
1	北京	0.0184	17	0.0208	16	0.0265	11	0.0270	10	0.0222	12	0.0219	11
2	天津	0.0207	14	0.0219	15	0.0219	14	0.0204	13	0.0196	15	0.0188	16
3	河北	0.0094	26	0.0098	25	0.0104	23	0.0078	26	0.0077	26	0.0073	24
4	山西	0.0147	20	0.0163	20	0.0188	20	0.0163	20	0.0181	16	0.0191	15
5	内蒙古	0.0171	18	0.0205	17	0.0232	13	0.0190	15	0.0154	18	0.0155	17
6	辽宁	0.0110	23	0.0102	23	0.0092	26	0.0070	27	0.0066	27	0.0060	27
7	吉林	0.0186	16	0.0221	14	0.0217	16	0.0172	18	0.0149	19	0.0153	18
8	黑龙江	0.0201	15	0.0183	19	0.0208	18	0.0187	16	0.0197	14	0.0202	13

续表

序号	省份	2005 年		2006 年		2007 年		2008 年		2009 年		2010 年	
		综合得分	排名	综合得分	排名	综合得分	排名	综合得分	排名	综合得分	排名	综合得分	排名
9	上海	0.0099	25	0.0088	26	0.0099	24	0.0105	23	0.0117	22	0.0103	22
10	江苏	0.0072	28	0.0059	29	0.0072	28	0.0060	28	0.0053	30	0.0040	29
11	浙江	0.0091	27	0.0076	27	0.0090	27	0.0085	25	0.0078	25	0.0065	26
12	安徽	0.0396	8	0.0400	8	0.0350	9	0.0288	9	0.0234	10	0.0199	14
13	福建	0.0138	22	0.0132	21	0.0149	21	0.0135	21	0.0127	21	0.0114	21
14	江西	0.0419	7	0.0415	7	0.0339	10	0.0315	8	0.0249	9	0.0231	10
15	山东	0.0069	29	0.0061	28	0.0066	29	0.0058	29	0.0053	29	0.0042	28
16	河南	0.0101	24	0.0100	24	0.0096	25	0.0089	24	0.0081	24	0.0072	25
17	湖北	0.0222	13	0.0227	13	0.0216	17	0.0174	18	0.0149	20	0.0139	20
18	湖南	0.0257	12	0.0245	11	0.0218	15	0.0191	14	0.0158	17	0.0144	19
19	广东	0.0062	30	0.0051	30	0.0066	30	0.0053	30	0.0056	28	0.0038	30
20	广西	0.0340	9	0.0349	10	0.0350	8	0.0256	11	0.0252	8	0.0234	9
21	海南	0.2188	1	0.1999	1	0.1775	1	0.2496	1	0.2594	1	0.2596	1
22	重庆	0.0443	6	0.0433	6	0.0429	7	0.0366	7	0.0302	7	0.0303	7
23	四川	0.0140	21	0.0128	22	0.0132	22	0.0119	22	0.0100	23	0.0086	23
24	贵州	0.0334	10	0.0361	9	0.0453	6	0.0482	6	0.0536	5	0.0722	4
25	云南	0.0682	3	0.0636	5	0.0625	5	0.0541	5	0.0503	6	0.0489	6
26	陕西	0.0170	19	0.0187	18	0.0205	19	0.0179	17	0.0198	13	0.0207	12
27	甘肃	0.0605	5	0.0800	3	0.0756	3	0.0788	3	0.0812	3	0.0681	5
28	青海	0.0681	4	0.0766	4	0.0720	4	0.0621	4	0.0705	4	0.0781	3
29	宁夏	0.0900	2	0.0844	2	0.1011	2	0.1038	2	0.1170	2	0.1235	2
30	新疆	0.0289	11	0.0243	12	0.0257	12	0.0228	12	0.0231	11	0.0238	8

（三）结果分析

1. 30 个省份比较分析

（1）静态分析。将 30 个省份 2005～2010 年各年的工业综合得分进行平均，得到 6 年的平均得分，再根据均分对各省份 6 年内的工业环境财务绩效进行综合排序。需要说明的是，本节虽未对西藏的环境财务绩效进行熵值计算和排名，但分析可得的相关数据可知，西藏的工业尽管每年的"单位产值废水排放量"情况较差，然而其相应的"单位产值单位废水达标量"却极高，且其他指标在所有省份中均处于中上水平，故整体环境财务绩效是较好的。由此可以得出：我国各省份的工业环境财务绩效总体上呈由西向东逐步下降的趋势，且绩效相对较弱的省份主要集中于京津冀、长三角和珠三角地区。

从价值的角度来看，工业环境财务绩效相对较弱的省份主要是经济较发达的省份。虽然说，工业经济规模会对各省份的环境绩效产生一定的负面影响，但是，本节研究的各省份工业环境财务绩效已将其工业经济规模因素剔除，故这些省份绩效较差并不单单是因为其工业经济发展的缘故。上述结果表明，目前我国 30 个省份的经济发展程度与工业环境财务绩效总体上是呈负相关的。分析各指标数据不难发现，这些省份之所以绩效较弱，不仅仅是因为其排污量较大，更主要的是因为这些省份的单位产值排污治理量大多偏小。这也就是说，导致这些省份绩效较弱的主要原因是因为这些省份对污染物的治理力度较低，最终导致相对较多污染物流入社会和自然。而造成治理力度较低的因素主要包括技术水平的相对较低和治理积极性的缺乏。

除此之外，从产业结构来看，这 30 个省份的产业导向也会对各省环境财务绩效产生影响，经济发展以第二产业为主（尤其是重工业）的省份的绩效要普遍低于经济发展以第一或第三产业为主的省份。

（2）动态分析。为更准确地找出影响环境财务绩效变化的因素，还需要对上述 30 个省份的工业在 2005～2010 年的排名进行动态的比较和分析。根据实证结果，在 2005～2010 年这 5 年中：①工业环境财务绩效始终保持较好的省份有宁夏、青海、甘肃、云南和海南 5 个省份，它们的绩效每年基本都排在前 5 位；②工业环境财务绩效始终较弱的省份有广东、山东、浙江、江苏、辽宁和河北 6 个省份，它们的绩效每年都排在末位；③工业环境财务绩效总体呈好转趋势的省份有贵州、新疆、陕西、上海、黑龙江、山西和北京 7 个省份；④工业环境财务绩效排名不断下降的省份有四川、湖南、湖北、江西和安徽 5 个省份；⑤工业环境财务绩效排名基本不变或呈小幅震荡势态的省份有重庆、广西、河南、福建、吉林、内蒙古和天津 7 个省份。

从各省份相应指标值来看，导致各省份环境财务绩效变化特征的主要原因还是积极性产出，即：即使该省份的相对排污量不大，但倘若其治理力度不够，最终导致其流出企业、真正污染环境的污染物相对较多，那么其环境财务绩效也会变差；即使该省份的相对排污量较大，但倘若其治理力度较大，最终导致其流出企业、真正污染环境的污染物相对较少，那么其环境财务绩效也会变好。这也就是说，工业最终对环境的破坏程度（即工业最终的排污情况）是影响工业环境财务绩效的最主要因素，也是评判工业环境财务绩效的根本依据。

（3）差距分析。为了更好地了解这30个省份环境财务绩效的差距，本节分别计算了在2005～2010年中每一年内各省份工业环境财务绩效综合得分的离差系数，结果如图4-9所示。由此可知，我国这30个省份的环境财务绩效两极分化较为严重，且差距总体上是在不断扩大的。然而，根据对指标值的分析可知，差距扩大主要是因为部分省份的工业财务绩效提升幅度要大于其他省份，而工业环境财务绩效恶化所致。也正因为如此，那些排名落后的省份应合理调整发展战略，从而使其工业环境财务绩效得到更快的提升。

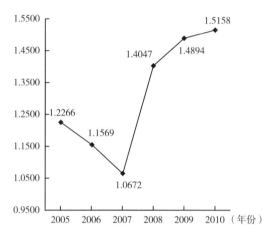

图4-9　2005～2010年30个省份工业环境财务绩效综合得分的离差系数

2. 各指标分析

为了更清楚地了解各指标对工业环境财务绩效的影响，以帮助工业行业更有针对性地提高绩效，现对各指标值在不同年份的变化情况进行动态分析：（1）"单位工业增加值能耗"方面，除了新疆略有增长趋势外，其他省份的该指标值都呈递减趋势，且总体绩效较好的省份的减幅要略大于总体绩效较弱的省份。（2）"单位产值废水排放量"方面，所有省份都在逐年递减。（3）"单位产值废气排放量"方面，除了宁夏有大幅增加外，其他省份都呈震荡或递减趋势。（4）"单位产值固体废弃物排放量"方面，所有省份总体上都呈递减趋势。（5）"单位产值单位废水达标量"方面，所有省份总体上都呈递减趋势，然而，这并不意味着各省份工业废水治理效率的大幅降低，而主要是单位产值废水排放总量减少所致的。此外，该指标还有一个明显的特征，即总体绩效较好的省份的该项指标值要普遍高于总体绩效较弱的省份，且海南、宁夏和青海处于极度领先地位。（6）"单位产值单位二氧化硫去除量"方面，虽然各省份对单位产值废气排放量都在不断加大控制，但该项指标值大多都在增加，其中，海南、宁夏和贵州增幅极大且数值相对极高，甘肃、贵州和云南也处于领先水平，这说明近年来我国大部分省份在废气治理效率方面（尤其是二氧化硫的治理效率方面）有显著进步。（7）"单位产值单位固体废物综合利用量"方面，由于单位产值固体废弃物排放量的减少，各省份的该项指标值也随之减少，且海南、宁夏和青海的总体值要明显高于其他省份。

从这 30 个省份相应指标的变化趋势来看，可以看出：第一，就所研究的年份来看，这些省份的单位产值投入量和单位产值排污量总体上都在逐年减少，这说明近年来这些省份都在大力实施节能减排战略，积极响应国家的相关政策且成效明显。第二，就各指标值的变化率①来看，投入指标的各省份增长率平均值为 -8.87%，其他指标值的各省份增长率平均值如图 4 - 10 所示。理论上说，若治理水平保持不变，则消极性产出指标的减少将使其对应的积极性产出指标产生同比率的减少。但从图 4 - 9 不难发现，废气和废水的治理指标增长率要大于其排放量增长率，而固体废弃物的治理指标增长率要小于其相应的排放量增长率。这说明，我国的工业废气治理水平（尤其是对二氧化硫的治理）总体上有大幅提高，工业废水治理得也较好，而在工业固体废弃物治理方面还有很大的提升空间，这也是这些省份提高其工业环境财务绩效的一大途径。第三，虽然从排名上看，省份有好有坏，但从具体指标值来看，这些省份的工业环境财务绩效整体上都是在逐年提升的。

四、政策建议

根据以上分析结果，笔者提出如下政策建议：

（一）调整产业结构，推动产业区域转移

政府应实施严格的产业和环境准入制度，加快淘汰落后产能，对各工业产业制定合理的限制、淘汰和禁止政策，颁布明确的产业结构调整指导目录，并对鼓励类、限制类和淘汰类产业进行详细的说明和指引。政府还应继续加强对

---

① 这里采用各指标的各省份平均增长率来反映我国各指标的整体变化率：

$$指标的各省份平均增长率 = \frac{\sum 各省份该项指标的增长率}{省份数}$$

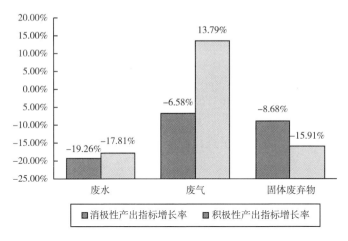

图 4 – 10　各指标 30 个省份年均增长率平均数

"两高一资"行业的出口控制，明确企业开展清洁生产工作办法，促进工业行业产业升级。同时，各工业企业也应努力提高自主创新能力，研发新的环保产品，从而实现企业内部产业模式的调整。对于京津冀、长三角和珠三角等工业财务绩效欠佳的地区，可以将以工业为主的经济发展模式转变为以第三产业为轴心。国家应当实施相应政策，将这些地区部分排污严重的工业产业迁移到工业环境财务较好西部地区；西部地区可在保护环境的基础上引进绩效欠佳地区的工业产业，从而既带动本地区经济的发展，又缓解其他地区的环境压力，最终实现东西互补、经济跨越式可持续发展的战略思想。

（二）加强实施节能减排战略，提高环境污染治理力度

在节能方面，政府和相关部门应通过淘汰落后产能、清理违规产能、强化节能减排、实施天然气清洁能源替代、安全高效发展核电以及加强新能源利用等综合措施，从根本上控制工业煤炭消费总量，改变目前我国以煤炭为主的不合理的能源消费结构，实现节能目标。在减排方面，政府应鼓励工业企业进行生产技术创新，从源头上降低污染以实现环境财务绩效的提升。同时企业也需加大自身对环境污染的内部控制，从产品生命周期成本管理、作业成本管理、物质流成本核算、环境成本控制激励评价机制等方面控制环境成本，以降低排污量，最终实现企业与政府内外控制相结合的污染控制体系。在治理方面，国家应加大环保投入，为污染治理提供物资保证；企业应在提高污染治理积极性的同时，努力提升治理水平和循环再利用能力，并着重加强对固体废弃物的治理，以实现节能减排与污染治理两头抓的环保模式。

（三）严格经济发达地区和重污染地区的环境治理，推动社会、经济与环境的协调发展

国家应重点对工业环境财务绩效较差的地区进行综合治理，以促进全国总体工业环境财务绩效的提升。京津冀、长三角和珠三角地区是我国工业污染治理重点，但由于这三类地区是我国经济较为发达、对国家贡献较大的地区，解决环境财务绩效较低的办法除了进行产业转移、结构调整和产品换代等方法外，就是要设法在这些地区提供更多的清洁能源、可再生能源，减少煤炭使用量。这样既能减少这三类地区工业排放量、减轻污染程度和环境破坏成本支出，又能保持经济增长优势，实现社会、经济、环境的协调发展，提高环境财务绩效。

（四）完善环境规制，加强执法和监管力度

各省份应加快建立多层次环境财务绩效提升体系，加强环境规制制定和完善工作，以进一步提升地区工业环境财务效率。同时，政府还必须大力加强环境规制的执法力度和相关鼓励或处罚措施的落实，从根本上解决违法成本低、守法成本高、依法治污、依法管理方面长期存在的问题，为加强监管，相关部门应建立健全区域协作机制，通过环评会商、联合执法、信息共享、预警应急等措施有效防治污染，并建立以政府考核为主、兼顾第三方评估的综合考核体系，以提高考评结果的公正性和准确性，最终实现严格的污染防治监管体制、生态保护监管体制和核辐射安全监管体制三大主体体制，以及配套的环境影响评价、环境执法、环境监测预警三大配套体制，更好地督促工业企业严格遵守环境保护法律法规和标准，积极履行社会责任。

第五章 执行机制：相关模式建构

第一节 环境成本核算模式构建

一、环境成本的内涵

从外部性来讲，生态补偿其实就是成本补偿，公平的补偿标准是能够弥补生态损失的最低补偿尺度，一般也不可能高补，如果是受害者进行治理，补偿的最低标准是治理成本，那么"环境成本"就成了生态补偿绕不过的问题，环境成本核算也就成了补偿的重要命题，对补偿方和被补偿方、内部信息使用者和外部信息使用者、正补偿方式和反补偿方式均具有重要意义。

1998 年 2 月联合国国际会计和报告标准政府间专家工作组第 15 次会议文件《环境会计和财务报告的立场公告》对环境成本作出较为权威且全面的定义：环境成本指本着对环境负责的原则，为管理企业活动对环境造成的影响而被要求采取的措施的成本，以及因企业执行环境目标和要求所付出的其他成本。这个定义，以可持续发展思想为指导，以明确企业的环保责任为中心，将企业对环境的影响负荷费用和预防措施开支列入核算对象，提出环境成本的目标是管理企业活动对环境造成的影响及执行环境目标所应达到的要求。

环境成本的内涵，可以从以下三个方面来理解：

第一，企业环境成本不但包括能从财务会计意义上确认的内部环境成本，而且还包括外部环境成本。内部环境成本指由于环境因素引起，可以用货币计量并且要由企业付出一定资产，从而影响到企业经营成果的各项成本；包括那些由于环境方面因素而引致的，并且已经明确是由本企业承担和支付的费用，比如排污费、环境破坏罚金或赔偿费、环境治理或环境保护设备投资等。外部环境成本指由企业生产经营活动引起，企业外部其他个人和组织成本的增加，但尚不能明确计量，并由于各种原因而未能由本企业承担的不良环境后果，如企业由于污染物的排放导致居民健康的损失等；同时，外部环境成本还可能包括不一定需要支付货币的机会成本，如材料利用率低，部分材料转化成废料从而多发生的材料消耗成本等。

第二，环境成本的"内部""外部"之间没有绝对的界限，在某些情况下内部和外部环境成本可同时并存。譬如"排污费"是由于本企业向外部排放有害气体、污水、废弃物质而向环境管理机构交纳的费用，由本企业负担，因而属于内部环境成本。但是外部环境成本同时存在：从数量上说，计算交纳排污费是按照环境管理机构制定的标准，在实务中，这种标准往往偏低，不足以弥补环境污染引致的各种损失。从性质上说，即使全部排污费都用于治理环境，也存在环境被污染与恢复之间的一段滞后期。在这段时间内，环境污染的破坏作用已经漫延开来并导致新的更大的环境成本。

第三，某些情况下内部环境成本会早于或晚于外部环境成本的发生。譬如，企业考虑到某经济事项对环境的损害可能性而提取的准备金，使会计处理中先发生了内部环境成本，而外部环境成本此时尚未发生。又譬如，对环境污染受害者的赔偿金，往往由于法律程序耽误一段时间，而会计处理总是要等到实际赔偿时才作为内部环境成本，这时显然已经晚于外部环境成本。

第四，根据会计配比原则，外部环境成本最终都应当转化为内部环境成本。但是，在会计实务中，两种环境成本之间既存在"转化时间差"，还存在"转化数量差"，如像空气污染导致酸雨以及生态破坏等引发的社会环境成本，几乎不可能做到"会计配比"。因此，究竟外部环境成本在多长时间内和有多大比例可以转化为内部环境成本，取决于环境法规的完善程度及环境会计标准的可操作程度。从这个意义上说，环境规制的建设与环境会计体系的建立具有同样的重要意义。

二、环境成本的作用

环境成本在环境会计中是个非常重要的概念。环境会计究其实际应用意义，应当就是环境成本会计，它是叩开环境会计的一把钥匙，更是透视环境会计的窗户。因为，很大程度上，任何形式的环境资产都是物化了的环境成本，环境资产的使用、消耗和减损就转化成环境成本，成为环境成本的影像；任何形式的环境负债都是表象化的环境成本，是被背书的环境成本，是尚未付出但又需要承担偿还的现实和潜在的环境义务；环境收益是尚未扣减外部环境负荷的虚拟利益，且这种负荷往往不被成本制造者即期发觉和预计，而这种成本的发觉和计提是必须的和必然的；环境权益就是环境资源产权的所有者、管理者或使用者具有的，对消费环境资源消耗成本的补偿要求权和对破坏环境资源的损害成本追索权。简言之，环境成本的形成是环境资产不断消耗或价值转移的过程，也是环境负债成本的表现形态，并由此减少环境权益。

不仅如此，环境成本管理还是任何环境资源使用者用以环境资源节约、环境财务改善和环境管理绩效提升的唯一枢纽和工具，并是彰显实体环境形象、市场价值增加的名片。而对潜在环境风险管理就是对环境成本管理，其管理的目标就是减少隐性环境成本发生概率，提高环境收益，增加环境所有者权益。所以，环境成本不仅是环境财务会计，也是环境管理会计重要的核心内容。

三、环境成本的特征

依据环境成本的定义，可总结出环境成本具有以下特点。

（1）多元性。环境成本发生总是伴随着许多相关费用的发生，形成环境成本多元性的特点。下面以制造企业的经营活动为例来说明环境成本的多元性，如图 5 - 1 所示。

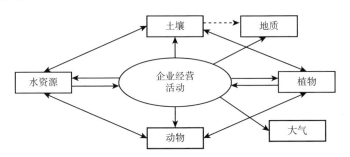

图 5 - 1　制造业经营活动对环境的影响

从图 5 - 1 可知，因企业活动所形成的环境成本是多种多样的，如企业生产活动对自然资源的消耗，其耗减的价值表现就是自然资源耗减成本；企业活动所产生的废水、废气、废渣等废弃物的损失表现为生态资源降级成本；为了尽量减少大气、水、土壤等的污染对环境良性循环的影响，需要采取措施，为此发生的费用为环境保护成本。

（2）多样性。环境成本性质具有多样性。环境成本的支出有些与有形环境资源有关，如维持自然资源基本存量费用发生的结果可以相对增加或不减少自然资源的储量，其发生的费用理应转化为自然资源价值的一部分。有些环境成本的发生与无形的生态环境资源有关，如保护生态资源的费用，可以使生态资源的质量提高或不致降级，其发生的费用也应作为生态资源价值的一部分。有些环境成本的发生与人造的固定资产有关，如污水处理设备等，应作为固定资产处理。这些成本不论与环境资源有关，还是与人造资产有关，都与资产的价值有关，因此，它们具有资本性支出的性质。有些环境成本与资产的价值无关，是一种纯粹的付出，如垃圾的收集、处理费、排污费等，这些成本一般作为当期的损益处理。有些环境成本的支出与产品的成本有关，如利用自然资源进行资源产品的生产，则这些环境成本应作为产品的成本处理。对环境成本的性质进行研究，其目的是为进行正确的会计处理建立理论基础。

环境成本计量方法也具有多样性。环境成本中像维持自然资源基本存量的费用和生态资源的保护费用，其支出形式或是物质资产的投入，如投入物料、设备等，或是人类劳动的投入，其可以准确计量；环境成本中像生态资源污染损失费用等，不是人类劳动的耗费，不能以劳动价值理论为基础来计量，通常采用估算的方法进行模糊计量。环境成本模糊性与精确性并存的特点，决定了环境成本计量方法的多样性。

(3) 增长性。就世界各国来看，环境成本的发生都有不断增长的态势。20世纪80年代中期，我国11个省份生态资源降级成本占国民收入的比例在5.36%~86.38%范围内，山东最低为5.36%，新疆最高为86.38%，外推到全国的生态资源降级成本平均占 GDP 的8.74%。国家环境保护总局自2000~2002年会同国家测绘局、国土资源部、国家统计局、中国环境科学研究院、中日友好环保中心等单位开展了西部和中东部生态环境调查，结果表明生态资源降级成本占同期 GDP 的比例，西部地区为13%，中东部地区为5%~12%，若考虑间接损失将更多。[①] 由于研究的内涵、方法和依据不尽相同，再加上不同程度的不完全计算和低估，造成了环境成本计算结果有较大的差异，但这些数据清楚地告诉我们：中国的环境污染和生态破坏严重，环境污染和生态破坏造成的环境成本是巨大的且有不断增长的趋势。

(4) 差异性。环境成本的差异性指在整个产品寿命周期里，环境成本在各个阶段的发生是不对称的，有些阶段发生较少，有些阶段发生却很大。就制造业来看，并不是所有的产品和生产工序都产生相等的环境成本。但是，环境成本往往被合并在企业制造费用中，并随后分配到所有的产品中去。因此，环境成本与相关产品、生产工序及相关活动之间的关键性联系就被切断。例如，光谱玻璃公司是特种强型玻璃的主要制造商，它面对的主要环境问题是镉的使用和排放。然而，这种颜料仅仅用于一条简单生产线——生产深红色玻璃。虽然深红色玻璃的制造导致了处理镉的成本，但由此而产生的环境成本却由所有的

产品承担。按照一般规则，将环境成本归入企业的制造费用中会导致内部互补，并使产品获利能力的评估偏离"更洁净"产品。

四、环境成本的分类

既然环境成本在环境会计和环境经济核算中如此重要，那么，对它分类就显得十分必要。国际上对环境成本的分类也多种多样，每一种分类也各有道理。比如美国证券交易委员会（SEC）于1993年专门就会计与报告问题发布于1995年发表了《企业管理的工具——环境会计介绍：关键概念及术语》的报告，详细列举了企业可能发生的环境成本并进行了分类，同时分析了如何运用环境会计进行成本分配、资本预算、流程和产品设计等。美国环保局（EPA）将环境成本分为传统成本、潜在隐藏成本（遵守法规成本、资本成本、事后成本、自愿支出）、或有成本、形象与关系成本。国际会计师联合会（AIA）的环境管理会计指南按照信息输出和信息输入两大环节，将环境成本划分为六大类，产品输出包含的资源成本、非产品输出包含的资源成本、废弃物和排放物控制成本和预防性环境管理成本、研发成本、不确定性。

当然，分类不是目的，分类在于认识和应用，也通过各种分类，更进一步理解和掌握各种环境成本核算方法和提供成本信息的要求，促进环境成本降低、环境业绩提高与环保经济效益。以下仅就环境成本会计核算时最主要的三种分类进行解析。

（一）按环境成本支出动因分类

环境成本按支出动因分类是其最基本的分类，也是环境成本会计核算具体内容和设置环境成本会计账户的主要依据，更是环境成本分类的原则。而其他分类则是在基本分类基础上的辅助分类。

1. 资源耗减成本

自然资源耗减成本是指由于为生产产品等经济活动开发、使用而发生的自然资源实体数量减少的价值。自然资源是人类进行经济活动的物质基础，要进行经济活动必然要利用自然资源，由于资源的利用，使自然资源的储量随着开采、利用的规模而逐渐减少。这一部分价值会随着生产活动转移到产品成本中去，构成资源产品成本的一部分。自然资源的储量随着资源产品的产出而逐渐减少，减少的价值可以从实现的资源产品收入中得到补偿，形成自然资源的补偿基金，用于维持自然资源的基本存量和生态资源保护。自然资源耗减成本应包括不可再生资源的耗减成本和可再生资源的耗减成本。其包括构成资源产品的自然资源价值、有助于产品形成所耗费的自然资源价值、其他自然资源的耗费（生产中耗费）。一般而言，自然资源因利用带来资源耗减。

2. 资源降级成本

资源降级成本是指由于废弃物的排放超过环境容量而使生态资源质量下降造成损失的价值表现，也可称为污染损失成本，例如，空气、水源等污染损失，恶劣环境对人类健康的影响，等等。当废弃物的排放超过环境稀释、分解、净化能力时，造成的环境污染实际上是生态资源等级的下降，如通过悬浮颗粒的等级来说明空气的污染程度。由于生态资源等级的下降给人类如经济活动带来的损失用货币计量，成为降级费用。一般而言，生态资源因不良环境行为产生降级。

3. 资源维护成本

资源维护成本是指为维持自然资源目前的存量和保持生态资源的质量，提高资源利用效率而发生的成本，目的是为避免资源降级或资源降级后消除其影响而实际发生的费用。由于人类的繁衍和经济的发展，自然资源的储量迅速下降。要保持经济的可持续发展，应以整体资源不枯竭为前提。为实现这一前提，人类要付出一定的人力、物力、财力，其货币表现构成自然资源维护成本。如为维持森林、草场等人造自然资源的基本存量，会发生各种人造费用；为延长自然资源提高效用的能力，会发生维持费用。总之，为维持自然资源的基本存量，会发生大量的费用，包括：植树种草等产生的人造资源的费用；维护自然资源不被破坏或正常生长发生的费用；为提高现有资源的质量、数量、生产率、利用率而进行技术改造的费用；从事资源维护工作的人工工资及福利费用；等等。资源维护成本是发生较频繁、支出种类较多的一种综合型成本，但要注意，资源维护成本一般与环境保护成本相对，而与资源耗减成本、资源降级成本相似。资源维护是企业自身维护，不同于生态环境补偿成本。

4. 环境保护成本

环境保护成本指为了实现环境保护而发生的一种综合型成本支出，特点是其发生的经常性和费用的多样性。环境保护成本是与一种产品、工程或项目紧密相关的直接和间接成本支出，其中有些可能增加固定资产的价值，有些可能增加可再生资源的价值，有些则列为当期的费用。环境保护成本包括废弃物再循环及其处理，污水的净化处理，环境卫生的维护，垃圾的收集、运输、处理和处置，废水的收集和处理，废气的净化，噪音的消除，以及其他环境保护、维护服务的费用等。

环境保护成本的具体项目主要包括：

（1）环境监测成本。环境监测成本指与环境监测有关的所有成本，包括：

环境监测设备购置费、维修费、折旧；环境监测设备运行的各项费用；环境监测部门办公费用；环境监测人工费用等。广义的监测还包括环境检测费用，是为检测企业产品、流程和作业是否符合恰当的环境标准而发生的成本，如测量污染程度、制定环境业绩指标等发生的成本费用。

（2）环境预防成本。环境预防成本指事先预提的环境治理保护费用，包括：为控制污染进行环保设备的购置费；职工环境保护教育费；环境污染的监测计量、评价费；挑选供应商与设备费；设计环境工艺流程和产品费；环境管理系统的建立和认证成本；审查环境风险；预计环境保护基金以及回收利用产品等。上述环境预防成本不包括预防"三废"成本，而将"三废"预防性支出单列。

（3）环境管理成本。环境管理成本是直接计入或分配计入环境产品、环保建设工程、环保项目的环境技术操作人员或班组有效运行所发生的支出，包括材料、薪酬、劳保、设备等费用。环境管理成本要区别于环境期间费用，前者直接计入环境成本，后者计入环境费用。基于环境完全成本设计思路，环境管理期间费用也可以先计入损益，再按期结转到环境保护成本。

（4）环保研发成本。环境研发成本指设备工艺的技术改造使环境影响减少的支出以及科研投入等，例如环保产品的设计。它包括：开发环保产品、专利技术的研发费；在产品制造阶段遏制环境影响的研发费；在产品销售阶段遏制环境影响的其他研发费等。对于用于实现特定研发目标的、不作专利权等其他使用的设备采购费，在购买时作为研发费处理，构成环保研发成本。

（5）污染治理成本。污染治理成本指对已经发生的环境污染进行治理的所有成本，包括：用于污染治理的固定资产购置费、建设费、维修费、折旧；用于污染治理的环保设施运转费；处置"三废"发生的费用等。按污染形式分为空气污染（包括酸雨）防治费、水污染防治费、垃圾处置费、土壤污染防治费、噪声污染防治费、振动污染防治费、恶臭污染防治费、其他污染防治费、气候变暖防治费、臭氧层损耗防治费等。不仅如此，污染治理成本还包括再生利用系统的运营、对环境污染严重的材料替代、节能设施的运行等成本等。

（6）环境修复成本。环境修复成本指为了恢复企业对环境的退化而发生的费用。包括污染场地复原的费用、处理与环保有关的环境退化诉讼所产生的费用、环境退化准备金等。

（7）预防"三废"成本。预防"三废"成本指为了预防废弃、废渣和废水给自己和他人造成损害，事前对可能发生环境灾害、事故的实物、实体、土地和大气等采取预防措施而产生的费用支出，例如，对土地的围垦加固，对空气通风系统改造，对建筑场地尘土进行覆盖，对出售的食品保质期进行宣传和讲解等。

（8）生态环境补偿成本。生态环境补偿成本指排污企业有意和无意地向外排放，给他方造成了资源退化和生态环境污染等，按照规定或经过协商一致给受损方的补偿，由获得补偿的一方来进行损害治理和预先保护。可见补偿的目的还是为了环境保护并具有环境保护的性质。但这种补偿包括可能已产生的现实损失，也可能还没有产生的潜在损失和预防损失的支付，并且对于采取反补机制（排污方受到补偿，如下游补偿上游、下风区补偿上风区等）的生态环境补偿，也一样适用。

（9）环境支援成本。环境支援成本指企业对外进行的具有公益性的环保活动、环保捐赠活动、环保赞助活动所发生的支出。例如，拍摄环保公益宣传片，环境公益讲座和广告，对保护地球环境团体和个人开展环境保护活动资助，对环境受灾方的慈善捐款等。

（10）其他环境成本。其他环境成本包括排污许可证费和其他环境税、环境罚款支出；环保专门机构的经费；环境问题诉讼和赔偿支出；临时性或突发性环保支出；因污染事故造成的停工损失；因超标排污缴纳的环境罚款支出等。

（11）环境费用转入成本（环境费用）。环境费用转入成本实际就是被转移了的环境费用，通常与传统会计的期间费用类似。环境费用可以分为环境管理期间费用和其他环境期间费用两种，统称为环境期间费用。环境管理期间费用是企业专门从事环境保护行政管理机构或部门发生的费用支出。例如，企业环保处、科、室或环保部发生的一切费用，具有行政费用特性，包括办公费、差旅费、会议费、工资薪酬费等。而其他环境期间费用是公司公共环境费用，包括环境管理体系实施维护费、业务活动相关环境信息披露和环保宣传费用、各项环保培训费、环境影响评审费、诉讼费和审计费等。

严格意义上讲，环境期间费用不属于环境成本，内容也较杂，应当将其区别于环境保护成本。判断的依据看其是否与环境产品、环境工程或项目密切关联，是则为环境保护成本，否则为环境期间费用。但笔者基于环境完全成本设计思路，将环境期间费用单独进行归集，按期结转到环境保护成本（环境费用转入成本），从而构成环境保护成本的一部分，并最终通过环境成本核算还是计入了当期损益。可见，环境费用成本转入就是环境费用。不过，这里的"环境费用转入成本"项目中的"环境费用"，除了上述环境期间费用外（环境管理期间费用、其他环境间接费用），还包括资源和"三废"产品销售成本和环境营业外支出、环境资产减值损失等。同时，它还区别于

"环境管理成本"项目。

（二）按照环境成本空间范围分类

1. 内部环境成本

内部环境成本指应当由本企业承担的环境成本，包括那些由于环境方面因素而引致发生并且已经明确是由本企业承受和支付的费用，比如排污费、环境破坏罚金或赔偿金、购置环境治理或环境保护设备投资、承担的外部环境损失的赔付等。内部环境成本一个显著的特点是人们对其已经可以作出成本的认定和货币量化，即使这种认定和货币量化的金额不一定合理和精确，但也不能否认费用的支付或确认。内部环境成本一般都是显性的、当期的环境费用，但也有可能是隐性的或递延的费用。不过，内部环境成本一定会发生支付或偿付业务，从而构成环境责任的承担者的既定负债。所以，内部环境成本也称为环境内部失败成本，即已经发生但尚未排放到环境中，需要消除和治理的污染物和废弃物的成本，例如操作污染治理设备、处置和处理有毒废弃物、回收废料等。

2. 外部环境成本

外部环境成本指那些由于本企业经济活动所引致的，但尚不能明确货币计量并由于各种原因而未由本企业承当的不良环境后果。正因为对这些不良环境后果尚未能作出货币计量，所以尽管已经被认识，但不能追加于始作俑者来承担，因而还不能称为会计意义上的成本。但不可否认的是，环境质量确实已经受到了影响甚至破坏，即事实上已经发生了环境成本。比如，企业生产对外排放有害气体、污水或废气物质对他方造成的尚未能明确认定的损害损失。尽管企业按照环保法规和标准向环境管理机构交纳了排污费，已经认定并承担内部环境成本，但交纳的排污费远不足以补偿因环境污染引致的各种损失，何况可能还存在目前尚难以认定或根本无法认定损失承担的责任方、损失金额大小等问题。至少在没有相应法规依据的前提下，外部环境成本是一种隐性环境成本的特性，可能形成一种或有负债。比如，企业排放出现空气污染并进而导致酸雨以及生态破坏导致社会环境成本，就很难确切做到界限清楚和会计配比；外部成本在多长时间和多大比率转化为内部环境成本，还要受制于环境法规和会计准则的界定程度。不过，外部环境成本的内部化是一种必然趋势，最终导致不良环境的外部环境成本还得要由环境责任者承担。所以，外部环境成本也称为企业环境外部失败成本，它源于企业污染物和废弃物所致但还没有承担赔付义务，形成环境社会成本。例如，由于空气污染而接受的医疗护理，由于污染而丧失职业，由于环境恶化河流湖泊不能再用作娱乐用途，由于处理固体废弃物而损害生态系统等。

（三）按照环境成本的确认时间分类

1. 当期环境成本

当期环境成本是指应当计入本会计期间的环境费用的环境成本。比如，按照权责发生制计提当期的排污费、环境税，摊销当期的环境恢复费，计提当期的生态补偿基金等。一般来说，当期环境成本在会计实务中不存在对此认识上的疑问，可能存在的难点是怎样在测定环境影响的基础上合理地归集和分配环境费用问题。当期环境成本一般是基于清理当期环境污染或为了补偿当期环境损失，所以都是显性成本，从而构成企业现时支付义务和可能被要求即期支付，如支付当期的排污费、缴纳当期的环境税。少数也可能是未来支付或形成未来负债，如计提环境准备金。假如过去的经济活动造成的环境损失因当时的估计不足，需要在当期为过去的环境负面"产出"结果"买单"，这也归属于当期环境成本。

2. 递延环境成本

递延环境成本是指本会计期间内发生的环境费用是基于对将来环境污染进行清理和环境补偿的经费准备，从而构成企业环境成本准备金。按照权责发生制，递延环境成本实际是一种长期待摊费用，是对将来不良环境影响的一种合理估计支付，构成企业的未来偿付义务形成远期负债甚至是或有负债可能性较大，一般明显带有潜在负债和隐性负债的特性，但需要在当期或以后各期分期计入环境成本，例如计提生态补偿基金、计提环保售后产品的环保服务费等。当然，属于分摊到当期计入的递延环境成本在会计上就确认为当期环境成本。

（四）按照会计业务流程性质分类

企业整个环境业务活动是在生产经营的不同环节发生的，并由此分步进入会计系统由会计人员进行不同的会计处理。按照会计处理环境成本的业务流程性质对环境成本进行分类，这些环境支出既有前期预防性的支出，也有对当期影响消除性的支出，更多是事后治理性的支出。如果以经营活动为中心（中游），那么前期的采购活动（上游）和后期的销售活动（下游），均是保证绿色经营活动对环境成本的再分类，通俗称之为"环境上下游成本"。按照会计业务流程，环境成本具体分类如表5-1所示。

表 5 - 1　　　　　　　　　会计业务流程中的环境成本

业务流程性质	成本项目	现有会计项目	内容举例
筹资活动	融资成本	财务费用	绿色贷款利息
经营活动	研发成本	资本化费用	环保技术研发费用
	采购成本	物资采购	排污权购买、采购方式改变和环保运输增加支出，环保材料和设备的采购成本、材料运输造成的大气污染
	生产成本	生产成本	环保料工费支出、环境损失、设计费、检验费、排污费、资源循环利用、折旧费、污染物排放费、废弃物处理成本
		制造费用	
		在建工程	
	销售成本	主营业务成本	生产成本转移、预提环保准备金、产品包装物成本、运输造成的大气污染、回收工艺的支出、废弃物回收及再利用成本
		其他业务成本	
		销售费用	包装物回收
	管理成本	管理费用	排污费、保险费、环保税费 诉讼费、检测费、绿化费、培训费
投资活动	投资成本	长期股权投资	环保投资、环境谈判
其他活动	其他成本	营业外支出	环保捐赠、污染罚款、赔款

五、环境成本确认和计量

一种环境支出的发生，以什么类型对其进行成本归类，又以什么方法衡量其价值大小，这些都涉及环境成本的确认与计量。

（一）环境成本的确认

目前在我国对环境成本的确认有两种方式：一是为达到环境保护法规所强制实施的环境标准而发生的费用，比如环境质量标准、污染物排放标准、环保基础标准、环保方法标准和环保样品标准等；二是在国家实施经济手段保护环境时企业所发生的成本费用，比如国家征收的超标排污费、环境税、资源税、环境保护基金，以及企业之间排污权交易支付等。

为此，要确认企业环境成本应有两个环节：

（1）判断涉及环境问题所引起成本费用发生的业务和事项，与环境负荷的降低是否有关。这种确认，一般有法规性确认和自主性确认两种基本类型。第一，以法规性确认，指企业依据国家有关环境保护的法律、法规和标准、制度，在环境保护活动过程中所进行的成本确认等。例如，企业因环保未达标排放污水，按国家排污费收费标准所支付的排污费。第二，企业自主性确认，指企业根据自身确定的环境目标，管理自身活动对环境的影响，为达到环境目标的要求而进行的成本确认。例如企业设立环境管理机构的经费等。

（2）规定环境成本确认的条件。第一，环境成本的发生要起因于环保。第二，环境成本的金额要能够计量或估计。以上两个条件均要满足。

具体来说，按照环境成本确认流程去归纳环境成本确认模式，那么，企业环境成本确认流程如图 5-2 所示：

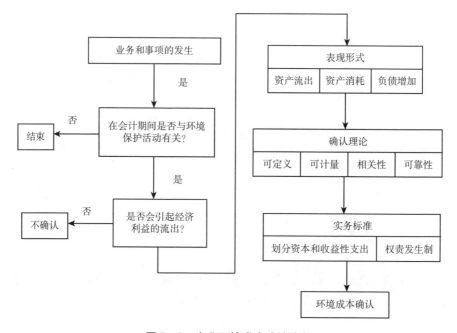

图 5-2　企业环境成本确认流程

（二）环境成本计量

1. 环境成本计量的特殊性

所谓环境成本计量是指对环境成本确认的结果予以量化的过程，即指在环境成本确认的基础上，对其业务和事项按其特性，采用一定的计量单位和属性，进行数量和金额认定、计算和最终确定的过程。与一般会计要素计量相比较，基于环境成本计量的基本思路和方法以及环境资源的特点，环境成本计量具有以下几方面特点。

（1）模糊性。模糊数学在环境成本计量中的作用，体现在环境成本核算过程时，对有关经济业务发生所导致要素变化过程和结果度量上的相对而不是绝对准确性。实际上由于环境成本自身模糊性与精确性并存的特点，如维护自然资源基本存量的维护成本和生态资源的保护成本，其支出形式或是物质资产的投入，或是人类劳动的投入，其支出能够准确计量。但像生态资源污染损失成本，不是人类劳动的耗费，不能以劳动价值理论为基础来计量，通常采用估算的方法进行模糊计量。环境成本模糊性与精确性并存的特点，决定了环境成本计量方法要冲破原有的方法，而大量采用模糊数学的方法。

（2）多种计量尺度并存。环境成本内容既具有商品性而又不限于商品性，很大一部分在计量上具有模糊性特征，若以货币作为计量单位，就不能客观地反映会计主体的环境状况。如对土地资源存量和变量的计算，就难以用货币单位计量，只能用实物量进行反映。但是，当反映在一定范围上对土地资源的投资和收益时，就需要用货币量度进行计量。因此，环境成本的计量单位应是以货币计量为主，辅之以实物和与自然环境有关的指标，甚至可以是文字说明。总之，环境成本的计量可采用定量计量和定性计量相结合、计量的精确性和模糊性相兼容的办法，以使环境成本信息使用者对环境成本对象的质和量的规定性具有较客观的认识。货币单位与实物单位在考核上作用不同，在使用范围上也有所侧重。宏观环境成本核算和中观环境成本核算主要是价值量与实物量的计量，而投入与产出的平衡和资源储存量的微观环境成本计量主要是价值量的计量。

（3）多种计量属性交叉。在环境会计的核算中，计量属性的选择是交叉进行的，表现为对某些项目，以历史成本为基础，而对另一些项目则以现行成本为基础。如对资源的成本计量一般以历史成本为基础。因为，历史成本能够反映资源生态循环过程中资源的开发、利用各阶段成本的发生和分配情况。而若对土地资源进行估价，则适用现行市价方法。不仅如此，环境成本计量单位以货币为主，并使用货币、实物与技术指标多重计量形式。比如在计算废弃物处理成本时，可用吨、公斤、立方米等物理量来计量，使得信息使用者能得出一个较为完整的印象。又如，对某项污染物超标的污水，通过投资建造污水集中处理设施，并在运行中投入一些化解污染浓度的化学品，使之达标排放，此时对环境成本核算时就要考虑适当使用化学量度的计量。

2. 环境成本计量的主要方法

按现有会计学理论的解释，费用计量属性包括历史成本、现行成本、可变现价值，而计量单位主要是货币形式。现行成本会计的计量模式是以历史成本为主，兼用其他各种计量属性，并采用货币计量的模式。至于环境成本的计量同样应遵循这一模式，但结合环境成本本身的特点，对模式运用时还应当考虑做些扩展，具体要根据不同情况采用不同的计量方法。

（1）实际成本计量。用实际成本对环境会计要素进行计量时，应基于交易事项的实际交易价格或成本来进行。实际成本法是传统会计中计量资产时常用的一种方法，直接市场法是直接运用货币价格对这一变动的条件或结果进行测算。此种方法对绿色会计要素的计量一般都是有客观依据、便于核查的，所以其价值是比较确定和可靠的。例如，当某种自然资源受到破坏或污染后，为使其功能恢复而付出的费用，可以用实际成本法来核算，此时的资源价值即将环境质量恢复到标准状况所需要的全部实际支出。同时，对涉及可能的未来环境支出和负债、准备金额提取进行合理判断时，可采用实际成本计量属性。

应用实际成本计量环境支出时，具体有以下几种方法：

①防护费用法。它是以为消除和减少环境污染的有害影响所愿意承担的费用来计量的方法。例如，出现了噪声污染，就可能需要对建筑物安装消音或隔音装置或作出其他处理，其所需的支出就可以看作是环境污染的防护费用。按照这样的思路，如果在未进行防治污染的有效处理之前，可以认为企业就承担了一项债务，那么其金额应该根据技术需要或经验予以确定。

② 恢复费用法。它指估计恢复或更新由于环境污染而被破坏的生产性资产所需的费用进行环境成本计量的方法。在被评估环境质量低于环境标准要求时，假如无法治理环境污染，则只能用其他方式来恢复受到损害的环境，以便使环境质量达到环境标准的要求。将环境质量恢复到标准状况所需要的费用就是恢复费用重置成本，所以恢复费用法又称重置成本法。例如，企业将液体废弃物、有害物质存放于地下，长期存放势必要影响土地、地下水，在其危害产生明显影响时，必然要采取某种措施予以恢复与更新，从而发生一定的支出。这种未来的恢复支出应在污染产生前开始估计，其金额可根据技术要求予以研究确定。

③ 机会成本法。机会成本简单地说是指为了得到某种东西而所要放弃的另一样东西。机会成本的产生是由于资源是有限的，在使用资源时选择了一种机会就必然放弃另外一种使用机会。在我国，土地资源尤其是耕地非常稀缺，如何计算土地的价值是经济发展的关键。同一土地的用途有不同的方案可供选择时，可采用机会成本法计算其价值。采用机会成本法，在无市场价格的情况下，资源使用的成本可以用所牺牲的替代用途的收入来估算。该方法是指人们由于环境危害而用损坏的生产性物质资产的重新购置费用来估算消除这一环境危害所带来的效益。例如，我们可以以每亩土地用于耕种的收益机会成本来计算用作堆放废弃物或被污染物侵蚀的一块土地的损失。

④ 替代性市场法。在现实生活中，有些商品和劳务的价格只是部分地、间

接地反映了人们对环境质量脱离环境标准的评价，用这类商品与劳务的价格来衡量环境价值的方法，称为间接市场法，即替代性市场法。比如，可以用增加工资、补贴、津贴、休假等办法来补偿从事工作环境比较差的职业并弥补环境污染给劳动者造成的损失的支出。替代性市场法使用的信息往往反映了多种因素产生的综合性后果，而环境因素只是其中之一，因而排除其他方面的因素与数据的干扰，就成为采用替代性市场法时不得不面对的主要困难。所以，替代性市场法的可信度要低于直接市场法。替代性市场法所反映的同样只是有关商品和劳务的市场价格，而非消费者相应的支付意愿或受偿意愿，因而同样不能充分衡量环境质量的价值。但是，替代性市场法能够利用直接市场法所无法利用的可靠的信息，衡量所涉及的因果关系也是客观存在的，这是该方法的优点所在。

⑤ 边际成本法。边际成本法是应用效用来衡量环境资源价值的一种方法，它指每增加一个单位的产出量而需要增加的成本。该方法利用边际成本与边际收益的关系，确定环境成本。在确定环境资源的价格时，可以考虑采用边际成本法。例如，我国森林资源的利用与价格的矛盾非常突出，由于原木的开采价格较低，因此人们无节制地采伐，使我国森林的覆盖面越来越少，给环境带来极大的影响。导致人类无节制地砍伐的原因是资源价值的低廉，治理的关键是如何解决价格与消耗量的问题。为了使森林资源的价值适应现阶段的我国情况，可以考虑采用边际成本即用每增加一个单位的产出量而增加的成本来计量环境资源价值。

⑥ 生产率变动法。生产率变动法是利用生产率的变动来评价环境状况变动的方法。生产率的变动是由投入品和产出品的市场价格来计量的。这种方法把环境质量作为一个生产要素，环境质量的变化导致生产率和生产成本的变化，从而导致产品价格和产量的变化。利用市场价格就可以计算出自然环境资源变化发生的经济损失或实现的经济收益。例如，企业排放污水，造成河水污染，渔业减产，可采用生产率变动法计算渔产品的损失价值。

（2）差额计量、全额计量和按比例分配计量。环境成本计量应尽可能考虑目前的现实状况，在协调环境成本与生产成本两种成本核算方法之时增加一些特定的计量方法，包括差额计量、全额计量和按比例分配计量。这是由于企业与环境的关系日趋复杂，且许多环境成本和生产成本并存于一笔共同支出，例如，对某一生产设备增加环保设施就是如此。因此，在生产成本核算系统中适当设置有关环境成本的科目和账户，在期末再依据这些数据编制环境成本报告书，或在原有财务报告提供的信息的基础上，附加有关环境成本核算资料的方法，比较容易可行。具体包括如下方法：

① 差额计量。它指将环境保护支出总金额减去没有环境保护功能的投资支出的差额记为环境成本，其相应资产的折旧折耗额也按这种差额的折旧进入环境成本。采用差额计量方法能较好地划分资产的环保功能和一般功能所应各自承担的成本费用，可以较准确地区分一般产品成本和环境成本，有助于信息披露的项目分类。对于采购兼有环境保护功能的材料、固定资产等，均可采用这种计量方法。

② 全额计量。它指为解决某一环境问题而专门支付成本金额，并在会计上将其金额的全部计入环境成本。这种计量方法在实务中应用较多，也比较容易实施。作为此类计量的典型业务有：环境保护专设机构的费用，环境保护技术的研究开发费用，环境管理体系的构建费用，环境污染治理等的专项投资等。

③ 比例分配计量。它是指将与产品生产密切相关的污染治理费用，按一定比例分配计入各种产品的制造成本中去，比如发生的各生产车间的废弃物处理成本等。定额成本、计划成本和作业成本都是这种方法的具体应用。

（3）定性评价方法。定性方法是就资料取得来源而不是分析工具相对于定量方法而言的一种方法，在会计计量中，没有绝对的定性方法可以用于环境会计成本计量，定性获得的资料一定包含定量的财务信息。环境成本计量定性的方法具体有：

① 调查评价法。它是通过对相关专家，或环境资源的使用者，或承担了环境成本的个人或组织，搜集有关信息资料来估计环境资源遭受破坏所带来的损失，或是通过对信息的分析来确定环境效益和成本数量的方法。在具体应用时有许多种做法，例如针对专家进行调查的专家评估法、针对环境资源使用者进行调查的投标博弈法等。调查分析法是一种粗略和不精确的方法，可以作为其他方法的辅助方法。

② 政府认定法。它指企业的某种污染达到一定程度后，政府机关可能会采取措施要求企业实施必要的治理，这种治理支出最好是能在正式认定之前就予以记录，其治理方式有企业自己治理、企业出资由政府集中治理以及企业同有关方面共同治理三种形式。该治理费用支出，通常是根据政府环保机关或有关部门拟定治理预算方案后，由企业进行预提入账，以便正确地反映企业财务状况和经营成果。而如果无法做到的话，可以在正式认定时予以入账和列报。当然用这种方法前提是政府环保机关应坚持公平公开原则。

③ 法院裁决法。由于环境污染导致的纠纷而诉诸法律，因而法院参与判决，此类案例时有发生。法院的裁决或判决在一定程度上反映了人们遭受损害的总量估计。企业赔偿数可以作为社会成本的量度，且这部分社会成本已经内在化。通常，一旦企业存在某种污染或对其他有关各方已造成危害，将来有可

能会发生赔付或治理义务时，必然会有费用支出，企业可参照类似案例及早预提费用。如果企业对环境污染的赔付和治理已经由法院判决，那么这个数额可以判决结果列为负债，并同时作为一项费用确认。采用该方法在确定赔偿数额时往往因事而异，它要根据多方面原因综合考虑确定，所以有时并不能充分反映成本。

（三）不同环境成本计量模式选用

以上环境成本的计量方法，在使用时必须考虑的是该种方法的适用性，通过比较判断后确定应采用的具体方法。对于制造业环境成本计量，国内学者将其分为两大类：自然资源消耗成本和环境污染成本（王立彦，1998；肖序，2002；沈满洪，2007；陈亮，2009）。就此，笔者设计出两种不同的成本计量模式：自然资源消耗成本计量模式和环境污染成本计量模式（见表5-2和表5-3）。自然资源消耗成本计量模式是将人们在社会生产过程和资源再生过程中，耗用自然资源、造成自然资源降级和对自然资源进行再造、恢复、维护等经济活动中所支付的各种实际耗费，作为环境成本的计量基础。环境污染成本计量模式是将人们在生产、消费过程中产生的大量废弃物向环境排放控制在环境容量范围之内而发生的成本，作为环境成本的计量基础。

表5-2　　　　　　　　　　　　自然资源消耗成本计量模式

方法	适用条件情况	说明
成本法	应用于自然资源产品的价格评估	需要确定社会平均生产成本与平均利润率来计算资源产品的生产利润
收益现值法	未来收益较明确，资料要容易获取	关键是要确定资源收益和贴现率
市场法	资源市场发育良好、运行较规范，例如土地、矿产、森林、水产等	有可能受市场价格的扭曲等情况的影响

表5-3　　　　　　　　　　　　环境污染成本计量模式

方法	适用条件情况	说明
市场价值法	应用于工农业产品因水土流失、水质受大气污染等造成的损失	该方法也叫生产率变动法，是直接市场法中的一种。它要有足够的数据支持，同时要考虑市场价格是否有波动，人们受到污染时所采用的转移、回避、防护等措施
人力资本法	应用于评估大气和水污染相关的疾病、非安全健康的工作条件及危害人身健康方面	该方法也叫收入损失法，是直接市场法中的一种。当医疗数据不足、存在大量相关诱因且难以分离、长期慢性职业病、医疗匮乏时，不便使用

方法	适用条件情况	说明
防护费用法	应用于为维护和保持环境质量而付出的费用	该方法是直接市场法中的一种。在低收入地区或环境发生变化过程尚已被发现或环境功能难以替代时不便使用
重置成本法	应用于隔音、抗震等防护费用，销烟、除尘、污水处理等治理费用，防治机构的监测、科研等费用	该方法也可叫恢复费用法，是直接市场法中的一种。当污染被发现时已造成严重后果无法恢复和补偿的情况下，不便使用
机会成本法	应用于对自然资源保护区或具有唯一特性的资源的价值评估	该方法是直接市场法中的一种。对使用具有不可逆性的自然资源价值评估，不便使用
资产价值法	当其他条件相同时，因周围环境质量的不同而导致的同类固定资产的价格差异来衡量环境质量变动的货币价值	该方法是替代市场法中的一种。必须在其他条件一致的情况下，否则不适用（比如房地产市场、不同职业和地点的工资差别）
旅行费用法	应用于评估风景区的环境质量	该方法是替代市场法中的一种。只用于评估旅游资源的环境质量
工资差额法	应用于实际劳动力市场价值计算环境改善带来的收益	该方法是替代市场法中的一种。要有完全竞争的劳动力市场，一般没有代表性
后果阻止法	应用于绕开复杂的污染分析，可以直接得出结果	结果受到社会经济发展程度、物价水平、工业化水平、资源状况的影响
博弈法	适用于空气和水的质量，娱乐，无市场价值的自然资源保护区、生物多样性选择及其存在价值，生命和健康风险，交通条件改善，污水和排污计量	该方法是假想市场法，包括投标博弈法、比较博弈法、优选评价法和德尔菲法等的具体方法。要求环境变化对销售额无直接影响，不能直接了解人们的偏好，抽样调查的人有代表性，要有足够的资金、人力和时间进行充分研究
数学模型法	利用数学模型进行环境成本计量	该方法包括净价值模型、市场底价模型、模糊数学模型和投入产出模型等具体方法。要注意模型的选择、计量的精确性和计量的复杂性

不过，上述环境成本计量的一般方法，并不是一种教条理论，只能说是一个模式。事实上，由于环境要素的多种多样，影响因素又很复杂，环境成本核算实务中，对特定的环境资源成本计量方法也会有其特定的要求和适应性。一个方法可以应用于不同的生态项目，一种生态项目也可以适用于多个不同方法，以最佳为选用原则，组合为基础。

1. 水污染成本计算

水环境资源成本计量主要方法概括起来，有以下一些方法可以一项或多项借用：

第一，市场价值法或生产率法。通过测算流域水生态变化导致的产出水平变化的市场价值可以计算流域生态服务的价值。

第二，机会成本法。当流域水生态的社会经济效益不能直接估算时，可以利用反映水资源最佳用途价值的机会成本来计算环境质量变化所造成的生态环境损失或水生态服务的价值。

第三，人力资本法或收入损失法。用流域水生态变化对健康的影响及其相关经济损失可以测算流域水生态服务的价值。

第四，恢复或防护成本法。根据某一生态系统遭到破坏后，恢复到原来状态所需费用，或者为确保某一生态系统不被破坏所需的费用，可以评价流域水生态功能。

第五，费用支出法。用流域水生态系统服务的消费者所支出的费用可以衡量水生态系统服务价值。

第六，资产价值法。用流域水生态环境的变化对附近不动产价值的影响，可以评价消费者的支付意愿并估算流域水生态服务的价值。

第七，替代花费法。它是用可以进入市场交换的物品替代无法进入市场的流域水生态环境效益或服务价值，为某些没有市场价格的流域水生态服务定价的方法。

第八，生产成本法。它是根据生产某种流域水生态功能的产品成本来进行估价的方法。

第九，影子项目法。以人工建造一个工程来替代原来被破坏的流域水生态功能的费用，可以估算流域水生态服务价值。

第十，条件价值法。它也称调查法、假设评价法或者支付意愿法，适用于缺乏实际市场和替代市场的价值评估。条件价值法的核心是直接调查咨询人们对流域水生态服务的支付意愿，并以支付意愿和净支付意愿来表达流域水生态服务的经济价值。

2. 污染企业的生产排污成本计算

第一，设备投资成本。企业为预防生产过程的排污情况严重而发生的环境设施的购买、装置等成本，即为环境设施投资成本，将其以 B 代表，则计算公式如下：$B = \sum_{i=1}^{n} B_i$。其中，i 代表第 i 项排污设施，B_i 代表企业的第 i 项排污设施的投资。每项排污设施的投资包括设施的购置费、安装费、工程技术服务费等。

第二，设备折旧费。由于排污设施在比较恶劣的环境条件下运行，折旧的速度比较快，采取加速折旧法对排污设施摊销。计算公式为：$C_i = B_i \times d_i$。其中，i 代表第 i 项排污设施，C_i 代表第 i 项排污设施的年折旧额，d_i 代表第 i 项设施的年折旧率。

第三，设备维护费。环保设施的运行中需要修理维护，企业为此投入的成本以 M 代表，则计算公式为：$M = \sum_{i=1}^{n} M_i$。其中，i 代表第 i 项排污设施，M_i 代表第 i 项排污设施的运行维护费用。

第四，排污费。因为企业生产经营产生了大气污染、水污染、固体废物和噪声污染等不良影响，而需要按规定向企业进行收取的费用。它分成两部分：如果排污未超出相应的范围，企业根据排放量计算支付的排污收费；如果超出标准，企业应该按规定多缴纳一定费用，以作对环境损害的补偿，即超标准排污费。以 F 代表排污费，计算公式为：$F = \sum_{i=1}^{n} F_{ei} \times G_i$。其中，$F_{ei}$ 代表第 i 种污染物对应规定排放收费标准（元/千克），G_i 代表了第 i 种污染物对应排放总量。污染物类型不同，F_{ei} 计算方法也不一样。第一，气体排污费标准根据气体所属类别、数量和污染当量计算得到，$F_i = 0.6$/某一污染物的当量值，即气体排污费标准。第二，对于贮存或处置设施并且没有达到环保标准排放的工业固体废物，无论是否专用，都应该一次征收费用。第三，污水收费应该根据污染物的类别和数量进行污染当量计算得到。注意，收费标准是动态的，有地区和时间的区别，一般通过法规或标准规定。

第五，绿化费。对企业内部和周边地区进行绿化建设，不但可以美化企业的生产地区，更可以净化空气、保护环境等。企业通常将绿化费作为一次性支出，在绿化建成后，对其支出次数较少，在发生时应计入当期的环境成本。

六、环境费用的资本化与费用化

（一）环境费用资本化和收益化条件

美国财务会计准则委员会（FASB）在全球率先尝试性地提出与环境成本核算相关的制度。1989 年在其 "EITF89 - 13——关于石棉清理成本"[①] 的公告中明确提及环境成本核算。该文件中交代了石棉污染相关的财务核算，明确了与此相关支出的资本化及费用化划分界限与标准，并进一步介绍了此方面环境成本如何在财报中进行列报与披露。紧随其后，1990 年，FASB 在 "EITF90 - 8——环境

---

① EITF 是 FASB 旗下的紧急问题特别委员会。

成本资本化"的公告中进一步对环境成本的资本化进行了更严格的标准化。公告指出只有同时满足以下三个标准的各种环保费用才能资本化，否则都需费用化处理：（1）支出的发生是为了企业未来资产出售；（2）支出能够防止或减轻企业经营对环境的污染；（3）成本支出能增加企业资产使用寿命或提高资产能力或提高资产效率。2001年FASB发布了"FASB143号文——资产弃置义务会计核算"，该文涉及环境成本并对与环境资产相关的弃置进行了说明，要求企业环境资产弃置成本在初始确认时计入相关长期资产（资本化处理），并在后续按照规定对其进行摊销。

1993年，加拿大特许会计师协会（CICA）在其公布的"环境成本负债的会计核算与报告"中明确了环境成本概念并将其分为环境措施成本和环境损失成本两类。要求企业对现在的环境成本及未来潜在的环境支出都需在当期进行会计核算，该文也对环境成本的资本化及费用化进行了界定，还对与此相关的年报披露问题有所交代。随后，CICA在当年的加拿大环境调查报告中详细介绍了1993年加拿大863家企业在环境成本与负债等方面的会计核算情况。

1998年，联合国国际会计和报告标准政府间专家工作组（UNCTDA）在当年的第15次会议上正式通过并对外公布了"环境会计和报告的立场公告"，将环境成本定义为管理企业环境问题采取行动而发生的成本支出和企业为实现预期的环境目标发生的其他支出。同时报告要求企业在初次识别环境成本的会计期间确认，并根据该成本支出的未来经济利益流入性能区分资本化与费用化。报告还指出，环境成本需遵循可靠性原则进行计量，对于核算难度较大的需采用最佳估值计量。最后，报告要求企业按照环境成本的具体类别，严格按照重要性原则考虑分别在财报及附注中列报、披露，必要时考虑利用专项报告对其披露。

除了20世纪九十年代初部分学者开始将各种国际上有关的环境成本在理论上引入国内外，国内企业会计准则或会计制度尚未专门针对环境成本的核算进行规范化的说明或规定。不过，现行的会计法律体系中也逐渐涉及各种环境成本的核算。2014年的企业会计准则解释第6号指出，企业需要考虑预计固定资产的弃置费用等因素对固定资产初始确认成本的影响；更进一步说明弃置义务发生时导致预计负债变动，需针对具体情况是否应调整固定资产的初始确认成本。同样，2014年修订的《企业会计准则第5号——生物资产》规定，企业用于环保目的的生物性资产为公益性的生物资产并对其有关核算进行简单的说明，该准则规定企业按照预定前的各种直接费用和待分摊的间接费用确认自造公益生物资产并计量。

（二）环境费用资本化和收益化界定

环境保护成本的多样性特点，说明有些保护费用的发生可能与资产、工程或项目有关，有些可能与资产、工程或项目无关，因此环境保护成本确认是资产还是费用的首要环节，是将发生的保护成本在资本性支出与收益性支出之间划分。

属于资本性支出部分，并与生态环境资产相联系时，应作资本化处理，计入生态环境资产的价值，其确认、计量和记录相当于维持自然资源基本存量费用处理；当支出与保护生态环境的设备相联系，如污水处理设备，应资本化计入该项固定资产价值，其确认、计量和记录可比照固定资产的核算方法；当支出与保护生态环境的技术、专利相联系，应资本化计入该项无形资产处理，其确认、计量和记录可比照无形资产的核算方法；当支出的费用与资产无关时，作为当期费用处理，与环境成本密切相关时就计入"环境管理成本"二级账户，而与环境成本无关时就计入期间费用"环境管理期间费用"和"其他环境期间费用"二级账户。

财务会计中的收益性支出，即费用通常是按照配比原则确认，其确认标准和确认时间一般是与收入相联系的。费用究竟何时确认、如何确认，部分地取决于收入的确认方法。如果收入定义为价值变动，则意味着只有在价值发生变动时，才将支出确认为费用；如果收入定义为现金流量，则在现金实际流出时，将其确认为费用。不论如何定义收入，费用都应在有关收入被确认的期间内确认为费用。但生态环境的保护成本与效用没有必然的联系，不论效用如何定义，都无法与之相联系确认费用。如果将效用定义为获得一定程度的满足，就意味着只有在效用实现时，才应将保护性支出确认为环境成本。但环境成本的实现时间长，受益范围广，而且效用的实现具有高度的不确定性，加之效用与成本之间没有必然的联系，因此无法将发生的成本与实现的效用配比确认。此外，支付的环境保护成本具有资本性支出的性质，应将其资本化，计入生态环境资产价值，但这些成本与生态环境资产之间没有必然的联系，无法确切地计入生态环境资产。

为了防止生态资源的降级，保护成本的支出是非常必要的；发生的保护成本的效用是长远的、广泛的，而其支出却是近期的、个别的，因此从保护性的特点来看，其确认应采用期间配比，将其作为支付期的费用处理。因为按照会计惯例，如果某项支出与未来收入没有密切联系，或者无法找出一个合理和系统的分配基础时，往往将支出作为支付期的费用处理。保护成本与未来收益有联系，但找不出一个合理的分配基础，也应作为支付期的费用处理；当未来环境效用具有不确定性时，将为此效用支付的保护成本延至以后期间是不恰当的。如果保护成本能够产生未来效用，但未来效用带有高度的不确定性，保护成本与未来效用之间没有计量上的联系，保护成本无法递延到以后期间时，只能作为支付期的费用处理。

（三）环境费用资本化会计处理方法

1. 环境费用资本化方法

所谓环境费用的资本化，就是将企业为实施环境预防和治理而购置或建造的机器、设备等作为资本性支出处理，计入固定资产、无形资产、在建工程等账户。

环境成本应在其首次得以识别时加以确认。解决与环境灾害成本有关的会计问题，其关键在于：成本是在一个还是几个期间确认，是资本化还是计入损益。如果环境成本直接或间接地与将通过以下方式流入企业的经济利益有关，则应当将其资本化：第一，能提高企业所拥有的其他资产的能力，改进其安全性或提高其效率；第二，能减少或防止今后经营活动造成的环境污染；第三，起到环境保护作用（一般是事前实施的并具有预防性）。此外，对于安全或环境因素发生的成本以及减少或防止潜在污染而发生的成本也应予以资本化。

环境成本资本化的账务处理：（1）将上述企业为实施环境预防和治理而购置或建造固定资产的支出作为资本性支出，借记"环境资产——环境固定资产"科目；贷记"在建环境工程""银行存款"等科目。计提折旧时，借记"环境保护成本"总账科目下所属的"环境检测成本""生态补偿成本"等明细科目和相应的成本科目；贷记"环境资产累计折旧折耗"科目。（2）将其他环境预防和治理费用和环境破坏重要资本化的赔付费用，作为递延资产，分期摊销时，借记"环境成本"总账科目下所属的"污染治理成本""环境修复成本""环境监测成本""环境管理成本"等明细科目和相应的成本科目；贷记"环境递延资产——环保费用"科目。

2. 环境费用收益化方法

许多环境灾害成本并不会在未来给企业带来经济利益，因而不能将其资本化，而应作为费用计入损益。这些成本包括：废物处理；与本期经营活动有关的清理成本；清除前期活动引起的损害；持续的环境管理以及环境审计成本；因不遵守环境法规而导致的罚款以及因环境损害而给予第三方赔偿等。

环境费用收益化账务处理：（1）将上述环境灾害成本直接记入当期损益。当费用发生时，借记"环境费用"科目相应成本项目；贷记"银行存款"等科目。（2）当与环境有关的将来可能支付的费用能够被合理而可靠地计量时，借记"环境成本——环境事故损害成本"科目相应成本项目；贷记"应付环境赔款"科目。

七、环境核算方法主要类型

污染企业尤其是重污染企业的污染物产生在生产过程的多个环节中，而且每一个环节产生的污染物种类以及数量均不同，环境成本核算类型不能简单地分类，而要结合环境成本投入的作用进行细化分类，且应包含从生产前到产品使用后的全过程。因此，从产品的全生命周期角度对环境成本分类相对较为科学，使得企业在各个阶段对环境污染防控、环境成本进行针对地、有效地管理控制。比如火力发电企业的生产过程，应将环境成本分为事前的环境预防成本、事后的环境补偿成本、其他成本。其中：环境预防成本，即企业为预防生产过程中的污染物排放过多，减少对环境的污染，而在研究环境保护的设备设计、设备的运行、环境监测、绿化方面相关的支出；环境补偿成本，即为生产进行中导致环境破坏而作出补偿的成本，例如排污费、使用产品事故处理费等；其他成本，即为除了环境预防成本、环境补偿成本外的其他部分。

（一）生命周期成本法

生命周期成本法，即在产品经济有效使用期间，按照产品研发、规划、设计、制造、售后服务各个阶段累计计算得到发生的总成本；该方法将整个生命周期的成本作为核算对象，可以一定程度上优化生产价值链。环境成本包括以下四种：获取原材料阶段的环境成本、材料加工和制造阶段的环境成本、生产过程阶段的环境成本以及产品流通或消费阶段的环境成本。核算的步骤如图5-3所示。

（二）作业成本法

作业成本法的基本思路是：产品消耗作业，作业消耗资源，资源消耗导致环境破坏，而作业则是连接产品和环境成本的桥梁。此方法是基于作业对环境成本进行核算的。可以分为以下几步：第一步，通过资源动因归集至相应环境成本库；第二步，讨论各环境成本库而引发环境成本的特征事项，合理确定成本动因；第三步，成本动因比率分析，并且将其分配至产品线中对应的部分，具体的流程如图5-4所示。

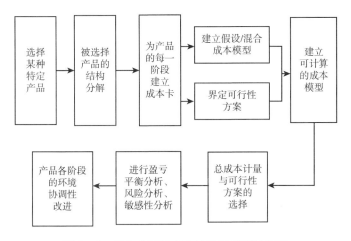

图 5-3　用生命周期成本法进行核算的流程

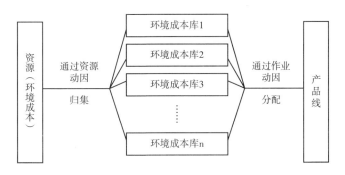

图 5-4　用作业成本法进行核算的流程

该方法的关键是确定合适的环境成本动因。成本动因主要包括：废弃物或排放物的实物量、废弃物或排放物中所含有毒物质浓度、增量环境影响与处理不同类型废弃物以及排放物。和之前传统的核算方法比较，作业成本法某种程度上修正了成本的分配和计算，使计算的数值正确地反映成本、收益，为企业提供更为准确的信息。

（三）基于生命周期的作业成本法

其实，生命周期成本法和作业成本法并不是互相对立的两种方法，前者将计算范围延伸至产品生命周期中各阶段，后者则给出成本动因作为分配环境成本的标准。将这两种核算方法相结合，就是基于生命周期的作业成本法，可以为企业提供更为全面、有效、准确的信息。该方法分析了企业生产中各个作业的环境成本，即研究相应材料以及能源消耗、废弃物与能量释放，并且以生产作业为中心归总成本，从而计算整个产品生命周期之中相关环境成本。具体计算成本的流程如图 5 - 5 所示。

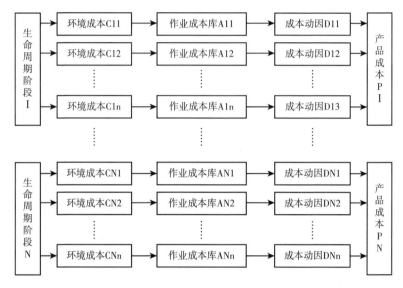

图 5 - 5　用基于生命周期的作业成本法进行核算的流程

第二节　环境财务报告模式构建

一、环境成本信息使用者

在环境会计领域，首先进入实务的是环境报告（环境信息披露），即披露公司各种活动对环境产生影响的信息。在 20 世纪 80 年代中期，国外首先提出的披露方式是在公司年度报告中的"管理分析与问题讨论"部分，以后成为年度报告的一个独立组成部分，并最终成为独立的年度环境报告。我国环境信息披露在 2006 年前后，以伊利集团为首的一批实体经济，采取《可持续发展报告》《环境报告》《公民企业书》的形式反映环境信息。作为环境报告的一个主要组成部分——环境成本报告，指企业对某一时期（月度、季度、年度）的环境管理活动或环境项目（包括环境突发事件的处理）在成本方面进行系统分析和全面总结的书面文件，其作用是为有关信息使用者（如投资者、国家机关、金融机构、社会公众、企业管理当局等）提供环境成本信息，以便他们进行科学的决策。当然，环境成本信息应该不应该向外界披露，这是理论上的一个论题，但其环境会计核心就是环境成本，环境成本管理直接目的就是要取得环境效益、经济效益和社会效益平衡，环境成本信息理所当然是投资者进行有效环境决策的重要信息而为投资者所需求。在公司内部，一方面公司决策层和管理层需要利用环境成本信息进行环境治理决策；另一方面，公司按照在会计核算中体现环境成本管理的思想进行相应的环境财务核算，那么，他所编报和披露的会计报告中资产、负债、所有者权益、损益也间接地折射出环境成本信息。所以，无论是内部会计信息使用者，还是外部信息使用者，环境成本信息理所当然是决策时必需的主要的环境会计信息。

二、环境成本报告的作用

环境成本报告作为环境成本会计的一部分，在完善环境会计理论体系、调整国民经济核算指标、满足有关信息使用者的需要等方面发挥着重要作用。

（1）完善环境会计理论体系。企业环境成本报告属于环境会计的主要组成部分，环境会计是以多种计量单位，运用会计学的基本原理和方法，反映特定经济主体的经济活动对人类自然环境和社会环境的影响；环境会计是环境学、社会学、经济学和会计学有机结合的产物。企业环境成本的核算主要涉及环境成本的范围确定、分配和计量以及如何披露的问题。在表现形式上，主要以货币价值形式来进行确认、计量和报告。

（2）调整国民经济核算指标。企业环境成本报告还是编制环境经济综合核算体系和调整国民经济核算指标的依据。我们知道，作为衡量经济发展的指标之一的国民生产总值在核算时并没有扣除环境成本。事实上，污染防治和环境改善活动通常需要耗费投入，但在国民经济账户中却表现为国民收入，而环境损失却未计入在内，直接的后果是虚增资产总量和经济发展速度，夸大社会经济福利。同时，国民会计核算体系缺乏应用具体的或货币单位的形式来描述对自然资源的消耗，不管这种自然资源是可再生的还是不可再生的。环境成本报告的最大特点，是能够提供有关环境资源的耗减资料，包括实物量和价值量，满足环境经济综合核算体系的需要。为此，定期编制的环境成本报告，为编制环境经济综合核算体系奠定了可靠的基础。

（3）满足信息使用者的需要。环境成本信息的使用者包括：环境管理者、环境资源的所有者和环境资源的消费者。环境成本信息使用者根据环境成本报告所提供的信息了解环境资源的消耗情况，使有限的环境资源发挥更大的效用；了解环境成本的支出情况，以此认定环境质量程度和责任承担程度；了解产品从生产到消费全过程的环境影响情况，据以确定消费倾向。

三、环境成本报告的内容

根据联合国国际会计和报告标准政府间专家工作组的《环境会计和报告的立场公告》，环境成本报告的内容主要包括环境成本的种类、环境成本会计政策以及其他相关内容，并建议了环境会计信息披露的一般方式和相关内容。其中对环境成本披露的内容包括：

（1）成本项目类别。企业应将确认为环境成本的项目类别加以披露。例如：排放污液的处理；废物、废气和空气污染的处理；固体废物的处理；场地恢复、修复；回收；环境分析、控制和执行环境法规；由于不遵守环境法规而被处以的罚款以及由于以往环境污染和损害造成损失或伤害而对第三方的赔偿等。

（2）会计政策。与环境成本相关的特定会计政策应予以披露。

（3）其他内容。报表中确认的环境成本的性质应予以披露，包括：对环境损害的说明；要求企业对这些损害作出补救的法律和规章的说明；与企业有关的环境问题的类型；企业已通过的关于环境保护措施的政策和方案；企业自定的环境排放指标以及如何实施这些指标等。

四、环境成本报告的形式

环境成本报告的形式是环境成本信息披露的重要组成部分，好的披露模式不仅可以降低信息提供者的成本，而且能够减轻或消除信息使用者在阅读和理解信息上的障碍。但目前国际上还没有统一的环境成本报告形式，《环境会计和报告的立场公告》建议的环境成本信息披露的一般方式列举了三种形式：列入财务报告内；列入财务报表附注中；作为其他报告的组成部分。从各国的实践来看，主要形式有两种：一种是作为其他报告的组成部分披露，即非独立的环境成本报告；二是编制单独的环境报告加以披露。

（一）非独立环境成本报告

环境会计信息可以作为企业现有对外报告的组成部分，例如含在正常的年度报告、中期报告和社会责任报告中进行披露，也就是在现行财务报告中增加环境信息。对于上市公司而言，还包括上市公告书、招股说明书和临时报告等，其中最常见的是作为年度报告和社会责任报告的组成部分。

非独立报告环境成本信息目前在我国比较常见，具体可以采用两种形式。

第一，融入年度报告中披露。最简单的做法是将环境信息包含在年度报告中财务报表中的资产、负债、所有者权益、成本、费用支出等项目中。企业会计报表中涉及环境成本信息的项目及会计科目主要有：

资产负债表项目。环境成本涉及环境信息的资产负债表项目可能有：预付账款、存货、待摊费用、固定资产（包括原价、折旧、固定资产减值准备）、工程物资、在建工程、固定资产清理、无形资产、长期待摊费用、应付福利费、应付税金、其他应付款、预提费用、预计负债、长期应付款、专项应付款、未分配利润等。例如，为了环保而购入的原材料计入"存货"项目，为环保而投入的设施支出资本化为"固定资产"或"在建工程"项目。同时，由于环境污染或破坏造成的资产减值，应当计入"固定资产减值准备"项目。与环境有关的税收，如城市维护建设税、资源税等与"应交税金"项目有关。涉及环境污染的或有事项，则计入"预计负债"项目。

营业利润表项目。涉及利润表项目的有：税金及附加、管理费用、营业外支出等，达不到资本化条件的环境成本及环境管理费用、排污费、因不遵守环境法规而导致的罚款以及因环境损害而给予第三方的赔偿、环境审计成本等与环境相关的成本，作为费用计入"管理费用""营业外支出"等，非常的环境损失计入"营业外支出"，而与环境有关的税金可以计入"税金及附加"。

现金流量表项目。涉及现金流量表的项目可能有：一是经营活动的现金流量，购买商品、接受劳务支付的现金、支付给职工以及为职工支付的现金、支付的各项税费、支付的其他与经营活动有关的现金；二是投资活动产生的现金流量，处置固定资产、无形资产和其他长期资产所收回的现金净额，构建固定资产、无形资产和其他长期资产所收回的现金净额，构建固定资产、无形资产和其他长期资产所支付的现金，支付的其他与投资活动有关的现金；三是可能涉及筹资活动产生的现金流量。

第二，分散于年度报告的各个部分，加以区分说明。例如，在资产负债表中设置单独项目，反映环境资产、环境负债等；在损益表中单独列示环境成本、环境收益等项目。在报表附注中，披露环境成本与环境负债的估计方法与程序、资本化环境资产的金额、环境业绩、与环境相关的罚金、赔偿等。

在年度报告中加入对环境成本信息的披露，方法简便，容易操作，也减少了许多理论与技术问题。但是分散的环境成本信息影响对企业环境业绩的全面评价。因此，该种模式比较适合环境问题不突出的企业。

（二）独立的环境成本报告

由于非独立的环境成本报告不能准确地反映出哪些是由环境问题带来的财

务影响，而且有些环境信息也无法从非独立的环境会计报告中反映出来。因此，单独编制企业的环境成本报告，用文字、数字、图表和表格形式专题报告企业的环境成本信息，可以提供更为集中、全面和系统的环境会计信息。环境信息的独立报告在我国已经提上了日程，但中国信息市场还不成熟，在实际工作中困难还比较多，应当有个过程，但会提速。

独立的环境成本报告，按照披露的详细程度，可以分为综合式环境成本报告和具体式环境成本报告。

（1）综合环境会计报告。综合式环境会计报告是将环境会计信息集中在一起，以文字、数字、图表的方式，全面披露企业的环境会计信息，尽量使环境成本报告做到内容完整、表述清晰、信息真实。这种形式主要流行于发达国家。

其报告内容包括以下两方面内容：

第一，环境成本核算，主要包括环境项目分类、环境成本各项科目的核算结果、各类环境成本占总成本的比例、本期发生的环境成本、全年发生的环境成本等。

第二，环境成本分析，主要包括：环境成本构成分析和环境成本的关键内容分析；环境项目成本分析或环境事件成本分析；环境成本项目的计划指标、计划完成情况，本期与上期对比及成本变动趋势分析；环境成本与环境效益分析，包括综合分析和分项目分析；对环境管理活动和环境管理体系运行的有效性和经济性的评价；环境成本关键问题和重点事项的说明等（见表5－4）。

表5－4 环境成本报告分析

一、环境成本核算						
环境成本科目	占总成本的比率（%）	本期			全年		
		本期实际金额	本期计划金额	计划完成率（%）	全年累计发生金额	年度计划金额	计划完成率（%）
1. 资源耗减成本 明细科目 明细科目							
2. 资源降级成本 明细科目 明细科目							
3. 资源维护成本 明细科目 明细科目							

续表

环境成本科目	占总成本的比率（%）	本期			全年		
		本期实际金额	本期计划金额	计划完成率（%）	全年累计发生金额	年度计划金额	计划完成率（%）
4. 环境保护成本 明细科目 明细科目							
环境成本合计	100%						

二、环境成本分析

1. 资源耗减成本分析

产品资源耗减分析	资源耗减总成本	产品总成本	单位产品资源耗减成本	资源耗减占总成本的比率（%）
产品 A 产品 B 产品 C				

产品能源消耗率分析	能源消耗总成本	产品总成本	单位产品能源消耗成本	能源消耗占总成本的比率（%）
产品 A 产品 B 产品 C				

资源耗减对环境资产的影响	资源消耗总成本	环境资产期初值	环境资产期末值	环境资产降低率（%）
资源 A 资源 B				

2. 资源降级成本分析

资源降级对环境资产的影响	资产降级成本总额	环境资产期初值	环境资产期末值	环境资产降低率（%）

资源降级主要因素分析：

3. 资源维护成本分析

资源维护对环境资产的影响	资源维护成本总额	所避免的资源损失额	所增加的环境资产额	资源维护的经济效益

资源维护主要因素分析：

4. 环境保护成本分析
环境保护成本效益分析：
环境管理体系运行经济分析：
环境污染经济损失分析：
5. 环境成本综合分析
①环境成本总额 ②按现行会计制度环境成本已转入生产成本的部分 ③按现行会计制度没有转入生产成本的环境成本余额（①－②） ④按现行会计制度计算的生产成本总额 ⑤总成本（③＋④） ⑥环境成本占总成本的比例（①÷⑤）
6. 环境成本关键问题和重点事项说明

（2）具体环境成本报告。环境成本报告揭示企业在环境损耗与保护方面发生的各项内部费用和社会成本，主要指各种资源消耗和环境保护支出，包括：企业生产消耗的各种自然资源；为减少和防治污染以及恢复环境所发生的成本费用（产品和"三废"处理、控制、美化社会工作环境等治理费用）；因污染环境所产生的费用（违反环保条例和规定交纳的罚款、排污费、环境损害赔偿费）；因污染环境所产生的社会成本。环境成本表对于资源型企业而言，就是资源成本表。该表主要反映资源开发型企业在一定时期内为获得某种资源产品而耗费的物化劳动和活劳动的情况。

第一，文字说明环境成本信息。以文字说明提供的环境成本信息，又称定性信息。定性信息主要提示那些难以量化的环境事项和环境成本。如企业负责环境问题的人员配置、企业及其人员的环境意识、环境教育；企业资源的耗用情况；企业的环境治理、减少污染和排放等方面的努力和行动；企业对社会环境项目的资助以及企业举办的环境保护活动等。除了上述企业对环境作出的贡献外，还应披露不良的环境行为，这些行为可能是无意识的行为，例如化学物质泄露污染环境、火灾破坏环境、排放超标受处罚次数等。定性环境成本信息披露可以作为相应报告的附注形式，也可明确地形成独立的环境成本报告。

第二，表格方式费用成本数据。以表格方式提供的环境成本数据，也称为定量披露的环境成本信息。定量披露的环境成本信息主要报告企业的自然资源耗减成本、生态环境降级成本、污染治理成本、环境发展成本、环境污染造成的经济损失等定量信息。以表格方式提供的环境成本报告需要与以文字说明的环境成本报告相结合使用，才能对一些关键问题表述清楚。

企业可按期编制《环境成本汇总表》，用以反映企业在一定时期内所发生的环境支出情况（见表 5 - 5）。

表 5 - 5　　　　　　　　　　　　环境成本汇总表

编制单位：　　　　　　　　　　　　年　　月　　　　　　　　　　　单位：元

成本项目	本月发生额	累计发生额
一、资源耗减成本		
二、资源降级成本		
三、资源维护成本		
小计		
四、环境保护成本		
1. 环境监测成本		
2. 环境管理成本		
3. 污染治理成本		
4. 预防"三废"成本		
5. 环境修复成本		
6. 环境研发成本		
7. 生态补偿成本		
8. 环境支援成本		
9. 事故损害成本		
10. 其他环境成本		
11. 环境费用转入成本		
小计		
合计		

另外，还可以定期编制《环境支出明细表》，以补充反映环境支出详细情况（见表 5 - 6）。

表 5 - 6   **环境支出明细表**

编制单位：   20 × × 年度   单位：

项目	金额
一、资本性支出	
1. 购置环境设备	
2. 建造环保设施	
3. 购置环保用专利	
4. 改造现有设备	
5. 改善生态环境支出	
6. 清理污染物支出	
……	
小计	
二、收益性支出	
1. 环保机构运行支出	
2. 改进生产工艺支出	
3. 改进有毒有害材料支出	
4. 排污费支出	
5. 回收利用污染物的账面损失	
6. 职工环保培训支出	
……	
小计	
三、污染罚款与赔付支出	
1. 污染物超标罚款支出	
2. 污染事故罚款支出	
3. 污染赔付支出	
……	
小计	
合计	

第三节　环境成本控制模式构建

一、环境成本控制目标

企业在追逐利润的同时，不仅应考虑自身的经济效益，更应该考虑社会效益和环境效益，积极承担社会责任。所谓社会效益是指某一件事件、行为的发生所能提供的公益性服务的效益。为此，环境成本控制目标在政府和企业两个层面表现：政府应扶持环保工业的发展并为之提供发展的宏观环境；企业应从内部控制环境污染并避免污染的扩散，充分考虑企业的外部环境成本并从整个社会的角度出发治理污染，以便改善环境，为社会提供环境友好的产品，最终实现企业经济效益、社会效益和环境效益共同达到最优。而企业要实现环保效果最优的目标，一方面应努力实现自然资源与能源利用的最合理化，以最少的原材料和能源消耗，提供尽可能多的产品和服务；另一方面应把对人类和环境的危害减少到最小，把生产活动、产品消费活动对环境的负面影响减至最低。在致力于减少生产经营各个环节对环境负面影响最小的前提下，企业才能追逐尽可能大的经济效益。

二、环境成本控制原则

考虑到环境因素后，环境成本控制与传统成本控制存在较大差异，需要遵循以下原则：

一是兼顾经济效益和环境效益。可持续发展要求企业在追求经济效益的同时，必须处理好与环境之间的关系。

二是外部环境成本内部化。该原则要求企业的成本控制体系要确认和计量外部环境成本，并积极把外部环境成本内部化，以缩小社会成本与私人成本的差距。

三是遵守环境法规。企业的环境成本必须严格遵守国家有关法律法规，并以这些法规为行为的准绳。企业一旦违反环境法律法规，就有可能被法律追溯承担相关环保责任，那么企业潜在的环境负债问题极有可能使企业陷入巨额的财务困境甚至破产境地。

三、环境成本控制过程

（1）事前控制。事前控制是指综合考虑整个生产工艺流程，把未来可能的环境支出进行分配并进入产品成本预算系统，提出各项可行的生产方案，然后对各项可能的方案进行价值评价，从未来现金流出的比较中筛选出环境成本支出最少的方案并加以实施，以达到控制环境成本的目的。事前控制注重从产品设计开始，直至最后废弃物处理，都采用对环境带来最小负荷的控制方案，注重对产品寿命周期的全过程进行控制。事前控制通过对资源能源减量消耗、资源能源节约与循环、废弃物再利用并资源化、污染物排放的减排和无害化等方式，有效优化环境成本结构，扩大环保效果和效益，促使企业经济效益的实现与环境协调发展。企业通过事前控制模式控制环境成本，可以谋求环保效果和效益最优，进而提高企业绿色形象，促进企业的良性发展。

（2）事中控制。事中控制是事前控制的延伸，也称过程控制，是在实施所确定的方案过程中，确定合理的生产经营规模，采用对环境有利的新技术和新工艺，选择对环境影响低的替代材料。同时，跟踪监测企业各个生产环节的负面因素，处理好企业生产中产生的废水、废气、固体废弃物等对环境的影响，以避免发生企业环境或有负债。企业对各种污染处理系统项目进行可行性分析，控制污染处理系统的建造运营成本，以降低企业环境成本，提高效率。

（3）事后控制。事后控制通常采用末端治理方式来对环境质量进行改善，企业通常在污染发生后采用除污设施和方法消除环境污染，在此过程中企业把发生的支出确认为环境成本。事后控制并未改变大量生产、大量消费和大量废弃的生产和消费基础。事后控制作为传统的环境成本控制模式，只侧重控制现行生产过程中发生的环境成本，没有从原材料投入、产品生产、产品销售、产品消费等会产生环境负荷的源头阶段改良生产工艺流程，该模式下企业控制环境成本的成效并不明显。在环保法规日益完善的今天，如果企业被确定为某一环境领域的可追溯的主要责任者，对环境资源的事后处理方式往往会使企业陷入环境支出困境。

四、环境成本控制措施

（1）实行环境管理目标责任制。企业环境成本控制的目标首先是降低当前由于产业发展的不合理以及意识淡薄所造成的对于环境的压力，以求实现资源的最高效的利用和最少的污染物排放。当然企业控制的也不仅仅是内部成本，对于外部可能发生的环境成本也应当运用现有的成本控制方式进行成本控制。当然行业内的每一位成员应当充当好自己的角色，通力合作，视自身以及行业的长远发展为己任，以此来促进行业的发展。具体是，在企业经营管理中，实行环境管理目标责任制，做到"一个杜绝，两个坚持，三个到位，四个达标"，即：杜绝发生重大环境污染与破坏事故；坚持环境"三同时"制度，坚持建设项目环境影响评价制度；环境工作必须责任到位，投入到位，措施到位；做到废水、废气、废渣、噪声达标排放。在实行环境管理目标的同时，建立健全环境管理制度，真正做到有章可循，有法可依。

（2）构建环境成本控制系统。在按照产品和部门构建成本控制系统的基础上，考虑产品生产和运行过程中所发生的环境成本，包括主动性支出（污染预防和污染治理支出等）、被动性支出（排污费、罚款、赔偿金等）、已发生的支出和将来发生的支出，将它们作为产品成本和部门运行成本（管理费用等）的组成部分，运用现有的成本控制方式进行成本控制，并在成本预测、计划、核算中充分考虑环境支出。同时，设立专门化成本控制系统，主要涉及能源、废弃物、包装物、污染治理等方面的成本控制。

（3）大力推行无污染的清洁生产工艺。对于那些资源消耗较大、污染严重、环境成本较高的必需品的生产项目，除加强企业管理以及最大限度地提高资源、能源的利用率外，最重要的是淘汰那些落后的技术工艺而采用先进清洁的生产工艺。

（4）积极争取政府相关政策支持。环境管理不排除市场行为和市场作用，但环境产品的公共性决定政府环境管制强制性。一方面，排污单位要积极与政府汇报沟通企业发展战略部署，以便政府可以通过环境区域治理规划，采用集中排污治理的方式来降低区域内各个企业的环境成本支出；另一方面，政府不论是环境保护方面的新建项目审批，资源、能源的配置和利用，还是经济领域内的产值统计、利税计算、资产评估、成本核算、物价核定以及对内营销和对外贸易等重大经济活动，都应该将企业环境成本的因素考虑在内。同时，企业要积极创造条件，按照政府的总体环境规划，完善配套办法。

五、环境成本控制与会计制度建设同步

环境成本管理重点在于成本管理制度设计和执行，制度设计中一项重要内容是成本控制制度的设计，环境成本管理体现的是一种循环经济思想和理念，而循环经济在我国作为一种新的经济发展模式有待积极推行。企业环境成本管

理中，尽管也会关注企业如何适应经济发展转型的核算、计量以其产生的经济效益、环境效益，但现实中普遍存在的财务监管机制、惩罚机制、预警机制管理会计制度的空缺使得循环经济在实际运用和操作过程中出现了许多不规范的行为，尤其是会计机构的设置不合理，业务操作流程的不规范，难以适应环境成本核算和管理的新要求。与国外相比，发达国家大多制定了相关的环境会计准则以规范会计核算，比如日本环境省编写出版的《环境会计指南手册》专门对环境会计的三个结构要素（即环境保护成本、环境保护效益和与环境保护活动相关的经济收益）的定义、分类及其核算进行了详细的规定。我国目前还没有专门的环境会计准则，而传统的企业会计核算体系对于企业资源的开采、利用和环境费用的核算反映的既不充分也不系统、准确和全面，企业内部也未建立起与循环经济相匹配的环境管理会计信息系统。

就企业而言，加强与环境成本控制相适应的制度建设，应当从以下几个方面着手。

（1）组建集团公司企业环境成本控制的中心。目前许多企业在进行成本控制的过程中只是将成本控制的责任看作是一个财务上的工作，而其实成本控制牵涉到的不仅仅是财务部门，进行成本控制也不仅仅是财务部门的责任，所以在进行企业环境成本控制的过程中，首要工作是要组建一个责任中心部门，实行部门责任制。这个中心应当以企业的管理者为中心，以企业财务人员为辅佐，在运作的过程中要把企业的每一位成员都纳入当中，只有这样才能形成很好的合力，作出一个详细有效的环境成本控制规划方案，提高环境管理效益。比如某钢铁集团公司，2009年设立了环境保护与资源利用委员会，该委员会负责制定环境保护和资源利用方针，指导、研究和确定公司环境保护和资源利用发展规划和计划，协调各分（子）公司、事业部之间的关系及资源分配，对环境保护及资源利用等重大项目进行决策等。其次，在控制理念上应当有一个中心，就是始终围绕循环经济这个视角，在成本控制的全过程都要始终坚持走在循环经济这条正确的道路上。只有这样才能够更加明确地进行环境成本的控制工作，对于整体内每一个成员所扮演的角色以及所需要做的工作能够有一个很好的定位。基层员工大部分是一线的工作人员，他们对于工作流程更加熟悉，了解产品线上哪里有可以改进的空间。

（2）制定企业环境成本控制的具体办法。首先，进行企业环境成本控制的制度约束。无论是在企业的治理还是在国家的治理过程中，制度设计和约束都是非常重要的，某种意义上讲，世界上一切问题的产生都源于没有制度或不合理的制度。在企业环境成本控制方面的制度约束主要体现在对于企业环境职责的法律确认和强制执行上。当然制度上的约束需要政府环保部门认真履行好自己的职责，联同行业内部的部分企业加入制度的设计过程当中来，同时在制度设计时要做好信息的公开和预案的调整工作。其次，进行企业环境成本控制的技术改良。在当前各种生产要素中，技术和科技因素已经占据了主导地位。企业再不能通过廉价劳动力和土地等生产要素来获得长足的发展。在企业环境成本控制的过程中也需要企业进行环境技术上的投入。这样的投入一方面是生产技术方面的投入，它能在源头上减少企业在生产过程中对于原燃料和原材料的需求；另一方面是企业在节能减排方面的投入，这能够直接减少企业用于环境保护的成本。以上两个方面的投入能够让企业在很大程度上降低环境成本，提高经济效益。最后，重视企业环境成本控制的人力因素。企业的每一项活动都少不了人的决策和参与，所以作为企业的组成主体，企业的管理层和员工就需要共同担当起自己的责任。当前很多企业是一个人或几个人商量后进行决策，而企业进行环境成本控制绝不是一个人或几个人的事，所以针对当前的这种不合理状况，需要企业从以下两个方面进行改进：一方面企业的管理层应当转变自身的管理理念，更多地去听取一线员工的意见和看法，把好的意见真正落实好，以促进企业的发展；另一方面，企业应当多进行相关的培训，提高整个企业员工的基本素质。

（3）建立适应环境成本控制的内部会计控制制度。企业要建立循环经济下包括成本核算和管理在内的会计控制制度。控制制度分为外部控制制度和内部控制制度两个部分。外部控制制度主要针对企业外部的约束，主要是指政府部门，特别是环保部门，应该对企业的资源循环利用状况进行定期的检验，对企业的污染排放物指标进行测定，对企业降低污染物排放的能力进行测试。内部控制是企业的自我约束，重点在完善会计机构设置和规范业务操作流程以及人员分工。例如，在会计机构设置方面，企业可以在财务部门设立专门的"循环经济"相应职能科室，单独对循环经济的相关内容进行核算和考核。对于自然资源的开采成本也可以成立专门成本机构进行核算。对于业务操作流程方面，企业应该建立与循环经济相适应的"开采（采购）—入库—生产—销售"的一整套控制制度，如销售环节可以就绿色包装、废物弃置、售后服务方面等制定相应控制办法。人员分工方面，对循环经济会计规范执行效果安排专人进行监督检查。在信息发布方面，建立会计信息披露责任制，将会计信息的可信度与企业负责人责任紧密结合，以防止循环经济会计信息报告中出现的人为错报、漏报、隐瞒等现象。

六、环境成本控制程序和层次

企业环境成本控制是指企业运用一系列的手段和方法，对企业生产经营全过程涉及有关生态环境的各种活动所实施的一种旨在提高经济效益和环境效益的约束化管理行为和政策实施。它以企业环境成本管理目标为前提，以环境成本预测为依据，以成本核算结果为对象和内容，以成本的分析和评价为手段，采用适合的模式与政策，控制环境成本形成的全过程。企业的环境成本控制是基于产品生命周期的一种控制技术和手段全过程、全方位的控制。

清洁生产成本更多的是一种管理思想和理念，全过程控制、全方位控制以减少环境对企业影响是清洁生产成本预测和决策的核心。企业清洁生产成本控制的内容框架包括成本控制的程序和层次两部分内容。成本控制的程序部分是基于质量循环（PDCA）技术建立的，其基本思路是建立一个周而复始、不断改进的清洁生产成本控制程序，即制定标准—执行—分析—评价，并往复循环。制定标准阶段叫作事前控制，即在开发设计阶段就充分考虑生产对环境的影响，并对可能采取的清洁生产方案和完全成本进行预算控制；执行和分析阶段属于过程控制，即在生产阶段考虑清洁生产工艺的改造及其成本投入和可能带来的环境效益，对环境成本进行核算、控制、分析；评价阶段属于反馈控制，这一阶段主要考虑对污染物治理、回收利用等，对于标准不合理者可重新返回制定标准，通过不断的循环往复，促使企业不断调整资源配置，实现清洁生产成本控制（见图5-6）。

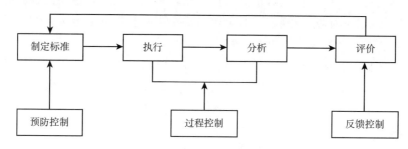

图5-6　基于 PDCA 的清洁生产成本控制程序

成本控制的层次部分是建立基于价值的成本控制层次，成本控制的根本目的在于提升企业价值，有时看似增加了短期成本，但可能带来长期的价值增值，则这一成本的增加是有意义的。该体系分为战略层、管理层和作业层三个层次，通过战略地图、价值链分析等工具连接这三个层次，其中战略层是制定企业清洁生产成本控制的战略定位；管理控制层是对生产中成本改善方案进行决策；作业层是通过作业链分析实施具体的成本控制措施，属于操作层（见图 5－7）。

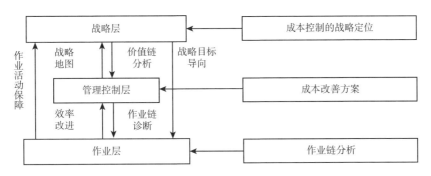

图 5－7 基于价值的企业清洁生产成本控制层次

采用清洁生产而额外增加的各种成本费用支出，就是清洁生产成本，这项成本会体现在企业生产的各个过程、各个工序，并以各种费用形式表现出来，其成本预算方法与企业生命周期成本、完全成本法类似，并应与生命周期成本、完全成本法结合，从而才能产生实际应用效果。

第四节 环保资金预算模式构建

传统的城市财务系统缺乏有效的环境预算控制，导致不断出现不可持续的建设项目，既破坏了环境，也影响了市容。为了克服这一缺陷，中国有必要将城市环境预算提上日程，使环境账能够适应城市快速发展的新要求。

在众多的城市污染中，水污染是最与民息息相关的。而城市污水处理企业（本节简称"污水处理厂"）作为重要的市政公用设施，肩负着改善水环境的重任，在实现可持续发展城市目标中具有不可替代的作用。随着环保理念的推广，污水处理厂在运营过程中注重节能降耗、降低污染物排放，提升社会效益成为必然趋势。作为污水处理厂更新改造重要环节的财务预算，涉及到有关资金的筹措、使用、分配等环节，一个具备合理有效、与可持续发展相匹配的环境财务预算设计，会给城市环境改善带来极大的利好。笔者基于可持续发展下的环境财务预算必要性分析，构建出一套污水处理厂筹资、投资、经营、分配四方面的环境财务预算框架。

一、从传统财务预算到环境财务预算

财务预算在财务管理体系中的作用举足轻重，它是以有效地组织、协调企业经营活动，实现企业经营计划为目标，以对企业各部门的资源进行分配、控制为手段的财务管理活动。首先，财务预算有利于实现资源的合理配置。通过预算的编制、执行和分析考评，企业能够对生产经济活动中所涉及的资源做到有效的事前、事中和事后控制。另外，预算的编制以企业的战略目标为出发点，通过对战略目标的细化和量化，使目标更具有针对性和可行性。正因为预算具有计划、资源配置、业绩评价等多种功能，这也就决定了它在企业内部控制中的核心地位，越来越受到企业的重视。

现如今，城市的发展受到环境因素的制约越发显著。施平（2010）指出，企业作为社会经济的重要参与者，其行为直接影响着社会经济和环境的协调发展。因此，企业在追求经济效益的同时也应肩负起维护生态环境的责任。而这一责任的承担必会涉及大量环境活动，如环境污染的预防、改善和治理等，进而产生与之有关的财务活动。因而，将环境因素纳入传统的财务体系，实施具有可持续发展特征的财务模式是未来企业发展过程中财务管理变革的重点。体现在财务预算上，企业财务预算的制定应以发展战略为依据，将"环境"因素纳入企业发展战略，坚持可持续发展是必然趋势。因此，企业应当对环境财务进行预算管理。

基于上述讨论，我们将环境财务预算定义为，在传统的基于追求企业利益最大化的财务目标基础上，通过兼顾企业发展对环境和生态的影响，统筹企业经济、社会、环境协调发展的资金筹划方式。具体来说，是对企业环境经济决策进行预算，对实施环保方案的投资、筹资、成本等资金运用进行评价，找到尽可能实现利润最大化和环境成本最小化的方案，以满足节能环保的条件。环境财务管理的目标是减少企业污染排放，提高企业能源利用效率，在保证企业经济价值的基础上实现企业生态价值最大化。这就决定了环境财务预算在整个企业财务管理环节的重要作用和地位。

二、城市污水处理厂环境财务预算必要性

（一）城市发展带来用水需求的迅猛增加

近年来，我国经济发展迅速，城市化进程加快，城市人口激增，这使得我

国水资源短缺、水环境污染的危机更加严峻。根据国家统计局数据显示，我国2021年人均水资源量仅2 090立方米/人，为世界平均水平的1/4，全国年平均缺水量高达500多亿立方米。随着经济发展和城市化进程的加快，城市人口激增，这将导致用水需求急剧上升，水资源供需矛盾将更加尖锐。

（二）城市水源质量变差得不到应有资金支持

随着城市发展带来的工业和生活用水量增加，城市废水排放也在增加。相关数据显示，全国城镇污水排放量逐年增加，在总废水排放量占比上呈现上升趋势。为了保障城市清洁水源水质，需要加大对污水处理厂的建设。众所周知，污水处理厂能够有效地降低污水中大量污染物，使经处理后的污水达到可排放的标准。污水处理厂作为污水排放入河流的最后一道关卡，在改善城市居民生活环境、保持生态平衡方面发挥了至关重要的作用，是促进生态文明建设的重要部分。近几年来，政府加大了对城市污水处理厂的建设投资，根据中国城镇供水排水协会的数据，从1998年到2020年，我国已建成的污水处理厂从最初的266座增加到2 618座，日污水处理能力从1 136万吨提高到了1.93亿吨。然而，现如今我国城市污水处理厂普遍存在以下问题：老化的机器仍在运作，耗电量大；经费吃紧，设备未能做到及时更新，只能简单去除部分污染物；缺乏处理深度污染物的工艺，污水排放不达标等等。环境问题体现在企业的经营战略和经营行为中，更为直接地表现在经济领域。污水处理厂现存在的问题，究其根本原因在于企业缺乏环保意识，未对资金的筹集和使用作出科学合理的预算。

（三）环境财务预算促进城市水环保运营及规范减排

污水处理行业作为一个朝阳行业，肩负着环境保护的重任，环保运营及规范减排是污水处理行业经营活动的首要目标，而环境财务预算是实现该目标的一个重要手段。环境财务预算的重点是促进财政资金、社会资金能够顺利地服务于污水处理企业的环保运营，并且贯穿于筹资活动、投资活动、经营活动、分配活动等过程。污水处理企业财务预算引入环境因素后，可以利用自身环保产业的优势，通过市场机制筹措资金，克服仅靠政府财政投入导致的项目建设资金短缺问题。另外，环保意识的提高促使企业加大在环保设备、环保工艺开发等方面的资金投入，重视资源循环利用，不仅会提高企业排污效果、降低运营过程中的能耗，还会变相增加企业的经济效益。因此，对污水处理企业进行环境财务预算，能够提高企业运营资金，促进企业降低污染物排放量，提高企业能源利用效率，在保证企业经济价值的基础上实现企业生态价值最大化，有效地缓解了我国水环境污染、水资源利用率不高的问题，加快我国城市的生态文明建设进程。

三、城市污水处理厂环境财务预算基础

为了有效地支持企业的环保运营，可持续发展环境下污水处理厂财务预算可以通过传统财务预算内容框架所涉及的融资预算、投资预算、经营预算、分配预算进行设计，通过对财务运作流程中的每个细分功能的再设计来实现企业环境财务预算的改造。现就城市污水处理厂在筹资、投资、经营和分配方面的环境财务预算进行框架设计。首先将对环境财务预算涉及的四个方面做阐述。

（一）环境筹资预算

在传统的筹资预算中，污水处理厂的筹资安排仅仅集中考虑纯经济因素，而无须考虑为企业的环保运营提供必要的资金准备，融资渠道单一化。而在环境筹资预算活动中，企业需要对必要的环保资金的投入做合理的规划，从而明确筹资活动中为环保运营额外增加的资金需求量。那么，企业可以依靠拓宽融资渠道，加大绿色融资规模来取得这一额外需求的资金。

（1）污水处理厂可以寻求政府环保财政投入。城市污水处理厂属于非营利性的公共基础建设，主要的效应体现在社会公共收益上，这种投入产出特征决定了依靠财政环保投入是环保融资的重要渠道。政府环保财政投入的主要途径包括公共环保财政拨款和绿色国债融资。政府的财政支出中设有一定的比例用于环保投入，在财政支出预算科目中，公共环保财政拨款作为一级预算科目列示，主要用于污水处理厂等有关污染治理和环境保护的投入。另外，政府的绿色国债主要针对环保节能的企业。因此，污水处理厂的环保运营很大程度上得益于政府环保投入。

（2）污水处理企业可利用本企业可持续发展的绿色战略，申请商业银行绿色贷款。现如今，在全社会倡导环保生产的浪潮下，商业银行纷纷推出绿色信贷，以支持和鼓励企业的环保运营。绿色信贷，指商业银行在作出贷款决策的过程中，将资源消耗与环境保护作为考察对象，追求资金运用的生态效益，以促进经济环境协调发展的融资方式。污水处理厂可以大量增加符合环保要求的新设备、新技术方面的投资，以降低污染物排放，提升社会效益的运营理念寻求商业银行的绿色贷款。

（3）发行绿色债券和绿色股也是污水处理企业环保筹资的重要途径。环保行业近年来得到政策的大力支持，其行业板块在市场中极具竞争力。一方面，

污水处理企业作为国家重点扶持的环保型企业，应当抓住机遇，利用自身的内在优势，发行绿色环保股，增加资本。另一方面，绿色债券的发行也是污水处理企业融资的可行渠道。它既可以满足投资者致力于保护环境的需求，又可以满足融资方推行可持续发展的需要，近年来不断得到市场的关注。因此，污水处理企业本着节能减排，清洁运营的理念，可通过发行绿色债券集资，用于绿色项目的投资。

（二）环境投资预算

在传统的财务预算投资中，企业更多关注的是投资项目的成本效益，财务管理和运作方式以投资项目带来运营效率的提升为目标。而绿色经济环境下的财务投资预算还必须将提高生态效益纳入投资项目的考察范围内。污水处理厂环保投资预算可分为环保项目预算和环保支出预算。

（1）环保项目预算。环保项目投资涉及的是投入大、时间长、作用范围广的项目。为了达到政府对废水、废气等污染物的强制性治理要求，污水处理企业首先必须加强环保设施建设，耗费大量资金建立污水、废气处理系统，而对于那些老旧的、耗费大量能源的设备应当进行及时改造再利用。其次，降低污染物排放的重点在于污水处理工艺的升级，因而企业应当将大量资金投入工艺的研发环节。最后，企业还需建立一套环境监控系统，实时了解企业环保设备的运行成效。

（2）环保支出预算。环保支出是企业在运行过程中发生的环保费用，其首先涉及环保物料的购买、环保税的缴纳，其次是对环境造成严重污染的受害方的巨额的环保赔付费用；最后是为提高员工环保意识、传授环保新技能所花费的员工培训费等环保支出。

污水处理厂的环保投资用途，具体表现在以下三个方面：一是减少污水中污染物的排放量。污水处理厂的主要任务是有效地降低污水中大量污染物。然而，现如今污水处理厂的排污水平并不尽如人意。因此，有必要投入资金致力于研究降低污染物的工艺，主要包括污水中的 COD 含量、氨氮含量等。二是节能降耗。污水处理厂处理废水涉及机械设备的运行，必然耗费大量的能源。与发达国家相比，我国城市污水处理厂的电耗水平高出很多，具有较大的节能降耗空间。如何节约能源，提高利用率成为环保改造的一个重点。另外，污水处理厂可对处理完的中水进行二次利用，如设备的冲洗、场地的清洁等，因此要加强水资源的循环利用。三是提升社会效益。有些污水处理厂建于居民区旁，机械设备运行的噪声和污水本身散发的臭气，严重影响人们的生活水平，因此，污水处理企业还应将提升社会效益纳入预算范围。

表 5-7 和表 5-8 为环保投资财务预算表示例。

表 5 – 7　　　　　　　　　环境保护投资财务预算表（按环境要素主体）

企业单位：　　　　　　　　　　　年度　　　　　　　　　　　单位：万元

投入＼对象	污染物减排				节能降耗					社会效益提升			预算总额
	COD	氨氮	污泥	其他	能耗	物耗	水资源循环利用	能源再利用	其他	噪声	臭气	其他	
环保投资：													
环保设施建设													
固定资产改造													
环保工艺研发													
环境监控系统													
环保投资合计													
环保支出：													
环保药剂													
环保税													
环境赔付													
员工培训费													
环保支出合计													
环境保护投入													
总计													

表 5 – 8　　　　　　　　环境保护投资财务预算表（按环境费用性质）

企业单位：　　　　　　　　　　　年度　　　　　　　　　　　单位：万元

环境保护投资				治理运行费用				预算总额
水污染	大气污染	固体废物	投资合计	水污染	大气污染	固体废物	运行费用小计	

（三）环境经营预算

在传统的污水处理厂运营中，企业的经济来源主要是政府的资金投入和排污费的收取。而引入绿色运营理念之后，企业可以根据节能减排、资源的循环利用等方式变相获取经济收益。因此，在企业运营之前，有必要对环保运营形成的经济收益作出估算。污水处理厂的环境收益包含下列内容：

（1）合理利用中水，减少水耗支出带来的收益。如若厂区日常用水都尽量使用处理完的中水，那么势必会节约自来水的使用量。除此之外，中水还可用于工业回用、园林灌溉和生活小区等，循环利用水资源，实现废水的资源化，增加企业经营收入。因此，企业需对节约的和再利用的水资源所带来的经济效益做预算。

（2）污泥的有效使用带来的收益。一方面，可将污泥集中进行厌氧消化，过程中产生的沼气经发电后可用于污水处理厂的照明和相关机械运行。另一方面，污泥可作为城市绿化花草的肥料，经改良后含有丰富营养物质的污泥也可用于改良土地。污水处理厂应根据污泥的具体用途，估计其产生的经济效益，形成该部分的收益预算。

（3）节能减排增加的政策性补贴收入。国家对节能环保、污染物超量削减的污水处理厂有额外的补贴，比如《污染物减排补贴政策实施方案》《节能减排专项资金管理办法》等政策，都规定了政府在财政预算中安排一定资金，采用补助奖励等方式支持节能减排工程和节能新机制推广，引导鼓励企业参与节能减排工作，为环保做贡献。为此，污水处理厂可通过环保运营，削减污染物排放量，获取政府的补助，并因此根据国家上述政策规定，作出可取得的国家补贴收入预算。

（四）环境分配预算

在企业的分配预算中加入环保设计预算，对企业的环保升级进程可以起到极大的推动作用。环境分配预算着重要做好两项工作：

（1）确定可供分配的资金，即环境净收益。污水处理企业在环保进程中既能够利用自身优势取得绿色筹资，并在节能减排中变相获取收益，又会发生相应的环保投资和环保支出的环保成本。收益与成本的差额即为企业最终可供分配的绿色净收益。

（2）实行环境保护专用基金制度。为保证企业环保运营的后备资金，污水处理企业应当实行环境保护专用基金制度并在权益类账户中增设"环保专用基金"账户，实行环保专用基金预算管理，列入环保专用基金的资金应实行专项管理、专款专用。"环保专用基金"主要包含以下内容：

第一，政府环保补助基金。政府环保补助基金是政府为了鼓励污水处理企业节能减排、循环利用资源、走可持续发展而进行的补助，通常政府在拨款时明确规定了资金用途。比如，政府拨付给企业用于购建环保设施的资金，资助企业进行工艺研发的专项资金，等等。污水处理企业应当建立政府环保补助基金账户，并预估政府补助金额，根据补助的不同用途进行专款专用。

第二，环保留存基金。由于污水处理厂的机器设备等固定资产占总资产的比重较大，在前期的分配中，企业资源会适当集中于固定资产较多的单位。但是随着污水处理企业环保升级进程的加快，传统的财务分配预算应当随之改变。在环保经济环境下的财务分配中，企业必须制定对自身环保升级进程的长期规划，并以此为基础预估在未来几年内企业在内部运作环保升级进程中所需的资金，并减除前期从商业银行绿色融资获得的金额，从而得到企业环境财务分配预算中所需划拨给环保改造工程的环保留存基金。

第三，环保风险基金。随着污水处理厂数量的增多，选址也越发靠近居民区。污水处理厂机械设备的运行中难以避免地会产生噪声，集中待处理的污水本身也会散发臭气，影响居民的生活，由此企业很可能就此遭到周边居民的起诉而面临巨额赔偿费用的支付。另外，若污水处理企业的减排效果达不到国家的标准水平，将不达标的污水排放江河，势必将面临罚款。基于此，企业有必要事先估算出可能面临的赔款和处罚的概率和金额，并将其作为环保风险基金进行计提，以备应急处理。

四、城市污水处理厂环境财务预算编制框架

（一）环境财务预算基本要素

城市污水处理厂环境财务预算的编制过程中，存在一个平衡公式：本期绿色筹资预算额 + 本期绿色经营预算额 − 本期绿色投资预算额 = 本期绿色净收益预算额。这促使在企业进行环保运营决策时，考虑衡量决策方案的经济性。在可持续发展的环境下，企业需充分考虑自身的节能减排能力，积极采取适当措施促进环保运营，增加期间可获得的绿色融资金额和节能减排、循环利用资源所带来的收益。在运营过程中会产生环保支出，也会有因环保带来的收益。相反，若企业不考虑环保运营，则企业不存在额外的环保投资和环保支出，虽节约了部分成本，但企业的环境不作为会给企业带来额外的损失，如能源的浪费、政府罚款等。因此，企业需根据自身的环保能力和技术条件、市场条件，合理进行决策。一旦确定了环保升级方案，则需通过环境财务预算的形式，从整体上规划活动安排，以有效落实环境预算。

上文提及的污水处理企业环境财务预算在筹资、投资、经营和分配四个方面的主要内容，构成了环境财务预算的基础。而要想构建完整的环境财务预算框架，真正落实环境财务预算的实施，还离不开预算方式的选择和预算步骤的设计。笔者构建的污水处理厂的环境财务预算基本组成要素，主要包括预算对象、预算内容、预算步骤和方法四个方面，具体内容见表5-9。

表 5 - 9　　　　　　　　　　　　污水处理厂环境财务预算框架

项目	对象	内容	步骤	主要方法
绿色筹资	1. 预防污染支出：为了预防污水处理过程中发生污染问题的支出，主要包括环保工艺研发、环保设备购进等 2. 治理污染支出：对已造成的污染进行治理的支出，主要包括环境赔付、污染物治理等	1. 政府环保财政投入。国家和地方财政的环保投入是环保融资的主渠道 2. 商业银行绿色贷款。通过增加环保设备、技术方面的投资，以降低污染物排放，提升社会效益的运营理念寻求商业银行的绿色贷款 3. 绿色债券和绿色股。污水处理企业是国家重点扶持的环保型企业，可利用自身的内在优势，发行绿色股，亦可通过发行绿色债券集资，用以绿色项目	1. 环境预算委员会下达预算编制目标 2. 各级预算单位申报预算草案并交由预算管理部门汇总 3. 环境预算委员会审核草案并提出意见，修改草案 4. 董事会审议核算，并形成预算申报定案 5. 环境预算管理部门下达申报定案 6. 各级预算单位执行预算	1. 污水处理厂环境财务预算主要采用零基预算法和滚动预算法 2. 由于企业将环境因素纳入财务预算体系中，而针对每一年的环境投资、筹资、经营和分配的实际情况各有不同且差别相对较大，因此采用零基预算，不考虑往年情况，可以避免受到影响，从而尽可能使编制出的预算与实际情况相符 3. 环保升级是一个长期工程，采用滚动预算法不仅可以做到长期规划与短期决策相结合，还可以减少预算工作量
绿色投资	1. 污染物减排：主要包括减少污水中 COD、氨氮和污泥等的排放 2. 节能降耗：主要涉及改造机械设备以降低能源耗费，以及能源和水资源的循环利用 3. 提升社会效益：主要解决污水处理厂运营过程中产生的噪声、臭气等影响居民生活水平的问题	1. 环保投资。环保投资涉及的是投入大、时间长、作用范围广的项目，例如环保设施建设、固定资产改造、环保工艺研发、环境监控系统等 2. 环保支出。环保支出是企业在运行过程中发生的环保费用，主要涉及环保物料的购买、环保税的缴纳、专业人员的培训费等		
绿色经营	1. 资源循环利用：合理利用中水和污泥，提高企业经济效益和社会效益 2. 完成主要污染物超量削减任务：通过环保运营，削减污染物排放量，获取政府的补助	1. 中水回用收入。中水可用于厂房，也可用于工业回用，市政园林和生活小区，实现废水处理的资源化 2. 污泥有效利用收入。利用沼气发电，节约能源耗损。污泥也可用于肥料等 3. 减排补贴收入。把握国家优惠政策机遇，节能减排，寻求补助收入		
绿色分配	1. 政府发放补助时所规定的用途 2. 长期环保改造工程所需资金：企业依据指定的环保升级进程的长期规划，预估在未来几年内企业在内部运作环保升级进程中需要筹备的投资资金 3. 企业运营过程中可能面临的赔款、罚款	1. 绿色净收益。企业因环保运营而取得的净收益 2. 环保专用基金。主要涉及政府环保补助基金，保证政府补助的专款专用。环保留存资金，支持环保改造长期规划。环保风险基金，预防污水处理企业因居民投诉和相关部门处罚而面临的赔款和罚款		

（二）污水处理厂环境财务预算的编制

1. 环境财务预算嵌入传统预算体系

环境财务预算和传统预算体系的纽带是企业环保运营活动所引起的财务收支活动。若将环境财务预算嵌入传统预算中，可通过资本预算、经营预算等接口。如图 5－8 所示，污水处理厂的环保支出和绿色经营等影响企业的经营预算；环保投资以及绿色筹资等增加企业的资本性支出，影响企业资本预算，可纳入企业资本预算表。同时，绿色收益、环保专项基金的计提，可进入企业财务预算的利润表。通过引入环境预算，升级企业传统预算，并通过环境财务预算体系驱动污水处理企业谋求更大的社会效益。

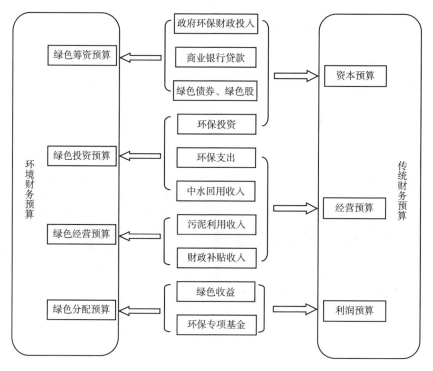

图 5－8　污水处理厂环境财务预算嵌入传统预算体系示意

2. 按照内容编制的环境预算表

预算的编制一般采用预算表的方式。环境财务预算可采用独立式报表，也可作为传统预算表的一部分，嵌入传统预算体系中。若以独立式报表呈现，则编制的污水处理厂环境财务预算表，如表 5－10 所示。

表 5 – 10　　　　　　　　　　污水处理厂环境财务预算

绿色筹资预算		绿色投资预算		绿色经营预算		绿色分配预算	
项目	预算金额	项目	预算合计金额	项目	预算金额	项目	预算金额
一、政府环保财政投入		一、环保投资		一、中水回用收入		一、绿色收益	
公共环保财政拨款		环保设施建设		工业用水		二、环保专项基金	
绿色国债		固定资产改造		市政园林		政府环保补助基金	
……		环保工艺研发		……		环保留存基金	
二、商业银行贷款		环境监控系统		二、污泥利用收入		环保风险基金	
降污工艺改造融资		……		电能		……	
环保设备融资租赁		二、环保支出		肥料			
节能减排技术融资		环保药剂		……			
……		环境赔付		三、财政补贴收入			
三、绿色债券筹资		员工培训费		税收优惠			
四、绿色股筹资		……		财政贴息			
……				……			
合计		合计		合计		合计	

伴随着我国经济发展方式的转型，城市污水处理企业需要建立一套科学有效的环境预算体系。环境预算所带来的环保资金管理理念，使得污水处理企业的资金利用能够更加合理，企业对于筹资、投资、经营和分配的过程更加注重环保效益。城市污水处理企业想要获取长足的发展，必须顺应当前节能减排、环保运营的行业发展现状，并结合企业内部实际运作情况、内部人员素质、企业文化等自身特点，为企业如何实施环境财务预算作出过程上的安排，由此方能保证重新改造后的环境财务预算顺利转变成实际运行的财务管理制度。

第五节　环境财务评价模式构建

一、建立生态文明财务考核指标理论分析

（一）指标建立的理论基础

1. 财务学理论为建立的指标内容和指标解释提供了依据

指标分析是财务分析的重要内容，因此笔者建立的指标要符合财务分析

的目的，满足财务分析的假设。财务分析目的是对企业过去和现在的各种活动状况进行分析与评价，为了解企业过去、评价企业现状、预测企业未来、作出正确决策提供准确信息。财务分析假设主要有：产权清晰的企业制度、主体多元化、经营连续性、完善的信息披露体制。财务报告能够体现财务分析的目的和假设，并且是进行财务分析的重要信息载体。由于传统的财务分析以财务报告为依据，对企业过去和现在的各种活动状况进行分析与评价，因此，笔者所建立的企业生态文明建设能力财务指标的数据来源是财务会计报告。但由于传统的财务报告不能明确反映出建立指标必需的生态信息，比如，传统资产负债表中的资产与负债项目并不包含环境资产与环境负债，传统的利润表中营业收入、营业成本项目并未明确其包含的绿色营业收入、绿色成本是多少，而这些信息对指标的建立至关重要。因此，建立环境财务分析指标应当对传统的资产负债表与利润表进行改进（袁广达，2010），并要求在财务报告补充说明中增加相关的、基础性的环境物量信息，如废物回收量等。

2. 期望理论为设计层次指标提供了技术支持

由期望理论可知，只有当一个人预期到某种行为的结果能够给其带来满足时才会采取相应的行为。期望理论强调两个方面：第一，目标是有能力达到的；第二，目标的实现是可以给行动者带来满足度的。因此，一个企业只有在某种环保行为可以给其带来利益时才会付诸实施。这样就给笔者建立指标体系提供了一种思路，即首先评价企业的生态现状，再评价企业的环保行为，最后评价企业的环保成果。这一设计思路最主要的特点是突出企业环境管理中的行为导向性，其本身也符合环境管理的特点。在环境管理实践中，企业的环境管理系统设计指导着人们的环境保护实践，同时只有人们随时保持环保意识并付诸具体的行动，环境保护的目的才能达到，环境保护效果才会实现。

3. 生态经济学理论为指标建立提供具体方法上的指导

生态学的物质循环转化与再生规律告诉我们生态系统中植物、动物、微生物以及非生物成分借助能量的不停流动，一方面从自然界摄取并合成新物质，另一方面又随时分解为简单物质来实现"再生"，这些物质重新被植物所吸收，由此形成不停顿的物质循环。能量每流经一个营养级就会有部分被损耗，无法继续循环利用，因此要提高物质闭环流动系统的能量利用率以充分利用能量。生态学这一规律运用到经济活动中就表现为"资源—产品—再生资源"的反馈式流程，以这一规律为指导对生态经济提出"减量化、高利用、再循环"的要求，即3R原则。具体地说包括三方面：减量化指从生产的源头做到减少物质的使用，选取的材料尽量清洁环保；高利用指在生产过程中要提高资源能源的利用效率；再循环指在产品被使用后产生再生资源并被回收利用重新用于产品生产，通过废物利用来减轻对资源能源的压力。这三个要求是评价企业产品生产是否清洁环保的标准，更是企业生态文明的重要方面，它为产品改进指标建立提供了具体指导方法。

（二）指标体系建立的原则

1. 全面性与重要性相结合的原则

全面性原则指所建立的指标体系要能全面反映企业的生态文明建设能力。重要性原则指所建立的指标要精炼，能切中要害，各个指标的功能要尽量避免重复。指标过少不能全面评价企业生态文明建设能力，指标过多会导致指标体系过于烦冗，不利于企业评价工作的展开，还会增加分析评价成本。因此建立指标时要做到全面性与重要性相结合。

2. 层次性原则

一堆杂乱的指标不利于使用者了解各个指标的功能，在使用时必然会造成效率低下。合理的指标体系应该具有层次性。层次性的划分不是随意的，而是建立在科学分析的基础上的。在对影响企业生态文明建设能力的各项内容进行合理分类与归纳的基础上，将综合指标与分类指标有机统一，最后就形成结构清晰的指标体系。

3. 简便易行原则

建立指标时固然要考虑其功能性，然而指标是建立在数据的基础上的，获取不同数据的难易程度不同。有些指标尽管能很好地反映企业生态文明情况，但所需的数据搜集成本太高导致指标不具有实用性。因此指标的建立应该遵循简便易行的原则。

4. 关联性原则

其一，与环境财务会计报告关联。本节对企业生态文明建设能力指标架构切入点是以传统财务报告数量信息为基础，并通过融入环境数量信息对传统财务报告进行改进，不仅数据收集的成本大大降低，还能与传统的财务指标体系融为一体，起到相互补充、协调一致的作用。其二，与环境行为和结果关联。既遵循了财务学基本原理又符合简便易行原则。其三，借鉴期望理论和 PSR 模型，将 PSR 概念模型中"原因—状态—响应"的思维模式与期望理论中"预期到行动可以带来收益是采取行动的必要条件"这一观点相结合，采用了"现状—反应—成果"这一模式。

二、指标体系的设计

（一）现状指标

现状指标是反映企业当前生态文明建设情况的指标，是静态指标。当前的生态文明建设情况是企业日后生态文明建设的起点，生态文明建设现状越好，企业生态文明建设潜力越大。企业环境设备投资比率和环境资产负债比率可以反映企业目前生态文明建设的现状。现状指标可以用于不同企业间横向比较，也可以用于同一企业不同时点的纵向比较。

1. 环保设备投资比率

$$环保设备投资比率 = \frac{环保设备资产总额}{固定资产总额} \times 100\%$$

环保设备投资比率用来反映企业环境保护设备的投资力度。环保设备是专门用于环境保护的固定资产。固定资产主要用于流水线生产，这些生产必然会产生固体、液体、气体污染物。按国家相关要求，企业购买环保设备应对这些污染进行内部处理后再排放。常见的企业环保设备有垃圾处理系统、酸雾净化塔等。固定资产的多少反映出企业的规模，用环保设备资产总额除以固定资产总额得出的环保设备投资比率可以用于不同规模企业间的比较。如果这个比例过小说明企业环保设备投资不足，其生态文明建设能力必然受到影响；如果这个比例过大固然能说明企业在生态文明建设方面比较积极，但是过多的环保设备投资占用企业的资产也会降低企业的盈利能力，因此企业应该找一个适中的比例。

2. 环境负债比率

$$环境负债比率 = \frac{环境负债}{流动负债} \times 100\%$$

环境负债比率表明企业的流动负债中环境负债所占的比重。环境负债是企业对生态环境产生不良影响而要承担的责任，比如应付超排罚款、应付环保费和损失费及或有负债等。一般情况下环境负债流动性比较强，因此用环境负债与流动负债相比，而不是与企业的总负债相比。环境负债比率反映企业因破坏环境而产生的负债情况，这一比值越大说明企业对环境的污染和破坏越严重，企业存在的环境风险越大。当这一数值超过一定值时说明企业生态状况存在很大隐患，很可能在国家环保检查时被处以巨大罚款甚至被迫停产。相反，这个指标数值越小说明企业生态文明建设能力越好。因此，企业应该合理调整负债结构，使环境负债比率保持在较低水平。

（二）反应指标

评价一个企业的生态文明能力不仅要通过对现状的考察来反映企业的生态文明建设潜力，还需通过评价企业的生态文明建设投入来反映企业某一期间生态文明建设强度。企业态度积极、投入高，生态文明建设能力自然就高。反应指标（见表5－11）是动态指标，用来衡量企业某一会计期间的环保行为。企业为了提高生态文明状况，一方面会从产品的生产流程入手使产品本身更加环保，比如采用更环保的原材料，增强资源的回收利用程度；另一方面会从整个企业的财务管理入手，使企业的环保投资、环保支出变得更加合理，以增强企业的可持续发展能力。

表5－11　　　　　　　　　　　　　反应指标

指标类型	具体指标
产品改进指标	产品绿色成本投入比率
	产品原材料投入产出效率
	产品材料回收利用率
财务管理改进指标	环境资产投资增长率
	获益性环境支出比率
	惩罚性环境支出比率

生态经济学中提出的"原材料—产品—再生材料"的反馈式流程为建立产品改进指标提供了完整的思路。笔者用产品绿色成本投入比率评价绿色资源的使用；用产品原材料投入产出效率评价"原材料—产品"过程是否实现了减量化、高利用；用产品材料回收利用率评价"产品—再生材料"这个过程是否实现了再循环。

1. 产品绿色成本投入比率

$$产品绿色成本投入比率 = \frac{单位产品绿色成本}{单位产品生产成本} \times 100\%$$

产品绿色成本投入比率，表明在企业产品中绿色成本占总成本的比重。绿色成本包括构成产品原材料及包装物的绿色资源以及经过折旧计入产品成本的环保设备金额。如果这个比值比较高，说明企业的绿色成本相对于产品成本比较高，这个比值高可能是由于企业选择的原材料虽然环保但是价格太高造成的，企业绿色成本太高则产品的市场竞争力就会降低，因此企业应该通过选取更合适的绿色替代品来降低绿色成本。然而这个比值也不是越低越好，因为过低的绿色成本可能是因为环保投入不够造成的。

2. 产品原材料投入产出效率

$$产品原材料投入产出效率 = \frac{单位产品直接材料成本}{单位产品收入}$$

产品原材料投入产出效率，反映单位产品收入所耗直接材料成本，用于考察生产过程中原材料利用率。这里产品原材料指的是用于产品生产、构成产品实体的原料。这个指标越高说明单位产品收入所消耗的资源成本越高。企业可以拿这个指标进行纵向比较，如果本年该指标数值比上一年降低，说明企业本年实现了减量化。该指标也可以用于同行业企业间横向比较，该指标数值越低说明企业资源利用率越高，企业生态文明建设能力越好。

3. 产品材料回收利用率

$$产品材料回收利用率 = \frac{单位产品材料回收价值}{单位产品成本}$$

产品材料回收利用率，反映单位价值的产品中含有多少可循环利用材料价值。这个指标用于考察企业对资源的循环利用程度。如果企业选取的原材料大部分都是可重复利用的环保材料，那么产品的回收利用率自然会高。另外企业较高的材料回收利用率在一定程度上反映了企业采取了积极的环保行动，因此该指标也能反映出企业生态文明建设的积极性。该比值越高说明企业循环利用资源程度越高，生态文明建设能力越好。

4. 环境资产投资增长率

$$环境资产投资增长率 = \frac{环境资产年增长额}{年初环境资产数额} \times 100\%$$

环境资产投资增长率，反映企业环境资产投资增长幅度。比值大说明企业加大了环境资产投资力度。一般在企业刚开始采取环保措施的几年这个比值会很大，随着企业环保投资的完善，这个比值会越来越小。

5. 获益性环境支出比率和惩罚性环境支出比率

$$获益性环境支出比率 = \frac{获益性环境支出}{环境支出总额} \times 100\%$$

$$惩罚性环境支出比率 = \frac{惩罚性环境支出}{环境支出总额} \times 100\%$$

获益性环境支出比率与惩罚性环境支出比率两个指标反映企业的环境支出结构，分别用于考察企业环保行为的正、负效应。企业的环境支出分为两类。一类是获益性支出。这类支出可以使企业在当前或者以后获得收益，比如企业购买环保专用设备、购买排污权、环境监测支出、付给环境人员的工资。这些支出会影响企业的长期经营，增强企业的可持续发展能力，从而提高企业的生态文明质量。另一类是惩罚性支出。这类支出是由于企业违反了国家相关规定，对生态环境造成破坏而引起的，主要包括应付环境罚款、赔款等。惩罚性支出不仅会对企业的资金流动产生压力，更严重的会给企业带来负面影响，导致企业承受巨大的损失。惩罚性环境支出通常是由企业被动执行相关环保要求引起的，因此这个比值高说明企业在生态文明保护方面积极性低。获益性环境支出比率与惩罚性环境支出比率之和恒等于 1。获益性环境支出比率越大，惩罚性环境支出比率越小，说明企业环境支出的结构越好，生态文明建设能力越好。

（三）成果指标

反应指标可以评价企业某一期间生态文明建设行为，反映企业在某一期间生态文明建设的积极程度与投入程度，但是它却无法反映这些行动的结果。两个不同的企业即使采取了相同的环保材料，进行了同样多的环保投资，但由于其营运情况不同产生的成果也不尽相同。成果好，说明企业的生态文明建设投资得到了充分合理的利用，企业的生态文明建设能力越强。此外，对企业生态文明建设成果进行评价也可以激励企业进一步加强生态文明建设。评价企业环保成果可以从三个方面进行：一是评价环境资产的营运成果；二是评价环境资产的盈利成果；三是评价企业环境优化情况，即企业所处的生态文明建设阶段水平。成果指标如表 5-12 所示。

表 5-12　　　　　　　　　　　成果指标

指标类型	具体指标
营运成果指标	环境资产收入率
盈利成果指标	环境资产报酬率
环境优化指标	污染治理弹性系数
	环境资产投资弹性系数

1. 环境资产收入率

$$环境资产收入率 = \frac{绿色收入}{平均环境资产总额}$$

其中，平均环境资产总额 =（期初环境资产总额 + 期末环境资产总额）/2。

环境资产收入率反映每 1 元环境资产所产生的收入，用于评价企业整个环境资产的营运能力。绿色收入主要指由于产品采用环境资产而使产品质量提高，从而产品价格被提高，由此而产生的比原产品多出来的收入，即环保增值。该指标越高说明企业环境资产的投入产出率越高，即环境资产营运能力越强。

2. 环境资产报酬率

$$环境资产报酬率 = \frac{环保利润}{平均环境资产总额}$$

其中，平均环境资产总额 = （期初环境资产总额 + 期末环境资产总额）/2。

环境资产报酬率反映每 1 元环境资产所产生的环保利润，用于评价企业利用环境投资获利的能力，其中，环保利润 = 绿色收入 – 绿色成本 – 环境税费 – 环境管理费用 – 环境资产减值损失 + 绿色投资收益。该指标越高说明企业单位环境资产获利越多，企业生态文明建设能力越好。

3. 污染治理弹性系数

$$污染治理弹性系数 = \frac{污染治理费用增长率}{营业利润增长率}$$
$$= \frac{（本年污染治理费用 – 上一年污染治理费用）/上一年污染治理费用}{（本年营业利润 – 上一年营业利润）/上一年营业利润}$$

污染治理弹性系数是污染治理费用增长率与营业利润增长率之间的比值，通过这个指标可以反映企业污染治理绩效，判断企业生态文明所处时期。一般来说，企业起步阶段需要投入大量的污染治理费用，污染治理费用的投入可能会导致企业利润下降，此时这个指标值可能是负值；随着企业逐步成熟，污染治理带来的环保效益会逐渐显现出来，比如由于企业污染做得好使企业的社会形象变得好，使企业的产品市场价值提高，企业增加了利润，这时这个指标为正值。

4. 环境资产投资弹性系数

$$环境资产投资弹性系数 = \frac{环境资产投资增长率}{营业利润增长率}$$
$$= \frac{\dfrac{本年末环境资产投资总额 – 上一年末环境资产投资总额}{上一年末环境资产投资总额}}{\dfrac{本年营业利润 – 上一年营业利润}{上一年营业利润}}$$

环境资产投资弹性系数是环境资产投资增长率与营业利润增长率之间的比值，反映了环保投资的绩效。在企业生态文明建设起步阶段该指标值相对较大。随着企业逐渐成熟，环境资产投资显现出规模效应，很小的环境资产投资增长就可以带来很大的营业利润增长，指标值逐渐变小。通过污染治理弹性系数和环境资产投资弹性系数这两个指标可以判断企业生态文明建设所处的阶段水平，激励企业进一步加强生态文明建设。

以上建立的较为完整的企业生态文明建设能力财务评价三级指标体系，能与企业整个财务分析指标体系融为一体，具体如图 5-9 所示。

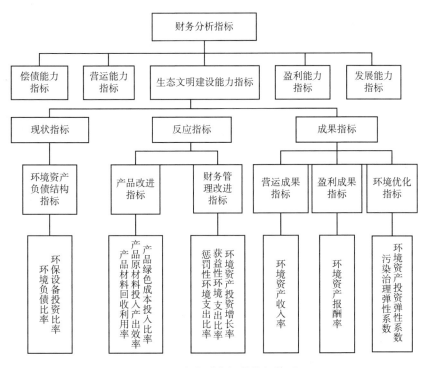

图 5-9 企业财务评价指标体系

以上建立的企业生态文明财务评价指标体系，不仅在指标体系架构上体现了全面性与重要性，而且该指标体系以改造后的环境财务报告为数据基础，使之可以与传统的财务报告评价的偿债能力、营运能力、盈利能力、发展能力财务指标体系融为一体。然而，笔者只是从理论上建立了对企业生态文明建设能力进行财务考核的一套通用指标，并没有考虑到各个行业和各企业的特殊性，在具体情况下需要经过实践检验。因此，后续研究工作，主要是针对不同行业或企业的具体情况，对各指标进行合理的权重分配。并通过对我国现有企业财务报表进行改进，进行生态文明建设能力财务分析，在此基础上选择有代表性的个案进行具体实证分析和检验。

第六节 多级环境融资模式构建

一、环境金融创新必然性

经济的可持续发展是指社会、经济与生态三者之间的协调一致，共同发展。金融市场作为资金融通的重要平台，对经济的可持续发展起着重要作用。《美国传统辞典》对环境金融的解释是："环境金融是环境经济的一部分，它主要研究如何使用多样化的金融工具来保护环境、保护生物多样性"[①]。美国的金融学研究者索尼亚·拉巴特和罗德尼·R. 怀特（Sonia Labatt & Rodney R. White）对环境金融的定义为：环境金融是为了研究所有为提高环境质量、转移环境风险设计的、以市场为基础的金融产品[②]。而环境金融市场则是在立足于环境保护促进经济持续发展的前提之下，环保资金的供应者和需求者通过金融工具进行交易而产生的融通资金平台。在这个平台上，一方面，企业通过银行、证券公司等渠道进行融资活动，以实现企业环境价值最大化，更好地为经济的可持续发展做贡献；另一方面，银行等金融机构通过将更多资金投向环境保护项目，实现投资者融资渠道的多元化和企业道德投资意愿及环境社会责任履行，推动环境金融市场的发育和发展。

在环境比较脆弱的我国迫切需要强大的社会资金支持，金融市场作为资金融通的平台，对筹集环保资金与促进经济的可持续发展起着关键作用。为此，应当以构建环境金融市场体系为立足点，通过对我国目前金融市场现状与问题的分析，从环境金融市场的融资平台搭建、企业利用资金渠道、政府适当干预及中介机构信息评估四个维度，创新我国环境金融市场体系框架，以促使我国金融市场在生态文明建设过程中发挥应有的作用。

本节描述了我国环境金融市场的现状，通过分析当前环境金融市场的缺陷，从理论上提出有益于融通环保资金以服务环境保护事业的新型的环境金融市场体系。

---

① 蔡文灿. 环境金融法初论［J］. 西部法学评论，2012（1）：15–23.
② 林长华. 我国环境金融体系的构建［J］. 前沿，2012（17）：101–102.

二、我国环境金融市场的现状分析

（一）我国现行的环境金融市场体系

1. 我国的 PPP 计划

近年来，我国政府提出了"政府与社会资本合作模式"，简称 PPP。这是一种政府对环境金融市场进行调节的模式，使环境金融市场在资源配置中起到决定性作用。PPP 模式意指政府和私人企业间的利益共享、风险共担、全程合作，而不再是一味地扶持企业发展或为企业担保，也不再直接投入公益性的废弃物处理的环节之中，而是通过放手，发挥市场机制作用，逐渐让一些民营企业和私营业主慢慢接受投资一些基础性公共环保项目，以便大大减少政府的财政预算，推动金融市场的良性运作。近几年，我国政府为推动社会资本参与公共环保基础设施建设，出台了一系列政策措施，促进政府和社会资本融通，仅 2017 年前半年就有国务院《批转国家发展改革委关于 2017 年深化经济体制改革重点工作意见的通知》《关于进一步激发社会领域投资活力的意见》《关于创新农村基础设施投融资体制机制的指导意见》等重要政策出台。早在 2015 年，史上最严的环保法实施后，我国环保产业完全可能成为国民经济的支柱产业，毋庸置疑的是对资金的需求十分迫切。由此看来，PPP 模式在包括环保在内的公共服务领域引入社会资本，不仅会倒逼环保产业改革，也会给我国金融服务市场创新带来契机。

2. 银行的赤道原则和绿色信贷

银行业是金融市场的主导和企业融资的重要渠道，可以说环境金融市场体系的构建，银行业的加入是至关重要的。世界银行旗下的金融机构联合荷兰银行，在伦敦的商业银行会议提出一项关于企业可持续发展的借贷准则，这个准则就是"赤道原则"①。该原则对涉及环境方面的企业进行了分类，评估潜在风险并提出了独立检测和报告制度，以进行独立的环境风险审查，最后根据分类等级给予这些企业不同的融资贷款等级。赤道原则的提出为银行业致力于环境保护事业指明了一个新的方向，同时也为构建环境金融市场体系提供了一个新思路。

在国内，绿色信贷是我国银行受赤道原则的影响而发展起来的一项信贷业务，最先推出该业务的是兴业银行。它旨在实现企业的环保价值，将企业的环

---

① 李东卫. 绿色信贷：基于赤道原则显现的缺陷及矫正［J］. 环境经济，2009（1）：41-46.

境保护状况作为是否给企业贷款的衡量标准。这种事前处理企业环境保护问题的机制，前提条件是企业环境信息的充分披露，并把企业的环境问题量化，如把节约能源与减少排放进行量化处理，根据量化标准进行贷款发放，通过贷款来实现环境保护的目的。

3. 绿色债券

绿色债券是通过官方的界定与评估，对环保绿色企业给予资助的金融工具①。由于债券的安全性相较于股票较高，将资本投入债券更容易被投资者接受。企业通过发行长期绿色债券，不仅可以保障环保资金在较长时间内融通和流转，而且可以通过滚动发行短期债券冲抵一些长期债务；更因为绿色债券的发行制度相对宽松，多以鼓励为主，政府的补助和信用担保使得绿色债券更能得到投资者的青睐。据中国人民银行统计，2021 年，我国绿色债券发行量将超过 6 000 亿元，同比增长 180%，余额达 1.1 万亿元，为全球第一。我国现行的绿色债券一般用于民营企业，主要投资一些绿色节能减排的公共基础性项目，所以政府可以适当优先考虑民营企业绿色债券的发行，以提高民企在环境金融市场的参与度，激发金融市场的活力。

我国现行的环境金融市场要素构成如图 5 – 10 所示。

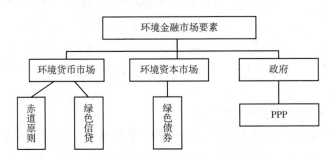

图 5 – 10　我国现行的环境金融市场要素构成

（二）存在的问题

第一，经济发展与环境保护难以兼顾。由于大多数环保相关产业成本较高，对技术能力要求较强且缺乏普通商业的盈利模式，对社会资本吸引力实在有限，对促进环保事业发展的贡献微不足道。虽然目前我国有政府的 PPP 融资模式，但由于配套措施不完善，执行力较差，相关政策难以落地。处于发展中的我国，环境污染治理需要投入大量资金，但因多数企业只求自身眼前利益，缺少长远

---

① 王遥，史英哲，李勐. 绿色债券发行市场 [J]. 中国金融，2016（16）：27 – 29.

谋略，环保资金捉襟见肘。在我国环境保护政策下，虽然针对重污染排放企业征收的排污费、资源税等税费是财政收入的一个来源，但支持环保企业需要财政投入更多的资金，加重了财政负担。同时，包括金融业在内的其他企业和行业普遍不重视，更使得有限的国有金融资本难以在环保治理领域发挥作用。

第二，环境金融市场体系尚未完成搭建。金融市场作为融通资金的平台，能够很好调节社会资源，提高社会资源利用效率，并可通过自身杠杆作用，调节环境金融市场，从而减轻政府在环境保护方面的负担，同时也有利于经济自身的循环发展。但目前我国的环境金融市场体系并未建立，也没有绿色股票或期货市场。尽管有银行、证券公司等金融机构推出了类似绿色金融的产品，可这些产品品种较为单一、融资平台较高且条件苛刻，至今并没有真正被投资者所接受，客户流失较多，导致企业环保资金链断裂。要想实现经济的可持续发展，必须建立完整的环境金融市场体系，使企业经济发展建立在有效利用环境金融工具和保持资金良性循环的机制上。

第三，环境金融市场相关的环境信息的传递相对滞后。目前我国还没有专业环境信息披露机构，环保企业环境信息披露也不充分，公共平台上则更少有环保相关企业的财务信息的公示，信息不对称直接导致投资者放弃投资一些环保企业，因为投资者认为环境金融市场体系不够成熟，大笔资金的投入风险较大。为此，应当建立一个环境金融的信息平台，强制推行环境会计报告制度，及时为投资者提供环保企业运作发展的信息，实现环境信息资源的共享，以扭转环境金融市场信息不对称的局面，吸引投资者投资环保企业。

第四，环境金融市场监管不严格。环境金融体系是各类环境企业资金活动的依靠，但同时也存在诸多风险，为此需要对其进行监管，以实现环境金融市场的公平和效率。公平主要体现在规则的制定和实施，效率主要体现在办事效率的高效与统一。从宏观经济角度看，环境金融市场监管是为了保证环境金融市场机制的实现，并进而以高效、发达的环境金融市场推动经济的稳定发展，以保证整个经济秩序的正常运转。当前，我国的环境金融市场中存在着政府拨款程序不严格、企业滥用政府补助资金等诸多问题，有待建立更规范的环境金融制度，以强化对金融机构的监控和企业内部的自律管理，从而规范环境金融市场参与者的行为。

三、环境金融市场创新的四个维度

市场要素主要包括两个方面：一是市场规则制定者的政府和市场资金供需双方的企业；二是在市场中用于交换的交易产品或服务。前者是市场主体，后者是市场客体。此外，交易平台是通过市场信息中枢按照交易规制将主体和客体有机结合完成交易过程和实现交易目的的场所。为此，这里从四个维度提出融通环保资金的环境金融市场创新的基本设想。

（一）资本市场的环境金融产品创新

1. 储值市场：实行环保储值卡消费制度

储值卡即预付卡，是通过国家企事业机构办理的不记名、可提前储值进行消费的卡。笔者在此引入环保储值卡的概念加以说明。环保储值卡是立足于绿色生活、可以对环保发展有贡献的预付卡。环保储值卡可由各个企事业单位发行，各个与环境保护、绿色生活有关的企业可以向其申请加入，企业可以向工商部门申报绿色商标，享受工商部门的免费广告宣传；消费者可以通过环保储值卡，在有绿色商标的地方进行消费，并享受一定的折扣；负责办理环保储值卡的银行一方面拓展了预付卡业务，从而获得更多的收入，另一方面可以让银行为一些绿色环保企业作宣传。在这种互惠互利的模式下，银行、企业和消费者乃至社会公众，通过环保绿色卡媒介作用，整个国家层面的绿色生活就能得到倡导，生态文明思想意识也得到提高。

2. 证券市场：发行绿色股票

如果单纯依靠银行信贷或者政府资助，无法满足环保企业庞大的资金需求，拓宽环保相关产业融资渠道的一种较好的方法就是发行绿色股票。绿色股票是倡导环境保护的上市公司发行的股票，它可以大大降低环保企业融资难度。具体操作程序如下：首先，由中国证监会适当降低一些环保相关企业股票上市的门槛；其次，政府推动中小绿色环保企业的股改上市，使得其有更大的融资平台；最后，通过加强与绿色国际组织和公司的合作，吸引外来资本，并使国内外的绿色环保企业互通有无，推动环境金融市场体系全球市场的构建。

3. 保险市场：完善环境保险

发展与创新其他绿色金融衍生产品对于环境保护十分重要，这其中环境保险就是其重中之重。随着绿色债券和股票的发展，绿色保险和一些绿色金融衍生产品相继而生。随着近年来全球环境的逐渐恶化，保险业可以设立专门的环境险种产品。这种环境险要区别于其他任何一种意外险种，是以被保险人因污染环境造成的健康问题为标的的保险，与一些学者提出的"雾霾险"类似。环境保险是由保险公司支付的对因环境污染造成人身伤害和财产损失的补偿基金，其出现利于它可以更有针对性地解决环境污染导致的问题。例如重污染企业或是有辐射的企业都应该为其员工购买相应的环境险。环境险的出现使得对因环境污染产生的问题的解决更加具有针对性。

（二）货币市场的环境金融工具创新

对于环境货币市场，推出银行绿色支票、绿色银行承兑汇票以及碳交易期货。

1. 绿色支票

绿色支票是由企业将相关环保产业的资金存入银行，形成专门的环保账户。环保账户的资金仅限于支出和存入与企业环保项目有关的资金，且每次支出和存入企业都会得到相应环保积分，环保积分达到一定数量时可以抵扣企业在该银行一定的贷款利息。如果达到一定的环保积分且企业在该银行达到一定信用度，可以加大企业在该银行的贷款额度，延长还款时间。同时，绿色支票也便于环保相关企业财务核算收支，有利于税务部门财务审核，也便于环境会计核算。

2. 绿色银行承兑汇票

绿色银行承兑汇票是由银行作无限担保，环保企业在承兑银行开立自己环保事项专有账户，开户银行无条件支付的票据。一般的银行承兑汇票按票面金额向承兑申请人收取万分之五的手续费，承兑申请人在银行承兑汇票到期未付款的，按规定计收逾期罚息。在环保企业开立自己的环保专有账户的前提下，对绿色承兑汇票收取低于一般承兑汇票的手续费，并免除逾期罚息。开户银行的作用就是为环保企业开展环保业务做担保，使得企业为环保相关产业争取最有利的资金和信用支持。

3. 碳交易期货

除上述两种金融工具外，还要尽快启动全国统一的碳金融市场，将碳交易期货作为新型环境金融工具，为低碳排放提供金融支持。在这个期货市场中，标的物为二氧化碳的排放量，国家可以利用二氧化碳排放权交易逐渐减少温室气体排放量，以应对全球气候变暖。我们需要利用碳交易市场机制，借助绿色利益驱动，完善环境金融市场体系结构。此外，需加强政府对碳排放期货市场的监督，构建与碳市场相关的法律法规体系，方便对全国碳市场的统一管理。

（三）政府引导与监管的环境金融制度创新

1. 适度干预和调节

在我国的经济体制下，需要政府对市场进行强有力的宏观调控，以保证市场合理运行。环境金融市场也不例外，也需要政府这只"看不见的手"参与环境金融市场的发展。环境金融市场的合理运作是政府引导和金融市场自身调节"双规"作用机制的结果，仅凭政府的一味扶持或靠环境金融市场自身发育和发展是无法保证金融市场体系良性循环，更难以保证环保资金有效运作。政府的作用就是要通过制定切实可行的环境资金的融资政策，引导社会资金合理流向，干预环保资金使用者不良行为，做企业环境保护资金有序运行的坚强后盾。比如，政府可以通过为银行的绿色金融业务采取免税或者低税政策，变相地干预环境金融市场行为。

2. 法律法规的建立与监督

长期以来，我国环境金融市场极度缺乏法律的支持和保障。以绿色信贷为例，缺少法律的强制性支持，一些重污染企业尽管可以通过其他机构融资，尤其是利用政府环保治理资金专项，但并未起到真正减少污染的作用，随意克扣、挤占、挪用环保资金甚至贪腐犯罪事件在这类企业并不少见。为此，在构建环境金融市场体系过程中，政府应该真正起到监督的作用。目前我国尚未建立起完善的环境金融市场，金融市场中可能存在一些非系统风险，例如信用风险、财务风险和操作风险等，政府应当对此情况作出预估，一方面通过建立和健全金融法律和行政法规加以防范，另一方面对金融市场中的绿色融资方进行有效监督，建立环境融资市场准入制度，严格核查其融资项目的真实性和合法性，以保证环保项目计划的合法合规，保障环保资金流向和财务收支处理真实可靠，最终保证环境市场健康发展。

3. 强化监管力度

政府需要根据环境金融市场现有的状况和未来趋势，建立和完善监管体制，修订和补充金融法律配套办法，加大对环保企业激励措施。在环境金融市场制度建设时，要尽量统一环保资金的审批，加强监管部门对环境金融市场的监管力度，同时政府还应督促相关接受补助的环保企业建立、完善和执行与环保资金紧密相关的内控制度。

（四）中介组织环境金融资讯的公正和信用评级方式的创新

绿色信贷有两个重要层面的意义，一是严格限制向高耗能、高污染的环保不达标企业提供融资，二是要大力支持绿色环保、清洁能源和循环经济等行业、企业的发展。这就意味着对企业环境信息披露和信息的公正恰当评价提出了更苛刻的要求。赤道原则本身就基于企业社会责任、社会风险和信贷风险的考虑，让资金的需求者提供经过信用机构核查后的环境信息评估报告，从而决定相应的信贷政策和规模。这里涉及两个最主要的中介组织：会计师事务所和信用评级机构。

1. 会计师事务所

首先，环境金融市场的培育、成长和成熟除政府正确引导外，自然离不开会计师行业的参与和支持，这是由环境金融市场定律和注册会计师特性共同决定的。传统财务理论告诉我们，企业资本或资金、资源具有逐利性，但环境金融市场更需要资本流向社会责任、生态环境责任担当的企业和项目。而这种责任担当如何，需要资本市场环境信息披露和对披露信息适当性的评价，注册会计师就是资本市场供需双方信息对称的中介人。这不仅要求企业建立现代财务理念，进行环境会计核算并及时披露环境会计信息，更需要注册会计师对企业提供给资本市场的财务报告中的环境财务信息和环境管理信息进行独立、客观和公正的评价。为此，注册会计师行业和注册会计师应当主动适应和积极探索环境审计业务，并通过这一审计新领域的业务拓展，推动和引导企业建立和实施环境会计核算制度和内部审计监督制度，倒逼企业主动地进行环境会计报告和信息披露，并最终将环境信息传输到金融市场融资信息中枢，实现环境投融资目的。因为资金是企业血液，环保企业用好有限的环保资金，才能在未来持续健康地发展。

其次，出具环境审计报告和环境内控审计报告。社会审计组织对环保企业审计，不仅仅需要出具一般企业所需要的审计报告，还需要出具环境审计报告和环境内控鉴证报告，就企业环境经济活动和环境管理活动发表独立意见；通过审计评价，判断企业环境经营战略、方针、措施及融资方式与方法的正确性，环保资金融资规模、资金投向和使用的合法性与合理性，环境社会责任履行及环境会计信息披露的适当性，环境管理技术与方法的科学性和适用性。与此同时，社会审计组织还需出具环境内控报告，借以判断环境企业环境行为规范性，内部环境规制建立、完善、运行的合理性，环境财务预算的科学性和执行的有效性，环境风险预防措施的适当性和突发环境灾害事故应急能力，环境资金的安全性和对拥有资源性资产使用的效益性。通过出具上述审计报告和内控审计报告，减少环境金融市场的信息不对称，促进金融市场融资渠道的畅通和规范运作。

2. 信用评级机构

信用评级机构搭建持续监督和信息共享平台。环境信用评级机构是信用管理行业中的重要中介机构，也是环境金融市场能平稳运行的关键组织之一。它在经营中要遵循真实性、一致性、独立性、稳健性的基本原则，向资本市场上的授信机构和投资者提供各种基本信息和附加信息，履行管理信用的职能。作为环境金融市场专设的信用评级机构，需要拥有专业力量搜集、整理、分析并提供各种关于环境企业相关的信息，这种信用评级行为一方面从外部约束了相关环保企业对环保资金的滥用，另一方面也形成了对环境金融市场的一种外部监督。

　　此外，相关信用机构还可以专设一个环境金融信息共享平台，对一些环保企业进行持续的监督以及定时抽查，并将监督和抽查结果以报告形式及时反映在信息共享平台上，供报告使用者随时查阅。信用机构的信息共享平台必须具备相对的独立性和客观性，真实披露企业环保的相关信息。此外，还可以通过竞争机制，对各个环保企业进行信用评级，并按照评级排名公示在环境金融信息共享平台，这样银行等金融机构可以根据该排名先后对环境相关企业贷款融资进行优惠，而投资者也可以参照排名进行合理化投资。

　　综上所述，环境货币市场工具、环境资本市场产品、政府监督制度、中介机构判定，构成了环境金融市场体系四个维度，它们是环境金融市场稳定发展的前提。由此，笔者设计了如图 5-11 所示的环境金融市场体系。

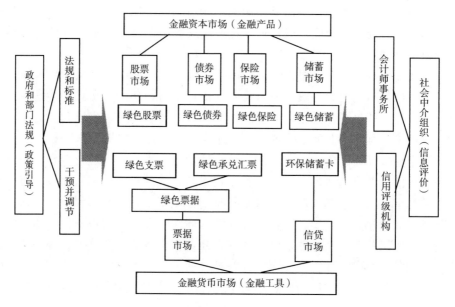

图 5-11　环境金融市场体系

　　环境金融市场体系的建立是政府、企业和社会多方面共同努力的结果。虽然现在尚未完善，但国家越来越倡导经济的可持续发展，环境金融必然会成为促进生态文明的有力手段和环境经济运行的主导，以实现优化环境经济资源配置，提高资金的利用效率，促进金融业的发展。金融机构、投资者和政府应该发挥好各自在环境金融市场体系中的作用。第三方中介机构应提高市场透明度，维护市场秩序。投资者要更多投向绿色环保企业，兼顾经济、社会和环境三者利益协调统一。政府则应该有效监督和适度扶持绿色金融制度的建立，做环境金融市场坚实的后盾。

第七节　环境责任审计识别模式构建

一、上市公司环境责任审计

基于生态环境影响的因素，这里仅将上市公司特定为工业制造业的重污染上市公司。上市公司的环境责任包括环境社会责任、环境法律责任和环境经济责任。确认和解除这些责任需要第三者对上市公司环境报告进行评价和鉴证，环境审计成为界定环境责任的主要手段。为此，审计师应当将影响上市公司环境责任因素识别出来，提高环境评价和鉴证的审计报告质量，促进上市公司环境责任得到履行，其中包括识别企业环境文化、环境观念、发展规划、盈利动机、资源利用效率、环境法规遵循性和行业竞争程度。

由于经营者和所有者之间的利益冲突，上市公司管理层提供给投资人的信息往往是不对称的，其信息载体主要表现为管理层编制的含有环境信息的公司财务会计报告和独立的社会责任报告。而这些报告的信息是投资者作出环境投资决策的重要依据。在此情况下，用于解决环境会计信息不对称和增强投资者对环境信息理解的第三方审计鉴证就有了需求，并成为界定公司环境责任的主要手段。审计师通过对环境责任承担的主要方式进行监督、评价和鉴证，确认或解除被审企业的环境责任、责任性质和责任大小，以保护社会公众合法的环境权益。审计范围涉及报告中的环境财务信息和环境管理信息两个层面，审计内容包括对公司遵照现行环境要求的状态进行评估和对公司遵守环境政策、实施环境保护、开展环境控制的状况进行评估两个方面。

二、上市公司环境责任审计的重要性

从上述的简单分析不难理解，上市公司有效使用自然资源和保护环境的环境责任有赖于审计师对环境报告信息的审计。这是因为：

（一）上市公司环境信息越来越影响到信息使用人的决策

由于股民对于股票的选择直接影响到上市公司股票的价格，股票价格的高低是上市公司所能筹集资金的基础，股民对股票的选择往往取决于公司的声誉，这些声誉包括股份有限公司自己出具的财务报告（主要公布企业盈利情况）和社会相关机构对其评价而产生的社会声誉。随着人们可持续发展意识提高，上

市公司环境保护责任履行情况亦成为股民对报告信息关注热点和作出理性决策的基础，进而影响上市公司声誉和股票市价。在这种情况下，审计结果就成为股民判别环境信息可信度和识别上市公司环境责任是否履行的标准。

（二）对利润的盲目追逐会使上市公司顾忌环境责任的履行成本

上市公司环境会计信息披露方式主要包括两部分：环境会计报告和环境信息披露，而上市公司环境审计的重点对象应该是其所提供的环境会计报告。

上市公司财务舞弊的方法之一是虚增利润，而虚增利润后的报表一旦对外公布，往往带来的就是流通股股价的上升，因此，流通市值的增加是舞弊回报的重要方面。由于股价是每股收益与市盈率的乘积，所以舞弊带来的流通市值的增加可用虚增利润与市盈率的乘积来衡量。这样，在市盈率的杠杆作用下，每虚增一元的利润，上市公司的流通市值便会成倍增加。在高市盈率作用下，舞弊带来的收益显得相当可观，而虚增利润的主要手段就是少报虚报财务成本。财务舞弊的另一种方法就是虚假增加上市公司所有资产，即通过舞弊达到上市的标准，实现虚假上市以筹集资金。因此，上市公司在生产经营过程中，利润的盲目追逐，必然要顾忌履行环境保护责任而增加的公司财务成本，往往采取将其转嫁给社会或其他受害者，以牟取非法收益。既然环境会计报告的舞弊往往能给上市公司带来更好的经济效益（缩减环境保护支出，降低环境会计成本），对盈利的追逐更会增强上市公司对这种动机的实施而放弃环境责任承担。上市公司环境审计目的就是通过其所提供的环境会计报告审查，处理好环境保护与企业发展的关系，促使上市公司忠实履行环境责任。

（三）重污染企业更容易造成大的环境污染事故和环境经济损失

环境污染最大污染源来自企业生产经营活动，企业特别是生产型上市公司是环境质量恶化的最大祸首。一方面，工业企业，如燃料业、煤矿业、钢铁业等，需要大量的矿石、土地、水、气体资源，可是由于企业自身的意识不够，技术和设备的落后，资金上投入不足，资源提取能力不高，导致因无法合理利用这些资源而带来大量的浪费和增加自身环境负荷。另一方面，污染排放严重超标、事故频发，损失成本巨大，例如煤炭、电力、化工、制药、造纸等制造行业排放的废气、废水、固体废弃物等严重危害了环境质量。

三、上市公司环境责任的审计识别

环境和经济发展本质上并不是对立的，但现实是上市公司环境问题让人堪忧。为此，审计师在规划审计方案、实施审计和鉴定审计责任时，必须识别与上市公司环境责任有关的因素，有针对性地制定相应的审计策略，包括实施具体的符合性测试和实质性测试的性质、时间和程序，以降低审计风险，提高环境鉴证和评价的审计报告质量，促进上市公司环境责任的履行。

（一）识别企业环境文化

企业文化是企业及其员工在长期的生产实践中逐渐形成并被全体员工认可的、共同遵循的带有企业特色的企业精神、价值观念、经营战略、职业道德、文化氛围及其他精神与物质文明建设的总和，是企业经营哲学和经营理念的延伸。企业文化作为一种软实力对公司经济活动具有调节和促进作用。传统的文化理念和运营方式因其滞后于社会经济发展步伐，制约了公司生产经营活动中对环境的治理，而绿色企业文化会引导企业坚定不移地走节约资源、保护和改善环境的可持续发展道路，实现经济、环境、社会三个效益的协调发展。在这里，上市公司的企业文化表现在特定的"环境文化"层面，它代表着希望和财富，也代表道德和责任，是上市公司面向21世纪的引擎，也是审计破解企业环境责任的密码。

（二）识别公司环境观念

可持续发展的核心理念是健康的经济发展，是建立在生态良性循环、社会公正和民众积极参与的自身发展。上市公司能否牢固树立以人为本、资源平衡、能量守恒的生产观、价值观和环境观，并将其具体落实到公司经营战略和经营活动，是影响上市公司可持续发展的重要因素。上市公司若无视环境因素，以牺牲环境为代价，盲目追求眼前的短期经济利益，在生产经营过程中无视烟尘、噪声、污水、废气、辐射等危害物质的产生，不仅直接影响从业员工的身心健康、工作状态和劳动情绪，还将对外界区域生态环境造成严重后果，最终殃及整个经济社会的可持续发展，甚至子孙后代的幸福。若上市公司能树立珍视环境、节约资源、绿色循环发展的环境理念，从管理层到普通员工，在日常活动中坚持与生态环境和谐发展，与环境共存共赢，以环境为友，既能获得丰厚的经济效益和环境效益，也能取得良好的社会效益。从这个意义上讲，审计师对上市公司环境责任甄别的价值取向应当定位在环保促发展、发展促环保，进而促进企业乃至整个社会生产力的发展，并固化成审计判断环境责任的基本思维方式。

（三）识别企业发展规划

企业开展环境保护活动，既是法律法规规定的企业社会责任和生存发展的前提，也是企业资本积聚体终极目标得以实现的保证。资本获利的本性最终是使获利者享受高品质的生活，包括享受清洁、优雅、益于健康的生态环境。为此，环境保护应成为企业应尽的社会义务，环保经营是企业必然的选择。当今世界发展的主旋律就是可持续发展，建立节约型社会。在资源环境的约束下，作为市场经济体系的主要构成元素的企业，必须将自身的生产经营活动纳入可持续发展体系和规划之中，尽快适应社会、政治、经济、文化和思想环境的变化，找到其生存与发展的正确道路，确立可持续发展的经营理念，建立环境保护责任的长远发展规划。所以，上市公司发展规划中是否科学且适当地嵌入了环境发展内容，是审计判断上市公司能否可持续经营和环境履约责任的首要依据。

（四）识别环境管理体系

一般而言，上市公司的管理层受利益的驱使或自身环保意识薄弱容易疏忽环境保护，由此影响整个利益集团的价值取向。如果公司内部监督机制不完善，参与管理的内部人员在巨大的利益诱惑下，更可能会与决策者"志同道合，不谋而合"，最终会导致错误决策的产生，造成公司决策与国家既定的环保政策制度背道而驰，环保信息不能公开透明，公司对废弃物遗弃、污水不达标排放，污染事故频发，环境问题愈加严重。改变这种被动局面，需要上市公司从内部管理入手，树立责任意识，强化内部控制，进行体制创新，按照国家政策建立和落实"清洁生产"制度，健全与公司生产、经营和技术系统密切关联的内部环境管理系统，加大环境保护的技术投入和技术改造，将关键的环境问题置于公司日常工作的前列，并贯穿于企业的生产经营每个作业阶段，从制度上建立环境保护的政策和措施，确保环境责任有效落实。所以，上市公司内部建立和健全严密而科学并能有效运行的环境管理体系，不仅是公司环境责任得以履行的保障，而且是公司获取审计师解除公司环境责任的审计报告的必要条件。

（五）识别企业盈利动机

上市公司追逐利益等一系列目标是通过上市公司对资本的有效运用实现的，但上市公司生产经营也给自然环境和生态环境带来极大的危害，并进而影响资本的运作。工业革命百余年的发展历史已经充分证明，上市公司在为我们创造大量财富的同时，也在严重地污染着我们的生活和生存环境，环境污染的最大污染源来自上市公司的生产经营活动，上市公司特别是生产制造上市公司是环境质量恶化的最大责任者。按照"污染者付费"和"谁污染、谁治理"的原则，既然是上市公司造成了环境污染，那么它就应当承担起治理和恢复环境质量的责任，要么直接控制自身生产经营活动中的污染物排放和对环境的破坏，要么拿出足以治理和恢复环境交由相关机构进行统一处理的资金。没有良好的环境保护，连上市公司的正常生产经营都难以为继。也就是说，上市公司的生存和发展要求上市公司必须重视自己的环境活动和环境管理的水平，积极履行环境保护责任，这也是上市公司自身盈利性目标的需求。

（六）识别环境资源利用效率

从投入方面看，上市公司的经济增长和资源的生产消耗存在较强的依赖关系，即上市公司的发展主要以资源的消耗和环境的再生产为前提。但自然资源并非取之不尽、用之不竭。因其储量有限性和再生困难性，以及环境对资源消耗的有限承载力，一旦上市公司生产排出的污染物超出了环境的自净能力、自然资源的消耗量超过自然资源的再生能力，势必导致生态环境的恶化和阻碍生产发展。这不仅不利于资源的永续利用、生态系统的良性循环和促进上市公司的可持续发展，反而会陷入通过浪费资源和牺牲环境来换取上市公司短期发展的恶性循环怪圈。从产出方面看，粗放式的高能耗低产出的经营模式，只能在资源型劳动密集型区域内短期维持上市公司生存，但资源的枯竭和较高的单位利润能耗比率必然会阻碍上市公司长远发展，迫使上市公司转向走集约型、节能型发展道路。可见，环境资源循环利用效率、单位利润能耗比率是考量上市公司生产管理水平和评价上市公司资产盈利能力的重要指标，且对类似这些环境资源利用绩效比率的验证结果是审计师衡量上市公司环境责任有无和轻重程度最直接和最有效的量化工具。

（七）识别环境法规遵循性

我国环境审计起步较晚，环保法律不够完善。近年来，随着环境污染对人类生活带来的"天灾人祸"，国家开始重视环境问题，已着手制定和完善了不少有关上市公司的环境法规、政策和标准，用以指导和规范资本市场上有关当事人在证券发行、上市和交易等一系列过程中保护环境的行为。最典型的是，中国证券会开始要求上市公司在财务报告中披露与利益相关者的环境信息，增强资本市场信息的有用性和对潜在的环境事项的关注。这些法规的制定与实施，一方面有效地规范和制止了环境污染，改善了我国环境状况，提高了环境信息披露质量；另一方面，对政府有关部门及其他利益相关团体的环境影响行为提出了要求。按照我国目前的环境管理系统的做法，企业在环境问题上面临的风险已小到缴纳税费、罚款及负债，中到限期治理或停业整顿，大到拆迁、关闭或撤销。开展企业环境审计是测算重大投资环境风险的重要组成部分。遵循性审计目的在于判断上市公司面对上述法规制度的限制和资源环境的约束，其行为和结果与之符合程度，以防止上市公司在对环境信息取舍和环境责任回避方面，利用环境报告出现道德风险和劣向选择。

（八）识别同行业竞争程度

上市公司尤其是跨国上市公司处在一个国际大环境中，面临国内外行业的各种竞争、垄断，需要应对全球性的经济危机、物价调整、政策变异、自然灾害等问题。在这样一个复杂多变的环境中，每个利益主体都希望将成本降到最低，从而攫取最大的利润。同行业之间的竞争者为了争夺市场的份额，往往会选择粗犷式的生产方式，降低对污染处理的成本，加大污染排放速度和强度，加剧了环境的恶化。在一个环保自律意识淡薄和外部监管缺乏的企业，同行业竞争越激烈，排污者选择放弃环境履约责任成本的可能性就越大。这是审计师在判断上市公司环境责任时应当持有谨慎态度和必须加以考虑的一个重要因素。

第六章　政策建议：生态补偿协同机制建立

第一节　职业会计师审计查验系统

一、环境审计鉴证主体地位的转变

环境审计最早是西方一些企业用于防范因违反环境法规而受到处罚导致经济损失的一种经济手段。后来，由于它在环境管理系统的完善和环境管理系统的有效性提高方面产生了积极作用，从而迅速在各个国家普及开来。由于环境资源社会性和公共性，环境审计很快成为政府审计的重要部分，在政府制定和执行环境保护政策等方面发挥着重要的促进作用，更由于委托代理关系存在，民间会计师成为西方国家环境审计的主力。诚如英国审计学者席勒和肯特（Sherer & Kent，1983）所言：按照广义的组织观，一个组织除了其法律上的所有者外，还存在与其有着某种经济或社会关系的其他关系人，一个组织要想生存，就必须创造高额报酬以激励这些关系人作出必要的努力。环境审计受托人，包括国家审计机关、社会审计组织和内部审计机构及其人员。国家审计只是环境审计政策的制定者、环保行为的引导者和环境制度的监管人，政府将环境审计让位给社会审计组织和注册会计师将成为必然。

上市公司环境责任的承担，迫切要求注册会计师实施公司环境审计鉴证，以促进公司履行环境责任；环境审计的本质是一种特殊的经济控制活动，相应的上市公司环境审计的本质也在于控制；绿色市场的压力和注册会计师制度，为以民间为主导的注册会计师的环境审计发展提供了广阔市场。

二、注册会计师环境审计鉴证能促进公司环境责任履行

从理论上来看，获利是上市公司的最大动机和最终目的，但获利并非绝对

地是好或是坏。原因在于，公司获利目标的实现需要借助于一定的社会条件和环境，并由此产生大量的利益相关者、复杂的利益关系和相应的社会责任，其中的环境责任已成为企业的主要社会责任。显然，以牺牲环境为代价，无视社会环境责任的获利企业是十分自私的，也是严重违背环境法规、伦理道德的。在我国目前的社会环境下，上市公司应承担的环境责任具体内容包括：消除现存环境危害；改进环境管理政策和生产经营过程中的环境影响；支付环境治理费用；承担环境破坏和污染后果以及由此引起的民事、刑事责任等（蔡春和陈晓媛，2006）。上市公司的环境审计正是审查这些环境责任履行情况，审计的特点也应基于上市公司自身特点及其环境责任而言。

基于环境社会责任，政府和社会对上市公司财务披露要求更为严格，问责制度也较为苛刻；同时，对公司环境报告的审计相对于非上市公司来讲更加仔细。但这并不会因此降低上市公司财务舞弊风险和环境报告舞弊风险。审计实践证明，上市公司财务舞弊的方法主要是虚增利润，而虚增利润的主要手段就是少报虚报财务成本。舞弊的另一种方法就是虚假增加上市公司所有资产，即通过舞弊达到上市的标准，实现虚假上市筹集资金。由于大量环境事项的隐蔽性、计量的模糊性、环境负债的滞后性和会计判断的高频率，会计极有可能违背职业操守。从一般财务舞弊动因及方法中不难看出，环境会计所有要素均有可能成为上市公司舞弊对象，环境信息不规范披露（不披露、错误披露、误导性披露）成为上市公司环境舞弊的主要手段，这也是上市公司环境审计的特点。因此，上市公司环境审计的目标和重点应该是其所提供的环境财务会计报告和环境管理业绩陈述报告，其信息容量包括"环境会计核算系统的信息和环境管理控制信息系统的信息"（袁广达，2010），借此监督、评价和鉴证上市公司环境资金收支符合性、公允性和环境管理合法性、有效性。上述审计目标的实现，促成了注册会计师在担当环境审计重任时，审计形式主要会体现在对公司环境信息的管理审计、报告审计、咨询服务和风险评估等方面。我国学者林琳（2005）从狭义层面将环境审计定义为：注册会计师对公司披露的环境信息进行独立的审计鉴证，看其是否遵守真实公允原则，公司是否确立环保目标，环保目标实现情况如何，本年度有多少目标已经达到、有多少尚未达到，公司制定环保法规的情况，公司提取的环保负债情况，以及公司对环境信息的披露情况等。

三、控制是注册会计师环境审计鉴证的灵魂

环境审计的本质是一种特殊的经济控制活动（房巧玲，2009），相应地，对上市公司进行环境审计的本质也在于控制，其具体的检查、监督、评价和鉴证行

为实质上都服从于控制功能。环境审计检查企业的环境报告，监督企业受托环境责任的履行，并对企业受托环境责任的履行进行评价和鉴证，同时对上市公司有关环境管理问题提供咨询，从而实现对上市公司受托环境责任履行过程的控制。

环境污染和资源消耗的治理速度和自然修复能力使得人类面临的环境压力进一步加大，不过，现代工业传统模式和生产方式造成的地球环境恶化的频发事件已经使人类惊醒，但这不等于环境影响因素就此自然地消除，相反，发展中国家大多数公司如今并没有促进环境影响在管理信息系统中得到全面的反映并引起足够的重视，专门的环境会计报告和独立环境审计准则空白，公正的社会中介监督主体缺位，更没有具有说服力的能够货币量化其价值损耗程度和数据的环境鉴证报告，并且长期以来在环境评价的制度设计中将注册会计师排除之外，导致环境信息披露市场混乱局面。而企业经济人性质和对利益的疯狂追逐，表现在环境上的道德的劣向选择不可避免。因此，一个好的管理控制系统要求这些影响因素能够被成功地预测，并能得到有效的控制，就成为我们竭力追求的目标。预测是一种事前的管理，控制是贯穿始终的制度安排和控制手段、技术、方法的相互统一。通过社会审计手段对环境事项的控制，使股民对于股票投资选择的主导思想以绿色为核心元素，并进而直接影响到上市公司股票的价格。股票价格的高低是上市公司所能筹集资金的基础。而股民对股票的理性选择往往取决于公司的声誉，这些声誉包括公司自己出具的财务报告和社会上相关机构对其的评价而产生的社会声誉。随着人们可持续发展的意识提高，上市公司环境保护责任履行情况亦愈加被人们重视，已经成为影响上市公司股价的很重要因素之一。所以，环境审计控制显得更为重要。

四、绿色市场成为注册会计师环境审计鉴证的必然选择

现阶段，环境问题已成为生产经营管理的潜在风险，人们在生产和交易时，必然会考虑环境风险的存在，他们需要对环境风险进行评估，或合理规避，以确认环境会计信息系统和环境管理信息系统状况。但中小企业或机构自己没有这方面的专门人员；大型企业或机构可能有这方面的专家，但这些专家受雇于自己，不具有独立性的地位，他们的评估意见尤其在交易时不具有法律效力；而国家环保机关、审计机关没有这方面的职能。因此，社会迫切需要生态价值环境审计中介服务。随着我国环境法律法规的完善，企业的法律意识和环境保护意识不断提高，中国资本市场、商品或服务市场的发展和完善，以及规范的审计信息市场体系的逐步形成，环境信息对各利益相关者的经济决策的影响越来越大，自愿聘请注册会计师进行环境审计，并将其列入危机管理的重要手段

的公司越来越多，因为他们认识到实施环境审计，能明显地减少不自觉和不适当的环境行为，有利于树立企业的环境形象，提高企业的市场竞争力。在这种情况下，注册会计师环境审计必将会成为环境审计鉴证的主要实施者、公司环境报告的审核者和环境信息出色公证人，所有这些，为以民间为主导的注册会计师的环境审计发展模式提供了广阔市场。

不仅如此，绿色市场的压力和注册会计师制度，自然要求公司自上而下在企业内部创新软环境的建设，以便建立适应环境审计的新机制，重新组合和调整自己生产方式和经营业务，使审计氛围尽可能达到改善。这样，企业才能从根本上形成一股强大的力量进行创新管理，并要求企业在新形势下面对环境审计新概念，明确环境保护的理念和自觉强化企业生态危机管理和企业战略管理。只有这样，企业才能主动和自觉地披露环境信息，塑造企业的诚信形象，提高产品市场份额；获取资本以改善资本结构；降低资源或替代品利用成本，提高市盈率和股价升值。同时，通过开展对环境管理系统的健全性、有效性的监督、评价和鉴证，证实公司环境责任得以切实履行，将成为环境管理系统的一个重要组成部分。通过会计师对环境管理系统良好状态的确认，管理者环境道德和社会责任也会被广泛认知，这有利于沟通和拓展公司各方面关系，进而获得注册会计师出具无保留意见环境审计报告的可信度，增强信息的有用性，有利于实现经济、社会和环境效益最大化的主观愿望。

五、公司环境审计签证将成为注册会计师一项新业务

审计因受托经济责任的产生而产生，因受托经济责任的发展而发展。受托经济责任扩展会导致审计领域的扩展。研究表明，环境的最大污染源来自企业的生产经营活动，那么企业就应当承担起环境治理和恢复环境质量的责任。这样，企业管理当局的受托经济责任的范围就扩大了。企业管理当局要说明履行环境管理和保护责任的情况，披露与环境活动相关的信息，这些信息的真实合法性需要注册会计师通过环境审计进行鉴证。因此，注册会计师必然要参与环境审计中。

第一，环境是人类生产和生活的基础和条件，环境责任也是社会公共责任。经济发展带动社会发展，同时也给社会带来了环境灾害和损失，促使社会公共责任范围扩大。同样，审计因受托经济责任的发展而发展，审计领域的扩展是因为经济责任的扩展。环境风险程度认定和环境责任履行情况鉴证需要通过认证的会计师验证环境审计的合法性。第二，由于近年来环境保护法律制度的不断完善，企业面临着越来越多的环保诉讼和制裁。这种情况使得企业的财务状

况受到冲击，在注册会计师的审计报告中，应当充分关注和重视环境问题对企业财务状况的影响。随着国际标准组织 ISO14000 系列标准的推出、完整和系统环境标准的产生，内部环境审计对象也发展到全部领域，事务所在其审计过程中准确地反映出企业在环境保护和管理中的投入，中肯公正地反映企业环境管理制度的成果，也越来越成为可能。第三，单靠市场机制是不能解决环境保护问题的。国家审计部门的职权范围只包括国企部分，而规模较大、数量众多并呈现发展趋势的民营和外资企业环境污染尤其严重。如果环境审计的监督考察对象不能把这些企业包括在其中，国家审计机关的环境审计工作也就不能顺利完成。解决这个问题的途径之一就是由注册会计师介入环境审计。依现有法律，国家没有权利对非国有企业实行环境审计，但有权要求所有企业必须披露环境责任报告，然后委托注册会计师实施审计。第四，环境信息不对称使社会公众对企业提供的关于受托环境责任履行情况的信息持有谨慎的怀疑态度，造成企业社会责任形象被贬低，"企业公民"价值减值，可这关乎企业和企业家的声誉和前途命运，且这些信息又是评价企业环境责任所必需的，更需要对这些信息的可信程度进行鉴证。因此，不仅是企业家，而且包括社会公众在内一切成员和组织，迫切需要关于环境审计信息的鉴证服务。注册会计师恰恰在此可以并有能力填补这个真空。注册会计师具有的较强独立性、专业胜任能力、工作适应性和社会公信度，以及人员数量规模优势，加之社会属性的会计职业也能够发挥其在环境审计中的独特作用。

显然，环境审计从本质上讲就是一种审计业务，不过是一种新兴领域的业务。社会审计开展的审计业务包括审计企业、政府的环境行为（俊敏，2006）。内部审计开展环境审计，如果涉及公司经营的环境违法行为，环境审计报告就极有可能不真实；国家审计机关属于行政部门，审计其他行政部门时就有可能会受到干扰，会使公正性受到质疑。而社会审计具有的中立地位、客观的判断以及独立的责任，在这里就可以弥补内部审计与国家审计的上述不足。这也是环境审计业务本身的需要。

总之，环境审计是上市公司建立以及运行环境经营管理系统的重要环节，上市公司环境审计产生的根本原因是受托经济责任，法律法规约束也只是一种外部动因，内部原因是商业动机，其最终目的是为了促进上市公司的可持续发展，让企业重视环境保护问题。

六、政府环境审计的局限性要求注册会计师参与环境审计鉴证

从理论上讲，环境领域是市场失灵的一个重要领域，无疑单靠市场机制是

解决不了环境保护问题的。正因为这个原因，综合经济监督部门的国家审计，应该加强对环境保护的再监督。但是，审计法规规定：审计部门只能对国有资金占控股或主导地位的企业进行审计监督，这必然要影响对其他企业包括私营企业在内的环境审计工作的开展。既然国家无权对非国有企业进行环境审计，但国家可以通过要求所有企业必须披露环境责任报告，从而将环境审计的任务交给注册会计师去做（李雪和邵金鹏，2004）。不应否认，市场经济下的政府角色错位和行为不力是造成环境问题难以解决的原因之一，因此需要政府转变职能，淡出市场，将制定环境政策和引导环境友好目标及实施监管行为视为己任。同时，由于民间审计组织由其独立地检查和评价受托环境责任的履行情况和结果，既可以减少信息的不对称，促使受托人尽职尽责，又可以提高受托人出具的环境审计报告的可信度，增强信息的有用性，从而树立企业良好的环保形象。注册会计师以其超脱地位和特有的功能实施环境审计，对环境管理所发挥的重要促进和保障作用是其他机构无法替代的。

从实践上看，目前我国政府扩大审计的范围是相当困难的，既受专业人才又受经费所限。国家审计机关设置非常庞大更不符合减政要求，所以人员数量受到了限制；内部审计部门属于企业的一个部门，工作人员的数量将不会很多。这使得政府审计与内部审计的环境审计工作受到限制。近年来，国家加大了环境保护资金的投资，以改善生态环境，增强了可持续发展的能力，实现全面建设小康社会目标。环保资金被投到更广阔的领域和项目中去，加剧了审计资源的紧张度。实行环境审计的另外一个难点是怎样高效地分配审计资源，如果注册会计师参与环境审计工作中，政府环境审计人员紧缺问题就迎刃而解。

目前，我国的注册会计师开展环境审计还处在理论探索阶段，但在经济快速发展带来的对环境保护要求不断提高的新形势下，中国注册会计师涉及环境保护领域并最终成为环境审计鉴证主力是一种必然趋势。建立起一支结构优化、高素质的注册会计师环境审计队伍，让其在获取了必需的知识和技能后参与环境审计，特别是对环境影响承担重大社会责任的制造业上市公司的环境审计，能够有效地提高我国的环境保护力度，扩大环境审计的范围，促进我国社会审计事业的进一步发展，并使我国民间审计从传统走向现代。

七、企业环境报告第三方审计鉴证研究

（一）环境报告需要审计鉴证

企业环境报告一般意义上是指企业将其履行环境责任的理念、规划、方法

和措施，以及企业生产经营活动对经济、环境、社会发展造成的影响、取得的业绩及问题等信息，进行全面而系统地总结并向利益相关方进行披露。狭义的企业环境报告是指企业年度财务报告中包含必不可少的重大环境经济信息和环境管理信息的文件。企业环境报告作为企业社会责任报告的一个重要方面，对企业的发展将会产生深远的影响。

环境报告还是可持续经济环境下的产物，相比传统的公司财务报告还是新事物。20世纪七八十年代起，一些发达国家的企业在发布财务会计信息的同时，开始披露非财务信息。其中主要包括一些人力资源、社会福利等方面的信息，由此开启了以非财务信息为重点，作为与利益相关者沟通的重要工具的时代，初衷是为了迎合市场、获取公众信赖，并展示经营成果，树立公民企业形象。进入80年代后，随着联合国可持续发展概念的提出和人类对环境的觉醒，企业应承担的社会责任进一步扩大到对资源利用和污染防治及生态维护。在此情况下，许多企业除发布财务报告之外，开始自愿定期地对外发布环境报告。进入21世纪，发达国家企业组织年度财务报告第三方审计出现了新的趋势，越来越多的企业为自身的综合报告寻求第三方审计鉴证，并将企业环境报告和企业年度财务报告集成在一起对外发布，以表达企业履行社会环境责任行动和增强组织外在形象信心。我国以伊利集团为代表的16个集团企业最早也于2006年起披露包含生态环境维护信息的公司报告，又称可持续发展报告或企业公民书。但是，实际上，直到在20世纪90年代前，国外在第三方对企业综合报告的审计报告中，并没有包含关于企业环境绩效信息的专门声明；同样，财务审计报告中也几乎没有包含任何对环境事项的特殊说明。因此，利益相关者并不清楚年度报告中公司环境责任的履行情况和自然环境状态，他们对企业可持续的关心使公司环境报告审计鉴证提上了议程。

（二）解决环境报告第三方审计鉴证的要点

会计师行业需要开阔思维，打开创新意识，从环境审计这一新兴业务入手，打破传统，早日在环境审计业务服务领域打开局面，为今后的稳定长远发展奠定基石，这不仅仅是应对业务盈利扩大的需要，更是应对注册会计师业务发展瓶颈的突破，对于扩展注册会计师功能有着重要的推动作用。由此可见，中国企业环境报告审计的注册会计师嵌入是一种不可逆转的未来趋势，更是注册会计师业务拓展和制度完善的必然。为此，不妨从现在起，无论是政府，还是社会，或是注册会计师行业本身，都应该共同努力搭建好环境报告第三方审计鉴证的基础性平台。

1. 加大环境报告第三方审计鉴证的环境文化建设

党的十八大提出了生态文明战略，这对中国环境保护的开展指明方向，也给环境审计提供了思想武器。生态文明建设部署作为一种中国环境文化弘扬，它的内涵是强调人与自然的和谐，倡导人类对环境关系的优化和人对自然行为的科学化，其核心内容包括环境管理的价值、精神、伦理、意识、风险和参与，借以引导企业维护社会、经济、生态平衡，遵守环境政策与法律，履行企业环境责任。

21世纪，中国环境新文化兴起可喜可贺，但付诸行动还需要各方面做艰苦的努力，而就环境报告审计而言，为了使今后环境报告审计鉴证业务能够健康有序地开展，社会各个阶层、各方面都应大力倡导环境文化宣传和环境文化教育，吸引整个社会的关注和参与环境鉴证活动。加强对环境报告审计的宣传，只有在全社会营造了保护自然、爱护环境、珍爱生命的可持续发展文化氛围，环境审计鉴证巨大作用和未来潜力才能够真正发挥出来。环境文化宣传主要可以从三个方面进行：一是强化领导的环境文化宣传和教育，其核心是国家环保法规和政策宣传，提高政府官员的环境报告经济责任意识，推进对地方政府自然资源资产负债表的编制和审计审核，明确各级领导环境业绩考核和权责关系，让领导认识到环境报告审计的重要性和紧迫性；二是要加强对公司的环境文化宣传，让企业认识节能减排、清洁生产和资源循环利用对公司的极大利好，自觉在生产经营中减少对环境的污染和破坏；三是加强对整个社会公众的环境文化宣传，倡导环境道德投资思想意识和建立在生态良性循环、社会公平正义和民众积极参与并自身发展基础上的环境文化活动，营造主动利用环境审计鉴证报告进行理性投资、筹资的市场需求，促使注册会计师环境报告鉴证和其他环境活动审计评价的正常化、良性化、规范化，并最终实现市场化。

2. 全面增加环境报告人和审计鉴证人的环境知识训练

改革开放后，中国经济发展速度和对环境问题及其损害程度的关注度远远不成比例，造成中国会计环境滞后现实，不仅导致会计人员对环境交易和事项的不关心、不理解或不了解，也给会计环境报告质量带来负面影响，不言而喻，环境审计状况也堪忧。环境报告区别于常规财务报告，环境报告审计鉴证也区别于财务报告公允性的审计评价，其对会计和审计人员的环境知识要求较高，一些环境、生物与生态物量指标识别和辨认需要具备很强的专业知识，特殊环境事项判断需要环境法规、环境标准和国家环保政策常识，这与会计和审计人员熟练应用财经法规判断财务经济事项一样同等重要。尽管早在2006年中国注册会计师协会发布的《中国注册会计师审计准则第1631号——财务报表审计中对环境事项的考虑》中，规定了注册会计师针对影响财务报表的环境事项所实施的实质性程序，但还是从账项基础审计思维出发，因而对于信息涵盖范围远超财务信息的企业环境报告和对其报告实施真正意义上的环境鉴证而言，存在不少局限性。因为它并没有明确回答注册会计师嵌入环境审计的动因、理由以及如何嵌入等事关第三者审计鉴证的首要问题，进而造成目前市场上环境报告鉴证主体不明、内容不清、方法各异、具体鉴证依据缺失等诸多问题。事实上，中国注册会计目前还远离于环境报告审计，但这份由中国注册会计师协会发布的具体准则至少表明，中国注册会计师对嵌入环境审计必须做好应对。

为此，承担环境报告人的公司会计和对其环境报告进行审计查验的注册会计师必须要进一步提高自身素质，以积极的姿态准备中国环境审计的到来。中国企业贸易、国际经济贸易和国外众多的环境壁垒也需要中国注册会计师转变观念，迎接挑战，全面增加对环境知识的学习，包括：环境知识方面的后续教育和培训；基本环境常识如环境经济学、环境工程学、环境法学等方面的知识学习。要做好环境审计工作，我国还要在以下方面继续加强：造就和培养一批既懂财会、又懂审计、又懂环境科学的环境审计队伍，为做好环境报告鉴证打下高素质的人才基础；同时，注册会计师协会应当积极借助社会环境专业人士力量，建立社会环境专家库，在实施环境审计中，聘请环境工程技术人员、环境法学专家和律师参加到具体实施的环境实务中；有计划有步骤地打造中国环境审计的高端人才和领军人物，积极开展国际交流向环境审计做得较好的国家学习；利用电子信息平台建立环境会计和环境审计及环境知识的远程知识库，并在中国工商管理类专业开设环境会计和审计专业课程，为建立起一支结构优化、高素质的环境审计队伍做好人才储备。

3. 完善环境审计法规建设以规范环境审计行为

从审计依据看，我国要加强环境审计法律、法规建设，参照国际环境审计的经验，尽快完善有关法律法规体系，尤其是要对我国现行《中国注册会计师法》进行重新修订和发布，扩大民间审计权限，保证民间审计涉及环境事项审计、业务拓展符合法规和政策及具体标准，以促进公司环境鉴证良性循环和健康发展。另外，财政部和中国注册会计师协会，应当加强环境报告鉴证审计的制度建设，提前制定能够实际作业的环境审计工作审计技术标准和实施细则，发布一套较为具体的独立环境审计鉴证业务基本准则、具体准则和业务指南，进一步明确注册会计师进行环境审计的对象、内容和范围与程序及方法，这是做好环境报告鉴证工作的前提条件，否则公司环境审计报告鉴证将寸步难行。笔者以为，就我国来讲，这个标准既包括独立审计法规，也包括从事环境审计的具体技术标准。这些标准有的来自政府部门法规，有的是民间审计行业协会审计与会计准则，更多的则是环境保护部门、环境影响评价机构的具体技术标准。

4. 建立环境报告审计的基础性资料

没有环境事项的会计处理标准就无从认定环境报告公允性，更无从进行有效的环境报告鉴证。环境会计师职责就是对环境事项或交易进行确认计量和报告，环境审计是要对被审计单位提供的独立环境报告或带有环境信息的综合财务报告进行再认定，以确认或解除管理层的环境责任的履行情况。由此可见，环境会计是环境审计的基础，会计资料为环境审计提供了可验证的企业环境行为踪迹，会计是环境先导，若没有会计资料及其相关的其他资料，审计就没有了对象。实际上公司在市场经营中大量产生环境活动，这些活动需要会计给予足够的关注，比如，会计对环境事项的交易活动要建立和健全基本账务体系，设置环境科目和账户，统一和规范核算办法。更为重要的是有关环境活动的大量含有环境收益、支出和债务的原始统计台账、票据、日常作业记录、谈话记录、会议记录、日常申请报告和管理层定期对外发表的环境声明书，因为这不仅是会计对环境业务的确认、计量、记录和报告基础，是会计人员进行环境经济核算的原始凭据，也是审计师借以认定环境责任和评价公司环境业绩的重要依据。特别提出的是环境或有事项往往被会计人员所忽略，比如对外排放污染产生的环境外部性，需要引起足够的关注，对于可计量和可认定外部损失应当加以事前预计，并在年度环境报告重点披露其导致的财务状况、经营成果、现金流量及对所得税税收的影响，以及对周边大气、生态、土壤、水泊和人的身体健康等方面的重大影响。除此之外，环境审计鉴证业务资料还包括众多的环境技术标准和质量标准，建立健全并妥善保管这些技术资料是环境审计顺利开展和规避审计风险的必然要求。

5. 以风险意识着力改进环境报告审计的技术与方法

环境报告审计的实质是对企业环境报告产生的重大错报、漏报和不实披露信息的查验和评价，审计过程是辨认、分析和评价环境风险对企业内外的重大影响，其最终目标是进一步认定各种环境不确定因素，并在此基础上采取科学的风险控制对策，以实现最大环境安全效果的努力过程。由此决定了环境报告审计技术和方法与传统的账项基础审计明显不同。账项基础审计往往使审计人员把主要精力集中于会计账簿，"只见树木，不见森林"，难于把握环境审计风险。由于环境事项的特殊性和环境活动对企业造成影响的滞后性、模糊性，要求审计主体在角色转变方法、审计技术和方法采用方面与财务审计明显有异。为此，要求审计人员创新审计技术和方法，以风险导向作为审计的基本思路和出发点，充分认知企业经济活动的环境风险，在计划审计和报告审计结果时，理智地将环境报告或财务报告环境项目的审计重要性水平，确定在报告信息的使用者进行环境决策可容忍的水平，运用恰当的评价方法，对企业环境状况实施评价分析，提出公允的评价结论和评价意见。可以认为，环境活动影响财务指标变动的复杂性，环境损害程度的潜在性和持久性，环境交易和事项会计确认和计量的技术性和模糊性，决定了环境报告鉴证的审计师必然也只有采用持续的环境风险导向审计模式和思维，才能更好地实现环境报告审计服务于保护环境、促进生态文明建设的国家大局。

第二节　环境成本核算与管控系统

一、生态补偿对隐性环境成本的关注

生态环境补偿和环境会计核算要特别关注隐性环境成本，因为它直接关系到环境成本的确认与计量，影响环境损害价值的核算、环境会计信息的质量甚至环境保护的进程。同时，隐性环境成本又是研究环境会计绕不过的门槛，更是环境成本会计的重点和难点。为此，需要会计人员从会计职业判断角度，以企业为出发点，通过会计政策和原则对隐性环境成本影响进行分析，总结隐性环境成本理论特征和基本内涵。

会计实务中，由于存在隐性环境成本的意识不足、环境法规不完善与会计制度不健全、缺乏环境成本信息市场、隐性环境成本信息专业性强及难以理解等问题，隐性环境成本至今尚没有确切的定义。随着公众环境保护的观念增强、意识提高与道德觉醒，特别是环境信息需求市场的拓宽，对隐性环境成本的确认显得尤为重要。但隐性环境成本确认又较为复杂，需要会计人员具备良好的职业判断能力。会计职业判断是指会计人员根据会计法律、法规和会计原则等会计标准，充分考虑企业现实与未来的理财环境和经营特点，在对经济业务性质分析的基础上，运用自身专业知识，通过分析、比较、计算等方法，客观公正地对应列入会计系统某一要素的项目进行判断与选择的过程①。就隐性环境成本而言，在面对某些特定以及不确定的情况下，当经济事项对环境可能产生影响甚至破坏时，会计人员不仅要准确理解和深谙会计准则条文的内涵，而且要结合自身工作经验以及对相关经济活动产生隐性环境成本的认知能力和逻辑分析能力，在遵守会计职业道德的前提下，对隐性环境成本是否确认作出客观判断。

---

① 夏博辉．论会计职业判断［J］．会计研究，2003（4）：45.

二、隐性环境成本的会计职业判断

（一）会计原则的选择与协调

当企业面临着的客观经济环境发生变化且某项经济活动存在着复杂性和多样性时，需要会计根据企业实际情况对经济事项的确认和计量在多个会计原则之间作出选择，当各会计原则的选择结果存在明显道德差异时，需要会计人员在选择会计原则的过程中作出协调。隐性环境成本由于具有较强的隐蔽性，在确认和计量时会计原则的选择会更加复杂。比如，对于所有者而言，其目标是实现股东价值最大化，在这种前提下，股东希望会计人员按照真实性原则不将隐性环境成本加以确认；对于管理者而言，其受托于所有者，在确认隐性环境成本对自己有利的驱动下，不愿意加大环境成本的确认并与所有者意愿一致；对于债权人而言，其目标是确保求偿权的实现，因此债权人希望企业按照谨慎性原则对隐性环境成本作出确认，以此更加精确地判断公司的偿债能力；而对于政府而言，其希望企业以社会效益的最大化为目标，实现环境社会责任承担，按照重要性和谨慎性原则确认隐性环境成本。上述不同的利益主体之间相互博弈的过程，会计人员是应该选择真实性原则、谨慎性原则、重要性原则还是其他原则，以及在选择这些原则的过程中如何对其进行主次排序，取决于会计的价值取向、行为动机和职业操守。

（二）会计处理方法的选择

会计处理方法也称会计核算方法，指会计对企业已经发生的经济活动进行连续、系统、全面反映和监督所采用的方法。会计处理方法包括会计确认方法、计量方法、记录方法和报告方法。由于客观经济的复杂性以及各个企业的特殊性，企业可在允许的范围内对经济活动产生的某种费用采用不同的会计处理方法。其实，同一交易或事项的多种会计处理方法之间本无绝对的孰优孰劣，只是适用条件不同。而现行会计准则对其只作了原则规定，缺乏对多种方法选用标准的具体规定，这就需要会计人员的职业判断。对于隐性环境成本而言，由于其具有一定偶然性和较高潜在性，发生和不发生取决于未来事件出现的概率，在确认时会计方法的选择更加灵活。比如，化工企业的排污是否会造成周边社区、居民人身伤害和经济损失并事前计提赔偿准备，取决于该事件发生的概率估计水平，概率自大到小可以分别记入预付债权、应付债务、预计债务，这其中的预计债务就是隐性环境成本。再比如，由于环保法规的颁布实施，公司的法律工作人员参与环境管理活动，该活动产生了如取得许可证、控制供应链污染等费用，然而因为这些费用不能完全归类于与环境保护有关的项目，大多数企业按照现行的会计准则将其计入管理费用，但是由于这项费用是企业出于环境保护的目的所产生的，根据配比原则和明晰性会计信息质量要求，这项计入管理费用的环境支出就成了隐性环境成本而被不适当的有缺陷的现行会计处理方法所掩盖。

（三）会计估计方面

会计估计是指对结果不确定的交易或事项以最新的可利用的信息为基础所作出的判断。为了定期、及时提供有用的会计信息，需将企业持续不断的经济业务划分为各个阶段，如年度、季度、月度，并在权责发生制的基础上对企业的财务状况和经营成果进行定期的确认、计量。会计实践中，对于不确定的交易或事项进行会计估计是经常出现的，而隐性环境成本具有较高的不确定性，在确认隐性环境成本时更需要会计人员运用自己的职业判断能力对其作出估计。例如，企业研究开发了一项目前市场上没有的环保设备记入环境资产，那么企业的会计人员在后续处理的过程中是否要对该项环境资产计提折旧以及如果计提折旧，折旧的期限是多久、该项环境资产的预计净残值是多少等。显然不同程度的会计估计产生的环境会计信息及其信息质量不同，会直接影响到会计信息使用者环境投资决策。

上述会计原则的选择与协调、会计处理方法的选择、会计估计方法的选择等都会直接体现会计职业判断应用，并为隐性环境成本定义提供基本的思想。

三、隐性环境成本定义的列举分析

依据前文所述，会计人员职业判断能力对隐性环境成本的确认与计量居于重要地位。在此，我们以企业为例，对隐性环境成本该如何定义进一步阐述。

（一）案例一

某日，环境监察总队对A化工企业开展突击执法夜查，在靠近脱硫塔附近的排水口对排出的废水进行酸度测试，发现其pH值在5左右，即硫没除干净。随后，环境监察队又用仪器对除硫塔进行监测，其结果显示，该锅炉的二氧化硫排放浓度达350毫克/立方米，超标6倍。并且由于煤锅炉在运行，A企业以化验员下班为由没有对加碱作出记录，使得超标的二氧化硫直接排到大气中。据此，环境监察总队对该企业处以3万元罚款。但是，像A这种化工企业守法成本高、违法成本低，被罚款的金额明显小于其对环境造成的破坏或治理成本，这部分的差额就应属于隐性环境成本。它是 A 企业应承担而未承担却推卸给社会的一种环境责任，显然是 A 企业通过破坏环境换来的非法或不当收益。如果基于环境法律、道德和企业公民责任，A 企业财务部门应当根据上述排污量、危害程度和可能带来的损害大小，应用会计的职业判断能力确认为一项隐性环境成本发生并反映在会计系统。原因如下：

1. 确认隐性环境成本符合重要性原则

我国 2014 年修订的《企业会计准则——基本准则》中，规定了企业会计信息的质量要求，其中第十七条规定："企业提供的会计信息应当反映与企业财务状况、经营成果和现金流量等有关的所有重要交易或者事项。"这实际是在强调企业提供的会计信息要遵守重要性原则，对那些预期可能对经济决策发生重大影响的事项，应单独反映或重点说明。本例中 A 企业生产化工产品可能带来的环境费用支出，应归集到环境成本项目中，否则，不确认的这些隐性环境成本将会给企业未来带来极大压力，从而增加企业的财务风险，造成虚增企业的收入与利润，为企业未来的发展埋下隐患。因此，确认明显属实的隐性环境成本并在一定的会计期间恰当地量化反映成本，将会对企业经营决策的科学性产生重大影响。

2. 确认隐性环境成本符合权责发生制

《企业会计准则——基本准则》第九条明确规定："企业应当以权责发生制为基础进行会计确认、计量和报告。"权责发生制基础要求，凡是当期已实现的收入和已发生或应负担的费用，无论款项是否收付，都应作为当期的收入和费用，计入利润表；凡是不属于当期的收入和费用，即使款项已在当期收付，也不应作为当期的收入和费用。A 化工企业在生产经营过程中取得收入，并产生相应的隐性环境成本，A 企业的会计人员应当在交易成立确认收入的同时也确认隐性环境成本，这是权责发生制会计核算原则遵循，也是正确计算损益的基础。即使我国尚未出台环境会计的具体会计准则，基于社会伦理、企业责任和会计的稳健性原则，A 企业对环境问题也负有责任。并且对当下产生的隐性环境成本加以确认，也符合权责发生制原则会计核算的要求。

3. 隐性环境成本的确认符合配比原则

《企业会计准则——基本准则》第七章第三十五条规定："企业为生产产品、提供劳务等发生的可归属于产品成本、劳务成本等的费用，应当在确认产品销售收入、劳务收入等时，将已销售产品、已提供劳务的成本等计入当期损益。企业发生的支出不产生经济利益的，或者即使能够产生经济利益但不符合或者不再符合资产确认条件的，应当在发生时确认为费用，计入当期损益。企业发生的交易或者事项导致其承担了一项负债而又不确认为一项资产的，应当在发生时确认为费用，计入当期损益。"从中可以看出，某个会计期间或某个会计对象所取得的收入应与为取得该收入所发生的费用、成本相匹配，体现为因果关系上的配比和在时间上的配比。A化工企业为了取得收入，需要将生产出的化工产品卖出，因此可以理解为A化工企业为了取得收入而产生相关的隐性环境成本，所以收入和隐性环境成本存在因果关系上的配比；A企业当期取得的交易收入来源于其当期出售的化工产品，在完成一项交易的同时，就应确认当期与之相关的交易成本、费用，而隐性环境成本就属于该项交易的相关成本，从而体现收入和成本在时间关系上的配比。

4. 隐性环境成本的确认符合谨慎性原则的要求

《企业会计准则——基本准则》中，规定了企业会计信息的质量要求，其中第十八条规定："企业对交易或者事项进行会计确认、计量和报告应当保持应有的谨慎，不应高估资产或者收益、低估负债或者费用。"这实际是在强调企业提供的会计信息要遵守谨慎性原则。谨慎性要求企业对交易或者事项进行会计确认、计量和报告时保持应有的谨慎，不应高估资产或者收益、低估负债或者费用，即所谓"宁可预计可能的损失，不可预计可能的收益"[1]。确认隐性环境成本表明A化工企业会计立场和会计态度，对经济活动中可能产生的环境费用损失事前作出合理的估计，将其分担到企业平时的生产经营活动中，有利于减少财务风险，这种会计处理方法完全符合谨慎性会计原则的核算要求。

（二）案例二

王某为A化工企业的职工，在车间实验室工作。由于A化工企业生产的化工产品对空气污染严重，企业没有配置劳动保护设施而王某又常年接触各种化工产品，以致引发严重肺病，丧失劳动能力。根据聘用合同，A企业对王某一次性赔偿30万元了断。由于王某是因为化工产品对空气污染严重而致工伤，并且金额可以可靠计量，因此，这30万元可以计入显性环境成本即通常所指的"环境成本"。但是，王某是王家的经济支柱，王某丧失劳动能力之后，王家会不会要求企业后续赔偿？例如王某肺病复发的医治费用、病变转移致其死亡或其子女的抚养费等。假如企业通过一系列参考资料分析、合理认定后，认为对王家后续赔偿且赔偿的概率度很有可能在50% <发生概率≤95%区间，但难以确定未来赔偿的金额；另外，这笔可能支出是该记入"管理费用"还是"营业外支出"或是"隐性环境成本"科目，难以区别。即使是这样，企业也应在王

---

① 袁迎菊，李建琴，姚圣. 基于环境控制角度的隐性环境成本计量探析 [J]. 煤炭技术，2012 (6)：28.

某病发初期，就对王家后续赔偿的这笔未来将很可能支付但金额不能确定的费用记入隐性环境成本，确认为一项或有预计负债。理由如下：

1. 确认隐性环境成本有利于全面反映企业的财务信息

我国目前强制上市公司披露环境信息，鼓励非上市公司披露环境信息，隐性环境成本属于环境信息的范畴，只需在财务报表上披露而不需在表内列示。在表外披露时，会计人员可以根据相关经验，大致判断出赔偿金额，这符合或有负债只在表外披露的准则。这种处理方法有利于投资者及潜在的投资者对企业的财务信息的全面了解，以便作出正确判断。而记入"管理费用""营业外支出"科目则需要以明确的金额在费用发生时确认和计量并在当期表内列示，既然本例中王家要求后续赔偿是难以准确估计赔付金额，会计就不能直接列支到"隐性环境成本"科目，而只能作为一项重要的或有负债事项的发生，在会计报告的附注中加以详细披露。

2. 确认隐性环境成本有利于企业作出最优决策

现阶段我国会计市场上对于环境信息的关注度较低，对于隐性环境成本也还未受到足够重视，因此隐性环境成本的确认在很大程度上还仅仅是管理会计而非财务会计的要求，即隐性环境成本的应用主要是企业管理者用于经营和财务决策。如本例中，由于王某旧病复发、病变转移致其死亡或其子女的抚养费所需的医药费金额可能较大，隐性环境成本可以根据预估数额从病发当期加以确认，而不是等到旧病复发、病人死亡之际，这至少有利于 A 企业了解自己的化工产品的合理成本支出，对于制订财务预算、制定产品价格、实施企业环境管理乃至战略部署有重大现实意义。

3. 确认为隐性环境成本符合实质重于形式的原则

根据我国《企业会计准则——基本准则》第十六条规定："企业应当按照交易或者事项的经济实质进行会计确认、计量和报告，不应仅以交易或者事项的法律形式为依据。"由此可以看出，会计准则强调了实质重于形式的会计原则。实质重于形式要求企业应当按照交易或者事项的经济实质进行会计确认、计量和报告，不仅仅以交易或者事项的法律形式为依据。一般情况下，大多数企业的工伤赔偿都会做如下会计处理："借：管理费用——福利费（或者借：'营业外支出——非常损失'），贷：银行存款"等，但这样的会计处理，较难辨别出这部分管理费用（或者营业外支出）产生的缘由；而计入隐性环境成本的会计处理："借：隐性环境成本——工伤赔偿费，贷：预计负债"，可以明显反映出这笔费用的来龙去脉。为此，在目前环境会计准则欠缺的情况下，作为一种预计债务，A 企业增设"隐性环境成本"等此类的环境科目来反映环境会计信息就显得十分必要了，显然这也符合实质重于形式的会计原则。

四、隐性环境成本定义与会计核算

综上所述，笔者将隐性环境成本定义为：隐性环境成本就是由企业经济活动所引致的、因客观存在的原因而未由本企业现时承担，或者企业现时应承当却难以明确计量的环境成本。正因为这种成本尚未作出货币计量，所以不能称为真正传统会计意义上的"成本"。显然，隐性环境成本的必备条件是：企业经济活动所引致的环境成本。它反映在企业生产经营的全过程，从产品设计、清洁原料购进、产品结构或生产工艺改进，直至产品发运销售过程减少供应链污染和售后服务等。除此之外，隐性环境成本还必须满足以下两个条件之一，即：

（1）隐性环境成本由于客观存在的各种原因而未由本企业现时承担。隐性环境成本属于成本的一种，虽然其由于种种原因而未由企业现时承担，但是对于环境的影响甚至是危害确实已经形成了，即事实上已经发生了与环境相关的成本，最终这项成本还是要内部化处理由环境责任企业承担。

（2）隐性环境成本难以明确计量。隐性环境成本由于现阶段相关规定准则不健全，不能明确计量，但至少能对其重要性进行判断，考虑其是否在财务报告中披露。而如果可以明确计量与环境相关的成本，应必须计入显性环境成本纳入财务报告列示。

第三节　环境风险与成本管理系统

一、管控环境风险的会计思路

环境风险评价属于环境评价范畴，环境风险控制建立在环境风险评价基础上。国际上一般所指风险评价包括概率风险（事前）评价、实时后果（过程）评价和事故后果（事后）评价三个方面，从评价范围上可分为微观风险、系统风险和宏观风险三个等级（胡二邦，2004）。对环境风险事前预测与控制理论研究，源自20世纪70年代，最为著名的是美国核管会于1975年完成的对核电站进行的系统安全研究，在其研究成果"核电厂概率风险评价指南"（WASH-1400）中，系统地建立和发展了所谓概率风险评价方法（PRA），具有里程碑的标志（USHRC，1975）。其后，印度博帕尔市农药厂事故和苏联切尔诺贝利核电站事故大大刺激与推动了环境风险评价的开展（Contini & Servida，1992）。同时，世界银行、联合国环境规划署、欧盟、世界卫生组织、亚洲开发银行等国际性组织也相继制定和颁布不同形式的环境风险评价与风险管理的文本，对环境影响及其评价作出规定。到 80 年代环境风险评价成为环境评价的重要内容，亚洲开发银行于 1990 年出版了"环境风险管理"。我国环境风险评价与管理，自 1990 年后开始受到重视，秦山核电站、三峡工程、北京奥运会等一系列重大工程和项目均做了环境评价。2004 年中国环境风险评价专业委员会组织编写的《环境风险评价实用技术和方法》是新中国环境风险评价与管理最早的研究成果。进入 21 世纪后，松花江污水、太湖蓝藻、三鹿奶粉等一连串重大环境灾害事故爆发和潜在隐患，更引起政府及环保部门对环境风险评价与实证研究的重视，并为此作出许多努力。但上述研究及其成果的特点集中体现在环境工程或项目实例的物量计算和化学分析与方法应用，较少涉及环境价值信息和价值管理层面，存有明显缺陷与不足。国内外研究学者将环境信息纳入会计信息系统而非国民经济核算系统，并从会计信息角度和管理控制方面分析企业环境风险致因和控制方法也并不多见，这不仅因为风险评价的复杂性，更因为上层管理者缺乏足够重视和环境会计制度滞后。

应当看到"环境问题究其实质还是经济问题"（姚建，2001），环境风险评价与管理控制是 21 世纪实现可持续发展的重要手段之一，是环境评价中一门崭新且日益重要的管理学科。而自 20 世纪 90 年代，在会计思想演进的"第三历史起点"中（郭道扬，2009），全球会计界已经参与解决全球性可持续发展问题，并将其放在未来会计控制思想与行为变革的重要方面，以环境管理视角重视并主动利用环境会计信息，充分认识会计、审计乃至财务控制，在对公司经济活动过程控制、节能降耗以及解决与生态环境治理直接相关的废水、废气、废料排放控制方面起到基础管理作用。显然，从环境会计信息的视角透视环境风险评价与风险控制机理，对提高会计信息质量和环境风险管理能力，拓展环境风险评价与风险管理思路，丰富环境会计和环境管理的内涵，激发管理层对环境会计的重视，均具有一定积极作用和现实意义。

二、对环境会计信息与环境风险评价关系的认识

现代企业生产经营面临着各种各样的风险，环境风险也是其中之一，并越来越影响和制约企业经营风险、投资风险、财务风险、管理风险及社会和道德风险。所谓风险一般是指损失、灾害事件发生的可能性和概率程度，通常用事故可能性与损失或损伤幅度来表达经济损失与人员伤害的度量。基于这一基本概念，现将环境风险定义为企业背离政府既定的环境保护目标，违背环境保护责任与道德义务，以致造成环境破坏，发生对健康或经济突发性灾害事件的可

能性。这种灾害事件后果能导致对环境的破坏，对空气、水源、土地、气候和动物等造成影响和危害，且一般不包括自然灾害和不测事件。企业环境风险评价则是指依据既定的政策标准，辨认、分析和评价影响企业目标达成的各种环境不确定因素，并在此基础上建立风险预警机制，采取科学的风险控制对策，以实现最大安全效果的努力过程。

会计信息是指符合会计制度、会计准则以及相关的法律、法规等法定规范标准，从会计系统中整体揭示会计主体财务状况、经营成果及现金流量情况的经济概念和系统要素，以反映经济现象本身状态及其过程和结果的一系列价值量、技术标准和社会指标及与其相关的其他信息。按照与环境的关联性，会计信息可分为环境会计信息和非环境会计信息。

环境会计信息是会计信息中含有自然资源要素，经过会计计量，具有其独特表达方式和方法，并构成一个有机整体且能反映环境财务信息和环境管理信息的系统构件。其一，就本质而言，环境会计信息所反映的是在可持续发展背景下对企业自身财务行为的道德约束，它既是企业的宗旨和经营理念，又是企业用来约束内部生产经营行为的一套管理和评价体系，目的是向环境利益的相关者提供企业环境责任履行情况和环境业绩报告，借以反映管理者社会责任、环保意识、环境道德水平和可持续经营成败，以利于利益相关者作出道德投资、公正评判和谨慎管理，实现企业的经济价值、环境价值和社会价值的有机统一。又因为环境资源是人类生存、生产和生活的重要资源，环境信息是生态经济系统中最重要的组成要素之一，人类认识这种资源和信息是为了解读信息中最有价值的成分，以便可持续利用和实施恰当的管理控制，并提高其使用价值，保护环境，为全人类谋取最大的环境福祉。其二，企业经营存在着环境活动，也就存在着环境管理行为，并构成现代企业管理的一个重要方面。这些活动和行为产生的信息即是企业环境管理信息，"企业环境会计和报告使许多事项进入财务信息，由此引致环境审计"（世界资源研究所，2003）。环境活动的经济性决定环境管理控制活动信息也成为环境会计信息的另一组成内容。可见，环境会计的信息容量和信息内容反映在会计系统中是包容环境信息载体的系统集成，它包括两大系统构建成的有机整体或框架：环境会计核算信息系统和环境管理控制信息系统（袁广达，2002）。这种划分与环境信息利益相关者的划分相一致，并与企业组织所从事的环境发展最显著的两个方面，即环境财务报告系统和环境管理系统都需要会计师的全力支持才能有效是一致的，并且它具有一般的、普遍的和基础性意义上的特征。总之，环境财务核算信息和环境管理控制信息构成了环境会计信息的基础性内容。

我们知道，信息对组织及其各层管理者都具有十分重要的价值，特别是管理循环中的各个步骤都要应用相关信息。"企业有效经营离不开管理，而管理需要信息"（杨周南，2006），显然，环境风险管理需要环境会计信息，并且这种信息提供及信息质量（或风险程度）常常成为判断企业竞争实力的重要标准。原因在于：第一，可持续发展是企业持续经营和稳定发展的内在要求，是企业社会责任的精髓所在，环境会计信息反映了企业的发展理念与发展结果。第二，社会经济高速发展和企业社会化大生产，要求企业减少对自然资源的过度依赖和消耗，合理考虑利用这些资源所带来的后果，考虑物料和能量的平衡，经济效益和环境效益并举，环境会计信息为这些问题研究积累了基本素材。第三，绿色投资者对环境会计信息及其管理业绩的关注，成为企业进行环境风险管理的逻辑起点，同时也为公司进行环境风险管理提供了源动力。第四，环境会计信息披露是公司改善环境行为和进行环境管理决策与风险控制的手段，提供环境信息是环境会计的最终目的，环境会计核算系统中反映了企业大量环境信息，会进一步激发其改善环境行为的冲动，提高环境资源利用率，减少排污，提升企业形象和核心价值，进而提高应对未来环境风险能力。

从经济价值和管理控制角度讲，环境会计信息是环境风险评价中的重要和基础性数据，并构成这种评价最基本要件。按照美国环保局采用的和亚洲开发银行推荐的环境风险评价应遵循"风险甄别、风险框定、风险评价、风险管理"的一般程序，风险评价最基本方法和路径应是"风险识别—风险评价—风险控制"。笔者以为，企业环境风险评价是决定风险应如何控制的基础，风险信息是风险评价的先决条件和基本要素，风险评价的目的是控制风险，以便在行动方案效益与其实际或潜在的风险以及降低风险的代价之间谋求平衡，实现企业环境资源效用的最大化，这与环境会计的宗旨是完全一致的。

三、环境风险评价中"信息公允"和"标准公允"博弈机理

利用会计信息对企业环境活动实施管理就是对环境信息进行管理，并涉及企业管理方方面面，几乎成为现代公司制企业管理水平的衡量标准。环境会计信息利用涉及以下三方：信息制造者——企业管理层；信息监管者——政府；信息质量鉴定者——职业评估师。他们共同构成环境会计信息的利用方（当然还包括社会公众），并各持不同的环境会计信息立场与行动，但又在发展经济和保护环境的前提引导下，不断协调和磨合，实现环境信息和标准的"公允"。

（1）企业。首先，一方面基于受托责任理论，环境会计信息制造者负有履约责任并承担环境道德义务，有必要适时向环境信息利益相关者公开企业环境会计信息。而社会也需要一个质量较高的环境信息，并通过它来改进公司环境

业绩、可持续发展政策、生态经济效益和更加广泛的信息披露。另一方面通过提高信息透明度，将有助于企业的真实价值被市场发现和认可，降低其在市场中运行的各种成本与风险。因此，环境会计信息披露的最终目标是使企业的会计盈余公允反映企业经济收益，或投资者通过会计信息能看穿企业行为从而不会误导其投资决策。经济学家罗宾斯（2004）研究结论表明，公司承担社会责任与其经济绩效之间存在着正相关关系。其次，从强化管理的角度解决环境外部成本内部化能够反映出一个国家的政治特征和发展理念及发展战略。然而，发达国家尤其是发展中国家大多数公司如今并没有对环境影响在会计信息系统中得到反映引起足够的重视，导致企业环境信息披露步履维艰。环境信息披露既可能带来巨大的经营风险，也可能因此而减少公司价值被低估的可能甚至增加公司的价值。而企业经济人性质和利益驱动，表现在环境上道德的劣向选择不可避免，其缘由在于企业对私人成本外在化选择的可能空间，这与科学发展观相背离，与资源环境的社会、经济和生态"三维盈余"（Parterships，1998）相冲突。

（2）政府。环境经济学理论告诉我们，环境问题主要表现为外部不经济，进而出现市场资源配置的不合理导致市场失灵，而市场失灵为政府干预提供了机会和理由。政府的职责就是要制定有利于环境资源合理使用和保护的政策，使市场环境资源达到有效配置，促使企业合理利用环境资源，保障企业生产经营的可持续性。就本节而言，首要的是政府应当也能够通过制定环境会计信息披露政策，引导投资者投资方向和减少投资风险，并降低企业经营风险，在保护环境和减少污染方面，充分发挥政府环境政策的功效。同理，环境会计信息风险管理是政府的基本职责，是实施预防性政策的基础工作。为此，政府首先必须清楚环境会计信息披露政策导向，这种导向应能够引导投资者进行道德投资，维护生态资源的平衡，推动环境保护措施的实施进程，促进企业经营战略的调整，实现社会经济利益而非单纯会计利润，履行企业环境责任；其次是规范环境会计信息披露制度内容，包括界定环境会计信息披露的行为主体，建立信息披露机制，统一披露方式和方法，明确信息披露内容和要求，强化监督办法和奖惩措施等；最后是认识环境会计信息披露效应。从宏观上讲，环境政策是为了保护环境，建立绿色 GDP 核算体系，重视和关注组织的"三维底线"——社会影响、经济影响和环境影响。而从微观上讲，环境政策是为了减少公司环境约束成本或违规成本，压缩环境遵循成本，获取环境机会收益，避免环境经营风险。

（3）职业评估师。环境会计是围绕着环境问题而展开的，环境问题就其实质而言是经济问题。微观层面的企业环境会计是企业等微观经济主体所从事的与环境有关的业务和环境会计信息披露与管理。企业环境活动也是一项经济活动，它对企业的生产经营和财务成果会产生影响，由此产生的人流、物流、资金流信息而成为职业评估师环境评价的客体；又因为环境活动是一项企业管理活动，涉及企业管理的方方面面，影响和抑制公司治理架构、流程再造、业务安排、制度设计和企业文化锻造，是环境管理控制和环境绩效评价重要内容。基础性环境会计信息包括环境财务和环境管理两个会计意义上的范畴，并形成有机统一体。基于此，企业环境风险评价的基本内容也应包括两个方面——环境会计核算信息系统评价和环境管理控制信息系统评价（袁广达，2009）。对这些信息进行验证和测试，主要由审计师、职业会计师、环境评估师及其相应的职业组织承担，他们出具权威性的真实而公允的环评报告并承担相应的评价责任，以有助于利益关系人决策或作为反映公司受托管理使用或管理环境责任的一种途径，满足利益各方对公司经营活动的环境享有的"知情权"。

总之，环境会计信息显然是有用且有益的，这种有用或有益可称为"环境信息利益"。对环境会计信息利用有关各方分析表明，环境信息质量直接影响到环境风险的评价及风险管理和政策设计与方法应用，并且在企业既要发展也要保护生态环境双重责任下，环境信息时空界限和宽度、纬度界定实际上是多方博弈的结果，最终实现多方约束机制下的"信息公允"和"标准公允"。一方面，企业追逐利润目标和对股东承担经济责任向对所有利益相关者和广大公众承担全面社会责任演进是一个被动且缓慢的过程。在没有外来压力、可以逃避处罚和不被发现情况下，环境道德准则就极有可能不被环境污染制造者遵循。为此，政府基于维护环境公共利益和保护社会公众权益出发，制定包括污染排放标准和信息披露内容在内的相关环境保护法规，以约束和限制排污者在环境上不道德行为和劣向选择，并作为环境执法者或评价者评判环境责任的重要尺度，此所谓"信息公允"。另一方面，也应当承认，政府和社会公众对环境要求是严格、理想且永远没有止境的，而环境职业评价师理性且恰当的评价意见，并会在改善环境会计信息的公允性方面作出努力，使得政府制定的环境规制最终建立在企业应遵守最低的标准水平，此所谓"标准公允"。"信息公允"和"标准公允"是多方博弈的结果，且这种博弈是动态和永续的，其频率主要取决于社会经济发展水平和人类"生态文化"的积淀，因而不同时期的环境会计信息披露容量、内容、方式乃至信息质量也不尽相同是完全能够理解的。不过，由于环境问题可能引发的潜在环境风险、企业经营风险和社会风险，充分信息披露是企业管理者与ESG相互信任即ESG信任企业管理者和管理者取信ESG的一个工具（陈浩，2007）。所以，逐步增加环境会计信息披露容量、内容和提高环境信息质量，规范信息表达方式和方法，是未来必然的趋势。正是从这个意义上讲，企业环境会计制度建立就显得十分重要，尤其对环境资源有着过度依赖的发达国家和发展中国家的企业更是如此。

四、会计信息系统中环境风险分析

环境会计信息及其信息管制政策为环境风险评价提供基础性数据和标准，也为环境风险控制提供了前提条件。企业环境风险评价首先是建立在评价者充分理解和掌握环境信息政策与标准的前提下，在对企业环境风险认知的基础上，运用恰当的评价方法，对企业环境状况实施评价分析，并提出公正或公允的评价结论和评价意见。

根据研究，笔者设计出环境信息风险评价的基本线路（见图6-1），并就微观层面预防性环境风险评价方法三个重点问题——识别风险、风险判断、风险评价进行讨论。

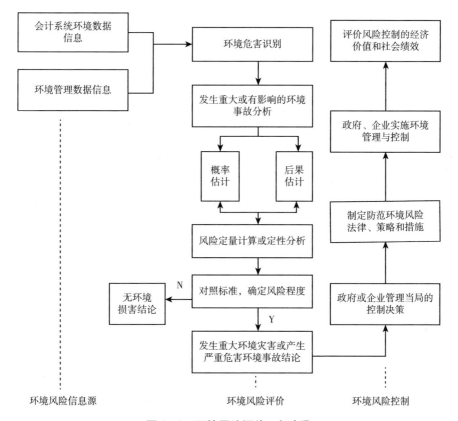

图6-1 环境风险评价一般步骤

（一）识别风险：公司环境风险客观存在性

第一，识别政策本身的局限性。比如就信息披露而言，政策不管设计得多么妥当，仅就其为实现公众利益和引导道德投资、减少环境污染目标而言，只能提供合理保证而非绝对保证，它既不能减轻公司环境责任，更不能代替环境管理。以此政策标准进行的环境评价既可能会给环境风险评价者带来评估风险，导致评价失败，也可能会给公司带来经营风险，导致经营失败和财务失败。因为政策可能会受制于如下因素：（1）制定环境披露政策的环境限制；（2）环境披露政策内容所体现的是基本要求而非特殊要求；（3）披露政策制定成本和公司执行政策成本考虑；（4）环境政策执行者和监督者社会责任感和诚信正直程度；（5）披露政策理解上的偏差和信息操作上的失误；（6）执行环境信息披露政策的内外环境，如公众环境信息需求程度和披露法律管制严格强度。

第二，识别被扭曲的环境会计信息。环境信息私人占有的优势人极有可能通过转为公有性信息而使其公开化，但在此过程中他们往往会以降低整个社会福利为代价进行逆向选择，追逐信息租金的私有化。即便在政府有强制性信息披露情况下，信息内容被信息制造者修改、筛选，信息公开的时间、对象、方式被人为选择都可能会发生，从而导致环境信息的重大错报和漏报，因此需要职业评估师恰当地识别公开环境信息的及时性、相关性与可靠性。环境风险在时空上的不确定性、隐蔽性和潜在性的特点，比如需要会计师专业判断的环境或有负债、环境成本等会计信息，以及基于信息处理人的道德水平或技术水准因素，导致环境信息被人为操纵或错误记录的可能性加大。一般来说，环境风险在所有行业和企业都存在，尤以化工、石油、天然气、制药、冶金、酿酒、采掘等行业最为显著，但环境风险大小程度不仅仅与企业所在行业有关，更与企业环境管理控制状况和会计计量方法有关。为此，为保证环境风险评价结论的可信赖，评价者应保持应有的职业谨慎，侧重对企业环境政策的符合性评价，并不事前假设公司环境风险程度，最大限度地保证环境风险评价结论的公平和公正。

（二）风险判断：有效环境会计信息的标准

不仅我国，即便是在全球范围，环境会计的滞后与环境污染严重是不争的事实，国际会计准则中环境会计方法和报告规范也见之甚少，对环境信息政策及信息披露的要求，目前更多见于环保部门政策法规和证券监管部门对信息质量的设定中。可作为环境管理的一种约束性规范和衡量标准，不仅是环境评价所必须，也是环境经济核算和环境管理的必然。环境风险评价是对环境风险管理成效的核查与鉴定，通过评价来衡量公司环境管理是否有效及能否促进公司有序地安排并实施环境经营战略，这其中包含价值量的有效环境会计信息，对环境风险评价的深入、评价结果公信力等起着重要作用。有效环境会计信息是可接受环境风险的会计信息，具体应体现在：（1）环境资源达到合理利用。例如，环境事故减少或被避免，资产减值降低，环境排污费、罚款和赔付支出减少，或有负债和或有损失下降，机会收益增大。（2）"帕累托效率"实现，环境绩效达到最佳。环境"帕累托效率"是指环境政策能够至少使一人受益的同时不使任何人受损的政策改进，其经济状态起码达到这样一种程度：任何人的境况都不可能更好，同时也不使其他人境况变坏。（3）环境管理制度建立、健全并达到一贯、有效地执行。环境管理制度能使企业的环境损失所承担的风险可能减少并预防和发现偏差或错误行为。（4）市场环境信息不存在非对称性。公司通过一定媒体对社会公众披露的环境信息，没有隐匿和内幕操纵，披露市场公平，信息呈对称性状态。（5）环境会计信息及与其相关的信息载体具有可信性和可靠性。这里是指公司会计账簿和财务报表及与其相关数据所反映的环境信息具备全面、充分、客观、真实的特征，并被如实地反映。（6）环境法定责任被较好履行。承载环境保护和环境资源利用及管理责任的企业，能经得起环境责任审计并获得无保留的审计结论或肯定的评价意见，进而实现公司的环境目标。

（三）风险评价：环境风险评价目标和重点

企业环境风险评价方略包括许多层面的内容，但最重要的是在评价方案对风险评价目标和评价重点的规划与把握上，这是决定环境风险评价成败的关键。

明确环境风险评价的一般目的。环境风险的评价者对公司环境风险评价的一般目的，是为了提出环境会计信息中环境风险程度及其控制政策符合标准的公允性评价意见，最终为环境风险管理与控制提出建设性的意见与建议。公允性指公司环境会计信息披露在所有重大方面是否公正、公允地对待了环境信息的利益各方。为此，在环境评价时，评价者应考虑几方面因素：（1）企业管理当局对环境信息认定的性质；（2）法律法规对环境信息管理的基本要求；（3）环境质量和数量控制标准及执行的结果；（4）环境评价范围和所需信息量受到的主观和客观限制；（5）环境信息使用者的要求和期望；（6）企业管理层面的环境管理风格、管理哲学、管理意识，以及企业文化等"软控制"环境作用发挥程度；（7）特定项目环境评估的复杂性和风险控制评估的成本与效益原则；（8）环境评价者的专业素质和胜任能力。

把握环境风险评价的重点主要包括：（1）投资风险，主要评价企业投资行为是否属于既关心企业目前的环境保护活动和获利能力，又关心企业未来发展前景的绿色投资，这些投资于保护环境活动所花费的成本是否合理恰当，以及能否承受因投资而可能导致股票价格或收益波动所带来的投资损失。（2）信贷风险，主要评价企业环境污染治理的负担是否会导致收益大量减少而影响企业的偿债能力，并进而造成不良贷款。（3）营销风险，主要评价绿色消费者群体购买和消费的产品或商品，能否满足对人体健康不造成损害，这些商品或产品是否能长期使用和循环使用，废弃时是否易于处理且不造成环境污染。（4）财产风险，主要评价因环境污染对企业财产物资造成毁损、灭失和贬值的状况和程度。（5）研发风险，主要评价企业在确定目标市场和市场空位的基础上的新产品研制和开发过程中，是否考虑了新产品符合国内和国际正在实施的产品环境质量标准要求，并确实根据市场竞争、消费者需求和企业资源实际情况进行新产品的研制和开发。（6）人身风险，主要评价企业是否提供了有利于职工身体健康的安全工作环境，以防止环境污染事故产生，以及反映企业环境状态的雇员报告的经常性和被认知程度。（7）责任风险，主要评价企业是否有因违背法律、合同或道义上的规定，形成侵权行为而造成他人财产损失或人身伤害需负法律责任和经济赔偿责任的可能性。

五、与环境会计信息相关的环境风险控制

所谓环境风险控制，指根据环境风险评价结果，按照恰当法律、政策与方法，选用有效的管理技术，进行降低风险的费用和效益分析，确定可接受风险度和可接受的损害水平，进行政策分析和执行可能，并考虑社会经济和政治因素，决定适当的控制措施并付诸实施，以降低或消除风险，保证人类健康和生态系统安全。在这里，环境风险控制指与环境会计信息相关联，为预防和避免环境风险而采取和实施的系统的控制政策、控制方法和控制程序。一个好的环境管理控制系统要求能成功地预测到环境影响会计信息的因素，并将其有效控制。预测是一种事前的管理，控制是贯穿始终的制度安排和控制手段、技术、方法的统一。基于这种认识，笔者将影响会计信息的环境风险控制涉及的内容规定为控制政策、控制方法（控制程序）和控制环境三个层面，仅就政府和企业双方在应对微观环境风险事前预防性控制主要方面提出基本设想。

（一）控制政策

1. 政府层面的环境信息标准的建立与执行系统

这里的信息标准包括信息本身和信息标准两个方面。（1）环境风险控制离

不开基础性信息，这些信息是环境风险控制的最基础性材料，也是实现环境管理现代化的保障和前提条件。为此，政府应要求企业建立环境管理的信息系统，包括环境数据的统计和分析、情报文献的检索和分析、环境预测和决策等方面系统。（2）要明确统一该系统环境信息的标准，包括企业环境核算标准、评估标准、绩效考核标准、信息披露标准等方面在内的强制执行标准并形成体系，以保证不同企业的环境信息，在内容上一致，在质量上可比，在表达格式上规范。比如，强制上市企业进行环境信息披露，以及在利用投资和购买决策方面有明确表示对环境信息需求的信息均应公开。

标准执行系统主要包括信息评价、公布、监管三个方面。（1）建立环境会计信息事前风险评估制度，明确规定由职业评估师对照相应的标准，对企业尚未公布的环境会计信息进行评估，以鉴定信息风险程度并形成书面报告，以督促企业按照规定的标准化水平，表达企业的生产经营对环境影响的真实状况和公正见解，陈述企业对环境所负的责任。（2）搭建公平的环境会计信息市场平台，包括：环境信息中介组织及职业评估师的资格准入市场、政府环境信息政策公布市场、企业环境信息披露市场、社会信息需求市场等，使不同利益主体地位平等。（3）监督到位。真正实现环境风险管理目标，监督是不可忽视的关键环节。一方面要对企业环境管理者做到政策透明和信息对称监督，对职业评估师评估的执行程序和手段进行合法合理性监督；另一方面应建立健全环境管理监督机制，从组织上、人员上、经费上和精神上保证环境监督工作的正常开展，同时采取一定的信息披露奖惩措施，加大对企业信息披露的压力，防范环境道德风险，以实现投资人、消费者、社会公众权利和需求的平衡。

2. 企业层面的环境信息处理政策设计

政策是规制和为了达到某个目的的制度安排，包括目标、原则、方法和条件等方面。体现在环境会计信息的风险管理上：一是要围绕可持续发展总目标，以实现企业环境最大安全效果为主要原则，考虑社会公众可接受的环境风险水平，并尽量客观、公正地记录和分析环境会计信息；二是企业在对自然资源的保存、开发和利用过程中，既要使社会经济发展的物质基础逐步得到巩固和发展，又要使人类的生存环境得以不断地改善，在强调不断增加社会物质财富价值总量的同时，更要关心社会财富的价值质量，以优化环境会计信息；三是在企业环境风险客观存在的现实状况下，环境管理者要尽可能采取一切能够采取降低风险程度的办法，最大限度减少环境风险对企业造成的负面影响，以管理环境会计信息；四是企业经营者应承担相应的环境保护和环境污染治理的义务，并对其所应承担的环境受托责任的履行情况向社会进行说明和报告，透明环境会计信息。

（二）控制方法

1. 政府环境风险管理体制创新

建立环境风险管理的经济组织及市场管理体制，用经济手段和方法保证环境风险管理目标的实现，能起到事半功倍的效果，这至少是我们未来必须努力的方向和重点，而环境问题的经济性决定了价值手段在环境管理上重要地位。为此应做到以下几点：

（1）建立环境权益代理公司。由那些熟悉环境保护法规又懂得法律诉讼程序，且拥有一定环境检测手段的专门人才组成代理公司，其业务由企业委托，代为办理环境权益诉讼所需的一切手续，依法进行辩护，既要求环境破坏方停止环境权益侵害，又索取因侵权而造成的经济赔偿，这样可以最大限度地防止和避免"政府失灵"和"市场失灵"。除此以外，环境权益代理公司还可以实施环境风险评价与咨询，协助政府和企业进行环境风险管理，从而使评价职能和管理职能相分离，有利于提高管理的公正性和全面性。

（2）建立环境银行。环境银行专司发行、经营排污指标，充当排污权交易中介调节者。公司能够依法律保护的形式，将多余的、可实施的、永久的以及可定量的节能减排量存入银行，并通过环境银行在排污交易中有偿贷给超标排污公司。环境银行事实上就成为污染减排者的奖励源和超排者减压地，凸显了环境管理的激励和调节功能。

（3）建立环境责任保险。通过保险业的机制创新，单独设置环境保险组织或在现有的责任险中增加险种办法，以聚集巨额的保险金，应付环境事故的赔付。随着社会经济的发展和环境风险加大，现代保险业应当在非自然环境灾害和防治中发挥作用。

（4）完善环境税制。通过设定环境税，以政府的名义刚性地向公司收取环境税收，并将单一的排污收费转变成较为综合的税制（杨金田和葛察忠，2000），以减少环境补偿资金因收纳时的人为障碍而没有保证的困境，并通过环境税收杠杆保护环境，合理使用生态资源。

（5）实施环境财政。环境财政是国家为保护生态环境和自然资源，向社会和公众提供环境服务，保障国家生态安全所发生的政府收入与支出活动以及政府对环境相关的公共部门定价。环境资源是稀缺资源，也是公共性物品。环境财政的实施就是要协调环境与经济发展的关系，整合环境财政资源和政策资源，建立国家环境财政体系，将环境财政收入和支出以及政府定价纳入公共财政框架，以筹集环保资金，保障政府相关部门履行保护生态环境、提供社会公共环境服务、推动循环经济发展、提高环境保护政策的执行效果和效率的目标。同时，通过环境财政制度安排环境税收改革，进而推进我国税制绿化。

2. 企业环境风险控制方法的采用

一是反映在技术方法设计方面。（1）风险控制的目的是在发现、评价基础之上，在行动方案效益与其实际或潜在的风险以及降低风险的代价之间寻求平衡，以选择较佳的管理方案。根据环境风险呈现的不同状态，可以选择风险避免、风险减少、风险自留、风险转嫁不同的风险规避技术，其实质是采用相应方法对风险进行管理的过程。（2）关注环境风险信息的层级和质量，包括：数量信息和质量信息、内部信息和外部信息、显性信息和隐蔽信息、已有信息和或有信息、管理信息和会计信息、技术信息的量化和价值信息的陈述等。（3）采取恰当的环境管理控制措施，包括以下方面的工作：对可能出现和已出现的风险源开展评价，并事先拟定可行的风险控制行动方案；由专家参与风险管理计划的评判和负责行动计划的执行；对潜在风险的状况及其控制方案和具体措施公之于众；风险控制人员队伍训练及应急行动方案的演习；风险管理计划实施效果的规范化核查等。

二是反映在成本管理安排方面。一切环境活动都会产生相应的环境费用支付或成本支出，这些环境成本支出发生在企业生产经营的相应环节，我们可以根据这些环境成本发生源，按照其人流、物流、资金流和信息流加以分类，通过建立企业环境成本库，设立成本控制中心，实施环境目标成本管理来进行程控。对环境风险的管理和控制，需要环境成本信息帮助管理者改善环境行为。（1）在研发设计阶段，做好企业行为对环境的影响评价和规划。研发设计的行为目的是从源头上合理规划出企业全过程管理行为的环境成本，锁定生产和销售环节可能发生的成本，使企业在以后环节的环境成本管理的行为有了可以遵循的框架。在此环节，应尽可能地采用资源消耗的减量化、材料及包装的无害化、废弃物的可回收利用化的研发思路，开发和设计出使企业环境成本符合整体社会经济利益和企业经济利益均衡的产品，从而在源头上控制企业的环境成本，并合理规划企业价值链以后各环节的环境成本支出，使企业整体环境成本最小化，最终使企业环境成本管理能够发挥最大的效应。（2）在生产制作阶段，抓好环境设备与材料的采购和清洁生产。在生产环节利用环境材料进行清洁生产的模式是从资源保护、合理利用、持续利用的思路出发，充分考虑生产前、中、后的节能、降耗、减污，寻求资源和能源的废物最小化的一种先进的企业环境成本管理的模式，它将企业的目标很好地导向了可持续发展的方向。（3）在营销服务环节，企业通过环境成本管理谋求环保效果和效益的最优化。在此环节企业应该树立绿色营销和绿色服务的观念，在整个销售服务活动过程中注重产品的环境质量，强调产品本身的无害性，加强产品的环保宣传，合理估计潜在环境损害未来修复成本，并在包装、运输、交易、推销等一切营业活动中注重环保。

3. 控制过程

环境风险评估先后过程可概括为以下方面：（1）环境风险资讯的了解；（2）环境风险资料的收集与整理；（3）辨识环境风险源，包括整体层级风险和作业层级风险两个方面；（4）分析和判断环境风险，包括发生的概率、危害的程度、损失的大小、耗用的成本等；（5）作出环境评价结论；（6）提出环境保护意见；（7）总结评价过程的工作。

（三）控制环境

1. 内部控制平台的建设

加强环境风险管理的基础性工作。包括：完善公司治理结构，建立有效信息产出机制，为信息披露的充分、客观和及时提供保障；推进环境绩效多维型，包括管理机制、价值观念和传统的企业文化体系建设；建立风险责任追究制度、预警系统、巡查体系、事故处理机制、培训制度和环境灾害保险制度。当然，环境风险控制很大程度上会涉及对企业现有既定政策进行调整，对公司制度进行创新，对工艺流程进行再造，对财务运作方法进行改进，对环境管理系统进行开发。其实际涉及对企业现有所有资源的整合，应当建立在环境边际效用最优状态，理性地关注成本和代价。

2. 生态文化的锻造

传统的企业文化沿着人统治自然的方向发展，很少涉及人类文化对环境的作用，这方面在新中国成立后工、农业经济建设和发展的相当一段时期有着相当深刻的教训。现代工业文明的发展和全球环境议题隆重推出，自然孕育了一种新的企业文化——生态文化，这种文化应当代表人和自然关系的新价值取向，本质上是一种整体文化理念和环境思维方法，认为自然资源不能在一代人身上穷尽使用，而应当持续利用，人与自然界是一个整体，人与自然应当和谐相处。所以，企业生态文化特别是文化价值的选择，是检验增长和发展目标是否合理的基础。为此，企业生态文化要特别强调人与环境相互关系的优化和人对自然行为的科学化。它包括环境管理的文化价值、科学精神、道德伦理、保护观念、风险意识和公众参与等方面，借以引导企业维护有关保护环境的政策和法律，唤起企业关心社会公共利益与长远发展，履行企业社会责任，将环境风险意识和环境管理方面的要求变成企业自觉遵守的道德规范。

3. 会计人员素质的提高

由于环境会计方法体系的多元化，核算对象的复杂化，尤其是在计量环节上尚未突破，环境或有负债估计难以把握，使得环境会计缺乏与实务相结合的理论支点。会计职业判断的过程可以说是一种比较、权衡和取舍的过程，无疑在一定程度上掺杂着会计人员的主观臆断。即使会计人员有着较强的专业素质，严格按准则行事，对相同的原始数据进行处理，不同的会计人员也会得出不同的结果。另外，正确而合理的职业判断是会计人员高尚的品格、正确的行为动机、有意义的价值观念和丰富的理论知识、业务知识综合的结果，而职业道德所依靠的人们的信念、习惯以及教育存在于人们的意识和社会舆论之中。同时，职业判断的合理程度也取决于这种以道德为基础的行为自律程度，只有具备高的职业道德，在环境会计信息披露时会计人员才会站在全社会未来利益角度上出发，而不单单是企业短期利益。所以，在目前企业及会计环境道德水平还不高的情况下，技术层面的环境核算固然重要，但提高人们的环境意识、社会责任意识更重要。因此，为了有效地制约和防止利用会计职业判断操纵会计核算、粉饰环境报告，必须加强会计人员的培训，提高会计人员的会计职业判断能力和综合素质，保证企业的环境会计信息质量的真实可靠。

六、本节总结

本节以环境会计信息的视角，应用经济学和管理控制基础理论，从环境会计信息和环境风险评价的概念认识入手，围绕环境风险评价紧密联系的三因素——风险信息、风险评价和风险控制，就企业环境风险评价过程中的识别风险、风险判断、风险评价及风险管理的主要方法进行规范分析，进而提出在控制政策、控制方法和控制环境三个层面上的微观环境风险控制政策建议，相信对提高环境会计信息质量和环境风险管理能力，拓展环境风险评价与风险管理研究思路，丰富环境会计和环境管理的内涵，具有重要启示作用。

第四节　环保基金支持系统

一、美国的"超级基金"

环境保护需要大量的资金作为环境治理支持，与当今中国一样，20世纪初，美国经济发展带来的环境污染问题也很严重，如何治理历史遗留的污染问题以及如何预防新污染的产生成为不可回避的问题。1980年美国设立的"超级基金"在日后的污染场地防治中发挥了重大作用，也给他国污染治理提供可借鉴的经验。

20世纪六七十年代，随着工业企业向城市外迁移，美国城市中遗留下许多工业污染场地，对居民的健康产生了威胁，害人事件频发。拉夫运河事件后，在社会各界的敦促下美国国会于1980年通过了《超级基金法》（Comprehensive Environmental Response，Compensation，and Liability Act，CERCLA），通常也将之称为"超级基金制度"。该法案创建了用于污染场地防治的超级基金，保证有足够资金用于及时处理污染场地。我国目前也面临着相似的困境，一方面，经济飞速发展的同时环境污染也越发严重，历史遗留的环境污染严重威胁人们的身心健康，解决它已刻不容缓；另一方面，因国家产业布局、城市战略转型进程中，大多数历史久远的国营或国有企业以及不少小企业搬离城区，产生了大量废弃工业场地，污染问题数量多，所需治理资金金额特别大。在这样的背景下，研究美国超级基金如何有效支持污染治理，为我所用，就具有特别的现实意义。

（一）超级基金的可取之处

1. 与时俱进，不断完善

自超级基金设立以来，美国国会相继出台了一系列超级基金法修正法案，用于弥补超级基金运行过程中暴露出的问题。比如，CERCLA第一个税收五年授权期限到期后，《超级基金修正与再授权法》（SARA）再次对专门税进行授权，并且给超级基金增加了两个新的税种，提高了联邦拨款金额，扩大了超级基金的资金来源，增加了超级基金总金额。这些举措顺应了当时的治理需求：项目初期，污染场地基数大，所需治理资金金额庞大。到了21世纪初，CERCLA中严格责任制度的负面影响显现出来，表现在让企业疲于应付诉讼，投资者不愿投资"棕色地块"，大块土地闲置，不利于经济的发展。在此状况下，国会出台了《小规模企业责任减轻和棕色地块振兴法》，以缓解严格责任制度对经济的不利影响。可见，超级基金的运作管理一直是顺应时代发展，与时俱进，不断完善的。

2. 互补的融资机制

超级基金关于污染场地治理的费用来源通常有两类：污染者付费和消费者付费。污染者付费是指污染场地的治理费用由产生污染的企业等特定群体来负担，而消费者付费是指该污染场地治理费用由社会大众、污染受害者共同承担。美国超级基金实际上是采取了融合上述两种方式的融资机制，即污染费用是由污染方、污染受害方和社会大众共同负担的，即超级基金不仅来源于对原油、化工原料、化学衍生品这些会造成污染的物品征收的税收，还来自联邦财政常规拨款、基金利息、罚款所得等。这种融资机制不仅可以扩大基金的资金来源，而且平衡了污染者、污染受害者和社会大众之间的利益。虽然表面上看来造成污染的罪魁祸首是污染企业，但是正是由于社会大众（包括一些污染受害者）对污染产品的需求才导致污染企业生产这些产品从而造成污染。从这个角度分析，社会大众和污染受害者也应该承担一部分污染治理费用。

3. 注重环境成本效益

面对数量庞大的历史遗留污染场地，相关修复标准和国家优先名录（NPL）的确定，使得整个治理行动能够在有限的资金支持下更高效地进行。污染场地治理具有工作量大，资金需求多，治理周期长等特点，如果将资金平均地分配到各个治理项目并且给各个项目订立相同的治理标准，那么势必会造成各个项目资金不足、治理进展缓慢、成效甚微的结局。相反，考虑到环境成本效益，根据不同场地的污染现状和日后土地规划制定不同地块的修复治理标准，分配数量不等的治理资金，设计不同的治理方案，既可以分清轻重缓急，在保证环境和居民健康的同时，也使得整个治理过程井井有条，使治理资金发挥最大的效益。

（二）超级基金的不足之处

1. 资金缺口大且资金结构不合理

美国超级基金中大部分资金来自财政拨款，对财政的过度依赖加大了政府财政压力。美国审计署在一份报告中指出，从 2001 年起，联邦常规拨款成为超级基金的最主要来源，1999~2013 年间美国环保局用于治理非联邦 NPL 场地的费用中超过 80% 来自联邦拨款[①]。由于污染场地数量多并且每块场地治理都耗资巨大，所以尽管超级基金有多种资金来源，基金总额看似较多，然而面对需要治理的大量污染场地，这些已有资金依然是杯水车薪。进一步分析资金组成结构后会发现，美国超级基金不仅存在资金缺口大的问题，资金结构不合理的问题也同样严重。1995 年是美国超级基金资金结构发生较大变化的一个时间点。在这之前，CERCLA 以及几个修正再授权法案对超级基金的主要来源税收进行了长达 15 年的授权，并且税收种类还在增多。这一时期，超级基金中有67.5% 的资金来源于专门税收，而回收资金和罚款以及基金利息只占基金总数的 15.1%。根据美国审计总署（GAO）1999 年报告分析，1995 年后，由于继续征税未通过，超级基金总投入比 1995 年之前下降了 41.28%，同时税收收入

---

① GAO. Superfund: Trends in Federal Funding and Cleanup of EPA's Nonfederal National Priorities List Sites 2015 [R], 2015.

在基金总投入中所占比例下降到 6.0%，联邦政府拨款占 59.2%，回收资金和罚款以及基金利息占基金总数的 34.8%[①]。由此可见，超级基金主要依赖于专项税收和财政拨款，资金的回收率较差，结构不合理，不利于超级基金的长期运行。

2. 专项税征收影响企业积极性

1980~1995 年，美国对原油、化工产品的征税率在提高，征税范围也在扩大。税收的增加无疑增加了相关企业的成本，压缩了利润空间，对这些企业的发展产生了负面影响，一定程度上也影响了国家的经济发展。1986 年出台的 SARA 对于环境税征收范围采取"一刀切"的做法，法案要求年收入超过 200 万美元的企业缴纳环境税而不考虑这些企业是否是重污染企业，这极大地打击了一些企业的积极性。以年收入是否超过 200 万美元作为征收环境税的标准显然是不合理的。一方面，部分年收入超过 200 万美元的企业也许并不产生严重污染却被征收环境税；另一方面，一些年收入少于 200 万美元的中小企业污染严重却未被征收环境税。因此，美国超级基金中源自税收的这部分收入颇具争议，也许按照排污量征收环境税是一种更公平的选择。

3. 缺少专业资金管理机构

美国国会授权国家环保局执行 CERCLA，国家环保局中的 OSRTI 负责超级基金的具体实施和管理。而 OSRTI 主要致力于清除修复 NPL 中的污染场地，关注点在修复的技术和方案而不是如何改变融资模式、投资模式来增加超级基金数额改善超级基金资金结构，使得基金筹资决策缺乏专业性和科学性，社会资金参与环保治理更无从谈起。

4. 机构管理费支出比重较大

美国审计总署（GAO）1999 年的一份报告显示，1996~1997 年，美国环保局用于超级基金的间接费用（包括管理费用和辅助活动费用）占超级基金总支出的比例由 51% 上升至 54%，真正用于清理场地的费用所占比例从 48% 下降到 46%[②]。这是因为超级基金是国家层面的环保基金，涉及治理项目多，各项目所在地又较为分散，机构管理费用全由国家来承担，势必影响超级基金主要用途，也不符合设立超级基金的初衷。

5. 资金使用和监管困难

美国的"超级基金"采用的是联邦一级管理模式，但由于基金规模较大、

---

① 贾峰.《美国超级基金法研究——历史遗留污染问题的美国解决之道》[M]. 中国环境出版社，2015.

② GAO. Superfund Progress and Challenges 1999.

环境问题地区分布较分散、环境问题种类繁多等问题存在，对各地紧急环境问题难以预防，责权界定不十分明显，基金监督也较难开展。如果建立国家和地方两级的基金管理和监督机制可以较好地解决这些问题。

二、借鉴经验，建立我国分权管理的"环境基金"制度

与美国相比，尽管我国目前还没有"超级基金"制度这样大范围囊括的总体制度，但类似这种性质基金种类也还是有的，比如国家和地方收取的土地使用费、矿产资源补偿费、排污缴费、环境保险等各项类的税费制度，只是其管理和运作还不够成熟，监管机制还不完善，需要进行整合，以便集中专项管理和使用，发挥其在环境保护中的效能。通过分析美国超级基金在运行管理中展现的优势以及暴露的问题，笔者提出了建立我国分权管理的"环保基金制度"的构想。

（一）分权管理含义

分权本是政治上的一种概念，应用在管理学中，则是决策权在组织系统中较低管理层次的程度上的分散，具体来说，所谓分权，就是现代企业组织为发挥低层组织的主动性和创造性，而把生产管理决策权分给下属组织，最高领导层只集中少数关系全局利益和重大问题的决策权。

建设中国环保基金制度的目的之一就是在面临紧急环境问题时，能够及时有效地反应并解决。但是，我国近年来建设的环保基金，在管理模式上不一而足，缺乏有效的管理模式，基金的运作效率势必受到影响。而分权制的应用将为环保基金的管理带来新的转机，通过分权管理，环保基金在面对紧急环境问题、复杂环境问题时，不同层级的基金管理层可以及时作出反应和处理措施，从而避免出现更大的环境问题和环境损失。在我国国土广袤、地域差异较大状况下，分权管理环境保护基金体制，有利于提高资金使用效率，让环境保护和环境治理变得更加具有针对性、具体性和灵活性。

环保基金一般可以分为市场性基金、社会性基金和财政性基金，为此可以建立中央和地方两级环保基金制度，并实行分权式管理模式，统管各种来源的环保基金[①②]。其优势至少体现在以下三个方面：首先，两级基金在应对紧急环

---

① 王宏昌. 浅议我国生态环境保护的制度建设——基于环境库兹涅茨曲线的视角 [J]. 特区经济，2007（11）：132 - 133.

② 孙雨龙. 关于建立环保基金来源问题的探讨 [J]. 中国环境管理，1987（2）：28 - 29.

境事件时可以避免逐级汇报，从而能起到应急效果，更好地发挥环保基金在紧急污染事件治理中的作用；其次，地方环保基金的建立可以避免机构冗余，使得污染治理更有针对性，修复目标的制定也更加合理，基金运作绩效也会得到提升；再其次，建立环保基金更利于对资金使用的监督，将绩效考核纳入资金使用分配中，以绩效考核带动资金监管，而有效的资金监管又可提高基金绩效，二者相辅相成；最后，机构管理费用分别由国家和地方两级负担，保障国家层面的环保基金主要用于污染治理而非管理费用，从而提升了基金的使用效果。

（二）分权制度的运作模式

分权管理制度在环境基金的管理上，具体应该体现在资金来源分类、资金使用分块和资金管理分层三个方面。

1. 资金来源分类

以资金筹措方面的分权来说，环境保护基金应该是一种由财政资金和社会资金按一定比例投入组成的混合型资金①。然而我国目前大多数环保资金均为环保专项资金（如中央环境保护专项资金），主要来源于财政拨款和排污费等的征收，没有吸纳社会资本进入环保资金。

资金筹措分权最大的优点是通过多渠道筹资，缓解我国财政解决环境问题的压力。首先，以政府为引导者和发起人，保证基金的权威性和稳定性。资金来源主要为绿色财政税收收入，即环境保护收入，此项收入可效仿美国超级基金做法，对造成污染的企业进行强制征收。而对一些环保产业，政府可以给予其一定的税收优惠，鼓励支持环保事业的发展。其次，吸纳社会资金服务环境保护。我国可以通过银行及相关投融资机构，通过商业贷款或股权融资的形式向社会募集环保资金，以增加资金来源渠道，而公民则可以通过利息或股利获取投资收益，进而得到合理回报。这样既可以激活社会资本投入环保的积极性，又能促进环保事业的发展。具体来讲，就是根据《中华人民共和国环境保护法》，建立国家和地方政府多级融资平台和基金管理平台，规范企业、社会的投融资行为，促进多元化环境保护投融资渠道的形成，实现环境保护的长效投入，减少环保基金对财政的依赖。

其一，根据"污染者付费原则"，向污染企业征收的环境税并加收排污费，不仅可以增加环保基金的总额，还可以倒逼企业生产工艺变革和产业升级，一举两得。

---

① 逯元堂，陈鹏，高军，徐顺青. 中国环境保护基金构建思路探讨 [J]. 环境保护，2016（19）：27－30.

其二，从"受益者付费"原则出发，吸纳环境改善潜在受益企业的环保基金投资。比如土壤污染治理可以采用两种做法：一是鼓励具有土地开发意愿的房地产企业或其他经营实体，以注入资金先期进行环境修复为条件，投资污染地块并准予纳入土地开发或经营成本处理，以获取土地开发权。待该地块净化后，享有优先使用土地开发权或者抵扣相应数额的税费。这既能减少政府环保储备基金压力，又能改善周边环境，树立企业环保形象，提高房地产价值，使得双方受益。二是由基金管理部门先期利用环保基金投资，做美做优环境以带动土地增值，盘活土地资产存量，然后再用环境经营城市的收益反哺环境基金，增加基金来源。

其三，由于社会公众的消费需求带动了部分污染企业的生产经营，因此社会公众也应该对环境污染承担相应责任，从而使社会资本成为环保基金的组成部分。国家可以采用发行绿色债券、环保彩票等方式引导社会资本参与污染治理，促成全民参与环保风尚的形成，激发公众投身环境保护事业的热情。

2. 资金使用分块

在环保基金的建设过程中，可以采取三个途径来实现权力的分块。第一，就资金使用制度设计的分块而言，要有特别权利制度，即清晰界定环保资金使用制度的同时，明确地方环保基金受国家环保基金的管理和制约，但又独立于国家基金，使得地方可以独立进行资金筹集、管理和控制，一旦发生紧急环保事故，可以自行使用额度内的资金进行应急处理，而在日常环境保护项目中，发挥并履行其在地方的权利和相关义务。同时明确，在地方环保基金短缺难以应对处置地方紧急环境问题时，国家有责任提供应急资金支持；同理，地方环保基金充沛时，国家可以将属于国家环境处理任务和紧急环境问题的解决转移给地方，地方不得拒绝。第二，就资金使用趋向方面的分权来说，环境基金的使用重点应优先考虑支持《水污染防治行动计划》《大气污染防治行动计划》《突然污染防治行动计划》等由政府确定并发起的重大项目，为重要区域、流域的环境治理和环境保护提供助力[①]。第三，环保基金应致力于帮助环保产业的发展，解决环保企业的投融资困境，保障环保企业的生存力。其支持的对象应为污染治理企业、环境公共受益的基础设施项目、第三方环境服务公司、转移支付的地方环境基金补助等。

资金使用还有一个重要的内涵就是资金的使用效率。要使有限的环保资金投入达到更好的污染治理效果，就需要规范资金的投向方向。具体来说，首先，要对污染场地进行深入分析，合理规划治理顺序，制定与土地预计使用类型相

---

① 孙雨龙. 关于建立环保基金来源问题的探讨 [J]. 中国环境管理，1987（2）：28 – 29.

适应的污染治理标准。目前我国某些省级环保基金在筛选污染治理项目时往往先考虑项目的经济效益，优先选取经济效益高、利于基金回收的项目开展治理，导致一些亟须治理但经济效益差的污染治理项目得不到及时整治。污染场地治理顺序应在专家充分论证的基础上制定出排序标准，筛选出我国亟须治理的污染场地，集中资金优先治理。在场地筛选的过程中要注意量化指标，增强筛选标准可操作性。其次，优先治理场地名单应当及时更新，确保环保资金用到最需要的地方。我国污染项目管理存在着"重申报审查，轻实施监管"的问题，缺少对项目实施过程和进展的监督，这会阻碍优先治理名单及时更新，从而不利于有限环保资金的有效利用。在资金的使用上要分清轻重缓急，优先支付已经被污染的场地调查和识别的费用、原始污染者无法确定和虽能够确定但没有能力支付修复费用时的污染场地费用，而对经修复后再开发的场地或新开发场地又被污染的，应明确责任主体，实施"污染者付费原则"。

3. 资金管理分层

采用分权管理模式的环保基金制度把基金的经营决策权在不同层次的管理人员之间进行适当的划分，与决策权随同的相应的经济风险和责任也随之下放到不同层次的管理人员，从而有效提高基金的管理和使用效率，也有助于迅速反映全国各地发生的各类紧急环境问题。通过资金管理分层制的建立，还可以有效避免环保基金项目中，各层级出现权力过大的现象，避免基金权力寻租、利益输送和资金使用中的贪污腐败、公为私用等违纪违法情况的发生。

就基金运作方面的分权来说，基金的建立由财政部发起，生态环境部管理，政府资金支持，社会注资为主，委托专业公司运作的模式。专业公司、财政部、生态环境部三方分别代表基金的营运商、出资人和管理者，三者之间责权明确，优势互补，信息共享，目标一致。具体是，环保基金的管理应当交由财政部专司环保基金部门设立，生态环境部管理使用，并由财政部委托第三方财务基金类型的专业公司进行运作。专业公司主要职责是尽量使得环保基金实现收支平衡，避免国家财政一味向环保基金"输血"。比如，委托专业公司认真分析资金来源结构和资金支出结构，利用基金中的一部分进行风险较小的投资，让专业公司仔细比较不同投资方案的收益和风险，确定最佳投资方案，并以投资收益反哺环保基金，达到盘活资金和资金增值的效果。然而我国大部分环保资金依赖财政拨款，环保资金自身保值增值能力差。如宣城市的环保资金管理站就是一个财政全额拨款事业单位，资金管理站还未能成为一个企业化管理、自收自支的事业单位①。

---

① 胡群. 宣城市环保专项资金的管理方式及对策建议［J］. 企业改革与管理, 2017（11）：129－133.

就基金监督方面的分权来说，中央和地方的双重政府环境基金来源就更需要相应的两层环境保护基金监管体制，国家和地方两级的基金管理和监督机制可以较好地解决这些问题。为此，在基金项目中建立具有半自主权的内部组织机构，整个项目通过向下层层授权，使每个层级和部门都拥有一定的权利和责任。在这种情况下，各部门层级之间可以在发生紧急环境问题或其他具体情况时，及时作出处理，避免随机汇报延误决策时机，造成问题搁置带来更大的环境伤害。除此之外，为使社会资本能够得到回报和保证基金使用的目的，并使资金合法、合理、高效和透明地使用，各层监管部门还应当搭建各种基金使用和管理的监督平台，包括司法监督、审计监督、大众和社会媒体监督。在监督方式上应完善诉讼制度、听证制度、举报制度和信息披露制度。

三、本节结论

虽然美国超级基金制度在美国污染场地防治中发挥了举足轻重的作用，但是基金运作过程中暴露出的问题更应该引起我们的注意，以免我国在建立环保基金时重蹈覆辙。上述研究表明，建立中央和地方两级环保基金并进行分权式管理适合我国环保现状。这种环保基金运作机制可以有效整合我国已有类似环保基金的各项税费，提高资金使用效率，强化资金监督管理，充分发挥环保基金制度在环境保护中的效能。

第五节　司法调解和判定系统

一、新环境保护法对环境会计的启示

在物质生活得到大幅改善后，人们对环境的状况已经达到一定重视。但环境状况总体仍在恶化，局部在逐步改善。企业是以盈利为目的而存在的，这就导致了其追求经济效益的经营方式与社会需要的可持续发展之间必然存在着矛盾，所以企业很难主动地为实现经济可持续发展而牺牲自身的利益。为此，必须强化环境法制，加快环境会计建设，通过法制来调节环境保护工作中出现的矛盾和纠纷，包括生态补偿中出现的经济纠纷，实现依法治理生态，依法保护环境。为适应我国社会经济的高速发展，2014年我国颁布了新的《中华人民共和国环境保护法》（以下简称《环境保护法》），该法律涉及经济、会计、财务和审计的内容较多，该法律的颁布是长期以来中国环境保护过程中无数失败教

训唤起的，也是成功案例积累后带来的启示。

《环境保护法》由于涉及广、争议多，在破例进行了四次审议后才"千呼万唤始出来"，但《环境保护法》的主要内容还是环境保护，在传统会计领域中，即以《会计法》为核心的会计法律体系中，目前没有任何针对环境会计的法律或规章存在。中国的环境会计发展还不够成熟，在现阶段要为其颁布一部法律的难度很大，但中国的可持续发展战略需要企业对生产过程中的环境污染和自然资源开发利用的成本进行确认、计量和报告，并分析环境绩效及环境活动对企业经营业绩的影响。为了应对迫在眉睫的社会发展需要，政府可以《环境保护法》为根基，建立一套环境会计制度框架来引领环境会计发展，保证现阶段其职能的发挥。

二、建立环境会计制度实践

（一）国外

在1987年，世界环境发展委员会确认了环境会计的必要性，许多国家也开始着手建立自己的环境会计法律体系。大部分发达国家对环境会计最初的应用是对温室气体排放和其他与资源相关的产出废物进行估价，这套措施在当时已经趋于成熟。之后，不少发达国家渐渐开始了对环境保护支出会计的研究工作，许多国家用这种会计来计量与环境保护有关的经济费用，并计量环境保护对经济产生的正面作用，一套环境会计制度框架便有条不紊地形成了。时至今日，环境会计制度框架的发展最应引起中国注意的便是美国和日本。

美国环境法律体系的主要内容基本归为两种：一是关于环境清理与复原的责任；二是关于环境检测和污染控制，以及与标准有联系的个人财产损失负债。美国的环境法律明确了环境会计的行进方向，美国的环境会计制度框架便迅速形成。这一发展主要在两个方面得以体现：第一，将环境跨级分为宏观和微观两个层面。宏观层面与国民经济核算的报告相连，微观层面与企业财务会计的报告相连。第二，政府的重视。美国政府和美国环保局在环境会计方面做了许多工作，其组织编写的《环境会计导论：作为一种企业管理工具》一书，既解释了环境会计的概念，还为环境会计在企业管理中的具体操作提供指导。另外，美国的环境会计制度体系还以联邦、州和地方政府为标准划分了级别，加强了体系内部的纵向管理。

20世纪90年代后期，循环经济在日本开始受到关注。为了推进循环经济的建设，日本政府先后颁布了大量新法，如《推进循环经济形成基本法》《新环境基本法》等。此外，日本政府还通过《环境污染物质的移动、排放登记制度法案》对 20 多项原先的环境法规和施行令以及施行规则进行了修改。随着循环经济法律体系和环境立法系统的建立和完善，人们对循环经济的意识变强了，企业的经营行为也发生了改变。

（二）国内

中国的环境会计研究由 1992 年葛家澍教授发表的《九十年代西方会计理论的一个新思潮——绿色会计理论》一文揭开序幕，国内的环境会计研究起步较晚。另外，我国的环境会计在初期发展得也并不迅速，直到 1998 年，国内第一部环境会计著作才出现，这就是由徐泓教授所著的《环境会计理论和实务研究》。3 年后，环境会计专业委员会才终于成立并在当年召开了第一次研讨会。随着近几年环境问题的日益严峻，环境会计才成为人们关注的焦点。中国的环境会计开始以较快的速度发展起来，而国内为环境会计建立体系的研究也逐渐出现。因为国内环境会计的迅速发展很大程度上是出于满足环境保护的需要，所以中国环境会计的体系一定要和环境保护法制相互关联。

现在，国内环境保护法制上的最大举措当属 2015 年 1 月 1 日开始实施的《环境保护法》。该法的新增内容中影响力最大的要属"按日计罚"制度，该制度摒弃了旧法对非法偷排、超标排放、逃避检测等行为只处以定额罚款的方法，改对污染违法者处以按日连续计量、上不封顶的罚款，能迫使污染企业重视并迅速纠正自己的污染行为。

目前，国内一些企业过度追求利益，忽视内部控制，缺乏社会责任感，最重要的是，由于环境会计发展起步慢而导致现在国内环境会计制度的缺失和环境会计法制的不健全，让企业忽视计量生产的环境成本，甚至因违法代价小而无视法律法规。出于对目前国内状况的考虑，宋全希学者认为想要进一步推动可持续发展战略实现，对环境保护的要求就必须更深层次化。这些环境保护要求将细化到国民经济、社会发展甚至是企业发展，所以，环境会计的功能显得尤为重要。由于目前我国的环境法律还没能发展到为环境会计立法的程度，所以，为环境会计建立一套环境会计制度体系就显得十分必要。

三、国内企业环境会计方面的问题及原因分析

（一）传统会计对环境会计的长期忽视

如前所述，传统会计忽视了企业对社会资源的无偿占用和污染带来的影响，

促使企业纷纷以牺牲公众环境为代价换取局部的自身利益。因此，从可持续发展角度看，传统企业会计是存在缺陷的，而将环境因素纳入计量范围的环境会计却恰好对这一缺陷进行了补充，成为推动可持续发展战略实施的重要助力。可是我国现行的会计制度中，尚未建立与环境会计配套的会计体系，目前对环境会计的真正应用仅仅是在企业"管理费用"会计科目中设置了记录企业缴纳排污费用的"排污费"和绿化厂区所产生的费用的"绿化费"。

（二）环境会计信息披露受到阻碍

企业披露会计信息是会计进行确认、记录、计算和报告，行使会计核算和监督这两项基本职能的重要前提条件。如果按环境会计的理论标准披露信息，不少企业的商誉极可能遭受巨大的打击，从而导致企业经济效益的减少，所以大部分企业的环境会计信息披露自愿程度很低，基本是以敷衍了事的心态来应对。即便有些企业披露了信息，不少内容也是避重就轻，信息质量很差。虽然政府的《关于企业环境信息公开的公告》中对披露提出了要求，但也只是集中在少数几项强制性信息上。建立环境会计制度框架需要企业的环境会计信息作为前提条件，环境会计信息披露受到阻碍，也阻挡了环境会计制度框架的发展道路。

（三）环境资产产权界定遭遇困难

任何企业要进行独立会计核算都要先对企业的资产、负债等基本会计要素进行确认，而环境会计要确定的便是环境资产。环境资产是指由于过去的、与环境相关的交易或事项形成的并被企业所拥有或控制，能以货币或者实物准确的计量，并且未来可能为企业带来经济利益或社会利益的流入的资源。从会计角度看，这种资源可视为存在于特殊会计主体中的一种长期资产，它会随着人类的开发利用而逐渐消耗殆尽，其本身的价值也慢慢转移到产品之中。作为以盈利为目的的存在，企业当然愿意得到这一资产的产权，但随着自然资源的消耗，这一资产的价值是不断降低直至殆尽的。比如，经营与冷却水相关的企业如能获得纯净水资源的产权，那生产成本将会降低。可是，冷却水会降低水资源的质量，当水资源的价值全部转移后，这项资产可以说就成了负债，治理费用达到最大值。许多环境资产产权界定都面临这样的状况，企业总是想方设法得到价值最高的资产的产权，产权的界定遭遇了困难，环境会计制度的框架建设就很难开展。

（四）环境成本补偿难以落实

现在，环境会计的出现要求企业在生产经营时要计算环境成本。这对企业来说可能是件好事，因为这可以减轻企业的缴税额，增强企业产品的国际竞争力。可是，它同时也给企业带来烦恼，因为它要求企业对生产过程中损耗的环境进行补偿，但这样的补偿能有效地抑制环境恶化的速度，对社会大众有益。不幸的是，由于传统会计不将环境因素纳入计量范畴，所以企业长久以来对自然资源的占用都是无偿的，再加上当时环保意识淡薄，进行了不少掠夺式的开发，本应支付一笔巨大的补偿，但却由于没有相应的会计记录而让环境成本补偿难以真正落实。

国内企业环境会计所面临的上述种种问题，究其原因，就是缺乏一套环境会计制度体系。然而，任何一套制度体系想要具有效力，都必须和法律建立联系，将法律的强制性作为支撑。环境会计制度体系，顾名思义，是需要和环境法律相关联的。所以，这套体系的建立注定要与《环境保护法》有着千丝万缕的联系。

四、从排污权交易看环境会计制度框架的建设

排污权交易指的是一个区域内，在总体排污量不超过该区域所规定的排污额度的条件下，各个排污主体以货币交易的形式对各自的排污量进行调剂，来达到减少排污量和保护区域环境的目的。排污权交易的核心思想就是设立合法排放污染物的权利，并让这种权利像市场上的商品一样流通，让各排污主体能够买入和卖出各自的权利来控制污染物的排放量。

我国首例异地权交易发生在江苏。据央视网报道，2013 年，太仓港环保发电公司以 340 万元的价格，跨市向南京下关发电厂购买为期两年的二氧化硫排污权。这两个企业，一个因扩建将造成排污量突破许可指标的上限，一个因脱硫成功而实现了排污量指标剩余。面对两个不同地区的发电企业，经江苏省环保厅牵线，两家企业经过几轮协商，最终达成了二氧化硫排污权的异地交易。

这个案例中，太仓港环保发电公司和下关发电厂的交易排污权的价格本应由环境会计通过确认、计量和核算来得出，但实际情况却是两家公司几经协商而达成的，每公斤 1 元的价格很可能和市场价格存在出入。两家企业为了能尽可能规避市场上不确定的价格风险，选择了签署两年期的有效协议，并约谈 16 年以后的交易事项。环境会计的缺失增大了这笔交易达成前的工作量，同时还无法给予交易后的企业安全感。可见，环境会计制度的框架还有不少需要补充的地方，环境会计计量便是其一。如上例中，虽然两家企业最终达成了协议，解了燃眉之急，但此排污权交易的案例也暴露了环境会计制度框架中缺乏交易市场和交易业务的会计核算方法上的跟进。制度中没有为促成交易而给出政策或者措施，使得买方找不到卖方，卖方不知道买方。再就是环境会计制度需要

一项能要求各地方将当地企业的环境会计信息汇总并逐级上报的政策来加以完善，汇总机构根据企业上年度编制的资产负债表中有关环境会计的科目变动对企业的环境资产、环境负债等进行记录和预估，再对外公开并逐级上报，等信息量足够庞大时，环境会计制度的交易市场就基本建立起来了。

在《环境保护法》中，国家除了对违法排污实行"以日计罚，上不封顶"的处罚外，还在财政、税收和价格等方面制定政策或采取措施来鼓励环境保护技术的发展。另外，对于在污染排放量符合法定要求的基础上，进一步减少污染物排放的企业，政府同样依法在财政、税收和政府采购等方面给予支持。正是这类条例的实行，才让太仓港环保发电公司畏惧超标排放罚款而不敢大意，让下关发电厂乐于引进先进技术来积极减排。一种"用鼓励来引导，用严惩来约束"的思想将会成为建设我国环境会计制度框架道路上的指向标。政府在环境会计制度交易市场成熟的过程中也要不断深化自己的宏观调控能力。政府或许可以以成熟的税务、政府采购体系为蓝图，将之应用到新兴的交易市场中。比如：税法中对不同的企业进行不同的查税征税方法，政府也可以将市场内的企业进行区分，对不同的企业采取不同的监管力度，这样不但节省了政府的人力物力，还提高了市场的监管效率。另外，万一市场中排污权过剩导致价值急剧下跌，政府或许可以用政府采购的方式先止住下跌势头，再慢慢对市场的异常进行调查分析。排污权交易的过程和结果所暴露的缺乏交易平台、私定交易价格等问题，无疑是用事实证明了建立环境会计制度体系的必要性。

五、构建会计与生态补偿关联的法律制度

顾名思义，环境会计制度体系是以环境会计为主体，环境保护为目的的体系，这套体系早在作出具体设计之前就已经注定它会是一套会计与环境密切关联的制度体系。因此，为了不偏离体系的设计目标，这套体系需要以环境保护方面的法规或政策内容为根基，然后分阶段设计，环环相扣。

（一）环境会计制度体系的构建以《环境保护法》为根基

环境会计作为传统会计在这个时代背景下的进化产物，能站在经济的立场上用环保的角度考虑问题。因此，笔者认为眼下正是急需将环境会计所具备的这种优越性发挥出来的时期。可惜，国内尚未有任何一套法律体系能完全为环境会计服务，所以本节以《环境保护法》的一些内容为根基，为环境会计设计了一套环境会计制度体系。

（二）制定环境成本会计信息披露制度

从国内的现状看来，想要妥善处理好正日益恶化的环境，环境会计信息披露中所揭示的环境资源的利用情况和环境污染治理情况是必不可少的。所以，建立环境会计制度体系的第一阶段就是要制定环境会计信息披露机制。笔者以《环境保护法》中要求重点排污单位公布其排放行为的详细信息的做法，设计了因地制宜的环境会计信息披露制度。首先，对企业的环境会计信息披露要求树立依据地区差异为主，行业差别为辅的指导思想，再以《环境保护法》对重点排污企业的信息披露要求为基础，进行适当的补充和减除。例如，困扰东部地区的雾霾，在中西部地区的影响却很小。那么，环境会计信息披露制度在对东部地区的企业制定信息披露要求时，就应让他们加上对生产成本中涉及二氧化硫和氮氧化物的部分做详细说明的要求。同样是雾霾问题，环境会计信息披露制度对化工企业和其他企业也会制定严格度不同的要求。在制定了环境会计信息披露要求后，环境会计信息披露制度还要对企业所披露出的信息的真实性和准确性进行核实和评估。坚决打击谎报、瞒报、伪报等违规行为，一经查出，要在环境资产产权界定和登记制度中加以记录。

（三）落实环境成本补偿制度和具体措施

环境会计制度体系的最后阶段就是要落实环境成本补偿制度。经济和环境的联系十分紧密，人类的任何经济活动都会或多或少地耗用自然资源，至少现在我们还无法让主要的经济发展方式与环境资源脱离开来。因此，现阶段环境会计制度体系的最后一环便是让自然资源的使用者补偿环境成本。正所谓："没有规矩，不成方圆。"环境成本补偿制度便是那个"规矩"。因为《环境保护法》第十七条已经要求国家建立和完善相应的调查、监测等一系列制度来加强对自然资源的保护。

借助会计信息披露制度和登记制度，环境补偿制度确认追偿主体方面的工作将大大减轻，可以有更多的精力放到对补偿方式的研究上。在具体的补偿方式上，环境成本补偿制度需要和国家的监测系统建立联系，进行分工合作。由国家监测系统确认确切的开采、挖掘等开发方式的总量，再由环境成本补偿制度设计具体的会计核算。环境成本补偿制度首先会对数据是否超标进行判断。对于未超标的会计数据和超标数据中未超标的部分，补偿制度采取类似目前煤矿业补偿的做法，即要求企业在完成作业后对被开发的地方进行还原，无法还原的再处以经济赔偿。对于超标会计数据的超标部分，补偿制度以当时的市场状况对超标部分为企业带来的经济收入进行预估，再用各行业对应的补偿比例乘以预估额，计算环境成本补偿款，该补偿款作为企业管理费用在计算企业应纳税所得额时扣除。

至此，笔者所设想的环境会计制度体系框架已经完成。从作为构建根基的《环境保护法》开始，到最后的环境成本补偿制度结束，整个体系框架呈金字塔形，层层递进。其中，环境资产产权界定制度与登记制度暂时结合，以后再慢慢相互独立。具体的框架结构形状如图6-6所示。

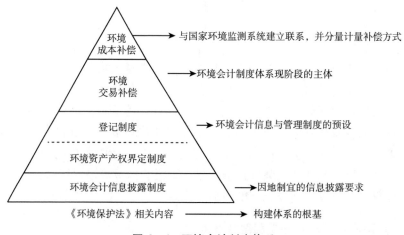

图6-6 环境会计制度体系

（四）推广会计师中介认定标准的生态补偿程序

除了相关学者在对环境保护的研究中会提及生态补偿程序的概念，在日常生活中，人们虽然已经认识到要为生态损害付费，但对生态补偿程序如何运作却知之甚少。笔者认为生态补偿的运作程序如图6-7所示。

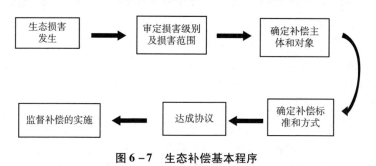

图6-7 生态补偿基本程序

其过程是：生态损害一旦发生，生态专家将首先对损害级别和损害范围判定其是否属于法律所规定的生态补偿内容，如果是，根据发生的情况确定补偿的主体和对象；再由注册会计师协会、补偿基金等社会组织确定补偿的标准和方式，以保证补偿的公正、公平。补偿的主体和对象就标准和方式达成协议，并由社会加以监督补偿政策的实施。

（五）确立环境资产产权界定与登记制度

环境会计制度体系的第二阶段是对环境资产产权的界定以及登记制度。此举的目的是改变原先那种企业可以无偿耗用环境资源的局面，为环境资产产权确认具体的责任主体。但是，因为企业对价值不高的环境资产产权持抗拒态度，界定工作总是困难重重。《环境保护法》第三十一条表示，国家将会加大生态环境补偿的投入力度，并要求各地方政府运用好生态补偿金。被耗尽的自然生态价值随着补偿金的增加而恢复，企业对环境资产产权界定的抗拒力也会减小，因此要尽快完成产权界定，为后面阶段的工作开展打好基础。

环境会计制度体系是一个各项内部制度可以互补互助的体系。在确立环境会计资产产权界定制度的过程中，环境会计信息披露机制可以提供重要的帮助。界定工作可以在对披露出的环境会计信息进行筛选的基础上，再结合实地考验或招标竞争的方法，将最优质的资产产权匹配给最具实力的责任主体。这样做不但能降低企业生产过程中的环境成本，提高企业产品的竞争力，而且也可以减轻监控工作，避免人力物力的浪费。

另外，在环境资产产权界定制度确立的过程中，笔者设计了一个登记记录信息的跟进制度作为构建体系的第三阶段，简称为登记制度。由于初级阶段的工作较为简单，所以将此制度与环境资产产权界定制度暂合一处，即环境资产产权界定与登记制度。笔者的设计中，这个登记记录机制将作为整个环境会计制度体系的信息登记和查询服务中心而存在，但预计随着将来环境会计制度体系的不断完善，登记制度的工作量和工作复杂度也会急剧增大，最终演变为环境会计信息储存和管理制度在体系中独立存在。

（六）建立环境交易市场

市场调控的力量是巨大的，因此笔者设计的环境会计制度体系的核心就是建立环境交易市场。这个第四阶段的工作能否开展，完全取决于前三个阶段能否真正落实。由于环境会计制度体系还不成熟，所以该环境交易市场并不是完全开放的。环境会计信息披露制度会挑选出有资格进入该市场的企业，任何不能严格按要求披露自己的环境会计信息的企业都会被拒绝在市场之外。环境资产产权界定制度可以理解为是对一些企业的信任和肯定，同时也推动他们成为环境交易市场中领军者，为市场注入活力。在上述的所有过程中，登记制度是全程跟进的，对进入市场的企业，尤其是对拥有环境资产产权的企业的相关信息要进行详细地记录，这是为市场监管做铺垫。

环境交易市场在现阶段的交易内容可能是以排污权为主，而当排污权需要寻求交易时，无非两种状况：超标和结余。虽然国家鼓励企业节能减排，尽量减少排污量，但由于企业随时可能进行计划外的开发，排污权超标的情况也是司空见惯。环境交易市场基于排污权交易形成的这个根本原因，成为排污权的买卖双方方便快捷交易的平台。有排污权结余的企业可以在环境交易市场中为自己的全部或部分排污权招标，让有购买排污权意向的企业来竞标。如果有购买企业碰到市场无人招标的情况，可以先向设立在环境交易市场中的管理机构申请报价，由管理机构根据登记制度中的信息为之寻找可能的卖家。当然，环境交易市场会在这些交易的过程中按比例或者具体情况收取交易费用，费用的高低将会是以后成为调控市场的有效手段和支撑体系运转的经济来源。

六、本节总结

一套完善的环境会计制度体系必需经历不断的理论创新和反复的实践检验。笔者根据自己对环境会计和《环境保护法》的理解，在对比国内外的研究状况后，为解决国内的环境会计方面，设计了一套分五个阶段构建的环境会计制度体系的框架。这套框架用《环境保护法》的内容作为根基，以环境会计核算所需要的环境会计信息为起始点，逐渐延伸到环境资产产权的界定，并为体系中将来可能会出现的环境会计信息与管理在现阶段设计了一个简单灵活的登记制度。然后，让前几阶段的成果服务于框架的主体——环境交易市场，并对目前的状况对环境交易市场进行预测。在框架的最后，为体系设计了环境成本补偿制度，让其与国家政府建立联系，从而将国家的力量带进体系框架内，为体系后期的发展提供保障和动力。

第六节　社会资金参合融入系统

一、社会资金参合环境治理的迫切性

目前我国还没有完全构建成系统性的环保基金制度，环保资金的利用效率也低，成本较大，生态建设主要是靠政府的导向作用，凭借政府的宏观调控能力进行治理，来源单一。尽管近年来，我国环境恶化趋势有所减缓，但毋庸置疑，我们环境欠债太多，环境保护的任务艰巨。所以，我国应借鉴发达国家的经验，构建适应我国国情的环保专项基金制度，融入财务杠杆以及金融杠杆机制，调动一切可用资金进行环保治理，为我国应对生态危机建立强大稳固的资金后盾，积极开辟和吸纳社会资金应用于环境治理的渠道，缓解政府财政负担，此举不仅顺应了全球生态文明建设的潮流，更符合我国可持续发展政策的基本要求，也有利于缓解我国中小型企业的环境成本压力，鼓励相关环境受益者的积极性和责任心，共同维护我们的生存家园。

二、民间资本参合环境治理的对策

（一）明确环保专项基金制度的政策目标

环保专项基金制度是政府为了应对生态危机而设立的社会公益型基金，和其他盈利性质的产业发展基金不同，该基金设立的目的是通过科学地运用公共财政资源和严格的审计管理机制向全国生态受到破坏的地区合理地提供生态补助，从而建立一个生态效益补偿机制，平衡各相关方的利益。我国的环保专项基金制度与美国相比，有着很大差异。首先，我国环保专项基金的应用范围较大，基金投入的机会成本较高，基金运作的风险也较高。其次，相较于美国各州自治的政治环境，我国的生态环境治理以及预防工作都是由中央进行统一决策，再给各省区市分配具体工作，因此更要有针对性地对不同地区制定不同的环保专项基金制度的政策目标。环保专项基金制度只有有了明确具体的政策目标，才能制定出环保基金制度运行中应该遵循的管理要求，有效监督环保专项基金的使用。

（二）完善环保专项基金制度立法基础

我国尚未设立全国性的专门法律对环保专项基金制度及其运行机制进行规定，国务院在20世纪80年代颁布的《征收排污费暂行办法》，规定所征收的排污费作为环境保护专项补助资金，纳入国家财政预算中进行管理，初步奠定了环保补助资金的管理机制，但由于体制不健全，排污费的征收运行不畅，管理无法集中，反馈情况并不乐观。设立以可持续发展为立法指导思想，保障我国生态系统恢复平衡的法律法规是建立环保专项基金制度的重要前提。环保专项基金制度是一个十分复杂且重要的系统，稳定的资金支持，只是其能够得以实施的很小一部分推动力，只有完善了环保专项基金制度的立法基础，用相关法律条文确立环保专项基金的主体地位，发挥其生态效益，才能在借鉴国外成功经验的基础上，成功建立适应我国的环保专项基金制度，确保专项基金专款专用。

（三）环保专项基金的来源结构

环保专项基金制度的核心就是环保专项基金的资金来源结构，为保证有充足的资金支持生态环境改善措施的实施，必须建立稳定有效的基金来源机制。我国环保专项基金来源并不符合市场化运作原则，政府财政压力较大。笔者认为，我国的环保专项基金应面向社会公众，建立有效的生态环境效益补偿机制，向环境资源受益对象筹集资金。

所以，环保专项基金的资金来源途径应主要包括以下几种：

（1）财政预算拨款。每年我国中央政府都会对生态治理投入大量资金，由各级环境保护管理机构编制预算，经国务院批准，由财政部进行拨款事项，国家专项拨款作为环保专项基金的基础性资金来源，是最重要的资金来源之一。

（2）环境税①。环境税是向负外部性者征收税收，向正外部性者发放补贴的经济学理论。合理地向相关企业个人征收的排污费等，以生态环境税等附加税种形式征收，严格地投放到环保专项基金账户中，用于应对生态危机，协调经济与环境的关系，维护世界生态平衡。

（3）捐赠款。国内外环境保护基金会以及社会各界环保相关组织和机构对我国的捐赠，以及环境保护专项基金管理机构所筹集到的各项资金等。

（4）投资收益款。环保专项基金管理机构在许可范围内，可进行无风险隐患的安全性投资，专项基金的投资方向可以是自然资源、金融、房地产等，投资获得的收益利息再重新投入环保专项基金，进行生态维护。

（5）民间社会资本加入。国家应鼓励民间资本投入环境保护事业中，并给予扶持和奖励措施。此项工作在我国刚刚开始，效果也不显著。但随着促进环境服务业发展扶持政策的完善，环保民营企业走污染治理设施投资、建设、运行一体化特许经营是必然趋势。政府有必要将负责任的环保企业环境信息纳入征信系统，给予完善的绿色信贷和绿色证券政策。而对环境违法企业将严格限制贷款和上市融资，以阻止企业的乱排乱放行为。

（6）吸纳国际资本。环境保护是中国的一项基本国策，目前我国各级政府

---

① 环境税，又称生态税，通过将环境污染和生态破坏的社会成本，内化到生产成本和市场价格中去，再通过市场机制来分配环境资源的一种经济手段。福利经济学的创始人庇古在 1920 年出版的著作《福利经济学》中，最早开始系统地研究环境与税收的理论问题。

为保护环境投入了大量的资金，并不断增加投资力度，但与污染控制、改善环境质量的需求以及和发达国家相比，我国环境保护的投入仍然严重不足，因而积极吸纳社会资金和国际资金的支持成为发展我国环保事业的一项重要举措，由此需要我们采用完善环保市场运营体系以及采取 BOT、TOT 模式进行城市环境设施的投融资市场运行模式。

（四）环保专项基金使用范围

环保专项基金必须遵循专项基金管理制度的专款专用、量入为出的管理要求。我国的环保专项基金主要应用于应对生态危机的环境保护事业。例如：（1）各地区污染源防治：对各省份主要污染源进行成因调查，评价污染严重程度并着手防治；（2）河流流域自然生态防治恢复：检测流域污染程度，检测流域内与生态环境直接相关的污水处理情况；（3）空气污染防治新型技术开发：针对雾霾、沙尘暴等空气污染进行的重大科研项目；（4）自然灾害应急事件处理：应急物资派发，灾后生态重建等；（5）生物多样性防治养护：植树造林，山地地区养护林防治，稀有动物保护等。

不同的生态问题要采取不同解决对策，正确运用环保专项基金，加强生态平衡维护，环境保护的宣传教育工作及其他与生态文明建设有关项目的实施。环保专项基金是由国家进行统一管理的政府性基金，每年的基金投入使用管理应纳入地方财政预算，对特定的资金进行统筹的管理，在环境保护行政部门中通过设立专门的职能部门负责环保专项基金的具体运作及相关基金使用的审批过程。

三、应对生态危机的环保专项基金制度运行机制

（一）环保专项基金的管理机制

基于我国环保专项基金制度的使用范围和资金来源结构，我国环保专项基金的运行管理应采取分级管理的方法，在国家和各省份分别设立相关环境保护行政主管机构，以及各级人民政府财政部门共同对环保专项基金的使用进行管理，各省级环保专项基金主要负责本省份内的生态环境问题的防治和重点生态建设工程。各省份环境保护行政主管机构对需要现场勘查的项目进行现场核查，对重大项目则组织有关专家进行考察，最终经上级机构回复审核批准后，对应的政府财政部门按照不同的补偿标准确定项目的基金使用方案，下达按基金管理规定的基金补助计划。也可在基金组织的职能部门中新增环保防治措施咨询

部门，接待有需要的相关单位和企业，给予他们相关的帮助。

申请使用环保专项基金的单位必须明确自己的权利义务和责任，一旦未按批准用途使用环保专项基金的，需要承担相应的违约责任，由各省份环境保护行政主管机构或各级人民政府财政部门依据相应职权给予处罚。若上述两个环保专项基金管理机构或工作人员有徇私舞弊、挪用基金等行为，由所在行政主管机构进行处罚。

（二）环保专项基金的监督机制

我国的环保专项基金的建立和使用涉及巨大的经济利益，所以，应该建立严格的管理监督机制。

（1）将环保专项基金纳入政府财政预算，方便政府财政部门对其进行严格监督，完善审计制度在监督机制中的应用，加强审计部门对环保专项基金进行定期监督，确保基金使用符合制度规定。

（2）将社会公众加入环保专项基金的监督体制中，让社会公众通过听证会等一般行政程序，也可以建立公众信息反馈平台，对环保专项基金的使用进行评价，收集广大公众对环保专项基金的建议，鼓动民众的环保积极性，更好地对环保专项基金进行监督。

（3）加强环保专项基金监督机制的专业化程度；引进相关环保专家以及基金专业机构管理监督人员和先进的环保技术；建立专门的环保基金监督小组；完善我国环保专项基金监督管理体制。

（4）完善环保专项基金制度内部的监督体制，制定相关规范文件确保环保专项基金财务和审计制度的顺利实施，引入新闻媒体对环保专项基金的监督，环保专项基金的账目每年都须出具披露报告，让有关人士查看监督，真正做到透明化的管理监督体制。

（三）环保专项基金的合作机制

目前的生态危机呈现出全球化的特点，各国为治理生态问题都建立相关的环境保护机制。为了我们全人类赖以生存的地球环境，各国应加强在环保专项基金上的合作。我国与日本在环保基金上的合作应该说是历史悠久，从"小渊基金"到水环保专项基金，我国与日本民间环保组织的合作不仅为我国的环保事业作出贡献，还增进了我国与日本两国人民的友谊。所以，我国更应进一步加强与其他国家的环境专项保护基金合作，共享先进的环保技术，积极引导各国重视生态危机、环保问题，履行环保责任，积极倡导环保专项基金制度的实施。

建立环保专项基金的地区合作机制，对区域内某些严重的环境问题进行研究，互惠互利，共同承担环境义务，一些发达国家应以身作则，减轻环境问题严重的发展中国家的环境压力，协调各国家或地区的经济和社会发展。

第七节　环境财税调节系统

一、资源税收在生态平衡之间的杠杆功能

随着巴黎协议的签署，环境资源问题作为一个制约经济发展的全球性问题越来越被人们所重视。在我国，经济的快速发展很大程度上是建立在以牺牲环境资源为代价的高投入、高消耗、高污染、低效率的粗放型生产模式上。一方面，资源开采过度、利用效率低，国家资源严重浪费，生态环境也遭到严重破坏；另一方面，企业在开采资源获取利润的同时并没有完全补偿资源耗减成本和承担资源降级成本。面对日益严峻的资源危机和日益恶化的生态环境，建设资源节约型、环境友好型社会成为政府工作的重中之重。作为最具市场效率的经济手段的资源税收政策，该如何既可以保持自然资源配置效率和促进经济发展，又能在保护生态环境方面发挥最佳功能，就成为当前亟待研究的一个重要命题。

众所周知，财政税收是经济调节系统，具有调节经济增长、激活经济活力的强大功能，环境财政与税收同样具有这样的功能。1984年我国开始征收资源税，30多年来，在具体的实践过程中，资源税也进行了多次改革。借此，我们可以利用历年资源税收统计资料，从一个长期的角度，应用回归计量经济模型，从资源生产环境保持效应和消费社会保持效应两个维度，分析我国资源税政策对自然资源的保持效应，借以评价30多年以来，我国资源税收制度对促进企业作出节约资源、保护环境的行为选择的影响，以考量资源税对自然资源的保持效应，为我国资源税体系的进一步改革提出政策建议。

国外学者对于资源税的研究历史较长，霍特林（Hotelling，1931）最早提出了"时间倾斜"理论，认为税收降低了期初资源产量，增加了后期的资源产量，即税收可以改变可耗竭资源在时间上的分布，并可以通过调整税收来控制资源的需求量与开采量。学者们认为，对自然资源进行课税，会减少消费者的实际可支配收入，使消费者减少对商品的需求，进而调节资源的使用，以达到节约资源的目的（Gamponia & Mendelsohn，1985）；通过对自然资源课税，税负会转移，这样能影响资源性产品的价格，从而会影响资源税消耗，有助于实现

自然资源的可持续发展（Giljum & Behres，2007）。还有学者以涉及资源保护方面的相关税种作为研究对象，运用不同种类的定量分析工具，得出资源税能够有效配合政府并通过科学、合理形式实现高效保护环境的目的（Eisenack & Edenhofer，2012）。

在我国，赵舜一（2012）结合使用成本法，就新政策对石油资源可持续利用的影响进行分析后认为，资源税的改革有助于在一定程度上矫正代际公平，可以延长石油资源的可持续年限。李冬梅（2012）通过实证分析得出改革资源税制会带来资源开采量和消费量的减少，在一定程度上对国家税收收入、物价水平等方面产生短期负面影响，但是从长期来看资源税对我国的总体影响还是正面的。徐晓亮（2012）通过构建动态递归 CGE 模型，研究发现，资源税改革能有效降低主要污染物排放、单位 GDP 能耗和能源消耗总量，提高能源利用效率，当采用 10% 的税率时节能减排效果最佳，可以有效抑制 CO_2 和 SO_2 排放，但短期内会对经济增长产生极大的负面影响，降低 GDP 增长，抑制开采业、工业、能源、运输业和农业等产业总产出。王萌（2015）基于资源税的理论框架、制度设计与效应理论，分析了我国 2010 年以来资源税的改革效应及成因，得出我国资源税改革收入效应显现，资源税收入明显增加；替代效应不显著，没有触动生产和消费行为的改善。

二、资源税对自然资源保持效应的理论分析

资源的利用过程中涉及开采和消费两个阶段，资源税的定位也是希望通过资源合理配置弥补资源生产和消费过程中市场失灵而形成的外部性问题，达到节约资源保护环境的目标。

笔者要研究的问题是资源税的保持效应，就是指资源税收制度对促进自然资源有效配置、合理利用及促进经济发展方面税收功能的综合反映，主要体现在资源税对自然资源生产量和消费量的控制作用上。从一个长期角度来看，"保持效应"又具体包括资源税的征收所产生的"生产环境保持效应"和"消费社会保持效应"。生产环境保持效应是指在生产环节资源税的征收有利于加强对自然资源的保护和管理，防止对不可再生资源的过度使用和可再生资源的滥用。消费社会保持效应是指资源税的征收可以引导消费者调整自己的行为，促进消费者减少相关自然资源产品的消费，选择节能环保产品替代需求，从而促进资源的可持续使用。

在生产环节征收资源税，例如在开采环节对原油、原煤、天然气及其他非金属矿原矿等自然资源征收资源税，将导致源头企业的生产成本提高，进而迫

使生产者选择减少对该类产品生产行为的可能性增加，转向其他资源产品替代品的生产以增加利润，或是通过研究开发，进行技术创新，促进资源利用效率的提高，在保证企业收益实现最大化的同时，实现经济发展与保护资源环境的双赢目标。

对于消费者而言，例如消费环节购买的高档化妆品、大功率家用电器、运输工具、金银首饰、贵重木制家具和矿产收藏品、奢侈品等，资源税的征收会随着产业链将税负转嫁，导致最终产品价格的上升，购买成本增加，从而促进消费者调整自己的消费行为选择，购买绿色环保的产品来替代高耗能、高污染的产品。

通过以上理论分析，不难看出，资源税通过杠杆效应（见图 6-8），可以有效地减少自然资源的使用，促进资源税制对经济持续发展和环境保护方面保持效应的增长。但资源税的保持效应也不是盲目地减少自然资源的使用量而使经济发展停滞甚至出现倒退为代价，所以，一定时期有效的资源税的"杠杆效应"应当是使一定时期的一国资源税制建立在对自然资源既要合理节约使用又要促进经济发展的"平衡"基点上。

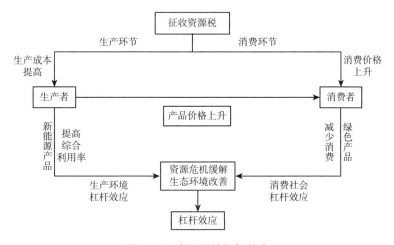

图 6-8　资源税的杠杆效应

三、我国资源税现状

我国资源税开征 30 多年来，在具体的实践过程中，也进行了多次改革。1984 年 10 月 1 日，我国开始实施《中华人民共和国资源税条例（草案）》，历史性地针对煤炭、石油和天然气三种资源以资源税名义进行征税，这标志着自然资源的使用从无偿走向了有偿。1993 年 12 月国务院重新修订颁布了更为全面、详细的《中华人民共和国资源税暂行条例》，将金属矿等矿产资源和盐纳入资源税征收范围中，扩大到七个税目，同时也扩大了纳税人范围，并规定采用从量计征的方式进行计税。2010 年 6 月，经国务院批准，在新疆维吾尔自治区率先进行了原油、天然气资源税计征方式改为从价计征的改革试点，将税率统一定为 5%。此后又连续发布了若干税收法规、规章，将资源税的计征方式由从量计征改为从价定率和从量定额两种计征方式，且将石油、天然气的"从价征收"扩大到全国范围内，并将税率由 5% 调整为 5% ~ 10%。2014 年 12 月，继续实施煤炭资源税从价计征改革，2015 年又实施稀土、钨、钼资源税清费立税、从价计征的改革。《中华人民共和国资源税法》自 2020 年 9 月 1 日起施行，《中华人民共和国资源税暂行条例》同时废止。《中华人民共和国资源税法》规定，在中华人民共和国领域和中华人民共和国管辖的其他海域开发应税资源的单位和个人，为资源税的纳税人，应当依照本法规定缴纳资源税。资源税的税目、税率，依照《税目税率表》执行。

国家统计局的数据显示，自 1994 年我国全面征收资源税以来，资源税税收总额呈逐年增长趋势，如果不考虑通货膨胀的影响，我国资源税税收收入从 1994 年的 45.5 亿元增加到 2020 年的 1 706.5 亿元，增长了 36.5 倍，资源税收入的增长是显著的，但资源税对自然资源的保持效应究竟如何还需进一步分析。

四、模型构建与数据说明

（一）理论假设

根据相关理论研究，合理的资源税制能够促进自然资源的保持效应。但基于目前我国的资源税征收范围过于狭隘（主要是矿产资源、天然气及盐），税率较低等缺陷，导致资源税难以发挥应有的调节效应，极有可能出现资源开采量、消费量和资源税收入同方向变化。于是，现提出如下假设：

假设 1a：资源税收入与自然资源的生产量呈负相关性，促进了生产环境保持效应，资源税税收政策效果明显。

假设 1b：资源税收入对自然资源的产出弹性呈负相关性，促进了消费社会保持效应，资源税税收政策效果明显。

假设 2a：资源税收入与自然资源的生产量呈正相关性，没有促进生产环境保持效应，资源税税收政策不能发挥应有的调节作用。

假设2b：资源税收入对自然资源的产出弹性呈正相关性，没有促进消费社会保持效应，资源税税收政策不能发挥应有的调节作用。

（二）模型设定

1. 生产环境保持效应

由于资源税是在自然资源的开采销售环节征收，在2010年前，资源税从量计征，资源税税额的大小由自然资源的开采量决定，因此我们可以通过构建计量模型对资源税收入与自然资源的生产量的相关性进行定量分析。为了消除时间序列中可能存在的异方差，对收集的数据进行取对数的处理。考虑到在2010年我国开始试点资源税从价计征，所以笔者设置资源税改革虚拟变量（D），即在2010年前变量值取0，2010年及之后变量值取1。因无法直接获得资源的原始开采数量，又因资源税主要以原煤、原油、天然气三大能源资源为征税对象，所以这里采用能源生产量替代自然资源的开采数量。采用最小二乘法，以能源生产量（LNQ）为被解释变量，以资源税总额（LNT）和政策虚拟变量（D）为解释变量，设定回归模型：

$$LNQ_t = C + \alpha LNT_t + \beta D + \gamma(LNT_t \times D) + \varepsilon \qquad (6-1)$$

其中，C为常数项，α、β、γ为系数，ε为随机误差项。

2. 消费社会保持效应

资源税对能源消费的影响，能源消费量同时又受经济增长等其他因素的影响，资源税的征收并非是单纯减少自然资源的使用，也要考虑满足人民群众日益增加的物质文化需求，在追求自然资源消费数量的减少的同时也要保证经济的增长，在此参考李绍荣和耿莹（2005）使用的生产函数模型，将能源要素引入其中，建立了加入能源要素的柯布－道格拉斯（Cobb-Douglas）生产函数模型：

$$Y_t = K_t^{\alpha X_t} L_t^{\beta X_t} E_t^{\gamma X_t} e^{c + \delta T_t + \varepsilon} \qquad (6-2)$$

其中：变量Y_t、K_t、L_t、E_t、T_t和X_t分别表示第t年的国内生产总值、固定资产投资额、按城乡区分的就业人员数量、能源消耗总量、资源税总额和资源税占总税收的比重；参数α、β、γ分别表示资源税占总税收的比例对资本投入、劳动投入和能源投入的弹性；δ表示在资本、劳动、能源要素不变的情况下，剔除对资本产出弹性、劳动投入弹性和能源投入弹性影响后，税收结构对Y_t的影响。

（三）数据来源及说明

上述模型（6-1）和模型（6-2）中的数据均通过国家统计局网站、国家税务总局网站、地方财政研究网整理得到。研究时共选取 1994~2013 年的相关样本数据，为了剔除物价变动的影响，资源税、国内生产总值和固定资产投资额等自变量均用以 1994 年为基期的消费价格指数（CPI）进行了调整。

五、实证结果与数据分析

（一）生产环境效应实证结果

对于时间序列数据，在进行具体分析前，为了避免虚假回归现象保证实证结果的有效性，要先判断时间序列的平稳性。本节采用 ADF 法（augmented dickey-fuller，ADF）对变量 LNT 和 LNQ 进行平稳性检查。由检验结果（见表 6-1）可知，变量 $LNT2$ 和 $LNQ2$ 在 5% 的显著水平下拒绝存在单位根的零假设，即变量 LNT 和 LNQ 是平稳序列。

表 6-1　　　　　　　　　　　　　变量的平稳性检验

变量	ADF 检验值	P 值	5%水平下的临界值	检验形式（C，T，N）
LNQ	1.218419	0.9362	-1.961409	（0，0，3）
$LNQ1$	-1.797884	0.3694	-3.040391	（C，0，3）
$LNQ2$	-3.888387	0.0100	-3.052169	（C，0，3）
LNT	5.172834	1.0000	-1.960171	（0，0，3）
$LNT1$	-2.105733	0.2447	-3.040391	（C，0，3）
$LNT2$	-4.071101	0.0075	-3.065585	（C，0，3）

注：在检验形式中，C 代表常数项，T 代表时间趋势项，N 代表滞后期数，0 表示不包括此项。T1、Q1 表示一阶差分，T2、Q2 表示二阶差分。

运用 Eviews8.0 软件进行回归，结果如表 6-2。模型拟合优度 $\overline{R^2}$ 为 97.40%，模型对样本数据的拟合优度较高。对于自相关性，模型的 $DW = 0.696865$，可知模型存在一阶正自相关，因而需要利用广义差分法对模型（6-1）进行修正。

表6-2   资源税与能源生产量的回归结果

项目	修正前	修正后
C	9.952259 ***	10.03840 ***
α	0.483009 ***	0.465242 ***
β	1.748796 ***	1.765936 ***
γ	−0.320371 ***	−0.319811 ***
F 值	204.4439	691.7363
拟合优度	$\overline{R^2}=0.974576$	$\overline{R^2}=0.989495$
DW 值	$DW=0.696865$	$DW=1.794986$

注：*** 表示在5%的水平上显著。

由模型（6-1）的检验结果可知，调整后的模型（6-1）为：

$$LNQ_t = 10.0384 + 0.4652LNT_t + 1.7659D - 0.3198(LNT_t \times D) \quad (6-3)$$

变量 LNQ 和 LNT 在5%的水平存在二阶单整，满足协整要求。为了检验二者是否存在长期均衡关系，以免出现伪回归，利用 E-G 两步法对变量进行协整性检验，来判断模型设定是否合理，即对该回归方程式的残差序列 e_t 进行 ADF 检验。检验结果如表6-3。

表6-3   残差序列单位根检验

变量	ADF 检验 t 值	P 值	5%水平下的临界值	检验形式（C，T，N）
e	−3.751539	0.0009	−1.962813	(0, 0, 3)

注：在检验形式中，C 代表常数项，T 代表时间趋势项，N 代表滞后期数，0 表示不包括此项，e 表示残差序列。

从检验结果可知，在5%的显著性水平下，残差序列 e_t 的单位根 t 值小于的临界值，因此拒绝存在单位根的假设，表明残差项是稳定的。据此判断，能源生产总量的对数序列 LNQ 与资源税总额的对数序列 LNT 之间存在协整关系，说明这两个变量的对数序列间存在长期稳定的"均衡"关系，即式（6-3）。按照以虚拟变量决定的两个不同时期，可以从式（6-3）得到两个不同回归函数：

$$\begin{cases} LNQ_t = 10.0384 + 0.4652LNT_t; & 1994 \leq t < 2010 \\ LNQ_t = 11.8043 + 0.1454LNT_t; & 2010 \leq t \leq 2013 \end{cases} \quad \begin{matrix}(6-4)\\(6-5)\end{matrix}$$

（二）消费社会保持效应实证结果

对模型（6-2）两边同时取对数，结果如下：

$$\ln Y_t = c + \alpha X_t \ln K_t + \beta X_t \ln L_T + \gamma X_t \ln E_t + \delta T_t + \varepsilon_t \qquad (6-6)$$

基于整理得到的相关数据，运用 Eviews8.0 软件，对模型进行回归分析，得到该模型的最终结果如表 6-4。

表 6-4　　　　　　　　　　模型估计及结果

参数	α	β	γ	δ
回归系数	1.158330	-8.691114	1.719163	-0.0024177
T 值	2.0114596	-4.431325	2.089180	-2.331926
（Prob.）	0.0626	0.0005	0.0541	0.0341

$$\overline{R^2} = 0.986026 \qquad \text{F-statistic} = 336.173$$

（三）实证分析

由表 6-4 回归结果来看，$\overline{R^2} = 0.98$，模型对样本数据的拟合度较高。由 $\alpha = 0.46$ 可知，我国资源税每增加 1%，能源的开采量就增加 0.46%，支持假设 2a。政策虚拟变量 D 对截距项和斜率项的影响均显著，但方向相反。β 为正数，说明政策的改革对能源的开采是正效应，说明资源税的征收并没有让生产企业承担较高的外部成本，这很可能是因为我国现行资源税税率普遍偏低所致。由 γ 为负、式（6-4）和式（6-5）可知，资源税税制进行了从价计征的改革，虽然资源税仍与能源生产量同方向变动，但资源税每增加 1%，能源生产量将从改革前同向增加 0.4652% 降低到增加 0.1454%，说明资源税对能源开采的正向效应就会减弱，也就是说资源税税制从价计征的改革，一定程度上抑制了能源的过快开采。由 α 为正可知，实证结果与理论相反，说明我国资源税没有促进自然资源的生产环境保持效应。但资源税从价计征的改革有利于对自然资源的保持效应。

从所得的回归模型可以分析出，δ 值为负，资源税比重的增加一定程度上会抑制经济的增长，资源税占比每增加 1%，经济的总体规模将减少 $e^{0.002} = 1.002$ 倍，表明资源税的征收增加了企业的生产成本，减少了企业的可支配收入，从而减少了对外投资，最终导致对经济的增长产生了负效应。由 γ 值为正可知，资源税的征收没有抑制对能源的消费，反而增加了能源的消费量，支持了假设 2b。资源税占比每增加 1%，能源产出弹性将增加 $e^{1.72} = 5.58$ 倍，说明我国的经济发展主要还是建立在高投入、高消耗、低效率的粗放型生产模式上，资源税的征收并没有促使企业研发创新，改善技术、提高能源的利用效率，政府也没有优化产业结构来降低矿产能源的消费。综上所述，我国资源税并没有促进自然资源的消费社会保持效应。

六、结论与政策建议

笔者基于1994～2013年相关数据，分析了资源税对自然资源的保持效应。从生产环境保持效应看，资源税对能源的开采量起到一个正向效应，与理论分析不符，说明资源税对自然资源没有发挥应有的保持效应。但考虑政策虚拟变量的影响，从价计征的政策改革一定程度上抑制了能源的过快开采。从消费社会效应看，我国资源税的征收对经济有较小的抑制作用，同时也没有降低能源的消耗。

综上分析，在目前的经济与环境下，为了促进资源税对自然资源的保持效应，我国资源税改革应从合理调整税率、扩大资源税从价计征范围和优化产业结构等方面入手，进一步优化资源税制，使得资源税对生产环节资源税的开采起到更加有效的调控作用。同时对于消费社会的保持效应，政府部门应优化产业结构，鼓励企业创新研发，利用先进设备和高新技术提高资源的综合利用率，开发使用新型能源来减少化石能源的消耗，使得资源税的调控作用再接再厉，达到最佳效果。

（1）合理调整税率。根据资源的存储状况、开采条件、经济社会的需求程度、资源品位及该行业利润等因素来制定级差式资源税税率，同时将回采率或者资源开采后污染的处理情况与资源税的税率水平结合起来向资源的开采企业征收高低有别的税额。合理制定税率，促进自然资源合理有效地利用。

（2）扩大资源税从价计征的范围。将从价计征的方式扩大到一些社会需求度高、存储量有限的非再生资源以及市场价格波动较大的资源产品上。这样有利于企业经营者出于自身经济利益方面的考虑，最大限度地合理、有效、节约开发利用国家资源。

（3）优化产业结构。资源税对自然资源的保持效应，不仅需要生产企业作出努力，同时也需要政府部门进一步优化产业结构，促进资源的优化配置，提高资源的综合利用率，创新开发新的能源产品替代化石能源，走绿色可持续发展道路。

以上三个方面的优化与改革，可以优化资源税对自然资源的保持效应，使资源税制真正能够发挥其应有的税收杠杆功能，促进资源节约和环境保护，实现我国环境和经济的持续健康发展。不过，以上只是从一个长期的角度分析了我国资源税对自然资源的保持效应，具体的资源税税率为多少时能使得资源的消耗与经济的发展处于一个平衡点上、哪些资源实施从价计征等课题都是未来研究的方向。

第八节　环保财务预算管理系统

一、环境因素带来的财务系统变化和表现

财务预算是指以财务决算的结果为依据，并结合现阶段环境资源的限度、环境污染的程度等条件来对企业生产经营活动的各个方面，进行规划的过程，它是组织和控制企业财务活动的依据。财务预算的主要内容有筹资预算、投资预算、成本费用预算、销售收入预算和利润预算等。

可持续发展和绿色发展，势必带来经济实体传统财务走上环境财务轨道，将环保嵌入大企业财务管理和会计核算的这个流程中。这是因为：第一，环境因素影响财务核算。传统的财务核算更多地关注企业的盈利能力，所有的指标都是和盈利能力直接联系，没有考虑到环境因素对企业财务的影响，未设立专门的指标核算和分析环境因素对于财务报表的影响。第二，环境因素影响财务规范。财务规范是企业在进行财务工作中应该遵守的行为准则，对企业影响重大。过去的财务规范要求较低，企业并没有考虑环境因素，只是在追求利益最大化的同时兼顾财务规范。引入环保要素的财务规范的财务系统会使企业发展更加合理。第三，环境因素影响财务管理方式。在引入环境因素之前，企业的财务系统反映和监督企业的财务状况和经营成果，管理者据此制定投资方案，追求利益最大化。在国家层面，既没有相关的法律法规起到监督的作用，企业又无须为环境污染而负责；在社会层面，人们只是一味追求经济发展和企业所能带来的效益，没有舆论的道德监督。如果引入环境因素，将对企业财务管理带来积极影响，如平衡企业经济发展和环境保护之间的关系，追求可持续发展。第四，环境因素影响财务目标。在传统的财务系统中，财务目标是利润最大化和企业价值最大化，未考虑环境因素问题对财务系统的影响和环境保护问题，无论是什么类型的企业，其财务目标都是为了所有者的权益考虑。而随着环境因素的引入，企业开始追求经济利益和环境保护共同发展。

显然，在环境财务的思想指导下，传统财务会带来一系列变化：

第一，财务报表会发生变化。在传统的财务报表的基础上，企业应当加入环境资产和环境负债等要素，环境资产从社会层面看，会给社会带来环境效益，所以也应当在财务报表中加以体现并单独核算。环境负债主要反映企业应担负

的经营已经造成的环境污染治理义务，并对一些或有环境损失加以预估，例如，被环保部门处罚，或者企业的污染造成附近居民的身体伤害。

第二，财务方法会发生变化。财务的本质是资本的配置，传统的财务方法只需要考虑追去利润最大化，以及通过财务分析制定适合企业发展的计划、决策，加强内部控制和管理。引入环境因素之后，一方面要通过对环境因素的分析获得有效的环境数据，并将数据分为资产、负债、费用等，在原来的基础上加入环境预算、环境控制、环境分析，得出环境对企业的影响，提高环保的效率，充分调动人、财、物的力量作出最合理的财务计划，增加企业的利润；另一方面，通过嵌入环境因素的财务分析，加大对环保的投入力度，设立专门的或有科目用于可能产生的费用，并且体现在平时的管理过程中，凸显出环境保护的重要性，加大平时的投入力度，避免产生问题需要更多的资金来解决。

第三，财务责任发生变化。过去的财务责任主要是侧重于追求经济效益，避免重大的投资决策失误，更多地表现为对企业负责，对股东负责。将环境因素嵌入财务系统之后，财务的责任在原来追求利润的基础上，还要对环境负责。财务责任变化具体表现为两个方面。首先，核算各项经济指标，保证核算真实准确，客观反映经济活动，并且加入环境因素的指标，两者合理地结合在一起，作为决策的基础。其次，政府和社会支持企业环境保护工作所取得的成效，环境因素的评价指标将全面反映企业的经营状况和管理决策，以及企业是如何在日常经营过程中起到保护环境作用的。

二、环保投资财务预算编制利好和原则

从财务学的角度来讲，编制环保投资预算是环境管理会计得到实际运用的一种具体表现。从短期看，它能使环保资金在企业未来运营过程中被充分地、合理地运用；减少污染排放，树立良好的企业形象；降低能源消耗，提高企业效益，实现企业的可持续发展。从长期看，它能促进环境会计的发展，并与传统会计进行融合；扩大环保资金的来源，吸引更多类型的投资者对环保事业进行投资；促进清洁生产技术和"绿色化学"的进步，使得行业整体向环境友好型企业发展，改善居住环境。总之，编制环保投资预算符合企业自身发展要求，也符合我国建设资源节约型、环境友好型社会的国策。

环保预算的编制原则可以概括为以下几点：第一，合法性原则。环保投资预算的编制应符合我国的《环境保护法》《环境影响评价法》《大气污染防治法》等相关法律法规的条文。第二，合理性原则。在进行环保投资预算时，对

数据的预测要使用科学的方法，保证数据的合理性，使得计划能够切实可行。第三，企业综合效益优先原则。在进行环保投资预算时，要从环境会计目标和环保预算投资的终极目的出发，考虑企业的综合效益，即经济效益和环境效益。第四，权责对等原则。环保投资预算简单讲就是环保资金的配置，即环保资金使用权的分配。为了确保资金的有效利用，必须遵循权责对等原则。对环保资金拥有使用权的管理者必须承担相应的责任，接受监督与检查。

三、环保投资财务预算的基本架构

本节以化工企业为例。要做好化工企业环保投资预算，首先我们需要明确环保资金的使用方向。将化工企业一个期间的全部环保资金看作一个整体，其运用主要集中在两个方面：一是对现有设备、系统的更新升级和改造，以达到节能减排的目的，尽可能提高企业对环境的"正影响"；二是对已发生的环境污染进行生态、经济补偿，使企业对环境的"负影响"最小。其资金预算的整个过程，可以分为以下两个方面：

其一，提高企业对环境的"正影响"。排污企业应投入一定资金购置质量高、污染弃置物少的原料和材料；投入大量资金更新现有的开采、提炼、加工、存储、运输设备，对老旧设备进行改造或淘汰，这是环保资金使用的重点；引进环保人才并组建专门的技术团队，研发清洁先进的技术；对员工进行环保教育与培训，增强其环保意识，学习新设备的使用方法；建立一套监督管理体系，实时反映节能减排的效果。

其二，降低企业对环境的"负影响"。企业应按时缴纳环保税，及时缴纳排污费；对企业造成的生态破坏进行修复；对已修复或正在修复的区域进行保护；对无法修复的破坏，如对周边居民的噪声污染和健康损害等，进行经济补偿；对生产过程的弃置物进行科学分类、适时处理和循环再利用。

石化企业污染物种类与其他化工行业一样，为液、气、固三类，俗称"三废"。石化企业产生的工业废水主要是油类有机物，其污染程度可以用化学需氧量（COD）来衡量。石化企业还会产生重金属含量高的废水，如含硫废水、含酚废水等，这些废水可以通过蒸汽过滤、化学氧化等方法，蒸发或转化为固体废物。石化企业产生的固体废物主要有粉煤灰、炉渣、化学废渣和其他工业垃圾。粉煤灰和炉渣可以二次利用，作为水泥建材的原料，而化学废渣由于其成分复杂，有毒有害物质多，多用焚烧或填埋方法处理。石化企业产生的工业废气中污染物主要有二氧化硫、氮氧化物、粉尘、有机挥发物等，可采用不同的脱硫、脱硝工艺以及除尘设备大大降低其排放量。

如果我们将企业对环境的"正影响"看作是环保项目投入，将企业对环境的"负影响"看作是环保费用支出，并将环保项目投入的预算金额用计划的"三废"各类排放量来衡量，就可以编制出石化企业环保投资预算表（见表6-5）。

表6-5　　　　　　　　　　石化企业环保投资预算

企业名称：＿＿＿＿＿＿＿年度　　　　　　　　　　　计量单位：万元

项目＼类别	工业废水			固体废物			工业废气				预算金额
	油类有机物（COD）	重金属废水	……	粉煤灰、炉渣	化学废渣	……	二氧化硫	氮氧化物	粉尘	……	
环保项目：											
进口原材料											
设备更新											
设备改造											
技术研发											
员工培训											
监督管理											
……											
投入合计											
环保费用：											
环保税											
排污税											
生态修复											
生态保护											
经济补偿											
资源利用											
……											
支出合计											

四、环境预算部门、内容和程序

环境预算贯穿整个企业的生产流程，与其他资金的财务预算同步进行，并贯彻全面预算的原则，这个全面既反映在内容上，也反映在程序上和方法上，因此分步按职能部门编制环境财务预算，有利于预算的全面性执行和效果实现（见图6-9）。

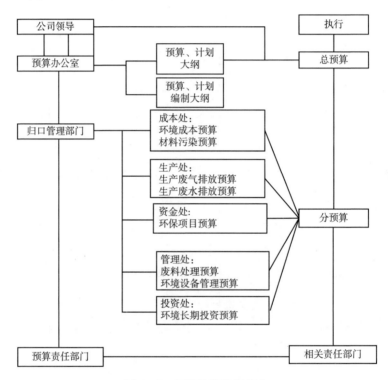

图6-9 环境预算流程示意

环境财务预算的编制方法主要包括固定预算编制、弹性预算编制、定期预算编制、滚动预算编制等方法。一般企业采用弹性预算和滚动预算，弹性预算可以应对企业业务生产的变动，在一定范围内的生产变动，弹性预算能够进行合理的核算预估。滚动预算编制是一种流动的预算，预算期不断地向后延伸，展现滚动模式，保证预算编制周期的连续性，便于企业根据预算结果进行分析，确立长远目标，对企业未来的发展起到很好的指导作用。选择环境预算编制的方法时，企业一是需要考虑自身发展情况，二是考虑是否符合环境财务的要求，方法论并不是固定的方法限制，而是对环境预算的规范。在预算过程中，既要为企业谋得利益，同时又要做到降低企业环境成本，以达到环境财务预算编制的价值。

五、环保投资的责任考评

化工企业编制环保投资预算是对一个期间内企业环保工作的一项事前控制，要真正落实企业的环保工作，还需要建立完善的监督管理体系，对环保项目的实施情况按时进行责任考评。此项工作着重要解决以下几个问题：

第一，选定考评期间。环保项目实施的时间长短不一，不能将所有项目按相同的标准来划分考核期间。对不同项目，要按其对环境影响程度、投资金额、实施时间等因素进行综合分析，将项目分为重点项目和非重点项目。重点项目的考核期间最长不超过半年，即每 6 个月考核一次；非重点项目的考核期间最长不超过一年，即每 12 个月考核一次。

第二，设定考评标准。对于环保项目的责任考核标准，不能简单以资金的超支或结余来考核项目实施情况的好坏。环保项目有着投入大、见效慢的特点，因此我们需要以污染物排放量作为考核标准，本着企业综合效益优先原则，在考核时参考上期实际污染物排放量以及本期计划污染物排放量。例如，以本期实际排放量是否低于上期实际排放量区分"达标项目"与"不达标项目"，在达标项目中，以本期实际排放量是否低于本期计划排放量区分"良好项目"与"优秀项目"。

第三，检查考评过程。企业环保投资预算一旦建立，项目责任人应了解各项指标，明确该项目计划达成的目标，及时部署工作。相关工作人员要定时收集污染物排放量的数据，按月度进行汇总，定期向项目责任人反馈项目的实施情况。项目责任人应对项目实施情况定期检查，主要检查项目的污染物排放量是否达到预期要求，项目是否在进度计划和预算之内。根据汇总的数据和检查结果，项目责任人要及时制定改进措施。

第四，反馈考评结果。在一个考核期间结束后的 2 个月内，项目责任人应编写并完成项目考核报告。报告主要包括项目的状况报告（项目进程、资金的使用情况、污染物的减排情况等）和风险预测报告。项目考核报告将由企业高层管理者审查，可召开会议对项目进行最终评定并提出审查意见与建议。审查后的项目考核报告将作为项目的最终考评结果，反馈给各项目责任人。

环保投资战略考核流程，可参考图 6 - 10。

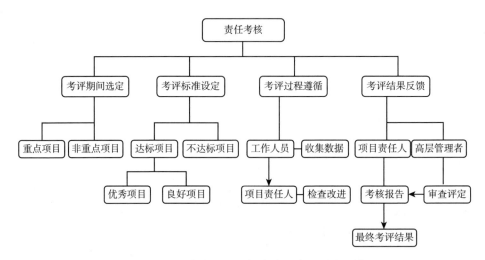

图 6 – 10　石化企业环保投资责任考评制度设计

总而言之，编制环保投资预算是会计预测功能和责任考评机制在环境保护中的体现，更是环境管理预测会计工作的首要环节。在此过程中，需要严格的监管体系、完善的绩效考评机制才能发挥其作用。同样，企业想要从粗放型经济发展模式向集约型转变，摆脱"洪水猛兽"的形象，实现企业的可持续发展，不仅要在财务方面引入更多的环境要素，更需要对产品结构、生产技术、园区布局等多方面进行综合改善，企业的环保工作任重道远。

第九节　碳排污权市场交易系统

一、碳排放权交易主要概念和研究现状

碳排放、碳排放权和碳排放交易是国内最近几年会计业界讨论的热点，对由碳排放引发的各种交易和事项的会计处理，更是众说纷纭，莫衷一是。众多业内人和业外人也许关乎的不仅仅是其理论的破解，更重要的是其实践意义和应用价值，以使碳会计（一般认为是环境会计中的一项业务）真正起到保护环境的作用。

（一）相关主要概念的界定

1. 碳排放权资产

排污权（排放权），是指生产和服务型企业排放污染物的权利。它具体是

指排放者在政府环境保护监督管理部门分配的额度内，并在确保该权利的行使不损害其他公众环境权益的前提下，依法享有向环境排放污染物的权利，其权利的大小体现在其所依附的排污总量的额度。所谓排放污染物一般是指"三废"（废水、废气和固体废弃物），碳只是其中之一。

碳排放权，是指企业在生产经营过程中可以排放的二氧化碳等温室气体的数量，碳排放权交易是准许排放数量的交易活动。由此，凡是在生产经营活动中涉及二氧化碳等温室气体排放的，或者参与碳排放权交易的实体，都适用碳排放交易会计准则，包括自身需要进行碳排放的制造型企业，以及自身不需要，但通过购销碳排放权进行投资的金融企业和其他企业等。

2. 碳排放权交易市场

排污权交易，是指在一定区域内，在污染物排放总量不超过允许排放量的前提下，内部各污染源之间通过货币交换的方式相互调剂排污量，从而达到减少排污量、保护环境的目的。它主要思想就是建立合法的污染物排放权利即排污权（这种权利通常以排污许可证的形式表现），并允许这种权利像商品那样被买入和卖出，以此来进行污染物的排放控制。可见，碳排放权可以从政府处无偿获得，也可以在企业间自由买卖获得。但用于交易的碳排放权最初来源还是无偿获得的，交易量的限度是政府将碳排放这种社会"公共资源"允许重点排放企业在核定的总额度内的节约量。

排污权交易制度，就是利用经济激励手段促使企业减少污染物排放的一种环境制度。排污权交易制度实施后，排污权交易必然会对企业的资产、负债和所有者权益等会计要素产生影响，并影响贸易往来，为此，必须在会计核算系统中反映。但在会计处理时，要具体分有偿获得的排污权和无偿获得的排污权两种（袁广达，2016）。

（二）国内外研究成果概况

在会计上，将碳排放权确认为资产，在业界几乎没有什么异议。但碳排放权具体确认为何种资产存在许多不同观点。主流观点有确认为存货、确认为无形资产、确认为金融资产三种（李博和马仙，2014）。

国际会计准则理事会（IASB）将碳排放权作为一项无形资产，其下属的财务报告解释委员会（IFRIC）于 2003 年发布了企业如何对碳排放交易进行会计处理的征求意见稿，提出以公允价值对其进行会计计量。究其理由，无非是碳排放权符合无形资产未来效益不确定性和没有实物形态，与无形资产账户中的著作权、发明权、专利权等存在一定的共性特征，并且无形资产也可以进行市场交易。

美国于 2003 年将碳排放权确认为存货。美国财务会计准则委员会 （FASB）发布 EITF03 - 14 草案，试图建立一套完整的、以总量控制为特征的排放交易会计核算体系，由于该草案与当时会计准则之间存在不可调和的矛盾，最终只能黯然收场。这种确认为存货的观点存在以下问题：首先是碳排放权不符合有形资产的存货的特征，更无法在期末进行资产清查。其次，存货的历史成本计量模式难以适应碳排放权价值频繁变动的情况。特别是在金融企业参与碳排放权交易进行投资的情况下，碳排放权的价值会存在明显波动，存货的历史成本计量模式很难准确反映其价值。最后，碳排放权制度设计初衷本身并非是为了交易，而是为了直接进行排放量的控制与管理，只有在其有剩余的情况下才有进行投资、交易的可能，从而间接起到控制排放量的作用。

欧洲财务报告咨询小组 （EFRAG） 认为，IFRIC 提法不符合会计信息的真实和公允原则，并且对企业管理层决策者评估财务信息造成了困惑。后来，英国、日本和中国将碳排放权确认为金融资产，认为碳排放权既可以进行现货交易，也可以进行期货期权交易。但笔者研究发现，碳排放权不完全符合金融工具的定义，其形成一个企业的金融资产，为其他单位的金融负债或权益工具的合同；况且，目前我国碳排放交易市场尚未完全建立，中国资本市场不规范和信息披露不完整，也会导致公允价值的取得存在一定困难，更不要说碳排放权这种特殊性质的环境资产了。然而，2016 年 10 月中国会计准则委员会提交出来的《碳排放权交易试点有关会计处理暂行规定 （征求意见稿）》，是将碳排放权作为金融资产属性定性的。

显然，以上所述，国际社会对碳排放权的资产具体分类到目前仍存在着较大争议，在国际上并没有一个明确的定论。前人主要是基于清洁发展机制下的处理方式研究，较少从配额的层面上考虑完整碳排放交易会计处理方式的系统建立，使碳排放会计既能较好地体现交易实质，又能使会计处理方式得到统一。为此，界定碳排放权具体资产属性并将碳排放权、碳排放交易和事项给予统一规范的会计处理，以促进碳排放权资产归属和业务处理从理论走向应用，并使碳排放权和碳交易在保护环境中真正发挥应有作用，无疑具有重要作用。

二、碳排放权的资产性质及其特殊性

（一）碳排放权的性质

碳排放权是一种资产，将排污权的特征与资产的定义及特征比较，不难发现排污权符合资产的定义也具备资产的特征。因为，排污权是由过去的交易或事项形成的；排污权是为企业拥有或控制的一种经济资源；排污权是会给企业带来预期未来经济利益流入的资源；排污权的成本或价值能够可靠地计量。上述特征表明碳排放权的资产性质。

1. 碳排放权是一种稀缺的经济资源

碳排放权可以采用无偿配额或有偿购买的方式取得，具备是由过去的交易或事项形成这一特征。碳排放权的本质是对环境资源的一种使用权，政府保留碳排放权的最终使用权，企业主体通过政府或环保机构以无偿赠予、拍卖、销售等方式获取这种环境资源的使用权，可以在允许的范围内自主的支配，成为企业所拥有或控制的一种经济资源。

2. 碳排放权具有价值和可增值

由于环境资源的有限性和稀缺性，使得碳排放权成为一种有价值的稀缺资源。如果某些企业无法获得这种稀缺资源，那么就有可能面临缩小生产规模或超额排放处罚。也就是说，碳排放权也应当作为企业正常生产经营活动的必要条件，同企业的其他资源（厂房、机器、工人等）共同发挥作用，企业才能获得经济利益。即使企业并不是在当期或以后的经营活动过程中使用碳排放权，而是将剩余的碳排放权出售或转让给其他企业，那么此时的碳排放权与企业自有资产能带来未来现金流量方面上没有区别。因此，对企业来说，碳排放权代表着一定的未来经济利益。

3. 碳排放权能够上市交易

碳排放权交易实际上是将环境容量作为一种稀缺资源，这使其具有商品属性并可在市场上进行交易。企业通过有偿购买获得碳排放权，可以采用购买时实际支付价款或公允价值作为碳排放权成本的初始入账金额；无偿分配获得的碳排放权，理论上也可以采用公允价值确定初始入账金额。碳排放权作为一种商品，在碳排放权交易市场上可以自由买卖，如果交易市场是活跃的，碳排放权的公允价值能够可靠取得。然而，目前我国的碳排放权交易市场实施时间不长，尚未形成活跃的交易市场，合理的市场价格难以确定，但是政府机构可以根据治污成本等因素确定碳排放权的市场指导价格，企业则可以根据这一价格确定碳排放权的成本，并将其作为初始入账金额。因此，碳排放权的成本或价值能够采用历史成本或公允价值可靠地计量。从趋势上看，排污权获取的市场化和排污权价值的市场化都会是必然的。

（二）碳排放权资产的特殊性

那么，碳排放权究竟是什么性质的资产呢？笔者认为，它是一种"特殊形式"的无形资产。其理由在于：

第一，碳排放权就其实质还是国家赋予企业一定的碳排放量的权利。它既是一种"碳产权"，也是一种"碳财权"（张薇等，2014）。企业一般不能自创碳排放权，否则会造成自创碳排放权计价上的混乱，也给企业逃避环境治理责任带来了借口。在碳排放权制度试行初期，国家可主要通过发放一定量免费配额的形式鼓励企业参与碳排放权交易，这个量应限制在不超过环境承载能力的最高额度，包括环境的自净能力和永续使用能力。但应当清楚，碳排放这种权利归属于代表全民的国家所有，反映了一种国家产权性质。只是国家可以通过一定的形式委托或赋予碳排放实体占有、管理、使用或转让出售。就定义而言，碳排放权也符合无形资产的定义，而以公允价值进行计量更能准确反映碳排放权的价值。

第二，排污权交易制度设计初衷是控制排污这一指导思想。只有符合条件的上述重点排污企业主体才能获得碳排放权免费配额，其他企业只能从碳排放交易市场上有偿取得。政府可以通过签发碳排放许可证的形式，对适用主体的碳排放施加影响和进行管理，并对企业报送的资料进行审核，规定允许碳排放的种类和数量、排放方式和有效时间等。这与无形资产的商标权、著作权、发明权等专有、占有、使用的排他性是完全契合的，体现了政府的一种行政许可。如果政府一旦发现企业采用欺骗手段获取政府无偿拨付的碳排放权并用于交易获取非法牟利，政府应没收其非法所得并给予经济重罚。

第三，碳排放量由国家核定，政策性很强。碳排放量一般由政府根据排放单位的申请每年按照一定地域和空间的环境承载能量按年核定，在规定的期间应当使用完毕，年末余额一般情况下不可结转至下年使用，特殊情况下确实需要结转的必须经过批准。碳排放权实质是国家赋予特定企业的一种环境容量使用权，如果将碳排放权确认为投资性资产就有悖碳排放权制度意义。碳排放权不是投资性的金融资产，能够交易的也不一定是金融资产，碳排放权不以交易为前提，而以节约投资和交易为例外。所以，碳排放权制度设计初衷本身并非是为了交易，而是为了直接进行排放量的控制与管理，只有在其有剩余的情况下才有进行投资、交易的可能，从而间接起到控制排放量的作用。因此，笔者不支持企业将获取的碳排放权，专门作为投资性金融资产处理，并因重点企业最初获得的碳排放权是国家无偿赋予，作为一种环境专用基金更为恰当。碳排放权交易制度只是碳排放会计制度内容的一部分，除此，它还包括碳排放权的获取、使用摊销、持有期间公允价值变动、处置核销等会计确认、计量和信息披露等规范。碳排放交易由此延伸出的会计业务处理的合理定位就是节能减排，没有其他。

第四，碳排放权的会计计量方式与一般无形资产也存在一定差异。但针对无形资产历史成本计量属性存在的缺陷，碳排放权可以通过采用公允价值的方式，将不同时期的碳排放权的价值变动进行消除。随着国家对碳排放的严格控制和企业自身自觉性程度的提高及交易市场规范和交易的活跃，公允价值的形成和取得是有很大可能的。

三、碳排放权业务处理的会计模式

（一）主要会计账户设置

如前所述，碳排放权是一种排污权，有关会计核算具体方法可大体参照排污权核算方法，并为非碳排污权提供标杆。只不过碳排放权核算要分重点企业和非重点企业、有偿获得和无偿获得不同类型。根据 2016 年 10 月中国会计准则委员会提交的《碳排放权交易试点有关会计处理暂行规定（征求意见稿）》，重点排放企业就是执行碳排放权交易机制的企业以及参与碳排放权交易的其他企业，主要包括冶金、石油、化工、制药、煤炭、造纸、钢铁等大中型企业。2016 年，国家发展改革委发布的《关于切实做好全国碳排放权交易市场启动重点工作的通知》指出，全国碳排放权交易市场第一阶段将涵盖石化、化工、建材、钢铁、有色、造纸、电力、航空等重点排放行业，参与主体初步考虑为业务涉及上述重点行业，其 2013～2015 年中任意一年综合能源消费总量达到 1 万吨标准煤以上（含）的企业法人单位或独立核算企业单位（主要是指排放量较大的制造业企业）。

（1）碳排放权账户。企业对碳排放权核算，可以在"无形资产"科目下设"碳排放权"明细账户，同时设置"成本""公允价值变动"等项目，核算和处理与自用型碳排放权相关的业务。该账户借方记录自用型碳排放权的取得成本，贷方记录结转的自用型碳排放权的成本。当自用型碳排放权用途改变时，应转入相关科目进行处理，故自用型碳排放权贷方只需记录结转成本。

（2）碳排放专用基金账户。企业无偿取得碳排放交易，应视同国家补助作为环保专用基金。为此，碳排放单位可设置"环保专用基金——碳排放基金"权益类明细账户，专门核算政府无偿拨付的碳排放权及其节约的碳排放指标的交易收益。当由政府无偿划拨排污权时，实质上是政府授予了企业使用一定当量环境容量的使用权。就是说，无偿获取的排污权为国家所有而无偿转让给企业使用，这与资源性的"公共产品"属性是一样的，因为排污权也是"国有资产"，国家可以无偿授予企业使用。因此，企业以此方式取得的排污权，实质上可视作是一种政府对企业支持，如同政府补助一样形成企业一项"环保专用基金"而不应该作为收入。为此，会计核算也应当体现这种思想，将无偿获得的排放权视为一项环保专用基金，而不应该作为一项收益，起码不是即期收益。因为企业只有在使用无偿获得的排放权时才可能会产生经济利益，这也是笔者在设计碳排放交易会计制度时的特别考虑，即将企业无偿获得的排污权与直接作为政府拨付给企业的环境辅助收入相区别，因为它们在性质上不完全一样。

（3）碳排放权使用摊销账户。碳排放权因使用而减耗并使其价值逐步转移到成本、费用中，为此应设置"累计摊销——碳排放权摊销"明细账户。企业使用政府无偿划拨的碳排放权时，冲减"环保专用基金——碳排放基金"，但使用有偿获取的碳排放权时，应按期进行碳排放权的折耗摊销，与此同时，应将其转移价值计入环境成本、费用账户。显然，核算碳排放权使用时的价值减耗和价值转移，就需要设置环境成本、费用类的账户。一种方法是可以在现有的财务成本、费用账户中设置"环境成本""环境费用"明细账户，另一种是单独设置"环境成本""环境费用"一级账户，对使用中的碳排放价值转移进行环境成本、费用的归集和分配，以体现企业对环境成本、费用核算的重要性。笔者主张采用后一种方法。

（4）碳排放交易、处置和价值变动损益账户。增设"营业外收入——环境收益""营业外支出——环境损失"损益类明细账户，核算包括企业有偿获得碳排放权的转让、交易等损益，同时，结转碳排放权持有成本和公允价值变动损益。持有碳排放公允价值变动平时不作处理，只需每年末进行。但处置无偿取得且非节约的碳排放交易收入，应视作为一项环境负债，其债权人为国家；而如果留用，只能作环保专用基金，反映了企业拥有国家无偿配额的环境资源的特定用途。为此，按照笔者"环境大收入"和"环境大成本"核算的设计思想（袁广达，2017），年末需要将原计入收益类账户的无偿获取碳排放交易或处置的收益，要么上交国家，要么经过相关批准程序转入环保专用基金。也就是说，无偿获取的碳排放配额交易，应分节约和非节约两种情况，只有无偿获取且通过实际努力而节约的碳排放配额的交易和处置收入，才可以作为企业的碳排放权交易收益。这样，可以避免企业随意套取国家碳排放指标从中非法牟利。

（二）业务处理会计分录

基于上文分析，笔者设计的碳排放权业务会计处理，可以会计分录形式来具体表现，同时在会计报告中披露碳排放相关信息。

1. 取得碳排放权时

（1）重点企业获得排污权。

① 重点企业无偿获得政府碳排放权权时，按获取时碳排放权的公允价值计

量，做如下会计处理：

借：无形资产——碳排放权——成本

贷：环保专用基金——排污权基金（碳排放权基金）

② 重点企业在交易市场上购入超碳排放权时，以购买时实际支付的市价加上相关税费计量，做如下会计处理：

借：无形资产——碳排放权——成本

贷：银行存款

（2）其他实体获得排污权。

借：无形资产——碳排放权——成本

贷：银行存款

2. 使用碳排放权时

（1）碳排放权的使用与摊销。

① 对重点企业无偿获得的排污权摊销。

借：环保专用基金——排污权基金（碳排放权基金）

贷：累计摊销——排污权（碳排放权）

② 对非重点企业和其他实体有偿获得的碳排放权摊销。

借：环境成本——环境保护成本——排污权摊销（碳排放）

环境费用——其他环境费用——排污权摊销（碳排放）

贷：累计摊销——碳排放权

（2）碳排放权公允价值的变动。

① 对重点企业从国家无偿获得的长期资产性质的排污权。

当期末排放权市价上涨时，按市场价值变动部分，调整账面记录，做分录：

借：无形资产——碳排放权——公允价值变动

贷：环保专用基金——其他权益基金（排污权重估增值）

当期末排放权市值下跌时，按市场价值变动部分，调整账面记录，做分录：

借：环保专用基金——其他权益基金（排污权重估减值）

营业外支出——环境损失（超过原确认的增值部分）

贷：无形资产——碳排放权——公允价值变动

② 对重点企业和其他企业在交易市场交易有偿获得的排污权。

当期末排放权市价上涨时，按市场价值变动部分，调整账面记录，做分录：

借：无形资产——碳排放权——公允价值变动

贷：公允价值变动损益——碳排污权重估增值

当期末排放权市值下跌时，按市场价值变动部分，调整账面记录，做分录：

借：公允价值变动损益——碳排污权重估减值

营业外支出——环境损失（超过原确认的增值部分）

  贷：无形资产——碳排放权——公允价值变动

 3. 排污权在二级市场交易时

（1）重点企业对节约的无偿获得的碳排放权出售或转让，按结算部分的市场价格计量。

  借：银行存款

   累计摊销——碳排放权摊销

   环保专用基金——排污权基金（碳排放权基金）——摊余价值

   贷：无形资产——碳排放权——公允价值变动

    营业外收入——碳排污权利得（出售净收益）

    无形资产——碳排放权——成本

        ——公允价值变动

 或者：

  借：银行存款

   累计摊销——碳排放权摊销

   环保专用基金——排污权基金（碳排放权基金）——摊余价值

   无形资产——碳排放权——公允价值变动

   营业外支出——碳排污权损失（出售净损失）

   贷：无形资产——碳排放权——成本

        ——公允价值变动

（2）重点企业对非节约的无偿获得的碳排放权出售或转让，按结算部分的市场价格计量。

  借：银行存款

   贷：其他应付款——碳排放权负债

同时，结转交易成本：

  借：环保专用基金——排污权基金（碳排放权基金）——摊余价值

   无形资产——碳排放权——公允价值变动

   贷：无形资产——碳排放权——成本

        ——公允价值变动

（3）重点企业和其他实体对有偿获得的碳排放权出售或转让，按结算部分的市场价格计量。

  借：银行存款

   累计摊销——碳排放权

   无形资产——碳排放权——公允价值变动

　　公允价值变动损益
　　贷：无形资产——碳排放权——成本
　　　　　　　　　——公允价值变动
　　　　营业外收入（环境利得）
或者：
　　借：银行存款
　　　　累计摊销——碳排放权
　　　　公允价值变动损益
　　　　营业外支出（环境损失）
　　　　无形资产——碳排放权——公允价值变动
　　　　贷：无形资产——碳排放权——成本
　　（4）支付交易税费。
　　借：环境成本——环境管理成本——环境税
　　　　环境费用——其他间接费用——交易费
　　　　贷：应交环境税费——排污权税费
　　4. 年末核销时
　　（1）对无偿获取的碳排污权。
　　借：环保专用基金——排污权基金（碳排放权基金）——摊余价值
　　　　累计摊销——碳排污权
　　　　贷：无形资产——碳排放权——成本
同时：
　　借：环保专用基金——碳排污权重估增值
　　　　贷：无形资产——碳排放权——公允价值变动
　　　　　　营业外收入——环境利得
或者：
　　借：无形资产——碳排放权——公允价值变动
　　　　营业外支出——环境损失
　　　　贷：环保专用基金——排污权重估减值
　　（2）对有偿获取的碳排污权。
　　借：累计摊销——碳排污权
　　　　无形资产——碳排放权——公允价值变动
　　　　贷：无形资产——碳排放权——成本
　　　　　　环境营业外收入——环境利得（摊余价值）
或者：

借：累计摊销——碳排污权

    无形资产——碳排放权——公允价值变动

    营业外支出——环境损失（摊余价值）

  贷：无形资产——碳排放权——成本

5. 年末将年度内无偿划拨且碳排放权处置或交易的净收益转为环保专用基金时

（1）节约部分经批准留用。

借：本年利润——利润调整

  贷：环保专用基金——排污权基金（碳排放权基金）

（2）非节约部分上交。

借：本年利润——利润调整

  贷：其他应付款——应交碳排放权款（国库账户）

四、会计报告与信息披露

对于碳排放权信息，企业必须在年度财务报表中进行表内揭示和表外披露。

适用碳排放权会计准则的重点排放企业及其他企业应在财务报表上列示碳排放权交易情况。企业应当在资产负债表资产方的"无形资产"项目下方单独设置"碳排放权"项目，并设置"成本""公允价值变动"明细。在利润表的"营业利润"项目下方设置"环境营业外收入""环境营业外支出"项目。重点排放企业还应当在资产负债表权益方的"未分配利润"项目下方单独设置"环保专项基金"项目，用来核算取得的免费配额。将碳排放导致的污染情况用会计报表的形式加以反映，以体现其增减变动和结余的实物量和价值量（见表6-6）。

表6-6 碳排放权会计信息价值量/实物量

项　　目	价值量（万元）					实物量（标准煤）				
	工业碳排放污染物	机动车船碳排放污染物	建筑碳排放污染物	其他行业碳排放污染物	合计	工业碳排放污染物	机动车船碳排放污染物	建筑碳排放污染物	其他行业碳排放污染物	合计
1. 国家核定										
2. 市场购买										
3. 本期实际排放										
4. 结余交易										

说明：表中实物量核算一般采用技术经济与统计核算方法，文中没有涉及。此处主要是价值量核算。碳排放实物量（指标配额）统计工具主要是各种计数的测量表、容器、仪器等。考虑到不同碳质实物计量的可比性，折算成标准煤计量单位。

与此同时，企业应当在财务报表附注中披露下列碳排放权信息：

（1）重点排放企业碳排放权的使用情况，包括企业持有碳排放免费配额及有偿取得部分的数量及公允价值变动情况等。

（2）重点排放企业在节能减排所做的努力，包括碳排放清单年度报告、企业节能减排战略等。

（3）与碳排放权交易会计处理相关的会计政策，包括碳排放权确认、计量与列报的方法。

总之，笔者认为，碳排放权实质是国家赋予企业一定的碳排放量的权利，权利归属于代表全民的国家所有，反映了一种国家产权性质，只是国家可以通过一定的形式委托或赋予实体占有、管理、使用或转让出售，其交易制度设计初衷是控制排污这一思想，实际是污染排放可承载的环境容量。在会计核算时，碳排放权应作为一项特殊形式的无形资产加以确认并以公允价值进行计量。只不过要分重点企业和非重点企业、有偿获得和无偿获得不同情况。在此基础上，笔者提出并设计了作为无形资产的碳排放权的会计模式，包括账户设置、业务分录和信息披露。该项研究为我国碳排放会计制度建设并使碳排放会计处理从理论走向实务，提供了可供借鉴依据并具有一定的实践作用和现实意义。

今天，中国碳排放市场已经开始启动，在日益严峻的环境问题面前，包括我国在内的各个国家和地区都在设法找到一条符合各方利益的可持续发展道路。随着环境问题的持续加剧与各国对于碳排放相关制度的不断完善，相信碳排放会计制度的真正建立指日可待。

第七章 相关案例分析

第一节 重要性原则导向下企业环境财务
指标设计与独立报告

基于会计重要性原则，本节设计了环境完全成本、大环境收入、环保专用基金、环境所有者权益四个环境财务指标。而在独立报告方式的前提下，改进传统的会计核算信息系统，设置和编制能够充分反映这四大环境财务指标的环境资产负债表和环境利润表就成为必然。本节研究环境会计如何从理论走向实务，具有应用价值和指导意义，因为即使不是采用独立式环境报告，所设计的环境报表也可作为附表使用。

一、独立环境财务报告及其意义

独立（式）报告与非独立（式）报告是相对于传统会计报表而言的一种会计报告的方式。如果一个会计主体对外编制单独反映环境会计信息，以实现环境会计报告目标的财务会计报表，就称为独立式环境会计报表。相反，如果会计主体在现有的财务会计报表框架的前提下，通过改进财务会计报表进行综合报告，增加环境会计信息的报表项目来反映环境信息，以实现环境会计报告目标的会计报表，就为非独立式环境会计报表。在此笔者只讨论独立式环境会计报表。

编制独立的环境会计报表，可以使环境会计信息更加集中、全面和系统，使信息使用者对企业的环境活动作出恰当的评价，避免环境信息比较零散的缺陷。而环境报告能反映环境会计中大量的非财务信息，这样就使环境会计信息得到准确反映，环境利益相关者能比较全面和完整地了解和掌握企业的环境会计信息。

随着环境会计的发展，伴随着环境资源、环境成本和环境收益等计量技术的创新和发展，编制独立的环境会计报告是环境信息披露的发展趋势。尤其是上市公司，由于公众对环境信息数量和质量的要求增加，企业对于环境信息披露的压力也逐渐增大，编制专门的环境报告将是上市公司信息披露制度的理想选择。目前，我国可以考虑编制将独立式环境会计报表作为主要报表的附表，以起到补充环境信息的作用，也能满足综合报告的基本要求。

环境会计核算信息系统是用于支撑提供以货币为计量指标并能够反映环境会计信息的一体化组件，其表现形式是由环境会计账簿、凭证和会计报表组成的提供环境会计信息的载体，从财务会计角度来讲，其主要是环境会计报表，这与独立报告和非独立报告并没有什么关系，只是在人机不同的核算手段下表现形式会有不同，但它们同样面临着会计核算信息系统的重新设计。

二、重要的环境财务指标设计的考虑

1. 理论和原则上的考虑

设置环境会计核算指标，首先要搞清哪些财务信息是环境会计重要信息和环境信息使用者需要哪些环境信息两个问题，这是设计指标的出发点。

环境财务指标的设计思路是基于利益相关者理论和会计重要性原则。环境会计信息有市场需求，并关系到股东的环境权益。企业提供的会计信息应当反映与企业财务状况、经营成果和现金流量等有关的所有重要交易或者事项，重要环境财务指标是生态文明战略时代最重要的会计信息。

重要性要求是指会计核算在全面反映财务状况和经营成果的同时，对于影响经营决策的重要经济业务应当分别核算，单独反映，并在财务报告中作重点说明。判断某一会计事项是否重要，除了严格按照有关的会计法规的规定之外，更重要的是依赖于会计人员结合本企业具体情况所作出的职业判断。环境成本、环境收入、环境绩效、环境权益和环境准备基金（环保专用基金和债务性环境基金）就是重要的环境会计信息。

2. 实践和应用上的考虑

设置环境会计核算指标，要着重解决如何理解环境会计信息和如何报告环境会计信息两个问题。这是环境财务指标设计的根本目的。

环境会计核算指标要能够清晰反映环境经营业绩，完整地体现企业环境成本支出、环境收入、环境权益、环境基金储备等信息以及解决环境问题的财务潜力。其信息提供和披露方式应灵活，能够通过一个完整的独立报告形式或附表方式得到完整和全面体现。在对指标实际应用时，要能够从三个方面加以理解：

其一，要正确理解环境成本作用的两面性。增加成本会减少利润，但环境成本增加也意味着保护环境的努力程度强、投入高，成本大环境基金也多，股东环境权益就有保障。

其二，环境完全成本和环境大收入配比后形成企业的税前环境收益，清晰明了，便于理解，并能够完整揭示环境预防和保护的总收入和总支出的规模。

其三，设立环保专用基金。环境保护收入包括了政府环保补助收入、无偿获取排污权交易收入、有指定用途环保捐赠收入、环境退税收入。但这些收入最终还应当转入"环保专用基金"列示在环境资产负债表中，一方面体现企业对环境的贡献和成效；另一方面为保护环境，对这些收入应实行专项管理、专款专用，形成环保专用基金，以反映企业可持续发展能力和环境事故应急能力。除此，环保专用基金还应当包括企业的环境债务性基金的结余和税后提留的环保基金。

其四，建立环保债务性基金制度。环保债务性基金主要用于治理可能对公众健康、福利和环境造成"实质性危害"的物质，以及有明确环境责任主体应承担补偿受害方环境义务的支付款项。基于我国保护环境的长远战略和目前的环境负荷，可以结合自身实际在企业建立适合中国实际的环保债务性基金制度。这种制度可考虑在重污染的工业制造企业、建筑施工安装企业先行试点。国家可以制定相应规定，企业再根据规定合理设置环境基金，比如当期收入总额，事前计入成本、费用以备应急处理的环境基金，如废物处置进行的其他"必须"的责任费用、因泄漏危险物质而造成的对"天然资源"的破坏等。由于环境债务性基金具有负债性质，因此年末有结余时才将其转入环境专用基金加以鼓励和使用。

三、独立式环境会计报告相关指标的设置

（一）"环境完全成本"指标

从环境成本、环境费用、环境收益、环保专用基金等几项核算内容和方法来看，设计环境会计核算目的就是要体现"环境大收入""环境完全成本""环保专用基金"思想和方法。这里的"环境大成本"就是"环境完全成本"，即：

环境完全成本 = 环境直接成本 + 环境期间成本

1. 环境直接成本

环境直接成本 = 资源成本 + 环境保护成本

资源成本是资源性资产的耗减、降级、维护成本，包括自然资源资产和生态资源资产。

　　环境保护成本是对非资源性资产的耗减、降级、维护成本，包括环境监测成本、环境管理成本、污染治理成本、环境预防成本、环境修复成本、环境研发成本、环境补偿成本、环境支援成本、环境事故损害损失、其他环境成本、环境营业外成本、环境费用转入成本。其中的"环境补偿成本"一般采用预提的方式形成企业的一项负债，其年末结余就是企业的一项环保专用基金，用于支付生态环境受损方的环境损失。所以，这项环保专用基金具有债务基金的性质。

　　2. 环境间接成本

$$环境期间成本 = 环境期间费用 + 资源和"三废"产品销售成本$$

$$+ 环境营业外支出 + 环境资产减值损失$$

　　环境期间费用为环境期间管理费用与其他环境期间费用之和，它是企业管理和组织环境事项发生的成本。资源和"三废"产品销售成本是自然资源产品、生态资源产品、"三废"产品的生产转移成本。环境营业外支出特指企业对外各种形式的环境捐赠支出。环境资产减值损失是环境资产账面余额高于公允价值的价值减损。

（二）"大环境收入"指标

$$大环境收入 = (资源收益 + 环境保护收入 + 资源和"三废"产品销售收入$$

$$+ 其他环境收入 + 环境营业外收入) + 环保专用基金$$

　　（1）资源收益是通过对企业所拥有或控制的自然资产（自然资源资产和生态资源资产）进行开发、利用、配置、储存、替代等实现的环境收益。与其对应的是资源成本。

　　（2）环境保护收入也可称非资源性收益，包括政府环保补助收入、排污权交易收入、环境受损补偿收入、排污权交易收入、环境退税收入；但不包括从外部无偿获取的直接作为企业环保专用基金收入（如政府无偿划拨的排污权指标）。与其对应的是环境保护成本。

　　（3）资源和"三废"产品销售收入包括自然资源产品和生态资源产品及"三废"产品销售收入。与其对应的是资源和"三废"产品销售成本。

　　（4）其他环境收入。上述（1）、（2）、（3）以外日常业务发生的环境收入。

　　（5）环境营业外收入特指企业获得的各种形式的环境捐赠利得，既包括有指定用途的捐赠收入也包括无指定用途的捐赠收入。与其对应的是环境营业外支出。

　　（6）环保专用基金包括：已经计入环境保护收入后，期末从环境利润中转出的政府环保补助收入；无偿取得的排污权交易收入；环境退税收入；有指定用途的环境捐赠收入。但不包括从成本、费用中列支预先提取的计入债务性的环保专用基金结余，以及从税后提取的环境专用基金、从政府无偿获取的排污权指标。

需要说明的是：环境保护收入中的政府环保补助收入、无偿获取的排污权交易收入、环境退税收入，最终应当再转入"环保专用基金"列示在环境利润表中，一方面体现企业对环境的贡献和成效，另一方面为了保护环境，这部分的收入要实行专项管理、专款专用，因为它体现了政府对企业的环境支持和排污方对自己环境损害治理成本的弥补。同理，有主动用途的环保捐赠收入也要转入"环保专用基金"。

（三）"环保专用基金"指标

环保专用基金 = 环保收入基金 + 环保预提基金

（1）环保收入基金包括：先前计入环境保护收入，期末又从环境利润中转出的政府环保补助收入；无偿获取的排污权交易收入；有指定用途的环境捐赠收入。但不包括计入了环境保护收入的有偿获取的排污权交易收入和无指定用途的环境捐赠收入。

（2）环保预提基金包括按照规定在环境成本、费用列支并预先提取的需要向政府缴纳或向污染损害方支付的债务基金的结余，以及按照规定税后提取的环保专用基金。

（四）"环境所有者权益"指标

环境所有者权益 = 环境资本 + 环境利润 + 环保专用基金 + 其他环境权益

（1）环境资本是企业环境股权类投资形成的环境权益。

（2）环境利润是环境收益、收入与环境成本、费用配比后的结果。

上述"环境完全成本""大环境收入""环保专用基金""环境所有者权益"四大环境财务指标可以通过环境会计账户、账簿和报表的重新设计获得，这样做的目的是为了在会计系统中通过相关账户和环境资产负债表、环境利润表，完整地反映出企业环境完全成本、环境大收入及环境保护基金支付能力，并反映环境所有者权益的构成和程度。

从环境利润表中列示的应转入环境专用基金的部分收入，在转到环境资产负债表后，即使环境利润总额为正数，当年税前环境利润也可能为负数。但不能由此判断说当年环境绩效不好，因为当年积累的环境基金也是环境绩效，而环境利润表中"环境利润总额"恰恰是衡量当年环境绩效的重要指标，而且环境专用基金规模反映了股东对环境的贡献值。

四、独立式环境会计报告账户的设置

同传统财务会计一样，环境会计报告也需要经过凭证、账户和报表基本的会计核算程序。为了向环境信息使用者提供有助于他们正确决策所需要的上述重要环境指标信息，以反映环境资源受托管理者的企业环境责任履行情况和企业环境业绩，企业至少需要编制环境资产负债表和环境利润表，以实现企业环境会计的最终目标，而环境会计账户是进行环境业务核算的基础，更是实现环境会计报告并最终达到环境会计报告目标的桥梁和纽带。基于独立式环境会计报告考虑，现就涉及上述几个环境指标的环境会计账户设置如下。

（一）增设"环境成本"账户

"环境成本"一级账户属于成本类账户，主要用于核算企业预防、维护、治理、管理环境发生的各项支出和因环境污染而负担的损失，下设置"资源耗减成本""资源降级成本""资源维护成本""环境保护成本"二级科目。环境成本中最频繁发生的是环境保护成本，为此在"环境保护成本"二级科目下按照具体的成本类别设置若干明细账户。环境成本账户期末结转，资本化的直接转入"环境资产"账户，费用化的转入"本年利润"账户，结转后本账户无余额。

（二）增设"环境费用"账户

"环境费用"一级账户属于损益类账户，主要核算暂不列入环境成本而计入环境期间费用、资源"三废"销售成本、损失成本和环境营业外支出的环境成本，下设"环境管理期间费用""其他环境期间费用""资源'三废'产品销售成本""环境营业外支出"二级账户。"环境费用"到期末要转入"环境成本——环境保护成本——环境费用转入成本"中，构成环境成本的一部分，目的是能够反映企业一定时间发生的完全环境成本，并体现环境成本、费用与收益、收入的配比原则。

（三）增设"环境收益"账户

"环境收益"一级账户属于损益类账户，主要用于核算企业各种因资源资产产生的环境收益以及进行环境保护和治理环境污染产生的环境收益，包括资源性收益和非资源性收益。对于前者，是指通过对企业所拥有或控制的自然资源资产和生态资源资产进行开发、利用、配置、储存、替代等实现的环境收益，可设置"资源收益"二级账户核算，并在其下再设置"自然资源收益"和"生态资源收益"明细账户;对于后者,可设置"环境保护收入"二级账户来反映企业因环境保护和治理环境污染而取得的环境收益和其他收益,下设"政府环保补助收入""排污权交易收入""环境受损补偿收入""环境退税收入"等明细账户。

环境收益除了上述资源收益和环境保护收入两项外,还有资源和"三废"产品销售收入、其他环境收入和环境营业外利得。为此还需设置"资源和'三废'产品销售收入""其他环境收入""环境营业外收入"二级账户。其中:"资源'三废'产品销售收入"核算废气、废渣和废水合理利用形成产品产生的收入;"其他业务收入"主要核算的是环境咨询服务收入、环境奖励收入等;"环境营业外收入"核算的一般是获得的各种环境捐赠收入,如果有指定环境保护具体用途的捐赠应当视同一项基金收入,结转到环保专用基金。期末将全部大收入结转到"本年利润"。

(四)增设"环保专用基金"账户

"环保专用基金"一级账户属于环境权益账户,专门核算企业用于环境保护的各项基金准备。为此要设置"政府环保补助基金""无偿获取排污权交易收益基金""环境捐赠收益基金"二级账户。以上三项环保专用基金发生时先作为环境收益核算,待期末再从环境利润总额中扣减,转入"环保专用基金"账户。除此,企业当年从成本费用中列支计提的生态环境补偿基金直接通过"生态环境受损补偿基金"二级账户核算,但这项基金具有债务性质,除非当年有结余,则可纳入"环保专用基金"账户。另外,企业税后如提取环保基金也纳入"环保专用基金"账户核算。

五、独立报告下的环境会计报表的设计

(一)环境资产负债表

环境资产负债表主要是用来反映企业在某一特定日期的环境资产、因防护和治理环境而发生的负债及所有者权益状况的报表。环境资产负债表项目数据的填制依据,一般是环境资产、环境负债和环境所有者权益所属账户的期末余额。

(二)环境利润表

环境利润表揭示企业在一定期间环境保护和环境污染治理方面所取得的收益、发生的环境资源耗费、成本和费用,以及为自然生态环境改善所做的贡献。

环境利润表项目数据填制依据，一般是环境收益、环境费用账户的发生额。环境利润表的格式可采用单步式。

在财务报告系统，为了向外界完整地反映企业环境成本信息，并进一步反映企业环境保护的努力程度和衡量企业最终的环境绩效，在保证企业商业秘密的前提下，有必要编制环境保护成本明细表、环境基金明细表等，反映和披露企业的环境保护详细成本和基金信息。

（三）报表编制举例

现以 A 钢铁股份有限公司为例，用上述方法说明环境主要报表能够提供环境财务信息。A 钢铁公司的业务是采矿和冶炼。20×4 年是该公司第一年增加环境会计的核算内容，环境会计报表采用账结方法，环境资产负债表和环境利润表将是独立式编制，以附表报告，环境会计账户除环境成本外一般均采用二级账户提升为一级账户使用。20×4 年发生的环境业务和会计处理如下。

（1）购买高炉除尘设备。炼废渣处理设备以及相应的环境工程设备，总投入 3 817 675 元，全部价款由公司自有资金偿付。对该项固定资产，公司按照平均年限法折旧，预计净残值为原值的 4%，折旧年限为 20 年，计算年折旧额为 183 000 元。

借：环境固定资产 3 817 675
　贷：银行存款 3 817 675
借：环境成本——环境保护成本——环境治理成本——折旧费
　　　　　　　　　　　　　　　　　　　　183 000
　贷：环境资产累计折旧折耗——环境设备 183 000

（2）该工程建成后，高炉除尘设备的年运行费用为 385 000 元。

借：环境成本——环境保护成本——环境治理成本——设备运行费
　　　　　　　　　　　　　　　　　　　　385 000
　贷：银行存款 385 000

（3）当年取得用于环境保护的各项财政拨款 100 000 元及无指定用途的环境捐赠款 80 000 元。

借：银行存款 180 000
　贷：环境保护收入——政府环保补助收入 100 000
　　　环境营业外收入——环境捐赠收入 80 000

（4）由于公司排污而应交排污费 12 000 元。

借：环境成本——环境保护成本——环境治理成本——排污费
　　　　　　　　　　　　　　　　　　　　12 000
　贷：应交排污费 12 000

（5）某单位以一片经评估作价为 600 000 元的森林作为投资，成为公司的合伙人，并办好相关手续。

借：资源资产——自然资源资产（森林）　　　　　　　600 000

　　贷：环境资本——法人资本　　　　　　　　　　　　600 000

（6）公司当年进行污水处理，用存款购买活性炭等净水剂、催化剂，购买聚凝剂环保材料 94 300 元。

借：环境流动资产——环保材料　　　　　　　　　　　94 300

　　贷：银行存款　　　　　　　　　　　　　　　　　　94 300

（7）进行污水处理，领用上述全部材料 94 300 元。

借：环境成本——环境保护成本——环境治理成本——材料费

　　　　　　　　　　　　　　　　　　　　　　　　　94 300

　　贷：环境流动资产——环保材料　　　　　　　　　　94 300

（8）由于公司排放的大气污染物超标，相关部分给予处罚，尚未支付 20 000 元罚款。

借：环境成本——环境保护成本——环境管理成本——环境罚款

　　　　　　　　　　　　　　　　　　　　　　　　　20 000

　　贷：应付环境罚款　　　　　　　　　　　　　　　　20 000

（9）该公司购入一项处理固体废弃物的专利技术，价值 15 000 元，有效期为 5 年，并在一定时期内进行摊销。

借：环境无形资产——环境专利和技术　　　　　　　　150 000

　　贷：银行存款　　　　　　　　　　　　　　　　　　150 000

（10）摊销当年处理固体废弃物的专有技术价值 3 000 元。

借：环境成本——环境保护成本——环境治理成本——折旧费

　　　　　　　　　　　　　　　　　　　　　　　　　3 000

　　贷：环境资产累计折旧折耗　　　　　　　　　　　　3 000

（11）由于环境事故导致损失而请外单位进行的修复费用 24 500 元尚未支付。

借：环境成本——环境保护成本——环境修复成本——修复费

　　　　　　　　　　　　　　　　　　　　　　　　　24 500

　　贷：其他环境负债　　　　　　　　　　　　　　　　24 500

（12）由于附近企业排出的污染物对公司经营造成污染，收到赔偿款 2 000 元。同时出售上年国家划拨的当年节省排污权部分指标 1 000 份，每份交易现价 100 元，单位成本 60 元。

借：银行存款　　　　　　　　　　　　　　　　　　　102 000

贷：环境保护收入——环境受损补偿收入　　　　　　　　2 000

　　　　　　　　——排污权交易收入　　　　　　　　100 000

借：环境成本——环境保护成本——其他环境成本——排污权销售成本

　　　　　　　　　　　　　　　　　　　　　　　　　60 000

贷：环境无形资产——排污权　　　　　　　　　　　　60 000

（13）为减少污染，该公司将废弃物加工处理以备销售，发生的辅助材料费用 860 000 元，并结算工人工资 150 000 元和应负担的车间制造费用 80 000元。

借：环境成本——环境保护成本——环境修复成本——加工费

　　　　　　　　　　　　　　　　　　　　　　　1 090 000

贷：环境流动资产——辅助材料　　　　　　　　　　860 000

　　其他环境负债——职工薪酬　　　　　　　　　　150 000

　　　　　　　　——制造费用　　　　　　　　　　 80 000

（14）公司利用对外出售废弃物，实现的免税项目收入 5 705 870 元存入银行账户。

借：银行存款　　　　　　　　　　　　　　　　　5 705 870

贷：资源和"三废"产品销售收入　　　　　　　　5 705 870

（15）假设按照规定，以当年营业收入一次性计提生态受损补偿基金 800 000元，以备支付甲受损方。

借：环境成本——环境保护成本——生态补偿成本——生态受损补偿

　　　　　　　　　　　　　　　　　　　　　　　 800 000

贷：环保专用基金——生态补偿基金　　　　　　　　800 000

（16）该公司当年向政府交纳矿产资源补偿费 616 000 元。

借：环境成本——环境保护成本——生态补偿成本——矿产资源补偿费

　　　　　　　　　　　　　　　　　　　　　　　 616 000

贷：银行存款　　　　　　　　　　　　　　　　　　616 000

（17）该公司当年因环保减免事后返还所得税收入 50 000 元。

借：银行存款　　　　　　　　　　　　　　　　　　 50 000

贷：环境收益——环境保护收入——退税收入　　　　 50 000

（18）经中介机构认定并与受害一方协商取得一致，因公司排污按照赔偿协议确认应支付甲方生态补偿款 700 000 元，准备从公司已经预提的环境基金中分两年支付。

借：环保专用基金——生态补偿基金　　　　　　　　700 000

贷：应付生态补偿款——甲受损方　　　　　　　　　700 000

（19）支付公司专职环境保护技术人员工资 100 000 元，公司环境保护处管理人员工资薪酬 50 000 元。

借：环境成本——环境保护成本——环境管理成本——工资薪酬

                     100 000

  环境管理期间费用   50 000

  贷：银行存款   150 000

（20）结转环境期间费用账户发生额到环境成本。

借：环境成本——环境保护成本——结转环境费用成本 50 000

  贷：环境管理期间费用   50 000

（21）期末结转全年发生的环境成本费用。

借：环境利润   3 437 800

  贷：环境成本——环境保护成本——环境治理成本 677 300

         ——环境修复成本 1 114 500

         ——其他环境成本 60 000

         ——生态补偿成本 1 416 000

         ——环境管理成本 120 000

         ——结转环境费用成本 50 000

（22）期末结转全年发生的环境收益。

借：环境保护收入——政府环保补助收入 100 000

     ——生态受损补偿收入   2 000

     ——排污权交易收入   100 000

     ——退税收入   50 000

  环境营业外收入——接受环境捐赠收入 80 000

  资源和"三废"产品销售收入 5 705 870

  贷：环境利润   6 037 870

根据以上会计处理结果，计算该公司 20×4 年的有关环境财务指标为：

环境营业利润 = 252 000 + 5 705 870 − 3 387 800 − 50 000 = 2 520 070（元）

环境利润总额 = 2 520 070 + 80 000 = 6 037 870 − 3 437 800

    = 2 600 070（元）

转出环保专用基金利润 = 100 000 +（100 000 − 60 000）= 140 000（元）

净环境利润 = 2 600 070 − 100 000 −（100 000 − 60 000）= 2 460 070（元）

环保专用基金总额 = 100 000 +（800 000 − 700 000）+（100 000 − 60 000）

    = 240 000（元）

20×4 年 A 公司编制的独立式环境资产负债表和环境利润表见表 7−1、表 7−2

（表中只列示了期末数），且此二表亦可当成附表使用。

表 7 - 1 环境资产负债表
编制单位：A 公司　　　　　　　　　　20×4 年 12 月 31 日　　　　　　　　　　单位：元

环境资产	期末数	环境负债及权益	期末数
环境流动资产		环境负债：	
环境材料	64 395	应付生态补偿款	700 000
环保产品		应交环境税费	
环境固定资产		应交资源补偿费	
环境固定资产原值	3 817 675	应交排污费	12 000
减：环境固定资产累计折旧	183 000	应付环境赔款	24 500
减：环境固定资产减值		应付环境罚款	20 000
环境固定资产现值	3 634 675	其他环境负债	429 500
环保在建工程现值		长期环保贷款	
环境无形资产		应付环境长期负债	
环境无形资产原值	90 000	预计环境保险基金	
减：环境无形资产累计折耗	3 000	环境负债合计	1 186 000
减：环境无形资产减值		环境权益：	
环境无形资产现值	87 000	环境资本	600 000
资源资产		环境利润	2 460 070
自然资源原值	600 000	环保专用基金	140 000
减：资源资产累计折耗		政府环保补助基金	100 000
资源资产净值	600 000	无偿获取排污权交易收益基金	40 000
生态资源资产原值		环境退税和税后提留基金	
减：生态资源累计降值		环保捐赠收益基金	
资源资产净值		债务性环保基金结余	
环境长期资产小计	4 321 675	环境所有者权益合计	3 200 070
环境资产总计	4 386 070	环境负债及所有者权益总计	4 386 070

表 7 - 2　　　　　　　　　　**环境利润表**

编制单位：A 公司　　　　　　　　20×4 年度　　　　　　　　　　单位：元

项目	本月数	本年累计数
一、环境收益、收入		6 037 870
1. 资源收益		
资源资产实现收益		
生态资源实现收益		
2. 环境保护收入		252 000
政府环境补助收入		
生态受损补偿收入		
排污权交易收入		
退税收入		
3. 资源和"三废"产品销售收入		5 705 870
4. 其他环境收入		
5. 环境营业外收入		80 000
环境收益、收入小计		
二、环境成本、费用		3 437 800
1. 环境成本		
资源耗减成本		
资源降级成本		
资源维护成本		
环境保护成本		3 387 800
2. 环境费用		50 000
3. 资源和"三废"产品销售成本		
4. 环境营业外支出		
5. 环境资产减值损失		
环境成本、费用小计		
三、环境利润总额		2 600 070
减：转出环保专用基金利润		140 000
其中：政府环境补助收入		100 000
无偿获取排污权交易收入		40 000
环境退税		
有指定用途的环境捐赠收入		
四、税前净环境利润		2 460 070

第二节 太湖水治理成本与效益分析

本节以太湖为研究对象，以达到生态与经济平衡为前提，进一步分析太湖污染治理的成本及效益，引入治理能力，分别建立治理能力与成本和效益的关系模型，将成本与效益两者联系起来，得出太湖治理的效率模型。基于三个模型，提出合理有效的治理方案，在尽量节约成本的情况下，调动太湖流域利益相关者的积极性，使太湖水的治理效率达到较高水平。研究认为，太湖污染治理的研究对水域污染乃至环境污染治理都有着重要的参考意义。

一、绪论

（一）研究背景

自然环境为经济发展提供所有物质的基础来源，而水是生命之源，是生物生长繁殖形成自然资源以及人类生存所必不可少的资源。我国人口众多、由经济快速发展追求带来的高强度活动导致可利用的水资源一度紧缺并遭到污染，尤以太湖污染最为严重。虽然政府也在不断出台新的水域污染治理相关文件，但 2007 ~ 2018 年，有关太湖富营养化，湖面蓝藻泛滥，以及蓝藻的腐烂导致太湖水体内部缺氧性恶臭等负面的报道依旧层出不穷，污水治理效率不及排污量的增加速度，许多废污水未经处理直接排入湖泊，使湖泊水质受到严重的污染。2007 ~ 2017 年我国的环境公报显示，太湖大片水域水质已连续多年被评为劣 V 类，这些给人类滥用水资源敲响了警钟。在此形势下，新经济模式、新生产模式、新的水资源管理体系开始逐步出现在地区、国家乃至全社会的对策中。2011 年出台的中央一号文件中提出将在 2012 ~ 2021 年水利投入翻番，实行最严格的水资源管理制度，反思以经济为中心的发展模式，探索新的社会经济环境运行模式，还有治污企业、生产企业和公众也在不同程度地参与水环境污染治理的大业中。相关主体都在努力更新环保意识，采取合适并有效的方式来应对水环境的恶化，最终目的都是为了从长远利益出发，让所投入的水域污染治理成本得到最有效的发挥。

（二）太湖水概况

太湖目前是我国的第二大淡水湖，其湖泊面积达 2 427.8 平方公里，水域面积为 2 338.1 平方公里，湖岸线全长 393.2 公里，分别由苏州、无锡、常州三市管辖。它横跨苏州市（主要分布于：吴中区、相城区、虎丘区以及吴江区），流经无锡市滨湖区、常州市武进区和宜兴市，其中大部分水域位于苏州市。太湖流域西侧和西南侧为丘陵山地，东侧以平原及水网为主。太湖所创造的经济价值，主要来源于沿太湖流域的各旅游景区、农林业灌溉、航道运输、渔业养殖和工业等生产型企业。然而，由于受到自然环境的改变，例如受强降雨量的影响，2015 年，太湖水位一度逼近甚至部分流域已超过警戒线，政府及地方面临防洪问题。更由于人类经济活动的干预，大量生活污水和工业废水未经处理就被排入太湖。另外，太湖富营养化明显，磷、氮营养过剩，蓝藻水华时有发生。太湖流域水资源保护局出具的 2016 年 2 月太湖流域省界水体水资源质量状况通报中介绍，太湖流域省界河流 34 个监测断面，35.3% 的断面水质达到或优于Ⅲ类水标准，其余断面水质均受到不同程度污染，其中Ⅳ类占 41.2%，Ⅴ类占 20.6%，劣于Ⅴ类占 2.9%。其整体水环境质量和状况依旧令人担忧。研究结果表明，在近十几年内，太湖的服务功能和价值构成发生了转变，2000 年太湖所创造的总价值的 43%，主要得益于其供水功能；2003 年和 2007 年太湖所创造的总价值的 40%，主要得益于航运功能；而 2009 年太湖创造的总价值的 50%，几乎得益于其旅游功能[①]。总体上由供给功能到媒介服务功能再向文化功能转变。而众所周知，供给功能对太湖水质的要求是高于航运功能对太湖水质要求的，也高于文化功能对太湖水质的要求，并且从长远来分析，供给功能带来的效益大于文化功能带来的效益，这就从侧面反映出太湖水环境的恶化和对流域附近地区的经济效益构成的影响。

（三）问题的提出

如何更好地提高太湖水治理的效率成为解决这些问题的关键，只有更好地了解并分析太湖水从治理零成本到治理方法逐渐成熟的过程中所付出的成本和治理带来的收益变化，才可能更好地提升太湖水治理效率。这里从太湖水治理的成本和收益方面着手，进一步分析导致这些成本发生的影响因素。那么，如何衡量分析这些成本的大小？水污染治理所带来的效益有哪些，又如何将它量化？笔者以为，最重要的就是要建立治理效率模型，把太湖水治理成本和治理所带来的效益联系到一起；将成本和效益联系起来之后，找出合理可行的方案，通过降低太湖水治理成本和提高治理收益来提高太湖水治理效率，让太湖水焕

---

① 贾军梅，罗维，杜婷婷，李中和，吕永龙. 近十年太湖生态系统服务功能价值变化评估 [J]. 生态学报，2015，35（7）：2255-2264.

发其应有的魅力，更好地服务于大众，服务于经济。

二、研究方法与相关概念

（一）基于治理能力三阶段的研究方法

由于太湖水治理的复杂性，要将太湖水治理的成本和效益联系在一起，需要找到中间量，而太湖治理成本的影响因素也极具多样性，每项成本的变动系数（影响因素）都不一样，很难将多项成本建立关系模型，而太湖治理所产生的效益也依赖于其多种功能。基于以上综合考虑，本案将引入治理能力（衡量标准按照太湖流域水体总体的质量来进行评分，将水质等级的Ⅰ类、Ⅱ类、Ⅲ类、Ⅳ类、Ⅴ类、劣Ⅴ类分别评分为：6分、5分、4分、3分、2分、1分，综合评分大小就作为治理能力的大小），将其作为太湖水治理的成本和效益的研究基础，建立一个"理想状态模型"，按照治理能力的三个阶段，分析太湖水治理成本、效益和效率的变化，以求找出能使效率最大化的方案。所谓理想状态模型，即在理想状态下假设。随着太湖水治理时间的推移，太湖水治理经验愈加完善，治理的方案和模型愈加成熟，太湖水治理能力也越来越强，而太湖水的治理成本也会随着治理能力的提升和治理的高质量要求，在不同阶段呈现不同程度的增加，污染治理的效益也会因为治理能力的成熟呈现变化性的增长。

笔者将太湖水治理能力（以下简称治理能力）分为三个阶段：

第一阶段：治理能力形成阶段，在此阶段，太湖水体水质需从治理初期的质量基本全部达到Ⅳ类水体，能力大小在1~3分区间（含3分），也即全部能够满足农业甚至工业用水、集中的生活用水要求和娱乐用水要求，保证太湖水能同时全面有效地行使旅游功能、航道功能和部分供水（主要是农业、工业供水）功能，这几项在太湖流域产生总价值中占比非常大的功能。

第二阶段：治理能力发展阶段，在此阶段，太湖水体水质基本达到Ⅲ类水质要求，能力大小在3~6分区间（不含6分），基本实现太湖的居民用水（非直接饮用）供给功能。渔业养殖功能和沿流域的畜牧业养殖功能所带来的经济利益，并且能引出太湖的附加功能，例如水质净化、大气调节和稳固土壤的生态环境利益，社会、政府、企业、人民都能充分享受到优质太湖水提供的便利和各项服务。

第三阶段：治理能力理想化阶段和完美化趋势，能力大小无限趋近于6分，此时，太湖水治理已经达到非常成熟的状态，大部分水体质量达到Ⅱ类级别，并且可以对流域附近的居民和各类型企业都有持续可利用性，通俗地讲，就是此时的太湖将在未来多年，施益于沿流域的后代子孙，对未来经济有持续的推动作用。

（二）相关概念界定

水体质量等级：根据我国出台的《地面水环境质量标准》，水体质量按功能由高到低依次划分为五类：Ⅰ类水体，适用于源头水和国家自然保护区；Ⅱ类水体，主要适用于集中式的生活饮用水、水源地一级保护区、珍贵鱼类保护区、鱼虾产卵场等；Ⅲ类水体，主要适用于集中式生活饮用水地表水源地二级保护区、鱼虾类越冬场、洄游通道、水产养殖等渔业水域及游泳区；Ⅳ类水体，主要适用于一般工业用水区及人体非直接接触的娱乐用水区；Ⅴ类水体主要适用于农业用水和一般景观要求水域。

太湖水的综合治理：它是指政府及企业等相关部门在党的领导下，明确并强化太湖流域污染综合管理机构的职责和权利，将治理工作进行分类、预防、治理、监管、评价，水利部门、政府机构投资治理项目、企业建立治污成本体系、环境审计和法律部门严厉监督各部门及单位有效行使太湖环境管理权力和执行相关太湖污染治理政策，积极倡导民众参与。调动利益相关者参与太湖污染防治管理的积极性，提高资源的有效配置，政府投入资金创新科学环保技术，法律部门建立完善太湖污染防治的法律机制并严格执法，建立奖惩体系，从各方面防治太湖污染的管理过程。

太湖水污染治理效率：它是用来衡量太湖流域利益相关者在治理流域污染过程中的成本与效益之间的关系的，即在太湖污染治理上的产出和投入比。通过资源的合理配置，用较少的资源投入和耗费，达到最佳的治理效益。

三、太湖水治理成本分析

（一）成本影响因素分析

通过对太湖水污染治理的相关研究，可大致将太湖水污染治理成本的影响因素分为以下几大类：经济因素（包含经济政策因素）、法律因素、科技因素、文化因素、社会因素。

经济因素：近40年来，国家政策方针一直要求太湖流域将坚持经济发展作为第一发展力，以太湖水的主要分布地区（苏州市吴中区、相城区、虎丘区、吴江区；无锡市滨湖区；常州市武进区、宜兴市和镇江丹阳市为例），通过对各地区政府办公厅的数据查询，发现这7个地区2015年的地区生产总值达7 986.08亿元，产业结构的调整和专项资金投入各地区呈现差异性。例如，常州市更专注于居民用水的太湖源头水的整治投入；而苏州、无锡更偏向于对沿太湖流域的农业和工业的污水废水排放的整顿投入，对用于旅游和航道运输的流域，财政支出比较大。2015 年，流域分布的两省一市（即：江苏省、浙江省和上海市）地区生产总量达 137 967.39 亿元，约占全国 GDP 总量的 20.39%。

法律因素：水环境管理的法律法规很多，但针对太湖水治理的阶段性和实操性的法律体系还不完善，防治保护工作也缺少具体可量化的标准，难以从根本上解决太湖的污染问题。太湖水污染治理立法的理念滞后，没有系统的监管、奖惩相关法律文件，对治污机关、组织、企业约束力还不够。尤其是惩罚环境污染治理不达标的企业力度不够，惩罚力度远远低于企业在少治污甚至零治污的情况下所产生的利润，利益驱使下，自然会导致企业排污治污不达标，进而对太湖水环境造成更大危害。

科技因素：太湖水净化设备的换代升级，国外先进科学技术成果的引进，企业污水处理的固定资产更新，污染物检测技术分析手段的科学性，等等，这些都需要提高，最终才能做到"对症下药"，有效解决污染问题。

文化因素：文化因素主要包括：环境保护观念的养成；公民个人节约用水等良好自觉的行为习惯的养成；物业对居民用水排放的管理；企业对环保的重视，对污水废水排放的有效管理，对持续发展观的认同。而这些观念和文化的深入，也需要政府的专项投入。

社会因素：太湖流域经济的发达吸引了更多的外来人口，而这些外来人口的就业、安置和人口迁移对城镇化也带来了一定的影响，更重要的是治太工程所导致的居民迁移，拆迁房屋和移民安置费都将成为太湖治理成本的一部分。

（二）成本分类

太湖水治理成本，广义的说法包括：（1）污染防治成本（如：政府投资治理工程项目与灾害预防投入）；（2）环境补救成本（如：环境污染治理人才培养费用）；（3）环保型技术研发费用（如：污水治理科学技术与设备研发费）；（4）日常环境费用性成本（如：太湖水治理监管与专项审计支出）；（5）日常环境管理资本性成本（如：企业购买废污水净化固定资产）；（6）节能型技术研发费（流域附近企业为节约治理废水污水成本而开发或升级设备所发生的支出）；（7）日常环境管理人工成本（如：水质检测人员工资）等（朱威等，2009）。

根据治理主体划分，太湖水治理成本分为工程成本、城市污水处理厂专项支出、企业治污成本、生活用水治理成本。（1）工程成本：这里指治理太湖骨干工程的投入，治理主体是政府。这项成本在太湖水治理成本的总额中占据了绝对地位，太湖水治理几乎依赖于政府出资，1991 年，国务院正式出台《关于进一步治理淮河和太湖的决定》,明确建立治理太湖骨干工程,1991年的总投资额98亿元,这部分的支出可作为长期固定成本,变动成本为治理太湖骨干工程的运行管理费和流动资金,这两项资金投入以每年8%的幅度递增。(2)城市污水处理厂专项支出:治理主体一般为地区环保局,但是出资者一般还是政府机关,每一年,分布于流域附近各地区的污水厂的数量都有所变动,但总体的变化幅度并不太大。(3)企业治污成本:治理主体是工业型企业,他们的治污成本基本分为太湖水引入型治污成本、工业废水污水排出处理成本、工业用水二次(或多次)利用的循环治理成本。企业治污成本的使用效率将直接影响排出的工业废水质量,经过处理的工业废水的质量最终决定着对附近的太湖流域水质的影响。(4)生活用水治理成本:治理主体一般就是居民,包含居民用水前的过滤净化成本、居民用水管道设计成本、生活废水处理成本。

治理成本按照阶段可分为预防成本、治理成本、整顿成本。(1)预防成本,顾名思义主要指各主体为减少太湖污染源和污染量而采取的一系列措施而产生的各项费用,如政府或企业开展类似主题为"保护环境,珍爱太湖"的宣传活动费,企业更换先进治污设备产生的经费。由于主体不同,这几项成本在会计成本核算所计入的科目也不同。(2)治理成本主要指政府、企业为减轻太湖水污染程度所采取的一系列措施而产生的各项费用,例如政府对治理太湖骨干工程的投资、企业污水处理成本等。(3)整顿成本主要指为惩治太湖流域环境破坏者所采取的一系列措施而产生的各项费用。例如,政府审查沿流域的企业污水处理与排放时产生的审查费用,其中将包含技术费用、人员工资支出、仪器的折旧。再如,企业未按太湖水污染治理相关法律文件要求执行,由此造成对太湖流域污染加重而受到的各项罚款及费用等。

(三)江苏省太湖水污染防治财政投入变化情况分析

由于上述成本的难以量化性,数据缺少专业统计,笔者通过对江苏省太湖水污染防治投入变化情况(见表7-3)的分析来研究太湖污染治理成本与治理能力的关系。

表7-3 2012~2015年太湖水污染治理决算 单位:万元

科目名称	2012年	2013年	2014年	2015年
1 节能环保支出	2 133.22	2 212.82	2 952.97	3 216.07
1.1 环境保护管理事务		218.44	543.41	599.40
1.1.1 行政运行			343.41	399.40
1.1.2 一般行政管理事务			200	200.00

续表

科目名称	2012 年	2013 年	2014 年	2015 年
1.2 污染防治		1 694.38	2 284.27	2 509.96
2 住房保障支出	35.51	38.86	46.74	56.13
2.1 住房公积金		22.04	18.44	35.46
2.2 提租补贴		16.82	28.3	20.67
3 其他支出	95.28	35.98		
合计	2 264.01	2 287.66	2 999.71	3 272.20

资料来源：江苏省人民政府官网。

从表 7-3 中，我们发现：太湖水污染防治财政支出的 75% 左右均是污染防治类支出，财政总支出的 10% 左右都是环境保护管理事务支出。若将每一年与 2012 年进行对比，通过计算，发现，2013 年、2014 年、2015 年江苏省太湖水污染防治的财政支出涨幅分别为：1%、32.5%、44.5%，江苏省太湖水污染防治财政支出呈逐年增加的态势。但由于 2013 年之后中央、国务院和江苏省委、省政府针对太湖水污染防治工作有重大决策部署改变，所以 2014 年的太湖水污染防治决算金额比 2013 年高出 31.1%，而 2014～2016 年间，政策基本稳定，变化不大，这段时期，太湖治理投入呈逐年增加的趋势且增加幅度越来越大。

为了将太湖水污染治理成本和治理能力联系起来，笔者查找江苏省环保厅的相关数据，根据网站中对江苏省太湖流域（主要分布于苏州、无锡、常州、镇江四市）65 个重点断面水质的自动监测月报，截取 2013 年、2014 年、2015 年每年所对应的 2 月、5 月、8 月、11 月的水质状况表的数据，将水质等级的Ⅰ类、Ⅱ类、Ⅲ类、Ⅳ类、Ⅴ类、劣Ⅴ类分别评分为：6 分、5 分、4 分、3 分、2 分、1 分，计算出各地区对应月份的平均水质评分（见表 7-4）。

表 7-4　　　　　　　　　　2013～2015 年治理能力评分

年份	月份	苏州水质评分均值（27 个监测点）	无锡水质评分均值（24 个监测点）	常州水质评分均值（11 个监测点）	镇江水质评分均值（3 个监测点）	年度平均水质评分
2013	2	3.04	1.96	1.73	3.67	3.06
	5	3.15	2.88	2.36	4.00	
	8	3.19	2.83	2.64	3.33	
	11	3.24	3.71	3.27	4.00	

续表

年份	月份	苏州水质评分均值（27 个监测点）	无锡水质评分均值（24 个监测点）	常州水质评分均值（11 个监测点）	镇江水质评分均值（3 个监测点）	年度平均水质评分
2014	2	2.78	2.25	2.33	4.00	3.17
	5	2.70	3.29	2.50	4.00	
	8	2.96	3.29	2.50	3.50	
	11	3.30	3.58	3.33	4.33	
2015	2	2.92	2.42	2.50	4.67	3.46
	5	3.07	2.96	3.30	5.00	
	8	3.19	3.08	2.80	4.67	
	11	3.41	3.42	3.00	5.00	

根据对 2013 年、2014 年、2015 年的水体质量评分分析，太湖流域总体水质状况呈良好走势，也即太湖水治理能力呈增强趋势，2014 年和 2015 年太湖水污染治理能力的提升指数分别为 0.11 和 0.29，可以发现，治理能力提升越多，或者治理能力越强，其所要求的前期财政支出就越多。出于对实际情况的考虑，太湖水的总体水体质量不会低于劣 V 类，也即其治理能力最低为 1，最大为 6，假设治理能力为 1 时，无成本投入。以此为前提，我们可以简单建立一个治理成本（记为 c）和治理能力（记为 x）之间的关系模型 $c = c(x)$，如图 7-1 所示。

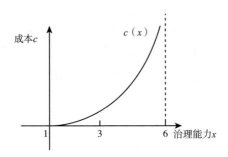

图 7-1　污染治理成本曲线

四、太湖水污染治理效益分析

（一）效益按照太湖水域功能的分类

太湖水的功能和其他水域功能基本一致，故而参考水域功能分类，可以将太湖水治理效益大致分为以下三类：（1）经济效益：主要由太湖的供水功能（包括工业用水提供、农林业灌溉、居民）、水产养殖功能、航运功能（包括货物运输、乘客水上交通）这几大功能来提供；（2）环境效益和生态效益：主要由大气调节功能、输沙功能、水质进化、调蓄洪水功能、土壤保持功能、蓄水功能来提供。

（二）太湖流域附近地区生产总值变化情况及效益模型建立

为了使太湖水污染治理效益更具直观性，这里采取可量化的数据，即：太湖流域附近地区的生产总值，对太湖流域附近的四市八区（苏州市、无锡市、常州市、镇江市）生产总值进行统计，如表7-5所示。

表7-5　苏州、无锡、常州、镇江太湖流域主要分布地区生产总值汇总

年生产总值（亿元）	区域	2011年	2012年	2013年	2014年	2015年
苏州市	吴中	700.66	810	870	940	950
	相城	421.63	485	552	578.26	605
	虎丘	770.54	830	880	950	1 026
	吴江	1 192.28	1 341.00	1 415.47	1 486.51	1 540.09
	小计	3 085.11	3 466	3 717.47	3 954.77	4 121.09
无锡市	滨湖	585.01	648.08	696.52	718.18	750.08
常州市	武进	1 376.96	1 536.69	1 700	1 905.33	1 830
	宜兴	980.39	1 066	1 190	1 233.89	1 285
	小计	2 357.35	2 602.69	2 890	3 139.22	3 115
镇江市	丹阳	724.9	830.5	925	1 020	1 085
总计		6 752.37	7 547.27	8 228.99	8 832.17	9 071.17

资料来源：相关市区公布的各年份统计数据。

由表7-5可知，太湖流域附近地区在2011~2015年的地区生产总值分别为：6 752.37亿元、7 547.27亿元、8 228.99亿元、8 832.17亿元、9 071.17亿元，每年较2011年的增长率分别为：11.8%、21.9%、30.8%、34.3%，同时，2011~2015年这五年内利率几乎无变化，所以忽略利率影响，太湖流域附近地区的生产总值总体呈上升趋势，但是增长的幅度在慢慢变小。假设治理能力为一时无效益，由此我们推出效益（记为：r）和治理能力x的大致关系，建立效益模型（见图7-2）。

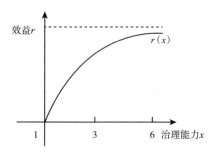

图7-2　污染治理效益曲线

五、太湖水治理的效率分析及模型建立

从上文可知，本例中的太湖水污染治理效率是基于经典经济学效率模型建立的，用治理成本和治理收益的比值衡量治理效率，从定性的角度评估太湖水治理能力，更加直观地体现治理效率的变动情况。经典污水治理效率模型为成本—收益分析模型（贾军梅等，2015），用最低污染治理成本实现污染治理收益的最大化是治理的核心。用 Y 表示污染治理的效率，x 表示污染治理能力，那么设立：$Y = f(x)$，污染治理的效率随着核心污染治理能力的改变而变动。在污染治理效率成本-收益分析法下，污染治理的效率是由污染治理的收益与成本的比值来表现的，即 $f(x)$ 等于 $r(x)$ 和 $c(x)$ 的比值，数学表达式为 $Y = f(x) = r(x)/c(x)$，其中 $r(x)$ 为核心污染治理能力下的污染治理收益，$c(x)$ 为核心污染治理能力下的污染治理成本。

通常污染治理收益 $r(x)$、污染治理成本 $c(x)$ 分别具有收益、成本函数的基本性质，即：治理效益随着污染治理水平的提高而以递减的速度在增加，即 $r'(x) > 0$，污染治理成本随着污染治理水平的提高而以递增的速度在增加，即 $c'(x) > 0$，如图7-3所示。

在图7-3中，$r(x)$ 是凸曲线，而 $c(x)$ 是凹曲线。当 $f'(x) = [c'(x)r(x) - c(x)r'(x)]/c^2(x) = 0$ 时，$f(x)$ 可取到其极值，也就是说，$r'(x)/r(x) = c'(x)/c(x)$ 时，污染治理的效率达到约束条件下的最大值，即此时对应的污染治理水平达到了约束条件下的最佳值，由于函数 $r(x)$ 为凸函数，函数 $c(x)$ 为凹函数，所以 $f'(x)$ 的值为先正后负（见表7-6），表现在函数曲线上为先增后减，故而使污染治理呈现出最有效率的状态，也就是图中 x^* 对应的 $f(x)$ 的值。

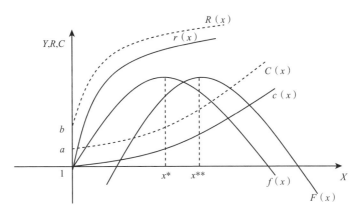

图7-3 污染治理效率成本—收益曲线

表7-6 $f(x)$ 导数极值

x	$(0,x^*)$	x^*	$(x^*,+\infty)$
$f'(x)$	+	0	-
$f(x)$		极大值	

从图7-3中我们可以看到污染治理效率曲线 $f(x)$ 是一个先增后减的曲线，在 x^* 处，$f(x)$ 最大，即污染治理的净收益最大，污染治理效率最高；随着污染治理成本的增加，污染治理收益的增加量变小，也就是污染治理效率逐渐回归为零，进而变为负的污染治理效率。$f(x)$ 在 x^* 的左边说明应提高核心污染治理能力，以获得更多的收益；若 $f(x)$ 在 x^* 右边则表明，污染治理效率低于最佳污染治理水平。所以污染治理效率就是污染治理部门依据污染治理现状，通过对各种影响污染治理成本、污染治理收益的因素进行改进，以得到最佳污染治理效率点的一个动态的帕累托优化过程。可见，并非对太湖治理力度越大，或治理能力越强，太湖水污染治理效益就越好，投入治理的成本还是应该多方面考虑，合理控制成本总额，调整成本结构，才能使太湖污染治理效率达到最大。

另外，由于实际的治理过程中存在着固定成本和无治理收益，因此实际的污染治理的成本函数向上移动变为 $C(x) = c(x) + a$，而收益函数变为 $R(x) = r(x) + b$；实际污染治理效率曲线变为 $F(X)$，较 $f(x)$ 函数曲线，函数向右移动。数学分析的方法和经典污染治理曲线的方法相同，此处略去，最大污染效率的点右移变为 x^{**}（$x^{**} > x^*$）。

六、降低治理成本，提高太湖水污染治理效益的建议

针对我国太湖流域污染现状和对太湖污水治理所产生的经济效益考虑，为适应经济可持续发展，政府需要采取积极的措施和对策，有针对性地建设生态水利项目，治理水环境。对于投资少但治理效率高的治理项目，要优先安排，以便尽早解决部分水体污染问题，减轻污染治理负担。其次，要分析太湖水环境恶化主要影响因素：工业废水污染，污水排放不达标，稀释污水以提高污水质量也造成流域水资源的浪费；城市生活污水污染，如今我国城市污水处理技术普遍较低导致治理污染效率低；农业渔业污染，农田大量施用化肥，化肥中的成分氮和磷增加了太湖污染物，过度用水，造成水土流失，渔业养殖规模和分摊水域缺乏科学性分析。这就要求我们需要采取综合手段，以新的科学合理化成本结构来代替或减少旧的治理效率低下的支出结构。

以下是具体建议：

首先，工程措施主要包括产业结构调整、工业点源治理、城镇污水处理、农业面源治理、生态修复、增加太湖支流以提高水环境容量、河网清淤整治等。如：产业结构调整、工业点源治理、生活污水治理、农业面源治理、生态修复、河网清淤整治等。

其次，非工程措施主要包括以下方面：（1）加强管理，例如，控制污染严重的项目，水环境承受力低的地区少上项目等；（2）严格标准体系，完善相关法规；（3）提高市场准入条件，健全工农企业的环保评优的准入机制和排污许可制度；（4）提升监管能力，切实强化执法，建立先进的环境监测预警体系；（5）利用价格杠杆，完善收费制度，开征污水处理费，全面推行垃圾处理收费制度；（6）促进公众参与，开展舆论监督。

以上工程与非工程措施，针对治理区域或流域的具体情况，侧重点会有所不同。对于投资少、改善水质明显的治理措施，要优先安排，以便尽早达到治理目标提出的水质改善要求。

第三节　科伦药业股份有限公司环境洛伦兹曲线分析

本例根据所收集数据，通过剖析国内上市公司在环境信息披露方面的现状及具体运用到的环境财务指标，尤其是近几年的环境财务指标运用的分配状况，采用经济学范畴的环境洛伦兹曲线，对我国上市公司的环境披露与创业结构调

整进行探究。考虑到对不同企业而言，环境效益的影响的显著性不同，此处我们选择样板公司数据和资料比较全面的科伦药业，行业数据为生产活动与环境关联较为密切的行业。案例通过样板公司与全国同类7家公司比较，来展望我国上市公司未来在环境会计信息的披露趋势，并提出政策建议。

一、环境洛伦兹曲线在环境保护中的作用

洛伦兹曲线是20世纪初由美国统计学家洛伦兹提出的，旨在刻画社会收入分配情况。而后众多学者通过改变参数的限制范围来得到想要的推论，并逐渐通过实例来验证自己所做模型之准确，从而达到构造新模型的效果。洛伦兹曲线的拐点与弯曲程度都有着重要的意义，我们通过绘制环境洛伦兹曲线来分析某一期间的优化发展产业，阐述行业结构与环境污染的关系。在研究环境成效和产业结构布局政策决策时，利用洛伦兹曲线，横轴可以选取的是工业总产值，纵轴由低到高排列的污染物占比累计，最后利用拐点分析得出环境负荷值较高的行业，最终得出资源空间对于各种污染物的配置情况。洛伦兹曲线现在多作为一个便利的图形方法使用，因此用洛伦兹曲线分析环境情况是具有一定的实际意义和参考价值的。

环境洛伦兹曲线的双因素。横轴为环境收益的累计占比，纵轴是各类环境支出活动按占比由低到高的顺序排序后进行占比累计计算。数据选用的是2010～2013年科伦药业的环境费用数据，这四年费用数据分类较为详细，四条不同的环境洛伦兹曲线反映在一张图上也方便观察环境费用在环境效益中占比分配率随时间推移的变化。

二、环境财务指标与选取考虑

这里所选指标包括环境成本、环境效益和其他指标三类。考虑到国内环境信息研究的现状，大多企业的披露强度一般，因此选择以下最基本的环境指标。

（1）环境费用指标。环境成本包括资源成本、环境保护成本和环境期间成本，由于本节中用到的环境报告书中的资源耗用是以减少值计算并作为收益发布的，因此，书中讨论的环境费用主要是环境保护成本和期间成本的费用，主要包括污染防治、环境修复、建设"三同时"项目和各类环境活动费用支出。

（2）环境效益指标。环境效益包括直接环境收益和间接环境收益。本节所用环境报告书中主要包括的直接收益有：废弃物回收利用产生的循环经济收入；水资源循环使用减少的水资源的耗费；以及环保设施的建设导致的污染物处理

费的减少等。

（3）其他环境指标。公司与社会和政府的关系不仅会影响到公司形象和声誉，还会影响与政策福利相关的效益，本节所选数据中不包括这类指标，因此没有纳入计算考虑。

三、科伦药业环境洛伦兹曲线分析

（一）公司简介

四川科伦药业股份有限公司（简称"科伦公司"）创立于 1996 年，总部位于四川成都，2010 年在深圳交易所上市。2010 年科伦药业入刊《中国环境年鉴》，同年 8 月成为"中国环境保护产业协会"会员单位。

（二）分析数据

2010～2013 年科伦公司环保投入支出分项详细（见表 7－7），可用来研究各明细类环保费用支出对于环保总效益的分配的程度。本节主要探讨环境费用支出结构的变化以及该变化可能产生的原因，数据和内容来自科伦公司发布在巨潮资讯网上的环境报告书。图 7－4 是根据表 7－7 的数据绘制成的环境洛伦茨曲线图。

表 7－7　　　2010～2013 年科伦公司环境费用支出明细项目累计占比　　　单位：%

项目	2010 年环投累计占比	2011 年环投累计占比	2012 年环投累计占比	2013 年环投累计占比	绝对平均累计占比	绝对不平均累计占比
起始	0	0	0	0	0	0
公司内、外部培训费用	0.8	0.63	0.72	0.03	10	0
环境活动投入费用		0.86	1.45	0.05	20	0
清洁生产审核费用	4.47	2.92	2.47	0.1	30	0
环境监测费用	5.8	3.93	3.67	0.18	40	0
环境管理体系认证费用		4.78	4.89	0.2	50	0
废弃物处置费用	7.48	6.53	7.06	0.4	60	0
《环评》项目费用	9.92	10.61	10.04	0.72	70	0
排污费	22.86	20.45	20.26	1.47	80	0
环保设备运行费用	33.38	32.98	38.38	5.23	90	0
环保设施建设费用	100	100	100	100	100	100
总计	200	200	200	200	200	200

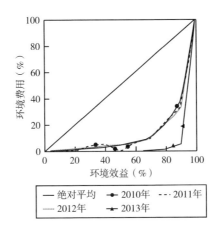

图 7 – 4 2010 ~ 2013 年科伦公司环境洛伦兹曲线

由表 7 – 7 和图 7 – 4 可见，虽然每年环境费用中占比最大的部分一直是环境设施建设费用，但就本案选取的数据来看，环境费用总支出比较稳定，没有较大幅度的变化，各种环境费用因素也一直处于绝对平均线和绝对不平均线之间，但曲线些微的后移、拐点的后移和下移有可能暗示未来短期内环境费用的因素对环境收益的分配的影响越来越不平衡。

表 7 – 8 中，2014 ~ 2016 年缺少详细的环境费用数据，因为这三年中科伦药业的环境报告书中只说将大部分的环保费用用于三部分：环保治污、清洁生产和环保培训，并未再做明细分类。与之前数据做比较后，笔者作出以下推测：由于我国环境披露水平仍然较低，我国大部分已经进行披露的企业也只是将重点放在环保设施建设投资和运行上，以响应国家环保号召，发布环境报告书也主要用作美化公司形象之用。而各类环保支出的作用，例如内外部员工培训的支出的效果由于短期内难以发现，因此对此类以及其他类似环境支出项目不很热情，从而导致图 7 – 4 中曲线年年向后下方移动。从 2015 年和 2016 年公司发布的环境报告书对其他费用支出项一笔带过，只留下了支出总额的行为中不难看出，尽管环境支出费用总额有所下降，但从表 7 – 8 可以看出环保设施支出是在增加的，这种情况下总额还是下降的，我们就可以理解为其他费用支出已被企业选择性舍弃或忽略。

表 7 – 8		2010 ~ 2016 年科伦公司环境费用支出明细项				单位：万元	
项目	2010 年	2011 年	2012 年	2013 年	2014年	2015 年	2016 年
环境内、外部培训费用	17.5	21.23	24.79	15.2453			
环境活动投入费用		8.1	25.14	9.1313			

续表

项目	2010 年	2011 年	2012 年	2013 年	2014年	2015 年	2016 年
清洁生产审核费用	81.89	68.98	35.26	23.1			
环境监测费用	29.58	33.58	41.23	34.4043			
环境管理体系认证费用		28.3	41.76	7.9			
废弃物处置费用	37.49	58.29	74.67	88.2843			
《环评》项目费用	54.27	136.11	102.33	142.32			
排污费	288.13	328.47	351.36	334.1024			
环保设备运行费用	234.17	418.34	622.7	1 662.782			
环保建设费用	1 482.81	2 238.01	2 117.79	41 942.54			
总计	2 225.9	3 339.41	3 436.84	44 259.81		37 237	22 031.63

（三）环境收益指标——循环经济收入

环境支出确认后，为了更全面地评价企业环境绩效，笔者选取的是环境报告书中披露最为详细的环境收益项目——循环用水和废物回收产生的经济收入（见表7-9）。

表7-9　　　　　　　　2010～2016 年科伦公司环境收益情况

年份	可回收废物量（万吨）	循环经济收入（万元）	循环用水量（万吨）	循环用水占比（%）
2010	2.4589	367.97	260	39
2011	2.8524	724	304.2	41
2012	3.4356	956.34	480.96	48
2013	2.9687	579.9113	552.7245	49
2014	2.52	538.4	1 453.4193	67
2015	2.203			65
2016	1.7146			64.77

由表7-9可见，虽然数据不全，但可以明显看出自2010年开始披露环境报告书后，循环经济收入在短时间内快速上升，随后平稳下来，再经查阅报告书文字说明之后，笔者作出以下理解：企业用于回收利用废弃物的手段已经穷尽，接下来相当长一段时间内，废弃物回收利用部分的循环经济收入将保持相对稳定；水资源的循环利用率已经上升到当前设备状态下的最高状态，与前所述道理一样，在未来一段时间内，水资源重复利用率也将保持在65%左右，并且不会大幅上升，但这也比2010年高了25%左右，可以说是环境信息披露使得企业花费时间和

精力去思考和关注各种环境问题，包括各种资源如何更高效的使用，而且已经产生比较可观的直接经济效益。据报告书中记载，废弃物的利用用途主要包括废塑料回收公司做再生塑料，废纸板回收公司做再生纸浆或返厂再用，废金属回收公司做熔炼厂原料，废玻璃渣回收公司做玻璃厂原料，炉渣由建材厂、制砖厂或道路建设公司用来制砖或做道路路基垫层等，这么多种用途说明废弃物其实就是放错地方的资源，合理收拾利用起来无疑是一笔可观的间接环境收益。

四、我国行业环境洛伦兹曲线分析

为了了解整个环境信息披露行业发展现状，笔者从巨潮资讯网上收集了更多的环境报告书。此处选取的是披露相对全面完善的各公司环保费用的数据，统计情况见表 7－10 和表 7－11，并就此绘制图 7－5。

表 7－10　　　　　2015 年收集到的各企业环保费用支出占费用
支出总额的比率计算

项目	环保费用（万元）	占比（%）
民丰特纸	2 337.87	2.57
贵糖股份	3 746.2	4.12
恒邦股份	7 892.045	8.69
山东钢铁	15 900	17.5
锡业股份	23 740	26.13
科伦药业	37 237	40.99
总计	90 853.115	100

资料来源：巨潮资讯网。

表 7－11　　　　2016 年收集到的各企业环保费用支出占费用支出总额的比率计算

项目	环保费用（万元）	占比（%）
民丰特纸	2 384.46	3.12
贵糖股份	2 803.47	3.66
恒邦股份	13 478.49	17.61
山东钢铁	15 900	20.77
锡业股份	19 952	26.06
科伦药业	22 031.63	28.78
总计	76 550.05	100

资料来源：巨潮资讯网。

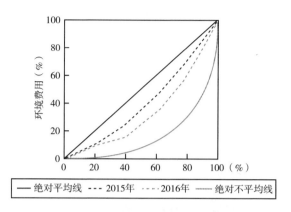

图 7 – 5　全国行业洛伦兹曲线

　　关于环境费用披露的行业环境洛伦兹曲线图 7 – 5 显示，整个行业在环境费用的支出上，不论披露是否详细，披露项目是否明确，公司规模是大是小，环境费用总支出的分配都是较为平均的，图 7 – 5 中点线处于绝对平均线与绝对不平均线之间，且十分靠近绝对平均线，笔者认为原因可能为：对于刚披露环境信息的我国上市公司来说，环境费用花费大同小异，加之从 2015 年和 2016 年的变化来看，各家环境费用支出未来可能都往同一方向走，即各家支出项目越来越类似，数额也越来越相近。因此，从整个行业角度看，环境费用支出对于各个企业来说是相当平衡的，没有太大差异。

五、研究结论与建议

　　本案选取环境指标研究设计中最为简单的两项指标——环境费用指标和环境效益指标，对我国当代企业对环境财务指标的应用情况进行考核。方法是对上市公司近几年环境信息披露总数进行统计；利用环境洛伦兹曲线下各类环境费用支出的分配平衡状态来分析当代企业环境费用支出的重点方向；通过环境报告书的详尽程度了解企业具体环境活动的内容，并通过时间的推移分析数据变化背后的原因。

　　研究结论表明，企业对于环境财务指标的设置与使用基本上属于严重不平衡状态。尽管国内关于环境财务指标的设计与研究已十分翔实，但实际操作起来仍然需要一段时间的实践和完善。本例所用环境报告书中披露最详尽的就属环境费用支出明细表，环境收益具体描写寥寥无几，没有实际数据记录，排污情况大多为达标通过的记录。

为此，笔者提出如下政策建议：

（1）环保知识培训。就科伦药业所披露报告书看，环保知识内外培训费用之和占比为环境费用支出的倒数后两名，相比较下，日本企业在环境教育方面的信息披露内容更为详细具体，更有长期发展的具体战略，因此建议我国企业在企业员工的环境教育方面提高重视。对国家来说，各个企业也应提升自身整体环保意识水平，这样才能由个人到企业，由企业到社会，一步步地推进可持续发展，推动环境会计的发展。

（2）具体经营活动。目前企业披露的报告书中环境活动大多为独立的环境活动，记录和计算似乎都与企业主要生产过程和其他活动割裂开来。任何一项生产经营活动都应有与其环境效益相关联的部分，那么如果将企业具体的经营活动同负载的环境活动结合起来，披露的信息不仅内容更加丰富，层次也会分明，也可使企业的环境支出去向和环境效益来源更好追溯，这有利于企业对环境绩效的考核有更加客观的认识，从而一步步重视环境信息的记录。

（3）行业交流。当前市场上进行环境信息披露的企业大多是污染较为严重的企业，根据所收集数据也可以看出近几年先后开始披露信息的企业不管是披露的内容还是形式，都有借鉴之前公司的做法，这一方面是由于国内对于环境信息披露都是新手，需要互相借鉴和互相学习，而另一方面大型企业对于小型企业的榜样和模范作用也使得国内的环境披露水平曲线会尽量靠近大型企业，为此环境信息披露的经验知识的交流也是必要且必需的。

（4）废物利用产生循环经济。关于废旧产品的回收利用方法在现已披露的报告书中似乎已经穷尽，导致循环经济收入似乎已达上限，到达瓶颈期。但也许有更多新颖的废物回收利用方式还需要结合各种新型环保设施来应用，如果能扩大这块的缺口，对企业来说也会产生一笔可喜的比较直观的环境收益。

（5）环境效益计算与披露。查阅所有可以查阅到的环境报告书，其中关于环境效益的披露通常都较为模糊。大多缺乏具体数据支撑，因此结合前面所述，将企业的具体经营业务与环境活动结合起来考虑也许会增强环境效益计算的可行性和准确性。而环境效益一旦能够定下来，各种环境效益指标就都有迹可循，企业环境财务指标就会补全最大的缺口，环境信息披露水平和质量就会进步一大截，但此项工作目前实行难度仍然较大，各企业内部从事环境工作的人员仍然较少，可能仍需一段时间才能发展起来。

（6）此外绿色产品项目的创新开发、清洁工厂与生产乃至一些污染物排放指标的设置与监督应当跟进，再就是国家环境管理体系认证的工作也要逐步完善，采取措施引导更多企业敢于披露和善于披露。

不过，本节所采用的环境财务指标由于现阶段数据的限制，选取的范围和数量都不足，而环境洛伦兹曲线应用于经济学领域本就是较为创新的做法，一旦条件缺失往往会失去其作为一个研究工具本身应有的价值和足够的说服力，再加上国内近十年内连续不断进行详细环境信息披露的企业不多，以此分析可能有些盲目。综上所述，上述研究只是一些短期的现状考核，没有从长远的角度考察未来发展方向及其他情况，可能带有一些偏见。

第八章　研究结论、不足与展望

第一节　主要研究结论

一、基本结论

（1）生态补偿标准主要认定为会计嵌入（环境成本制度设计）、补偿标准的货币化（会计计量）、补偿执行机制的市场化（CPA 环境鉴证制度）。具体是：设计统一完整的环境成本核算制度，建立和明确补偿标准会计计量方法，采用委托社会审计鉴证手段和开辟社会资本融资进行生态治理的平台。

（2）基于补偿标准的科学性、公平性和可执行性，政府在生态补偿制度设计上应有所为有所不为，注册会计师应成为生态补偿机制执行主体。同时，有效发挥财政、银行、税收、审计等行政手段和环境信贷、环境预算、环境基金经济调节功能，并辅之以司法手段，使生态补偿机制得以真正落实。

二、具体结论

（1）建立公平、合理的补偿标准测算体系是实施生态补偿的前提。为此，从生态学意义到经济学意义的生态补偿问题是生态补偿理论和实务研究的必然趋势。而生态环境问题经济性和生态环境活动的特点，决定了会计方法在建立公平、合理的生态环境补偿机制方面的独特优势和重要作用。

（2）生态补偿内容和实质是生态成本补偿，既包括事后对生态损害、破坏的成本补偿，也包括事前对生态维护、预防成本的补偿，其目的是保持生态环境平衡，使其适宜人类的生产经营、生活和消费之需。由此，对环境成本的价值计量、反映和控制就成为生态补偿主要内容。

（3）市场化生态补偿机制的建立，应当将环境信息与会计信息加以集成，通过对相关指标的设计和分析，寻找影响生态环境的主要因素和主要类型，并对其生态破坏引致价值损失关联性、关联程度以及损害价值程度和类别进行分析归类，然后通过聚类特征研究，建立多级的生态环境破坏对其价值损失的价值补偿矩阵模型和补偿标准。

（4）生态补偿标准的建立，应当把握会计系统与生态资源的相互关系，分析生态活动对会计要素、会计确认与计量以及会计报告信息系统的影响因素和影响程度，并通过环境审计加以测试衡量。因为生态资源是会计核算内容之一，生态活动是一项经济活动，也是环境审计的对象。自然资源的变迁，促使环境会计得以重视和发展，同时促进人类对自然资源的保护。

（5）生态补偿政策需要引入会计元素，科学实用的生态补偿标准和生态补偿执行机制，不仅能为制定生态环境保护政策提供有力支持，而且为环境损失成本会计核算和环境审计测试与评价提供理论依据和技术支撑，并为生态环境问题更好地解决提供新的方法，扩展现代会计学科功能，促进会计与其他学科的融合与贯通。

（6）生态补偿执行应当更多使用市场机制，摆脱长期以来的政府角色错位，充分发挥民间审计组织和注册会计师作用，这不仅符合环境资源本身的公共物品特性和委托代理理论，更有利于社会公众对环境资源使用者履行社会环境责任了解。而注册会计师独立、客观和公正的立场以及执业精神和专业素质，使其环境审计鉴证和评价结论更具有社会可信度，因此其应担当环境审计的重任，政府须逐步从环境审计的主导者转变为环境政策的制定者和监管人。

（7）生态补偿资金筹集渠道应当也可以采用多元化和市场化，这是目前我国的国情和面对的环境现实状况决定的。在此过程中，需财政、税收、金融、保险、会计、审计多种方法并用，政府、企业和社会多种渠道并存，行政、经济、法律、道德多种手段并联，构成生态补偿协同机制。各种方法没有优劣之分，而只有适用条件的不同，应以生态和经济共赢、社会效益最大化作为优先考虑。

（8）认知对生态补偿机制的建立起到十分的重要作用，进而会提升和延缓生态补偿的进程。这种认知，既包括生态文明理论的树立、对生态环境资源价值理念的正确认识，还包括环境社会责任意识和基本思想的形成、生态环境道德与伦理的提高，更包括对生态治理各种管理方法与技术的学习。因而，生态文化的修养是解决中国生态治理的第一步。

第二节 研究不足与展望

一、研究不足

本成果是国家社科基金项目的研究成果，涉及的具体企业补偿分摊还需要进行细致的分类和划分，这是因为各企业间受损和收益的生态影响因素较为复杂，加上环境统计台账（技术、实物与价值层面）建立和完善的程度差异性，行业补偿标准要具体落实到具体排污企业，需要进行个案分析，工作量非常大，这是笔者着手本项目研究之初没有估计到的，工作量非常大。好在笔者的另一个教育部人文社科基金项目与本项目具有高度相关性，多少弥补了这一缺陷，也为这项研究的后续深入提供了基础。

生态补偿是一项内容较为全面的系统工程，触及的面应该很广，即使是从会计的视角去研究，会计环境也影响会计对生态补偿的行为。研究中限于研究者的知识跨度，全面和深入探究这一主题应当有不到位之处。

二、未来研究展望

以后此成果还可进行深入研究的问题有三：

（1）不同行业和类型的重污染企业的环境补偿成本的确认、计量与核算方法模式。

（2）我国重污染企业环境综合治理和联动机制的构建，其中主要是人才、资金、物资、信息。

（3）现代信息技术手段在生态环境治理的共享平台建设。

以上三个问题实际是一个问题的三个不同侧面，它可以将本书的成果具体化并切实落到实处，从而成为生态文明建设具体执行措施。

参 考 文 献

［1］安果．完善我国生态补偿机制的路径安排——基于发达国家经验的归纳与类比
［J］．学习与实践，2016（5）：33–40．

［2］包群，邵敏，杨大利．环境管制抑制了污染排放吗？［J］．经济研究，2013（12）：
42–54

［3］蔡春，陈晓媛．环境审计论［M］．北京：中国时代经济出版社，2006．

［4］曹国华，蒋丹璐．流域跨区污染生态补偿机制分析［J］．生态环境，2009（11）：
160–164．

［5］陈浩．环境会计信息披露风险控制研究［J］．金融经济，2007（8）：104–105．

［6］陈毓圭．环境会计和报告的第一份国际指南——联合国国际会计和报告标准政府间
专家工作组第15次会议记述［J］．会计研究，1998（9）：1–8．

［7］陈仲常，杨琳．人口发展熵值——模糊综合评判模型研究［J］．中国人口·资源与
环境，2009，19（5）：93–99．

［8］程华，廖中举．中国区域环境创新绩效评价与研究［J］．中国环境科学，2011，31
（3）：522–528．

［9］大卫·格洛弗．环境价值评估：关于可持续未来的经济学［M］．龚亚珍译．北京：
中国农业出版社，2011．

［10］邓红兵，刘天星，熊晓波，荣冰凌．基于生产函数的中国水资源利用效率探讨
［J］．水利水电科技进展，2010，30（5）：16–18，44．

［11］杜群．生态补偿的法律关系及其发展现状和问题［J］．现代法学，2005，27（3）：
186–191．

［12］房巧玲，刘长翠，肖振东．环境保护支出绩效评价指标体系构建研究［J］．审计
研究，2010（3）：22–27．

［13］房巧玲．会计师事务所发展环境审计业务的策略选择［J］．中国注册会计师，
2009（7）：48–51．

［14］冯巧根，周时羽．EMA路径下的环境成本实务研究——来自某造纸企业的案例
［J］．审计与经济研究，2009，24（3）：53–65．

［15］高彤，杨姝影．国际生态补偿政策对中国的借鉴意义［J］．环境保护，2006
（10a）：71–76．

[16] 葛家澍，李若山. 九十年代西方会计理论上的一个新思潮——绿色会计理论. 会计研究，1999（1）：2-3

[17] 葛家澍，李若山. 九十年代西方会计理论的一个新思潮——绿色会计理论 [J]. 会计研究，1992（10）：3.

[18] 耿建新，刘长翠. 企业环境会计信息披露及其相关问题探讨 [J]. 审计研究，2003（3）：19-23.

[19] 郭道扬. 论会计职能 [J]. 中南财经大学学报，1997（3）：62-75.

[20] 郭道扬. 人类会计思想演进的历史起点 [J]. 会计研究，2009（8）：11-12.

[21] 郭显光. 改进的熵值法及其在经济效益评价中的应用 [J]. 系统工程理论与实践，1998（12）：98-102.

[22] 何平林，石亚东，李涛. 环境绩效的数据包络分析方法——一项基于我国火力发电厂的案例研究 [J]. 会计研究，2012（2）：11-17.

[23] 何鑫. 关于 PPP 模式下环境金融业务策略的思考 [J]. 水工业市场，2015（8）：54-57.

[24] 洪尚群，马丕京，郭慧光. 生态补偿制度的探索 [J]. 环境科学与技术，2001，24（5）：40-43.

[25] 胡二邦，姚仁太，任智强，辛存田. 环境风险评价浅论 [J]. 辐射防护通讯，2004（1）：20-26.

[26] 黄春潮. 生态补偿基本理论探析 [C] //"决策论坛——管理决策模式应用与分析学术研讨会"论文集（下），2016：125-128.

[27] 黄溶冰，陈耿. 节能减排项目的绩效审计——以垃圾焚烧发电厂为例 [J]. 会计研究，2013（2）：86-90.

[28] 蒋洪强，徐玖平. 环境成本核算研究的进展 [J]. 生态环境，2004（3）：429-433.

[29] 靳乐山，左文娟，李玉新，赵怡，张庆丰. 水源地生态补偿标准估算——以贵阳鱼洞峡水库为例 [J]. 中国人口·资源与环境，2012，22（2）：21-26.

[30] 俊敏. 民间审计在环境审计中的定位分析 [J]. 审计与经济研究，2006（5）：24-26.

[31] 孔宁宁，张新民，唐杰. 我国高新技术企业战略、资本结构与绩效关系研究 [J]. 中国工业经济，2010（9）：112-120.

[32] 黎元生，胡熠. 闽江流域区际生态受益补偿标准探析 [J]. 农业现代化研究，2007（3）：327-329.

[33] 李博，马仙. 低碳经济下碳排放交易的会计处理规范发展述评 [C] //中国会计学会环境会计专业委员会 2014 学术年会论文集. 中国会计学会环境会计专业委员会，2014：8.

[34] 李东卫. 绿色信贷：基于赤道原则显现的缺陷及矫正 [J]. 环境经济，2009（1）：41-46.

[35] 李国璋，江金荣，孔令宽. 能源效率影响环境污染经济损失的实证分析 [J]. 青

海社会科学，2010（1）：90 - 96.

[36] 李克国. 中国的生态补偿政策 [R]. 生态保护与建设的补偿机制与政策国际研讨会，2004.

[37] 李连华，丁庭选. 环境成本的确认与计量 [J]. 经济经纬，2000（5）：78 - 80.

[38] 李晓光，苗鸿，郑华，欧阳志云. 生态补偿标准确定的主要方法及其应用 [J]. 生态学报，2009，29（8）：4431 - 4440.

[39] 李雪，邵金鹏. 发挥注册会计师在环境审计中的作用 [J]. 中国人口·资源与环境，2004（4）：3.

[40] 李玉兰，支艳. 注册会计师环境审计工作思考 [J]. 合作经济与科技，2010（21）：92 - 93.

[41] 林琳. 保险代理人的委托代理理论研究 [J]，上海保险，2003（4）：35 - 37.

[42] 林万祥，肖序. 企业环境成本的确认与计量研究 [J]. 财会月刊，2002（6）：14 - 16.

[43] 刘平养. 发达国家和发展中国家生态补偿机制比较分析 [J]. 干旱区资源与环境，2010，24（9）：1 - 5.

[44] 刘思峰，党耀国，方志耕，谢乃明，等. 灰色系统理论及其应用 [M]. 北京：科学出版社，2010.

[45] 刘威. 我国生态补偿步骤问题研究 [J]. 职工法律天地（下），2014（11）：1.

[46] 刘玉龙，许凤冉，张春玲，阮本清，罗尧增. 流域生态补偿标准计算模型研究 [J]. 中国水利，2006（22）：35 - 38.

[47] 刘玉龙，许凤冉，张春玲，阮本清，罗尧增. 流域生态补偿标准计算模型研究 [J]. 中国水利，2006（22）：35 - 38.

[48] 逯元堂，陈鹏，高军，徐顺青. 中国环境保护基金构建思路探讨 [J]. 环境保护，2016（19）：27 - 30.

[49] 苗田田. 宪政视野下的国家权力运作程序研究 [D]. 重庆：西南政法大学，2010.

[50] 穆瑞，张家泰. 基于灰色关联分析的层次综合评价 [J]. 系统工程理论与实践，2008（10）：125 - 130.

[51] 聂倩，匡小平. 完善我国流域生态补偿模式的政策思考 [J]. 价格理论与实践，2014（10）：51 - 53.

[52] 潘席龙，吴雪芹，王嘉琳，凌盼盼. 巨灾补偿基金运行机制研究 [J]. 商业经济，2016（11）：1 - 5.

[53] 沈满洪，陆菁. 论生态保护补偿机制 [J]. 浙江学刊，2004（4）：217 - 220.

[54] 宋马林，王舒红. 环境规制、技术进步与经济增长 [J]. 经济研究，2013（3）：122 - 134.

[55] 万军，张惠远，王金南，葛察忠，高树婷. 中国生态补偿政策评估与框架初探 [J]. 环境科学研究，2005，18（2）：1 - 8.

[56] 王立彦，林小池. ISO14000 环境管理认证与企业价值增长 [J]. 经济科学，2006

（3）：97 – 105.

[57] 王立彦. 环境成本核算与环境会计体系 [J]. 经济科学, 1998 (6)：53 – 63.

[58] 王彤, 王留锁, 姜曼. 水库流域生态补偿标准测算体系研究——以大伙房水库流域为例 [J]. 生态环境学报, 2010, 19 (6)：1439 – 1444.

[59] 王遥, 史英哲, 李勐. 绿色债券发行市场 [J]. 中国金融, 2016 (16)：27 – 29.

[60] 王跃堂, 赵子夜. 环境成本管理：事前规划法及其对我国的启示 [J]. 会计研究, 2002 (1)：54 – 57.

[61] 温素彬. 企业三重绩效的层次变权综合评价模型——基于可持续发展战略的视角 [J]. 会计研究, 2010 (12)：82 – 87.

[62] 吴文洁, 常志风. 油气资源开发生态补偿标准模型研究 [J]. 中国人口·资源与环境, 2011, 21 (5)：26 – 30.

[63] 吴越. 国外生态补偿的理论与实践——发达国家实施重点生态功能区生态补偿的经验及启示 [J]. 环境保护, 2014, 42 (12)：21 – 24.

[64] 肖序, 毛洪涛. 对企业环境成本应用的一些探讨 [J]. 会计研究, 2000 (6)：55 – 59.

[65] 肖序. 环境会计理论与实务研究 [M]. 大连：东北财经大学出版社, 2007.

[66] 谢东明, 王平. 生态经济发展模式下我国企业环境成本的战略控制研究 [J]. 会计研究, 2013 (3)：88 – 94.

[67] 辛金国, 邢小玲. 试论环境报告的审计 [J]. 审计与经济研究, 2002 (4)：16 – 19.

[68] 徐玖平, 蒋洪强. 企业环境成本计量的投入产出模型及其实证分析 [J]. 系统工程理论与实践, 2003 (11)：36 – 41.

[69] 徐玖平, 蒋洪强. 制造型企业环境成本的核算与控制 [M]. 北京：清华大学出版社, 2006.

[70] 徐玖平, 蒋洪强. 制造型企业环境成本控制的机理与模式 [J]. 管理世界, 2003 (4)：96 – 102.

[71] 徐琳瑜, 杨志峰, 帅磊, 鱼京善, 刘世梁. 基于生态服务功能价值的水库工程生态补偿研究 [J]. 中国人口·资源与环境, 2006 (4)：125 – 128.

[72] 徐瑛. 西电东送生态补偿标准初探 [J]. 中国人口·资源与环境, 2011, 21 (03)：129 – 135.

[73] 严立冬, 邓远建, 屈志光. 绿色农业创新体系理论框架构建与实践探索 [C] // "生态经济与和谐社会"——中国生态经济学会第七届会员代表大会暨生态经济与和谐社会研讨会论文集, 2008：94 – 101.

[74] 杨纪琬, 阎达五. 会计管理是一种价值运动的管理 [J]. 财贸经济, 1984 (10)：13 – 17.

[75] 杨世忠. 环境会计主体：从"以资为本"到"以民为本" [J]. 会计之友, 2016 (1)：14 – 15.

[76] 杨文举. 中国地区工业的动态环境绩效：基于 DEA 的经验分析 [J]. 数量经济技

术经济研究，2009（6）：87－98.

[77] 杨兴龙，夏青. 中国特色会计文化的基本精神 [J]. 会计文博学刊，2016（1）：2－4.

[78] 姚建，艾南山，刘国东. 试论区域环境综合整治研究新途径——环境重塑 [J]. 中国环境科学，2001（6）：44－47.

[79] 姚建. 环境规划与管理 [M]. 北京：化学工业出版社，2009.

[80] 叶文虎，魏斌，仝川. 城市生态补偿能力衡量和应用 [J]. 中国环境科学，1998，18（4）：298－301.

[81] 於方，蒋洪强，曹东，王金南. 中国环境经济核算体系框架与初步研究成果 [C] //中国环境科学学会2006年学术年会优秀论文集（中卷），2006：228－234.

[82] 袁广达，程罗娜，洪燕云. 城市污水处理厂环境财务预算研究 [J]. 经济研究参考，2016（56）：36－43.

[83] 袁广达，洪燕云. 重要性原则导向下独立式企业环境会计报告设计 [J]. 财会月刊，2016（4）：3－6.

[84] 袁广达，嵇晨，程罗娜. 我国资源税对自然资源保持效应分析 [J]. 会计之友，2016（20）：101－105.

[85] 袁广达，潘懿菲. 融通环保资金的环境金融市场体系创新研究 [J]. 财会月刊，2017（32）：124－128.

[86] 袁广达，王子悦. 碳排放权的具体资产属性与业务处理会计模式 [J]. 会计之友，2018（2）：11－16.

[87] 袁广达，吴杰. 环境成本视角下生态污染补偿标准确定的博弈机理研究 [J]. 审计与经济研究，2016，31（1）：65－74.

[88] 袁广达，薛宇桐，王梦晨，王慧琳. 分权管理的中国环保基金制度探索——以美国"超级基金制度"为例 [J]. 南京工业大学学报（社会科学版），2018，17（2）：57－65.

[89] 袁广达，杨超颖. 浅析石化企业环保投资预算考评 [J]. 财务与会计，2017（19）：59－60.

[90] 袁广达，袁玮，孙振. 注册会计师视角下的生态补偿机制与政策设计研究 [J]. 审计研究，2012（6）：104－112.

[91] 袁广达. 环境管理会计 [M]. 北京：经济科学出版社，2016.

[92] 袁广达. 环境会计与管理路径研究 [M]. 北京：经济科学出版社，2010.

[93] 袁广达. 会计视角的资源环境核算与管理 [M]. 北京：经济科学出版社，2017.

[94] 袁广达. 基于环境会计信息视角下的企业环境风险评价与控制研究 [J]. 会计研究，2010（4）：34－41.

[95] 袁广达. 企业环境信息审计研究 [J]. 审计与经济研究，2002（3）：7－10.

[96] 袁广达. 市场化的生态补偿标准与补偿执行机制的政策设计——基于环境会计的研究视角 [R]. 中国会计学会环境会计专业委员会学术年会，2011.

[97] 袁广达. 资源环境成本管理功能：基于环境会计方法、条件与信息的支持 [J].

财会月刊，2020（2）：3 - 8.

［98］袁广达 . 资源环境成本管理功能：基于环境会计使命、任务与属性的认知 ［J］.
财会月刊，2020（1）：3 - 9.

［99］张江山，孔健健 . 环境污染经济损失估算模型的构建及其应用 ［J］. 环境科学研
究，2006（1）：15 - 17.

［100］张薇，伍中信，王蜜，伍会之 . 产权保护导向的碳排放权会计确认与计量研究
［J］. 会计研究，2014（3）：94 - 96.

［101］张亚连 . 生态环境责任与可持续发展管理会计目标 ［J］. 云南财经大学学报，
2008（4）：64.

［102］张翼飞 . 居民对生态环境改善的支付意愿与受偿意愿差异分析——理论探讨与上
海的实证 ［J］. 西北人口，2008（4）：63 - 68.

［103］张志强，徐中民，程国栋，苏志勇 . 黑河流域张掖地区生态系统服务恢复的条件
价值评估 ［J］. 生态学报，2002（6）：885 - 893.

［104］郑海霞，张陆彪 . 流域生态服务补偿定量标准研究 ［J］. 环境保护，2006（1）：
42 - 46.

［105］郑俊敏 . 民间审计在环境审计中的定位分析 ［J］. 审计与经济研究，2006（3）：
24 - 26.

［106］郑易生，阎林，钱薏红 . 90 年代中期中国环境污染经济损失估算 . 管理世界，
1999（2）：189 - 207

［107］钟瑜，张胜，毛显强 . 退田还湖生态补偿机制研究——以鄱阳湖区为案例 ［J］.
中国人口·资源与环境，2002（4）：48 - 52.

［108］周守华，陶春华 . 环境会计：理论综述与启示 ［J］. 会计研究，2012（2）：7 - 8.

［109］周守华 . 关于会计与财富计量问题的思考 ［J］. 北京工商大学学报（社会科学
版），2011，26（5）：1 - 5.

［110］朱光耀 . 会计是现代治理体系的重要基础 ［J］. 会计最新动态，2017（9）：
4 - 5.

［111］Arne Wagner et al. Virtual reality for orthognathic surgery：The augmented reality envi-
ronment concept ［J］. Journal of Oral and Maxillofacial Surgery，1997，55（5）：456 - 462.

［112］Batouli S M，Zhu Y M，Nar M，D'Souza N A. Environmental performance of kenaf-fiber
reinforced polyurethane：A life cycle assessment approach ［J］. Journal of Cleaner Production，
2014，66（5）：164 - 173.

［113］Carmen E，Carrión-Flores，Robert Innes. Environmental innovation and environmental
performance ［J］. Journal of Environmental Economics and Management，2010，59（1）：27 - 42.

［114］Contini G. et al. The adsorption of a new derivative of mercaptothiazole on copper studied
by XPS andAES ［J］. Applied Surface Science，1992，59（1）：1 - 6.

［115］Costantini V，Mazzanti M，Montini A. Environmental performance，innovation and
spillovers：Evidence from a regional NAMEA ［J］. Ecological Economics，2013，89（5）：

101 – 114.

［116］Cowell, R. 2003. Substitution and Scalar Politics: Negotiating Environmental Compensation in Cardiff Bay. Geoforum, 34 (3): 343 – 358.

［117］Deloof M. Does Working Capital Management Affect Profitability of Belgian Firms? ［J］. Journal of Business Finance & Accounting, 2003 (3 – 4): 573 – 588.

［118］Desai V S, Crook J N, Overstreet G A. A comparison of neural networks and linear scoring models in the credit union environment ［J］. European Journal of Operational Research, 1996, 95 (1): 24 – 37.

［119］Dixon Thompson and Melvin J. Wilson. Environmental auditing: Theory and applications ［J］. Environmental Management, 1994, 18 (4): 605 – 615.

［120］EATWELL ANN. LEVER AS A COLLECTOR OF WEDGWOOD: And the fashion for collecting Wedgwood in the nineteenthcentury ［J］. Journal of the History of Collections, 1992, 4 (2): 239 – 256.

［121］Engel S, Palmer C. Payments for environmental services as an alternative to logging under weak property rights: The case of Indonesia ［J］. Ecological Economics, 2008, 65 (4): 799 – 809.

［122］Estelle Bienabe and Hester Vermeulen and Cerkia Bramley. The food "quality turn" in South Africa: an initial exploration of its implications for small-scale farmers' market access ［J］. Agrekon, 2011, 50 (1): 36 – 52.

［123］Haapio A, Viitaniemi P. A critical review of building environmental assessment tools ［J］. Environmental Impact Assessment Review, 2008, 28 (7): 469 – 482.

［124］Jasna Jurum-Kipke and Morana Ivakovič and Jasmina Zelenkovič. Virtual Reality and its Implementation in Transport Ergonomics ［J］. Promet (Zagreb), 2007, 19 (2): 89 – 94.

［125］Johst, K., M. Drechsler, and F. Watzold. 2002. An Ecological-economic Modelling Procedure to Design Eompensation Payments for the Efficient Spatio-temporal Allocation of Species Protection Measures. Ecological Economics, 41 (1): 37 – 49.

［126］JunJie Wu and Bruce A. Babcock. The Relative Efficiency of Voluntary vs Mandatory Environmental Regulations ［J］. Journal of Environmental Economics and Management, 1999, 38 (2): 158 – 175.

［127］Karin Johst and Martin Drechsler and Frank Wätzold. An ecological-economic modelling procedure to design compensation payments for the efficient spatio-temporal allocation of species protection measures ［J］. Ecological Economics, 2002, 41 (1): 37 – 49.

［128］Karin Ulbrich et al. A software tool for designing cost-effective compensation payments for conservationmeasures ［J］. Environmental Modelling and Software, 2007, 23 (1): 122 – 123.

［129］Marius P, Trandabat D, Trandabat A. Assessment of corporate environmental performance based on fuzzy approach ［J］. APCBEE Procedia, 2013 (5): 368 – 372.

［130］Ma S, Swinton S M, Lupi F, Jolejole C. Foreman. Farmers' willingness to participate in payment-for-environmental-services programmes [J]. Journal of Agricultural Economics, 2012, 63 (3): 604 – 626.

[131] Morris Steve and Vosloo Andre. Animals and environments: resisting schisms in comparative physiology and biochemistry. [J]. Physiological and biochemical zoology: PBZ, 2006, 79 (2): 211 – 23.

[132] Niksokhan M H, Kerachian R, Amin P. A stochastic conflict resolution model for trading pollutant discharge permits in river systems [J]. Environmental Monitoring and Assessment, 2008, 154 (1 – 4): 219 – 232.

[133] Pagiola, S. Payments for Environmental Services: From Theory to Practice [M]. Global Workshop on Payments for Environmental Services, Mataram, Indonesia, 2007.

[134] Sadler, B. , R. Verheem, and R. Bass. Strategic Environmental Assessmen: Status, Challenges and Future Directions No. 53. Project Appraisal, 1996, 11 (4): 267.

[135] Therivel Riki. Systems of strategic environmentalassessment [J]. Environmental Impact Assessment Review, 1993, 13 (3): 145 – 168.

[136] Tisdell J G, Harrison S R. Estimating an optimal distribution of waterentitlements [J]. Water Resources Research, 1992, 28 (12): 3111 – 3117.

[137] Toffel M W, Marshall J D. Improving Environmental Performance Assessment : A Comparative Analysis of Weighting Methods Used to Evaluate Chemical Release Inventories [J]. Journal of Industrial Ecology, 2004, 8 (1): 143 – 172.

[138] Vaughn, D. 1995. Environment-economic Accounting and Indicators of the Economic Importance of Environmental Protection Actives. Review of Income and Wealth, 41 (3): 265 – 287.

[139] Zhou P, Ang B W, Poh K L. Measuring environmental performance under different environmental DEA technologies [J]. Energy Economics, 2008, 30 (1): 1 – 14.